高等结构风工程

[日] 田村幸雄（Y. Tamura）　A. 卡里姆（A. Kareem）　主编
祝磊　许楠　吴丽丽　李宏海　译

机 械 工 业 出 版 社

本书作为高级课程的教科书，介绍了结构风工程领域前沿技术水平的信息和研究成果。主题包括风气候、设计风速估计、钝体空气动力学和应用、风致建筑响应、风、阵风系数法、构件和外墙上的风荷载、碎片冲击、风荷载规范和标准，计算工具和计算流体动力学技术、建筑物振动下的可居住性、建筑阻尼以及风致振动的抑制。结构风工程相关专业研究生和专家、工程师会在本书中找到与他们的研究和工作相关的、有趣的内容。

译　者　序

十余年来，以东京工艺大学田村幸雄（Y. Tamura）教授为首的学术团队组织37位世界著名的专家学者开设了一系列的国际高等风工程学习课程，本书是根据该系列课程的讲义整理而成的。本书内容包括风气候、设计风速估计、钝体空气动力学和应用、风致建筑响应、风、阵风系数方法、构件和外墙上的风荷载、碎片冲击、风荷载规范和标准、计算工具和计算流体动力学技术、建筑振动下的可居住性、建筑阻尼以及风致振动的抑制。本书将填补国内该专业领域培训书籍的空白，是有志于深入学习和研究结构风工程的学者、工程师和学生的一本重要参考书。

为吸收国际前沿的结构风工程知识，机械工业出版社引进了本书的版权，并通过北京建筑大学王崇臣教授的引荐，委托北京建筑大学祝磊教授牵头将本书翻译为中文。祝磊联合了中国广核新能源控股有限公司许楠高级工程师、中国矿业大学（北京）吴丽丽副教授和中国建筑科学研究院建筑抗风研究所李宏海博士共同完成翻译工作。首先由祝磊进行全书粗译，然后由许楠精译第1~4章，吴丽丽精译第5~6章，李宏海精译第7~14章，最后由祝磊统稿。经过3年的共同努力，翻译工作终于完成。感谢顾谦编辑对我们拖延症的一再宽容和耐心编辑！感谢王崇臣教授的信任和推荐！

本书的出版，得到了北京市教委北京市属高等学校高层次人才引进与培养计划项目（The Importation and Development of High - Caliber Talents Project of Beijing Municipal Institutions，CIT&TCD 201304068）的资助，深表感谢！

希望本书的出版能够对我国的结构风工程发展有所帮助，但由于译者水平有限，本书一定存在不足之处，恳请读者批评指正。

译　者

原书前言

在建筑和结构工程领域，风的影响是一个非常重要的问题。据说世界上因为自然灾害产生的经济损失有70% ~80%是因为极端风和相关的水害而导致的。随着人口向都市中心转移以及因为潜在的气候变化而推测灾害的强度和频率的增长，未来灾害的风险持续升级。城市化已经导致地区和全球环境质量的恶化，对公共健康造成深远的影响。不仅是极端强风事件或者其他短期自然危害，而且严重的环境问题应该被看作人类社会长期持续的危险，会导致严重的灾害。这就使得人们呼唤一个强调减少能源消费和改善环境质量的可持续发展的社会。

东京工艺大学风工程团队（TPU - WEG）的首要目标是建立一个可持续发展的都市环境，遇到风相关的事件时可恢复，与区域的局部气候相和谐。它致力于发展一个集成的教育和研究项目，能够覆盖广泛的问题，以应对亚洲和更大区域的都市面临的前沿的风相关的挑战。

为了创造有效而舒适的环境，满足人们对城市标志性象征的基本需求，建筑变得越来越高、越来越细，桥梁和屋盖结构变得越来越长、越来越轻，使得它们对风越来越脆弱。风工程的重要性显著提高，但是很少有大学开设这方面的课程。

从 2006 年 7 月开始，TPU - WEG 组建了风工程的国际高等学校（IAS），目的是填补相关的专业培训的空白。

37 位世界著名的教授和研究者受邀在以往的 9 期 IAS 讲课：Chris Baker、Shuyang Cao、Qingyan Chen、Chiiming Cheng、Tadeusz Chmielewski、Richard de Dear、David Etheridge、Richard Flay、Yaojun Ge、Jamie Hernandez、John Holmes、Ahsan Kareem、Michael Kasperski、Shinsuke Kato、Youngduk Kim、Greg Kopp、Prem Krishna、Takashi Kurabuchi、Kenny Kwok、Sangjoon Lee、Chris Letchford、Xiaofeng Li、Rheo Lim、Masaru Matsumoto、Robert Meroney、Akashi Mochida、William Nazaroff、Siva Parameswaran、Michael Reyes、Matthew Santamouris、Partha Sarkar、Michael Schatzmann、Giovanni Solari、Ted Stathopoulos、Charles Weschler、Youlin Xu 和 Lingmi Zhang。他们和 TPU - WEG 的 3 位讲师 Masaaki Ohba、Ryuichiro Yoshie 还有我合作，使 IAS 有成果而且成功。

IAS 的课程包括风气候、风致灾害、结构空气动力学、风荷载和多种风环境问题。课程提供必要的基本知识和前沿信息。IAS 也提供了一个信息交流和共享的平台，通过世界领先的研究者和本领域年轻人的讨论，使得由于强风、都市空气污染和环境负荷增长引起的风灾风险的严重问题能够在未来被年轻的领导者所解决。代表 TPU - WEG 和东京工艺大学全球卓越中心（COE）项目成员，我感谢所有的讲师和参与者作出的巨大贡献和成绩。

本书重新安排和出版了以往的 IAS 所做的 14 次结构风工程讲义。而基于 IAS 在环境风工程领域的讲义，一本名为《高等环境风工程》（Advanced Environmental Wind Engineering）的教材也计划出版。

我相信这两本书将对相关科学研究或者设计领域的学生、工程师和研究者有用，将使他们能够对可持续都市环境的发展和建设作出贡献，从而实现对风灾害可恢复的城市。

最后，我要感谢所有各章的作者，由于他们的合作而创造了本书，为实现结构和环境风工程的共同目标提供了有价值的贡献。

Y. Tamura

日本，神奈川

本书作者

Enrica Bernardini　美国，印第安纳州，圣母，圣母大学，自然灾害建模实验室
曹曙阳（Shuyang Cao）　中国，上海，同济大学
Richard G. J. Flay　新西兰，奥克兰，奥克兰大学
葛耀君（Yaojun Ge）　中国，上海，同济大学，土木工程防灾国家重点实验室
John Holmes　澳大利亚，维多利亚州，曼通，JDH 咨询公司
Ahsan Kareen　美国，印第安纳州，圣母，圣母大学，自然灾害建模实验室
Michael Kasperski　德国，波鸿，波鸿鲁尔大学，土木与环境工程科学系
Gregory A. Kopp　加拿大，安大略省，伦敦，西安大略大学，边界层风洞实验室
Kenny C. S. Kwok　澳大利亚，新南威尔士州，彭里斯，西悉尼大学，基础设施工程研究院
Chris Letchford　美国，纽约州，特洛伊，伦斯勒理工学院，土木与环境工程系
Ning Lin　美国，新泽西州，普林斯顿，普林斯顿大学，土木与环境工程系
Megan C. McCullough　美国，印第安纳州，圣母，圣母大学，自然灾害建模实验室
Seymour M. J. Spence　美国，印第安纳州，圣母，圣母大学，自然灾害建模实验室
Theodore Stathopoulos　加拿大，魁北克省，蒙特利尔，康考迪亚大学，建筑土木与环境工程系
田村幸雄（Y. Tamura）　日本，神奈川，厚木，东京工艺大学，风工程研究中心
Hiroshi Tanaka　加拿大，安大略省，渥太华，渥太华大学，土木与环境工程系

目　　录

第 1 章　强风及其特性

Shuyang Cao

摘要　流中结构受到的随时间变化的空气动力，与风的属性直接相关。理解强风特性在安全和耐用设计方面非常重要。本章关注强风及其特性。风气候可能会带来强风，如季风、热带气旋、雷暴雨等，它将与潜在的流体力学一起进行简要的描述。地面上不同高度的不同风速以及大气层内的紊流结构，包括紊流强度和规模、阵风系数、峰值因子、衰减系数、相干函数、概率分布函数、功率谱以及不同风速的变化，本章将对此做详细论述。台风鸣蝉将被作为强风事件的一个例子，来显示强风的特性。

关键词　流体力学 · 平均速度 · 强风 · 紊流特性 · 台风鸣蝉

1.1　简介

风通常由地面的太阳能加热不均而导致的大气温度差引起，是一种由相同海拔不同点之间的密度差和压强差引起的快速感知的自发活动。机械效应（速度剪切效应）和温度效应（浮力效应）是大气流扰动产生的源头。随时间变化的太阳能加热使得大气边界层度量衡学状态，即稳定、不稳定或中性状态，在可变构成下由梯度理查森数或理查森数定义。一般来讲，在不稳定的状态下，机械和对流效应共存，理查森数是负的，只存在机械效应的稳定状态的理查森数是正的。逆温层，即靠近地表高度的温度的上升，会导致在地表形成雾等污染。强风的形成与全球大气循环密切相关，与小规模的温度差也有关系。然而，强风的浮力效应通常比机械效应要弱，可以忽略。因此，在结构风工程领域，通常认为是中性状态。

1.2　强风和流体力学

1.2.1　强风气候

有许多气候风可能会导致强风，如季风、锋面低压、热带气旋（飓风、台风和气旋）、雷雨（下击暴流和微下击暴流）、龙卷风、尘旋风、重力风（下降风）、下风波等。

季风属于季节风，可被看作由季节性加热及引起的相对于陆地的热低压而导致的大规模海洋风。季风效应在亚洲尤为明显。受季风影响的区域可能更大，其持续时间也可能比台风更长。其特征有温暖、多雨的夏季季风及寒冷、干燥的冬季季风。

锋面低压是指分开两股不同密度空气的边界，是强风产生的主要原因。冷锋具有雷雨窄带和严重气象的特征，有时包含大雨、冰雹、频繁的闪电、强烈的下击风暴、龙卷风和水龙卷的飑线可能会位于冷锋之前。

热带气旋是指发生在热带地区的强烈的气旋风暴。在远东被称作台风，在澳大利亚和印度洋被称作气旋，在美国被称作飓风，均有着不同的定义。例如，台风是一种中心最大风速超过17m/s的热带气旋。热带气旋的直径为100～2000km，通常大约为几百千米。涉及的大气层高度为10～12km。通过直径和厚度的比例，可以发现热带气旋的整个旋转体就像一个“激光唱片”。在风暴的中心形成了一个类似圆形的“眼睛”或“热塔”。“眼睛”内部的空气相对干燥并且轻，在“眼睛”周边附近缓慢上升。在“眼睛”所形成的墙的外面，高海拔的温暖、潮湿空气在涡流中对流，形成了高的对流云。在涡流的外面经常会发现螺旋形雨带云。

和温带气旋以热带气旋相比，雷雨属于水平范围内的小规模湍流，但却可以形成剧烈的风。雷雨是由温暖、潮湿的空气快速上升引起的。空气上升后冷却、压缩，形成了积雨云。雷雨是许多恶劣气候现象的成因，如下击暴流风、大冰雹、山洪、龙卷风和水龙卷。在下击暴流风中，强烈的下向通风抵达地面，在短时间内产生强风——可能为5～10min。

据观察，龙卷风为雷雨云中漏斗状的涡流。是最具破坏性的风暴。龙卷风的直径通常为300m，相对于地面的移动速度为30～100km/h，在消散之前会移动约15km，造成长距离狭窄范围内的破坏。

重力风是重力作用下沿下坡流动的风。主要发生在多山或冰川地区。当斜坡特别陡峭时，冷空气会聚集强大的动能带来强风。下风波为大气驻波，最普遍的形式为地形波。

1.2.2 强风流体动力学

地表对运动的空气施加了水平的反作用力，通过紊流混合效应形成了具有垂直速度变化图的大气边界层。土木工程结构设计师会重点关注大气边界层内的风况。大气边界层的深度按中立分流层来说，范围在几百米到几千米之间，取决于风的密度、地域的粗糙程度和纬度（Simiu 和 Scanlan1986）。在大气边界层内，风速随着海拔的增高而增加。在边界层顶端的值可称作梯度速度。在边界层之外，风以梯度速度沿着等压线运动。在大气边界层内部施加在空气上的力包括摩擦力、气压梯度力、科里奥利（Coriolis）力和离心力。

摩擦力阻止空气的运动。力的方向与空气运动的方向相反，与科里奥利力的方向垂直。

气压梯度力是由高压区域至低压区域的气压差引起的，其加速了气团，最终形成了风。实际上这并不是一种力，而是因压力差（每单位质量的力）而引起的空气的加速。

科里奥利力是在独立旋转体系中，作用在移动体上的一种“力”。科里奥利力由地球自转引起。在北半球，当观察者面向气流方向时，科里奥利力的方向在观察者的右边。这导致风围绕低压中心逆时针旋转。

离心力是一种远离旋转中心，朝向外侧的“力”。它是一种因旋转引起的惯性效应。

上述这些力共同存在，一起控制风的流动，根据风气候和海拔的不同，对风的影响有所不同。

1.2.2.1　地旋风和梯度风

假设空气在地表流动而没有摩擦力［无摩擦力风（FFW）］，则气压梯度力、科里奥利力和离心力为支配力。地旋风是一种正好和直线等压线平行的理论上的风，换句话说，地旋风将由科里奥利力和气压梯度力的精确平衡引起。因此，理论风速按下式定义：

$$-\frac{\mathrm{d}p}{\mathrm{d}n}+\rho_a U_G f_c = 0 \tag{1.1}$$

式中，ρ_a 为空气密度；f_c 为科里奥利系数，$f_c = 2\Omega\sin\phi = 1.454\times10^{-4}\sin\phi$（rad/s）；$\Omega$ 为地球的自转速度；ϕ 为维度。

在北半球，科里奥利力的作用方向为运动方向的右向。因此，高压往往在观察者沿气流移动的右侧。南半球与此相反。

当气流开始弯曲（如靠近热带气旋的中心）时，便产生了离心力，在弯曲的圆心处发出，大小等于 $\rho_a U_g^2/r$，其中 r 为等压线弯曲半径。围绕着低压中心（一个气旋），离心力的作用方向和科里奥利力的作用方向相同（与压强梯度力的作用方向相反）。这使得北半球的风围绕低压中心逆时针旋转。在这种情况下，梯度风速按下式定义：

$$-\frac{\mathrm{d}p}{\mathrm{d}r}+\rho_a U_g f_c+\rho_a\frac{U_g^2}{r} = 0 \tag{1.2}$$

当风围绕低压中心沿逆时针方向弯曲时，梯度风速 U_g 要比理论风速 U_G 小，当风围绕高压中心顺时针方向弯曲时，则梯度风速要比理论风速 U_G 大。

在龙卷风或台风眼内，等压线的弯曲半径较小，风速和压强梯度力较大，科里奥利力与离心力相比较小，可忽略不计。因此，风在压强梯度力和离心力的作用下达到平衡，并围绕低压中心旋转。将这种风称为旋转风，其速度按下式定义：

$$\frac{1}{\rho}\frac{\partial p}{\partial n} = \frac{v^2}{r} \tag{1.3}$$

1.2.2.2　大气边界层

在靠近地面的地方，地表摩擦力较大，不能假设为 FFW。摩擦力的方向与科里奥利力垂直，这两种力将和压强梯度力一起达到平衡。这意味着风向无法与等压线保持平行，而将在北半球向左转。纬度越低，摩擦力的影响越大，风向与等压线的倾斜角在靠近地面的地方变大。再加上靠近地面时风速降低，风向倾向于逆时针，速度矢量轨迹呈艾克曼（Ekman）螺旋状。

在大气边界层内部，因为摩擦力通常较小，气流在气压梯度力、科里奥利力和摩擦力的作用下达到平衡，因此：

$$2\Omega V\sin\varphi = -\frac{\partial P}{\partial x}+\frac{1}{\rho}\frac{\partial \tau_x}{\partial z} \tag{1.4}$$

$$2\Omega U\sin\varphi = -\frac{\partial P}{\partial y} + \frac{1}{\rho}\frac{\partial \tau_y}{\partial z} \tag{1.5}$$

式中，$\tau_x = \rho\,\overline{u'w'}$和$\tau_y = \rho\,\overline{v'w'}$为雷诺应力。

理论风速可以表达为

$$U_G = -\frac{1}{\rho f_c}\frac{\partial P}{\partial y} \tag{1.6}$$

$$V_G = \frac{1}{\rho f_c}\frac{\partial P}{\partial x} \tag{1.7}$$

可获得以下公式：

$$-f_c(V - V_G) = \frac{1}{\rho}\frac{\partial \tau_x}{\partial z} \tag{1.8}$$

$$f_c(U - U_G) = \frac{1}{\rho}\frac{\partial \tau_y}{\partial z} \tag{1.9}$$

假设雷诺应力$\tau = -\rho\,\overline{uw} = \rho\varepsilon\dfrac{\partial U}{\partial z}$（$\varepsilon$：运动涡动黏性），将雷诺应力和平均速度曲线联系在一起，平均速度可近似计算出。

1.3 风速的统计描述

不同时间的风速可在统计学上假设为平均部分和脉动部分的和。换句话说，风速$U(t)$由x轴方向的平均部分U和三维方向（x，y，z）的脉动部分（u，v，w）组成。平均风速U可被定义为在平均时间T内脉动速度$U(t)$的平均值。在日本和ISO 4354标准中，平均速度的平均时间为10min，在英国则为1h。美国国家飓风中心报道相对持久的风的平均时间为1min，称为“持续风”。可使用多种统计学方法来描述脉动风速的构成，如湍流强度和规模、阵风系数/峰值因子、功率谱、空间/时间关系等。这些大气湍流的特征可用于多种工程应用。

在本书中，以2003年9月11日经过日本冲绳县宫古岛的台风鸣蝉为例，展示强风的特征。此次台风的细节和一些测量值可参阅Cao等人的研究（2009）。

分析风的一个重要假设是，平均风速实际上是稳定的。不然则需要更复杂的过程以去除信号中的湍流部分，否则平均风速中的趋势会使示例平均值偏离真实平均值。例如，在穿过风暴带来的快速移动的锐眼风墙最大值的过程中，一个10min的平均测量可能会减少真实平均风速最大值的振幅（WMO 2010）。实际上，在减少样品误差和因不平稳而带来的误差之间，选择平均周期作为一种折衷方法。图1.1展示了使用经验模态分解（EMD）从不稳定速度记录中分离随时间变化的平均速度的例子，通过这一方法，任何复杂的数据组均可被分解为有限的、少数的固有模态函数（IMF）。因为其基于数据的本地特征时标（Xu和Chen 2004），所以这种分解可适用于非线性及不稳定的过程。

一般来讲，平均风速估值非常关键，应基于可被看作稳定的最长实际间隔。实际上，平均10min一般可以满足此要求。世界气象组织（WMO）关于估计平均风速的标

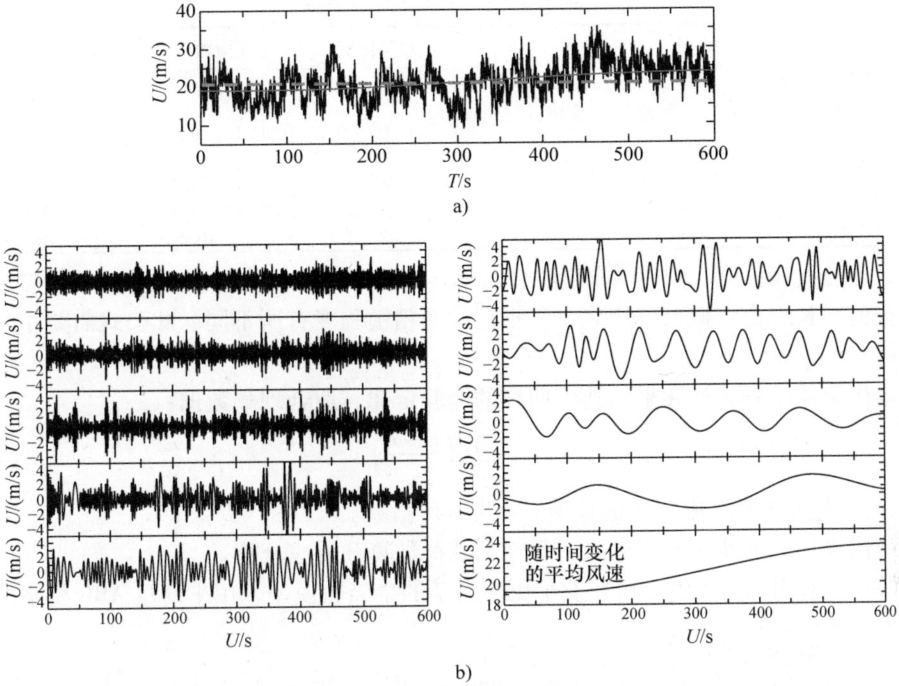

图 1.1 使用经验模态分解（EMD）从不稳定速度记录中分离随时间变化的平均速度的例子。

a）10min 的不稳定速度记录 b）EMD 部分

准是平均 10min。

1.3.1 平均风速

1.3.1.1 普通大气边界层中的平均风速

正如前面提到的，摩擦力形成了大气边界层（ABL）。摩擦力或速度切变产生了旋涡，在靠近地面的地方引起了风较大脉动。ABL，粗略地讲，包含界面层、表面层和外层。ABL 的高度按照梯度高度 Z_g 来定义，无摩擦梯度风速可通过上面的计算。雷诺应力在靠近地面动量传递的过程中扮演重要的角色。

在建筑风工程领域中，强风条件经常与空气的充分混合带来的热中和条件结果有关。在表面层，雷诺应力大致是不变的，$\tau_0=\rho_a u_*^2$，其中 u_* 为摩擦速度。用来描述强风条件下风速曲线的一个优秀的数学模型是对数定律。在实际的风荷载规范和标准中，使用对数定律、幂次定律以及 Deaves - Harris 模型描述风速曲线。

根据对数定律，平均风速曲线（见表 1.1）按如下定义：

$$U=\frac{u_*}{\kappa}\ln\left(\frac{z-d}{z_0}\right) \tag{1.10}$$

表 1.1 平均风速曲线参数

地形	大概长度/m	幂指数 α	零平面位移 d/m
海洋、泥滩、积雪平原等	0.000～0.003	0.1～0.13	0
开阔的乡下、有农作物、篱笆和少量树的野外等（气象标准条件）	0.003～0.2	0.14～0.2	0.1
浓密的森林、民宅、郊区	0.2～1	0.2～0.25	5
城市	1～2	0.25～0.3	10
大城市中心	2～4	0.3～0.5	10

式中，z_0 为大概长度；u_* 为摩擦速度；κ 为卡曼常数（≈0.4）；d 为零平面位移。风速随海拔的增长率由大概长度决定，其根据地面粗糙程度有所不同。此公式需要相同的摩擦条件。

幂次定律是一种描述平均速度曲线的经验定律，适合现场数据：

$$U = U_r\left(\frac{z-d}{z_r}\right)^{\alpha} \tag{1.11}$$

式中，U_r 为在参考海拔 z_r 下的风速；α 为幂律指数。

结构设计师可使用此表达式进行锋利载荷估算和响应分析。

Deaves 和 Harris（1981）开发了更为复杂的半经验模型，用来通过 ABL 粗略估计曲线，如下所示：

$$U = \frac{u_*}{\kappa}\left[\ln\left(\frac{z-d}{z_0}\right)+5.75\left(\frac{z-d}{Z_g}\right)-1.875\left(\frac{z-d}{Z_g}\right)^2-\frac{4}{3}\left(\frac{z}{Z_g}\right)^3+\frac{1}{4}\left(\frac{z}{Z_g}\right)^4\right] \tag{1.12}$$

其中，梯度海拔按如下定义：

$$Z_g = \frac{u_*}{6f_c} \tag{1.13}$$

澳大利亚/新西兰标准（AS/NZS 1170.2）（2002）基于 Deaves 和 Harris 模型规定了一个曲线。

大概长度的值、幂律指数 α 和零平面位移值 d 随着边界层的变化而变化。表 1.1 展示了在不同地形下测量的大概长度和幂律指数的现场数据。

表 1.2 总结了亚洲太平洋经济合作组织（APEC）（Ge 等人 2010）中与平均速度曲线相关的参数当前代码。大多数当前代码采用幂次定律描述平均速度曲线。然而，APEC 经济体之间梯度海拔和幂指数的偏差显而易见。

表 1.2 APEC－WW 经济体中描述平均风速曲线的参数

经济体	定律	N	最小值		基础值		最大值	
			α_{min}	δ_{min}	α_b	δ_b	α_{max}	δ_{max}
澳大利亚和新西兰	D&H	4						
加拿大	幂律	3	0.14	270	0.14	270	360	400
中国大陆	幂律	4	0.12	300	0.16	350	0.30	450
中国香港	幂律	1	0.11	500	0.11	500	0.11	500
印度	幂律	4	0.10	250	0.14	270	0.34	500
印度尼西亚	幂律	4	0.09	213	0.11	274	0.20	457

（续）

经济体	定律	N	最小值		基础值		最大值	
			α_{min}	δ_{min}	α_b	δ_b	α_{max}	δ_{max}
日本	幂律	5	0.10	250	0.15	350	0.35	650
韩国	幂律	4	0.10	250	0.15	300	0.33	500
马来西亚	幂律	4	0.12	250	0.15	300	0.30	500
菲律宾	幂律	4	0.09	213	0.11	274	0.20	457
新加坡	对数	1						
中国台湾(中国台北)	幂律	3	0.15	300	0.15	300	0.32	500
泰国	幂律	3	0.14	270	0.14	270	0.36	600
美国	幂律	3	0.11	210	0.15	270	0.25	360
越南	幂律	3	0.07	250	0.09	300	0.14	400

1.3.1.2 热带气旋的平均风速

在气旋频发的地区，进行抗风设计时需要关注热带气旋中平均风速的垂直曲线。这似乎已经达成了一致的结果，即热带气旋中的风偏离中心眼可表示为普通的大气边界层，尽管有些报告显示热带气旋具有更高的湍流强度。然而，对风速达到最大值的，靠近眼壁区域的平均风速曲线的理解仍不充分，因为测量的困难，只进行了少量的成功现场测量。Franklin 等人（2000）将靠近眼壁附近的风速曲线和距气旋中心 200mile（320km）处的外旋流区域作了比较。图 1.2 显示了靠近眼壁附近的风速曲线和外旋流区域的风速曲线有着相同的趋势等，平均风速随海拔的上升而提高，在一个特定的海拔达到最大值，然后随着海拔上升而缓慢降低，直至海拔上升至几千米。图 1.2 还显示出，外旋流区域的最大风速往往出现在较高的海拔处，并且不像眼壁中的那样明显。Giang 等人（2007）评估了热带气旋中的风速曲线，如图 1.3 所示，靠近地面处眼壁和外旋流区域的风速曲线，均近似于对数定律或幂次定律曲线。

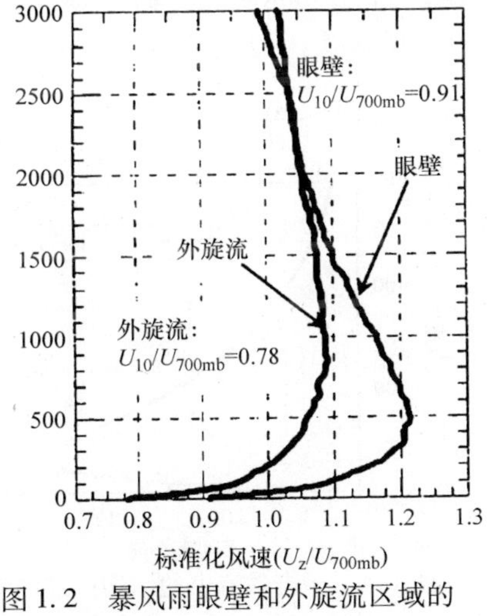

图 1.2 暴风雨眼壁和外旋流区域的平均风速曲线（Franklin 等人 2000）

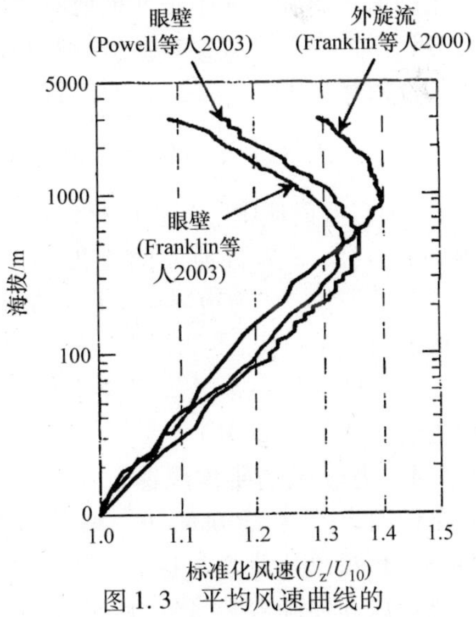

图 1.3 平均风速曲线的对数定律表达

还总结出，壁眼中的风速曲线和外旋流区域的风速曲线并无明显不同。

有一个关于热带气旋中风速达到最大值时的梯度海拔的讨论。Amano 等人（1999）在冲绳县测量了台风 T9612，测量结果显示梯度海拔有可能降至 100m 以内。Holmes（2001）引用了这个结果，他以飓风中的风速曲线为例，提议将达到一定海拔（60 ~ 200m）的平均风速曲线压缩为一个陡峭的对数曲线，在此海拔之上气流的平均风速几乎不变。热带气旋中低梯度速度海拔的结果受到了 Giang 等人（2007）的质疑，他们认为 Amano 报告的风速相对于台风来说太低了，甚至没有必要假设一个热中和环境。作为一种选择，Giang 等人（2007）建议，海平面以上梯度海拔的平均特征，壁眼区域为 500 ~ 700m，外旋流区域为 900m 或更高。

一个简单的兰金（Rankine）涡流模型由靠近中心的刚性旋转部分和周围区域的感应的自由涡流部分组成，被广泛用于描述热带气旋平均速度的水平构造。风速根据和中心之间的距离 r 在刚性旋转部分内成比例提高，根据距离的倒数$1/r$在周围区域内成比例降低。受旋转速度和移动速度的叠加效应的影响，北半球右半圆的风速比左半圆的风速要高。

1.3.1.3　下击暴流的平均风速曲线

定义一个平均风速可能并不合适，但是通过过滤技术或条件平均，使得采用随时间变化的平均风速展示环境气流以及热湍流和机械湍流引起的湍流部分成为可能。下击暴流的基本结构为低空急流，在海拔 50 ~ 100m 达到最大速度，超过此海拔后平均风速缓慢地降至周围环境气流同等水平（Letchford 和 Kwok 2004）。通过一些澳大利亚和美国的雷达和测风塔测量的现场数据，可对下击暴流的机构有一个了解。Letchford 等人（2002）和 Mason 等人（2003）做的物理模拟证明，暂态流最好的模拟方式是通过脉动流产生的滚轴涡旋，而不是冲抵地面的稳定的壁射流。最大风速出现在非常靠近碰撞点的地方，通常在下降气流1 ~ 2km 的直径之内。Oseguera 和 Bowles（1988）建议了一个稳定的壁射流中平均风速的模型，其中水平风速部分的表达式为

$$U = \left(\frac{\lambda R^2}{2r}\right)\left\{1 - \exp\left[-\left(\frac{r}{R}\right)^2\right]\right\}\left[\exp\left(-\frac{z}{z^*}\right) - \exp\left(-\frac{z}{\varepsilon}\right)\right] \tag{1.14}$$

式中，r 为自壁射流中心的径向坐标；R 为壁射轴的特征半径；z 为自地面的海拔；z^* 为边界层外的特征海拔；ε 为边界层内的特征海拔；λ 为比例因数，单位为 $[\mathrm{s}]^{-1}$。

图 1.4 显示了一个最大风速半径的风速曲线的例子（Holmes 2001）。

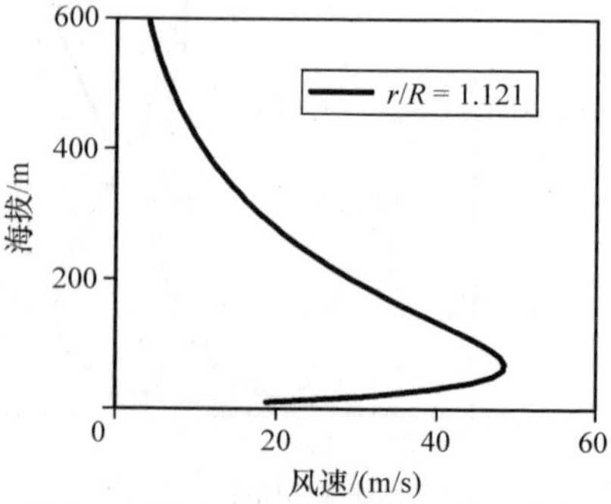

图 1.4　下击暴流中的平均风速曲线（Holmes 2001）

1.3.1.4　龙卷风的平均风速

龙卷风会产生最强的风，峰值阵风可达 100m/s。有两种类型的龙卷风：伴随着冷锋的寒冷龙卷风和伴随着热带气旋或成型的衰减的

温暖龙卷风。当台风靠近时，温暖的空气流入台风的前方，然后空气变得不稳定。成型的积雨云是龙卷风的原型。有时候，龙卷风和下击暴流均源自积雨云，往往很难从破坏力上辨别它们。

龙卷风可根据藤田级数（Fujita Scale）分类为 F0 ~ F5，大约 90% 的龙卷风为 F2 级或更低（Letchford 和 Kwok 2004）。藤田级数对应的近似风速见表 1.3。龙卷风的模型可为垂直的兰金涡流，其被类似于热带气旋的自由涡流包围。

表 1.3　龙卷风的藤田级数（Letchford 和 Kwok 2004）

藤田级数	破坏说明	近似风速/(m/s)
F0	轻微	18 ~ 32
F1	中等	33 ~ 50
F2	相当大	51 ~ 70
F3	严重	71 ~ 91
F4	毁灭性的	92 ~ 115
F5	不可思议的	116 ~ 141

1.3.2　风速波动

图 1.5 显示了 van der Hoven（1957）提出的著名的功率谱，其中有两个明显的峰值：一个称为“宏观气象峰值”，显示了在 4 天的时间内能量的集中；另一个称为“微观气象峰值”，在 1min 左右有一个能量峰值。前者和地球自转带来的大规模气候系统移动有关。后者和地形效应、地形粗糙、地点附件的障碍物等引起的湍流有关。两个峰值之间的频率范围几乎没有能量。此范围称为“谱隙”，它将风速脉动的两个不同的频率范围分开。在建筑设计评估动态风力时，需要考虑微观气象峰值中的风速波动。然而，在进行建筑设计时，可将包括宏观气象峰值在内的低频范围内的风速波动，当作平均风速的一种变化。

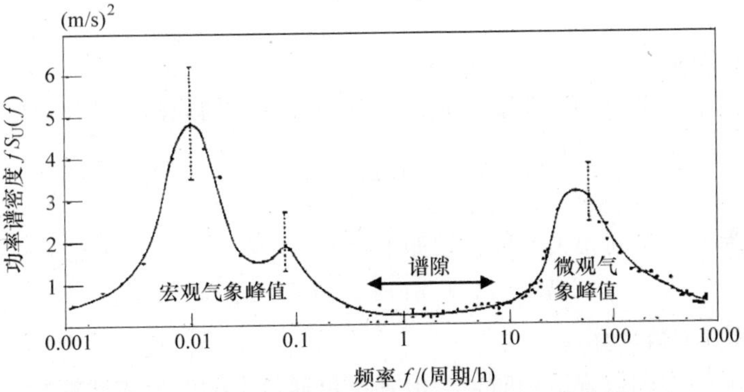

图 1.5　宽频范围风速的 van der Hoven 功率谱

1.3.2.1　湍流强度

湍流强度是对大气湍流最简单的描述，可被定义为速度波动相对于平均速度的标准偏差率：

$$I_u = \frac{\sigma_u}{U}, I_v = \frac{\sigma_v}{U}, I_w = \frac{\sigma_w}{U} \tag{1.15}$$

式中，$\sigma_u^2 = \frac{1}{T}\int_0^T u^2 dt$；$\sigma_v^2 = \frac{1}{T}\int_0^T v^2 dt$；$\sigma_w^2 = \frac{1}{T}\int_0^T w^2 dt$。

速度波动的标准偏差 σ，也可通过下式获得：

$$\sigma^2 = \int_{-\infty}^{\infty} S(f)\,df \tag{1.16}$$

式中，$S(f)$ 为风速部分的功率谱密度。

在评估建筑的振动和解释流动构造的相互影响时，湍流强度是另一项重要的参数。专业风荷载规范规定了湍流强度的垂直曲线，根据海拔和地形有所不同。

图 1.6a 展示了纵向湍流 I_u，随着台风鸣蝉的平均风速的变化而变化。I_u 随着平均风速的增高而降低，当风速达到30m/s 时几乎保持不变。在台风鸣蝉中通过声波风速计得到的湍流部分的标准偏差率为 $\sigma_u/\sigma_v/\sigma_w = 8/1.5/1.0$，比得上在中性面边界层中得到的一般比例，Teunissen（1970）得到的 $\sigma_u/\sigma_v/\sigma_w = 1.9/1.5/1.0$，Counihan（1975）得到的 $\sigma_u/\sigma_v/\sigma_w = 2.0/1.5/1.0$。

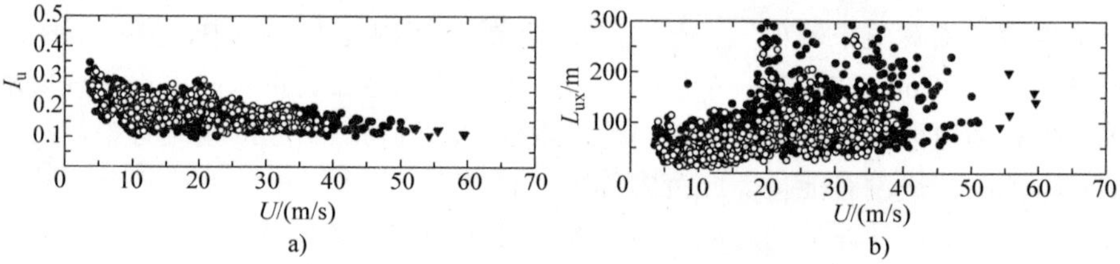

图 1.6　湍流强度和湍流规模随平均速度的变化

a）湍流强度　b）湍流规模

1.3.2.2　湍流规模

纵向 x 方向中 u 部分的湍流规模是风速波动 u 的平均规模，按如下定义：

$$L_{ux} = \int_0^{\infty} R_{uu}(x)\,dx \tag{1.17}$$

式中，$R_{uu}(x)$ 为 u 的空间相关系数，按如下定义：

$$R_{uu}(x) = \overline{u(r, t)u(r + x, t)} \tag{1.18}$$

在这里，$\overline{u}$为求平均数计算。

当水平湍流的泰勒假说适用时，湍流强度可通过下面的公式计算：

$$L_{ux} = U\int_0^{\infty} R_{uu}(\tau)\,d\tau \tag{1.19}$$

式中，$R_{uu}(\tau)$ 为 $u(t)$ 的自相关系数，按如下定义：

$$R_{uu}(\tau) = \overline{u(r,t)u(r,t+\tau)} \tag{1.20}$$

大气边界层内的湍流强度变化巨大，计算方法会对结果产生重要影响。湍流强度通常通过下式计算，此公式由自相关函数 R_{uu}（τ）和功率谱密度 $S_u(f)$ 的 Wiener - Khintchine 关系推导而来：

$$L_{ux} = US_u(0)/2\sigma_u^2 \tag{1.21}$$

因为空间为三维方向，甚至 u 部分也是，所以可定义 3 个湍流规模：L_{ux}、L_{uy} 和 L_{uz}。在各向同性湍流领域，纵向湍流规模是横向和垂直方向的两倍，即 $L_{ux}=2L_{uy}=2L_{uz}$。在靠近地面的点伴随着速度切变，会出现 $L_{ux}\approx 3L_{uz}$。和湍流强度类似，专业风荷载规范规定，湍流规模的垂直曲线也随着海拔和地形的变化而变化。如图 1.6b 所示，湍流规模随着平均风速的增加而增加，尽管偏差很大。

1.3.2.3　阵风系数和峰值因子

阵风系数 G_u 为特定时期（通常为 10min）内的最大峰值阵风与平均风速的比值：

$$G_u = \frac{U_{max}}{U} = \frac{U + u_{max}}{U} \tag{1.22}$$

峰值因子为最大风速波动相对于风速波动标准偏差的比率，即

$$g_u = \frac{u_{max}}{\sigma_u} \tag{1.23}$$

便可建立阵风系数和峰值因子之间的关系式：

$$G_u = 1 + \frac{u_{max}}{U} = 1 + g_u\frac{\sigma_u}{U} \tag{1.24}$$

图 1.7 阐述了阵风系数和峰值因子与台风鸣蝉的平均风速的相关性。阵风系数和峰值因子所有数据的平均值分别是 1.6 和 3.3，随着风速的改变几乎保持不变。然而，它们相差很大。

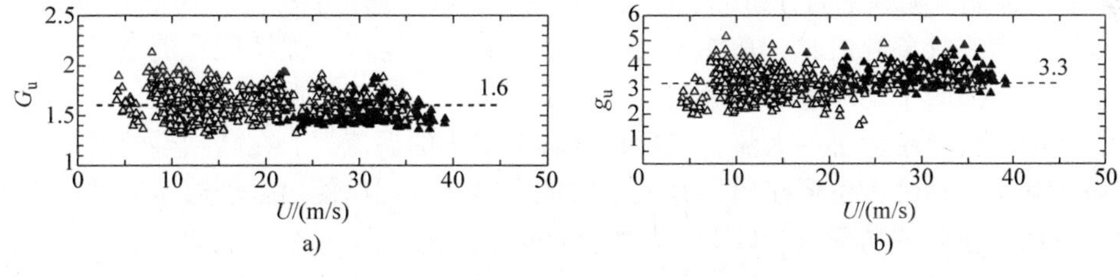

图 1.7　阵风系数和峰值因子对平均风速的相关性

a）阵风系数　b）峰值因子

在关于热带气旋环境的世界气象组织（WMO）现行框架内，最大持续风速的平均时间为 1min、3min 或 10min，取决于热带气旋区域联合小组和委员会。此外，国家和国际组织之间在估算阵风风速的平均时间上并没有达成统一。很明显，通过较短的平均时间得到的值，会比通过较长的平均时间得到的值较大或较小。阵风系数，代表较短平均时间的最高平均风速与较长观测时间的平均风速的比率，是两种平均时间的平均速度之

间的一种不同平均周期的两种平均速度之间的平均换算因数。这种换算因数在热带气旋环境中设计建筑或其他结构时更加重要，因为结构作为一个整体和单独部分的共振频率与不同周期的风相对应。几十年来，在估计阵风速度时，平均时间和样本分布的影响备受关注，进行了许多关于包括阵风系数和热带气旋在内的风平均换算因数的研究。表1.4总结了热带气旋下的风速换算因数，主要针对公海和沿海情形，包括WMO的建议和台风鸣蝉的数据。热带气旋环境有4种已知的类别，即比较了海岸内（粗糙的开阔地形）、离岸（海岸线上的离岸风）、近海（海岸线上的陆上风）和深海（>20km离岸）。

表1.4 热带气旋环境下的风速换算因数（括号里的数据是WMO的建议值）

在+15m曝光 +10m（WMO）		参考周期/s	阵风系数 G_{τ,T_0} 阵风持续时间/s				
等级	说明		3	60	120	180	600
离岸	近海	3600	1.49（1.60）	1.23（1.22）	1.18（1.15）	1.16（1.12）	1.10（1.06）
		600	1.36（1.52）	1.13（1.16）	1，08（1.09）	1.06（1.06）	1.00（1.00）
	海岸线处的风	180	1.29（1.44）	1.07（1.10）	1.02（1.04）	1.00（1.00）	—
		120	1.26（1.42）	1.04（1.08）	1.00（1.00）	—	—
		60	1.23（1.36）	1.00（1.00）	—	—	—
外海	陆上	3600	1.54（1.45）	1.29（1.17）	1.23（1.11）	1.19（1.09）	1.11（1.05）
		600	1.43（1.38）	1.17（1.11）	1.11（1.05）	1.08（1.03）	1.00（1.00）
	海岸线处的风	180	1.35（1.31）	1.09（1.05）	1.03（1.00）	1.0（1.00）	—
		120	1.32（1.28）	1.06（1.03）	1.0（1.00）	—	—
		60	1.28（1.23）	1.00（1.00）	—	—	—

1.3.2.4 功率谱表示微观气象风速波动

风速会在时间和空间内发生随机脉动，可以表示为通过平均气流传递不同规模的涡流的现象。大规模的涡流导致了长期（低频）的脉动，小规模的涡流导致了短期（高频）的脉动。湍流能量随频率的分布可通过功率谱密度函数（通常简称为"功率谱"）描述。

仅选中微观气象峰值时，功率谱由三部分组成：产生区、惯性区和消散区。在低频端的产生区，因为平均风速的不稳定，形成了类似大的涡流的湍流。在产生区之后的惯性区，大的涡流分解为小的涡流，然后再分解为更小的涡流等。在高频端的消散区，涡流变得非常小，黏性占主要作用，其能量消散为热量。可以使用多种数学模型定义表示微观气象风速波动的功率谱。Fichtl和Mc Vehill模型提供了一个一般的数学表达，其中功率谱按如下定义：

$$\frac{fS_u(f)}{\sigma_u^2} = \frac{4f^*}{(1+\alpha f^{*\beta})^{\frac{5}{3\beta}}} \tag{1.25}$$

其中

$$f^* = \frac{fL_{ux}}{U},\ \alpha = 1.5\frac{4^\beta}{b^\beta},\ b = \frac{1.5^{\frac{1}{\beta}}\beta\Gamma\left(\frac{5}{3\beta}\right)}{\Gamma\left(\frac{1}{\beta}\right)\Gamma\left(\frac{2}{3\beta}\right)}$$

式中，$\Gamma(\cdot)$为伽马函数。

人们发现

$$S_u(f) \propto f^{-\frac{5}{3}} \tag{1.26}$$

$f\to\infty$。这是惯性子区间局部均向性的柯尔莫格罗夫（Kolmogorov）假说，功率谱的功率遵循 -5/3 定律。

当 $\beta=1$ 时，变为熟悉的功率谱，如 Kaimal 谱，当 $\beta=5/3$ 时为 Panofsky 谱，当 $\beta=2$ 时为 Karman 谱。Karman 谱的表达式如下：

$$\frac{fS_u(f)}{\sigma_u^2} = \frac{4\left(\frac{fL_{ux}}{U}\right)}{\left[1+70.8\left(\frac{fL_{ux}}{U}\right)^2\right]^{\frac{5}{6}}} \tag{1.27}$$

许多结构规范采用 Karman 谱作为风力谱的表达式。

图 1.10 展示了使用声学风速表测量的台风鸣蝉的微风和强风的纵向、横向和垂直方向速度部分的功率谱。功率谱可通过 Karman 谱很好地描述。有一个关于台风中风速脉动的功率谱的讨论。Tamura 等人（1993）提出了一个风速脉动功率谱的案例分析，测量了台风中心经过该地的前后，两种功率谱均有两个峰值。低频区域中的峰值，相当于和图 1.8 中类似的风速变化，高频区域的峰值相当于微观气象峰值。与此同时，许多现场测量结果显示，台风和锋面低压的功率谱并无明显不同。

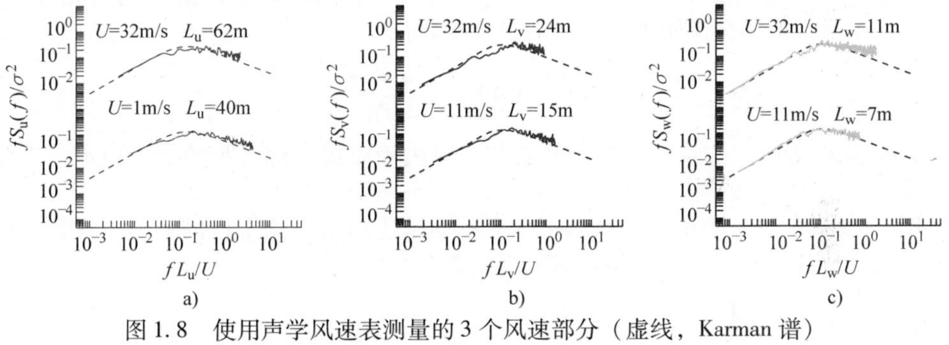

图 1.8 使用声学风速表测量的 3 个风速部分（虚线，Karman 谱）

a）纵向 b）横向 c）垂直方向

1.3.2.5 风速波动部分之间的互相关函数

风速波动部分之间的互相关函数：

$$\sigma_{uv}^2 = \overline{uv},\ \sigma_{vw}^2 = \overline{vw},\ \sigma_{uw}^2 = \overline{uw} \tag{1.28}$$

人们对它同样感兴趣。其无量纲形式为互相关系数：

$$\rho_{uv} = \frac{\sigma_{uv}^2}{\sigma_u\sigma_v},\ \rho_{vw} = \frac{\sigma_{vw}^2}{\sigma_v\sigma_w},\ \rho_{uw} = \frac{\sigma_{uw}^2}{\sigma_u\sigma_w} \tag{1.29}$$

范围为 -1 ~ 1。

互相关函数乘以空气密度 ρ_a 的负数即雷诺应力，除了平均气流部分带来的应力之外，还代表了传输动量用在流动块上的湍流部分引起的应力。作用在 x 轴曲面法线上的雷诺应力为

$$\tau_{xx} = -\rho_a\sigma_{uu}^2, \tau_{xy} = -\rho_a\sigma_{uv}^2, \tau_{xz} = -\rho_a\sigma_{uw}^2 \tag{1.30}$$

如果有一个随着海拔增加的 u 部分风速的风速曲线，由于 ABL 的组织结构，第二象限“喷出”和第四象限“扫除”动作占据优势，导致了一个负的雷诺应力。图 1.9 举例说明了日本国家气象协会在中和状态下，在 200m 高的塔上得到的雷诺应力系数。雷诺应力系数从 −0.4 降为 −0.2（Cao 等人 2001）。

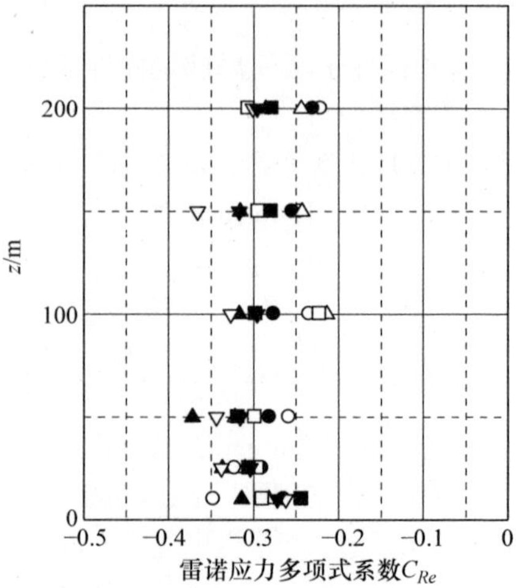

图 1.9 在 200m 高的气象塔测量的雷诺应力多项式系数分布

1.3.2.6 风速波动的相干性

风速波动在两个分开的点 i 和 j 的频率相关关系和，可通过一个函数描述，这被称为“相干性”，其为互频谱 $S_{ui\,uj}$ 的标准大小，定义如下：

$$\mathrm{Coh}(f) = \frac{|S_{ui\,uj}(f)|^2}{S_{ui}(f)S_{uj}(f)} \tag{1.31}$$

相干性的二次方根（根一致性）可以为关于频率 f 的风速 u_i 和 u_j 的自相关系数。根一致性通常近似为分离距离和频率的指数函数：

$$\sqrt{\mathrm{Coh}(f)} \approx \exp\left(-\frac{\sqrt{k_y^2y^2 + k_z^2z^2}}{\sqrt{U_1U_2}}f\right) \tag{1.32}$$

式中，k_y 和 k_z 为匹配测量数据的经验常数，取决于海拔、地表粗糙度、稳定水平等多种因素。

图 1.10 展示了一个两种不同的速度下波动风速的根 − 相干性的例子。在台风鸣蝉中并没有观测到衰变因数随平均风速出现显著的变化。

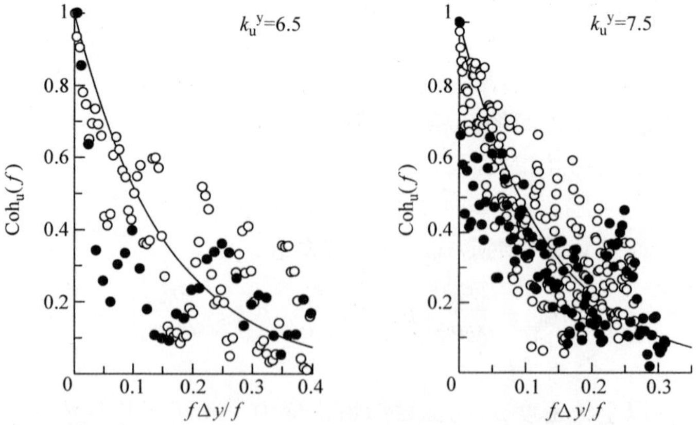

图 1.10 台风鸣蝉中得到的不同风速下的相干性函数

（白色圆圈：$\Delta y = 6\text{m}$，黑色圆圈：$\Delta y = 14\text{m}$）

1.3.2.7 概率分布

波动风速的概率分布通常符合正态分布。强台风中波动风速的概率密度函数是否同样符合正态分布，这是一个令人感兴趣的问题。图 1.11 展示了几种平均风速下风速的概

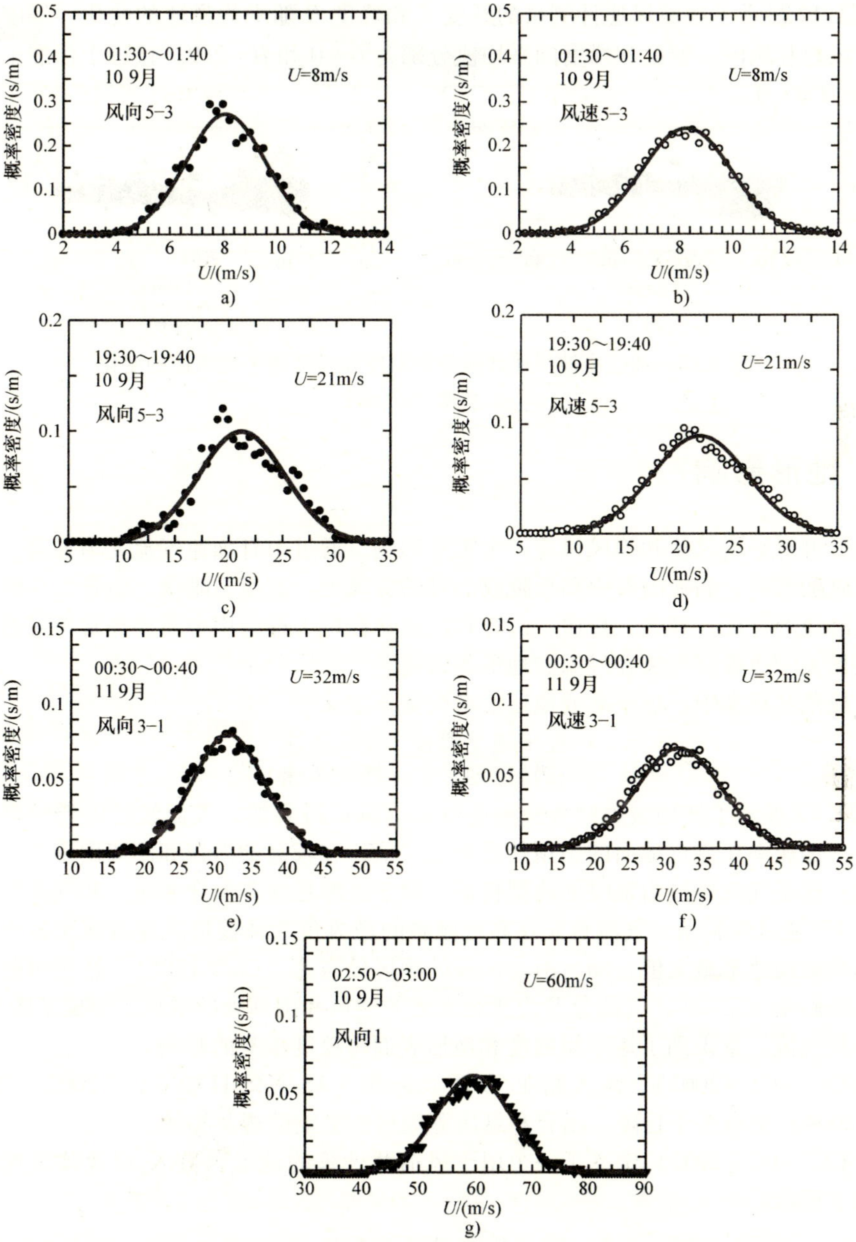

图 1.11 风速的概率密度函数（黑色圆圈：风向；白色圆圈：风速）

a）8m/s（风向） b）8m/s（风速） c）21m/s（风向） d）21m/s（风速）
e）32m/s（风向） f）32m/s（风速） g）60m/s（风向）

参考文献

AIJ-RLB-2004 (2004) Recommendations for loads on buildings. Architectural Institute of Japan, Japan (in Japanese)

Amano T, Fukushima H, Ohkuma T, Kawaguchi A, Goto S (1999) The observation of typhoon winds in Okinawa by Doppler sodar. J Wind Eng Ind Aerodyn 83:11–20

ASCE 7-02 (2002) Minimum design loads for buildings and other structures. American Society of Civil Engineers, Reston

Australian/New Zealand Standard (AS/NZS 1170.2) (2002) Structural design actions, Part 2: wind actions. Standards Australia & Standards, New Zealand

Cao S, Nishi A, Hirano K, Ozono S, Miyagi H, Kikugawa H, Matsuda Y, Wakasugi Y (2001) An actively controlled wind tunnel and its application to the reproduction of the Atmospheric Boundary Layer. Bound-Layer Meteorol 101(1):61–76

Cao S, Tamura T (2007) Effects of roughness blocks on atmospheric boundary layer flow over a two-dimensional low hill with/without sudden roughness change. J Wind Eng Ind Aerodyn 95:679–695

Cao S, Tamura Y, Kikuchi N, Saito M, Nakayama I, Matsuzaki Y (2009) Wind characteristics of a strong typhoon. J Wind Eng Ind Aerodyn 97:11–21. doi:10.1016/j.jweia.2008.10.002

Cook NJ (1985) The designer's guide to wind loading of building structures Part 1. Butterworths, London

Counihan J (1975) Adiabatic atmospheric boundary layers—a review and analysis of data from the period 1880–1972. Atmos Environ 9:871–905

Deaves DM, Harris RI (1981) A mathematical model of the structure of strong winds. C.R.I.A. Report 76. Construction Industry Research and Information Association, London

Franklin JL, Black ML, Valde K (2000) Eye wall wind profiles in hurricanes determined by GPS drop wind sondes, extracted from Le et al. (2007)

Yaojun Ge, Xinyang Jin, and Shuyang Cao (2010) Comparison of APEC wind loading codification and revision of Chinese National Code. In: Proceedings of 6th workshop on regional harmonization of wind loading and wind environmental specifications in Asia-Pacific economies, Korea

Holmes JD (2001) Wind loading of structures. Spon Press

van der Hoven I (1957) Power spectrum of horizontal wind speed in the frequency range from 0.0007 to 900 cycles per hour. J Meteorol 14:160–164

Giang TG, Tamura Y, Cao S, Matsui M (2007) Wind-speed profiles in tropical cyclones. J Wind Eng 4(1):39–48

Letchford CW, Mans C, Chay MT (2002) Thunderstorms, their importance in wind engineering—a case for the next generation wind tunnel. J Wind Eng Ind Aerodyn 90:1415–1433

Letchford CW, Kwok K (2004) Simulation and flow measurement of atmospheric boundary layer flows. In: State-of-the-art wind tunnel modeling and data analysis techniques for infrastructure and civil engineering application, Croucher Advanced Study Institute, Hong Kong

Mason M, Letchford CW, James DL (2003) Pulsed jet simulation of a thunderstorm downburst. In: Proceedings of 11ICWE, Lubbock, 2249–2256

Oseguera RM, Bowles RL (1988) A simple analytic 3-dimensional downburst model based on boundary layer stagnation flow, NASA Technical Memorandum 100632. National Aeronautics and Space Administration, Washington

Powell MD, Vickery PJ, Reinhold TA (2003) Reduced drag coefficient for high wind speeds in tropical cyclones. Nature 422:279–283

Simiu E, Scanlan R (1986) Wind effects on structures, 2nd edn. Wiley, New York

Teunissen HW (1970) Characteristics of the mean and turbulence in the planetary boundary layer. UTIAS Review No. 32

Tsuchiya M, Kondo K, Sanada S (1999) Effects of micro-topography on design wind velocity—characteristics of wind velocity amplification around various topographies. Summaries of Technical Papers of Annual Meeting, Architectural Institute of Japan, 119–120

Tamura Y, Shimada K, Hibi K (1993) Wind response of a tower (Typhoon observation at the Nagasaki Huis Ten Bosch Domtoren). J Wind Eng Ind Aerodyn 50:309–318

WMO (2010) Guidelines for converting between various wind averaging periods in tropical cyclone conditions. World Meteorological Organization, WMO/TD-No.1555, Geneva

Xu YL, Chen J (2004) Characterizing non-stationary wind speed using empirical mode decomposition. J Struct Eng ASCE 130(6):912–920

第 2 章　设计风速的估计

Michael Kasperski

摘要　设计风速规范的现代方法，倾向于使用明确的格式直接表现风速的设计值，而不是将设计值隐藏在特征风速和分项系数的乘积之后。针对高变化性的地形环境，此方法带来了更好的稳定性和一致性，避免了对含不利非线性特征系统的低估。因此一些主要的规范采用了此概念。本章呈现了极限状态下，设计风速超越概率的暂定目标值，依据建筑和结构的 6 个重要等级而论的设计工作寿命。此外，依据一整年给出了适用性极限状态的暂定目标值。对于实际应用，讨论了考虑合适置信区间的关于数据的质量检查、合适样本的取样以及设计值的估计的策略。因为几十年以来统计的不确定性依然很大，提出了一个新的方法，带来了关于风速设计的一致性的值。此外，还提出了关于强锋面低压引起的风暴示例的方向性复杂主题。

关键词　最佳估计 · 设计风速 · 设计工作寿命 · 方向性 · 结构等级

2.1　简介

2.1.1　术语

设计风速在狭义上是指风速的设计值，用于评估结构极限状态下的抗风性。结合气动系数的设计值和空气密度，设计风速带来的设计风荷载如下：

$$w_{des} = \frac{1}{2}\rho v_{des}^2 c_{des} \tag{2.1}$$

式中，w_{des}为设计风荷载；v_{des}为风速设计值；c_{des}为气动系数设计值；ρ 为空气密度。

式（2.1）中所示的明确的格式等关于设计值的直接规范，源自地震工程学，于 1989 年在澳大利亚标准（AS 1170）中被首次采用。并于2009 年在最近修订的 ISO 文件中被采用，还被用于现行的 ASCE（ASCE SEI 7 10），并且在最新的澳大利亚/新西兰标准（AS/NZS 1170）中继续实施。作为将设计值隐藏在特性值和相应的分享系数的结果之后的传统格式的替代方法，明确的格式有两个优点：针对高变化性的地形环境，此方法带来了更好的稳定性和一致性，避免了对含不利非线性特征系统的低估，因为，例如其发生在沿着结构的风响应方向的共鸣部分，增大了 v^3 而不是 v^2。此外，其满足透明度的基本要求，并允许设计工程师鉴定那些基于罕见事件的抗风设计，这些事件在建筑或结构预期的寿命中不太会发生，预期寿命作为一个参考周期，来指定设计事件的超越概率合适的目标值。

设计风速在广义上讲还包括一些用于不同适用性极限状态分析的风速值。基本上，标准在可逆的和不可逆的极限状态之间有所区分。作为参考周期，通常采用仅一年。

至少对于 ULS 设计风速的规范来说，需要更大的推断。然后，需要考虑两种不确定性类型：由于有限的观察总效果而导致的统计学的不确定性；以及由于过程知识的不充分导致的不确定性，如关于可能由气候变化诱发的长期趋势。

基本上，不确定性可能会导致真实设计值的过预估或欠预估。过预估可能会导致不必要的昂贵的结构，欠预估可能会导致结构的可靠性低于预期。后者可通过引入合适的单方面置信区间加以避免，错误地将设计风速值预估过低的概率，可通过设置一个可接受的最低值加以限制。此错误概率是置信区间的补充。在结构工程学中，基于测试（EN 1990），进行预估抗风性设计值时，通常只要具有 75% 的置信区间便可应用。当预估行动的设计值时可采用同样的目标。

2.1.2 基本可靠性要求

定义基本可靠性时，时间上应按照一年，或按照项目的或设计的工作寿命，该寿命是指结构可执行其要求的功能的预期周期。后一种方法可带来建筑环境的经济性设计。对临时建筑来说，设计工作寿命的典型值为 1～5 年，对工业结构和建筑来说为10～40 年，对住宅建筑来说为 60～80 年，对于桥梁来说为 100～150 年。现今大多数的规范不允许将设计工作寿命作为一种明确的设计变量，而是经常默认为 50 年的常规值，并将设计事件与仅仅一年联系起来。

基本上，根据设计工作寿命的目标值可被转换为每年的超越概率，如下所示：

$$p_1 = 1 - (1 - p_L)^{1/L} \tag{2.2}$$

式中，p_L为设计工作寿命中的超越概率；p_1为每年的超越概率；L 为设计工作寿命的年数。

根据失败后对生命、经济和社会构架的危害影响来分类结构是合理的。根据现代的标准，如 ISO 22111—2007：结构设计基础——常规要求（ISO 22111 2007），可区分为以下 6 个等级：

0　对生命没有危害的建筑，如自由场太阳能公园

1　对生命和其他事物的危害程度很低的建筑，如没有定期人员居住的农业建筑，或公众无法进入的商业温室

2　对生命的危害程度一般的建筑，如办公室建筑、商业建筑、居民建筑、工厂

3　里面含有大量人员的建筑，如高楼大厦、体育场和音乐会大厅

4　有专门的避难所功能的建筑或结构，如医院、学校、桥梁和输电线路

5　设计为在极端风暴环境下为人们提供避难所的建筑，如飓风或龙卷风避难所

结构安全性设计风荷载的超越概率目标值，按照设计工作寿命进行了如下定义（见表 2.1）。还列出了按照一年周期的适用性极限状态下不同的目标值。

极限状态下，设计工作寿命对设计风荷载的每年超越概率的影响见表 2.2，分别列出了设计工作寿命为 1～100 年的值。对于设计工作寿命 50 年来说，每年超越概率的目

标值范围：等级 0 为 1/100，等级 5 为 1/10000。

表 2.1　极限状态下设计风荷载的超越概率的暂定目标值
（参考周期：设计工作寿命）**及适用极限状态**（参考周期：1 年）

结构等级	0	1	2	3	4	5
工作寿命中的极限状态	0. 4	0. 2	0. 1	0. 05	0. 025	0. 005
1 年内的适用极限状态	0. 2	0. 1	0. 05	0. 02	0. 01	0. 002

表 2.2　设计工作寿命对极限状态下设计风荷载的每年超越概率的影响

L/年	结构等级					
	0	1	2	3	4	5
1	1/2. 5	1/5	1/10	1/20	1/40	1/200
2	1/4. 5	1/10	1/20	1/40	1/80	1/400
5	1/10	1/25	1/50	1/100	1/200	1/1000
10	1/20	1/45	1/95	18200	1/395	1/1995
20	1/40	1/90	1/190	1/390	1/790	1/3990
50	1/100	1/225	1/475	1/975	1/1975	1/9975
80	1/160	1/360	1/760	1/1560	1/3160	1/15960
100	1/200	1/450	1/950	1/1950	1/3950	1/19950

要想评估现有建筑的抗风性，就有必要为一些具有特定文化和历史价值的建筑扩展结构等级列表。这些建筑需要为后代保留，即预期未来工作寿命要大于 100 年。此结构等级的每年目标超越概率的一个优先暂定值为 1/20000。

对于两个设计值的规范——设计风速和气动系数的设计值——仅一个要求有效，即满足设计风荷载的指定目标超越概率。因此，对于特殊的问题，有无数个解决方案。一个对所有结构有效的更加常规的方法，指定了风速的一个通用设计值以及分别需要的气动系数设计值。然后，指定设计风荷载超越概率的目标值同样可被用作设计风速的目标值。

2.2　数据基础

2.2.1　国家气象局提供的基本信息

气象观察结果构成了极端风气候统计分析的数据基础。尽管已经于 1873 年成立了国际气象组织，但是今天仍然会在不同的国家取样到风不同的信息。事实上，取样信息并不一直满足风工程师的要求。在德国，同时提供每天 24h 每小时的平均风速及其风向。此外，还列出了每日最大阵风速及其发生时间，然而没有阵风的风向。在印度，风速的取样为 10min 内的平均值。每小时仅提供一个值，即每小时的最后 10min 的平均值。风向仅每 3h 提供一次。然而，每天的最大阵风速和其风向一起提供。

德国气象局［德国气象服务台（DWD）］为风速提供 0. 1m/s 步长的数据。尽管如今现代化的超声波传感器可为此分辨率提供高质量的数据，转杯风速仪，如每转三脉冲可能无法解决上述步长。每个脉冲对应特定的长度，不同的仪器有所不同。一个典型的长度为0.12m，即每秒一个脉冲便是0.12m/s，每秒两次脉冲为0.24m/s，每秒三次脉冲为0.36m/s。如果这些结果使用0.1m/s的步长重新取样，0.36m/s的结果在0.4m/s等级中取样。在0.9m/s、1.5m/s、2.1m/s等的风速水平下发生相同的取样误差。这种失真可在0.1m/s等级的风速频率的图形中看到。旧的数据会受到上述取样误差的影响，同时较新的数据的取样正确。在整个计数内，相邻等级0.4m/s、1.0m/s、1.6m/s等被过分表现。如果组宽增加为0.6m/s，则取样误差会消失，因为0.6m/s是基本长度0.12m/s的整数倍数。当按不同的规模取样风速时，会得到一个类似的影响，例如一开始以nmile，后来以km/h。因为nmile和km/h没有相同的整数倍数，所以当组宽增加时无法消除取样误差。

2.2.2 质量控制和修正

气象观察结果的统计分析质量取决于输入数据的质量。数据组的两个基本要求是完整性和一致性，即在整个观察周期内，不能有数据断层，并且观察站的环境需保持一致。假设连续气象年中的风暴是独立的，允许使用由非连续气象年组成的数据，即整个气象年的断层是可接受的。因此，一个气象年的定义为12个月，可提供数据有意义的对比。基本上，气象年不同于日历年度。例如风的数据，相应的气象年可称为伊奥里亚年（aeolian year，Kasperski 2007）。在德国，一个伊奥里亚年应包含一个完整的冬季风暴季和一整个夏季雷暴季。德国伊奥里亚年的一个合适的开端是5月的第一天。

严重的违反第二条要求可在年度平均值的时间关系曲线图中检测到，如图2.1所示是两个德国工作站。对于汉堡，年度平均值呈减少的趋势，表明了这些年城市的成长。因此桅杆在1968年和1995年重新定位。在萨尔布吕肯，桅杆在1990年进行了重新定位。在重新定位前，数据呈现了减少的趋势。

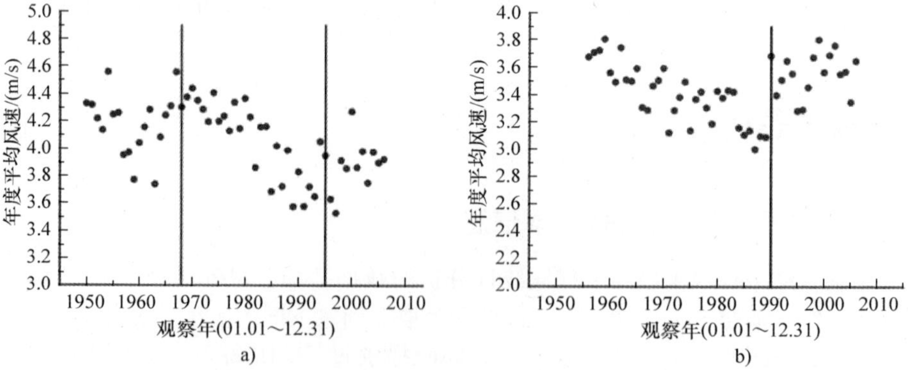

图2.1 受扰数据组的典型例子

a）汉堡-汉堡机场（Fuhlsbüttel） b）萨尔布吕肯/恩斯海姆

在德国，几乎没有未扰动的气象站。受扰数据组的修正可通过给年度平均值的观察轨迹匹配一个趋势，并将所有观测风速和趋势的倒数相乘来获得。这种方法需要额外的一个锚定值，该锚定值可将环境粗糙度转化为平坦开阔国家的标准参考粗糙度。因为不同风向的粗糙度影响有所不同，修正需要分别施加。为了许多德国观察站，德国气象局（Traup 和 Kruse 1996）已经生产出了一种针对粗糙度在距离达 10km 以内变化的环境粗糙度的快照。这些值代表了 20 世纪 90 年代中期的粗糙度，可用作锚定点。图 2.2 展示了汉堡周围环境粗糙度的例子。

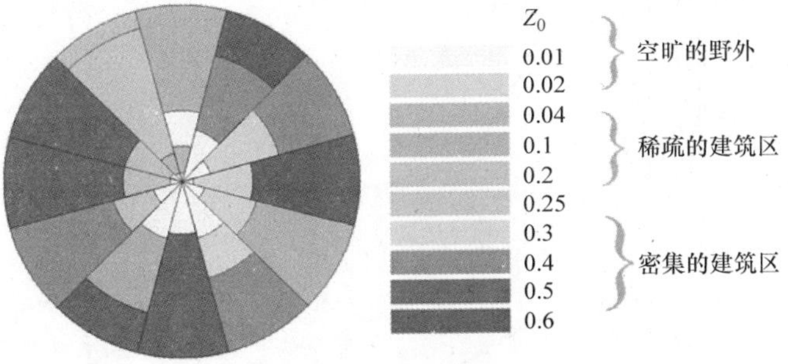

图 2.2 汉堡机场气象站附近的粗糙度，半径为 3km

2.2.3 母体分布

低范围的风速经常被称作母体分布，暗示强风暴源自微风（“它们散布风并获得旋风”）。然而，进一步观察海风和成型的冬季风暴背后的驱动机制，阻止了将母体分布推断为表面上看来相应的极端条件。

基本上，观测到的每小时风速可被简单理解为移动空气的速度测量。一个被广泛接受的每小时风速相对频率的模型为威布尔（wei bull）分布。其概率密度和相应的累积密度分布如下所示：

$$f(x) = \frac{k}{x_0}\left(\frac{x}{x_0}\right)^{k-1}\exp\left(-\left(\frac{x}{x_0}\right)^k\right) \tag{2.3}$$

$$F(x) = 1 - \exp\left(-\left(\frac{x}{x_0}\right)^k\right) \tag{2.4}$$

式中，k 为形状参数；x_0为尺度参数。

如果本地风气候的特征为长期的风平浪静，则上述方法应被用于非零每小时风速。应注意一点，威布尔分布是描述观察到的风速相对频率的一种有效表达，然而这并不是“母体”风的“真实”分布。这是基于杜塞尔多夫机场气象站观测到的风速所做的阐述，如图 2.3 所示。第一个解决方案由符合相对频率的最小二乘方获得，以线性范围 $f(x)$表达。当风速为 0 ~ 10m/s 时，这种方案是一种合适的模型。当风速达 15m/s 时，此模型就不是很适用。第二种合适的方法使用超过临界值的小时数，并执行适合对数分度$(1-F(x))$的最小二乘方。当风速范围为 7.5 ~ 15m/s 时，结果解决方案是一种合适的模型，然而在较低的风速范围并不合适。

威布尔分布过程 x 的平均值 m 和标准偏差 σ 与描述参数 x_0 和 k 的关系为

$$m = x_0\Gamma\left(1+\frac{1}{k}\right)$$

$$\sigma = x_0\left(\Gamma\left(1+\frac{2}{k}\right)-\Gamma^2\left(1+\frac{1}{k}\right)\right)^{1/2} \tag{2.5}$$

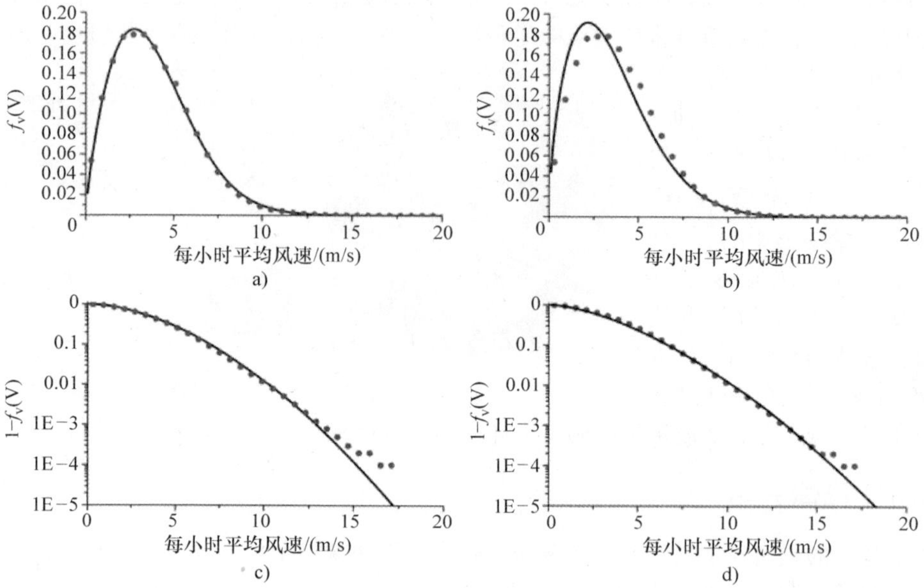

图 2.3　杜塞尔多夫机场，威布尔分布与“母体”风气候相符合（Kasperski2009a）
a）和 c）$x_0=4.36\text{m/s}$，$k=1.78$；b）和 d）$x_0=3.97\text{m/s}$，$k=1.60$

图 2.3 中的数据是 48 年来的平均值。假设“母体”分布可通过威布尔方法充分描述，年度平均风速等变化可基于仿真获得。图 2.4 展示了根据任意年度平均风速假设 $x_0=4.36\text{m/s}$ 和 $k=1.78$ 的非超越概率。年度平均风速变化系数为 0.006，使用平均超过 $365.25\times24=8766\text{h}/$年。观察到的变化参数大于 12.8。因此，观察到的任意年度平均风速的非超越概率轨迹彻底偏离了理论期望值。很明显，“母体”分布并没有通过一个简单的威布尔模型完全描述。此外，引起杜塞尔多夫风暴环境的强锋面低压展现了明显的季节性变化。超过 90% 的风暴发生在 10 月到 5 月，没有理由可以解释为什么夏季的“母体”风速可被假定为影响冬季风暴。

2.2.4　极值总体抽样

用于极值统计的取样组合的直观策略，使用年度极端环境，通常基于西方的日历年度。这种方法最基本的优势在于其简单性。参照一年的数据便可提供所有的统计信息。唯一可能的问题发生在旧的一年过去时的风暴中。倘若没有附加控制，此事件会被计算两次。此问题可通过引入一种合适的气象年加以解决，气象年开始在风暴季节之后。图 2.5 展示了由强锋面低压引发的季节性分布的典型例子。

尽管通过年度极端环境可轻易获得极端统计值，但仍然有一些需要考虑的缺点。全世界许多极端风气候都有一个特殊的特征，即往往按类型大量发生。然后，在一年之内——或一个风暴季节之内——观测到几个风暴，尽管其他年份观察到的最大风速仍相

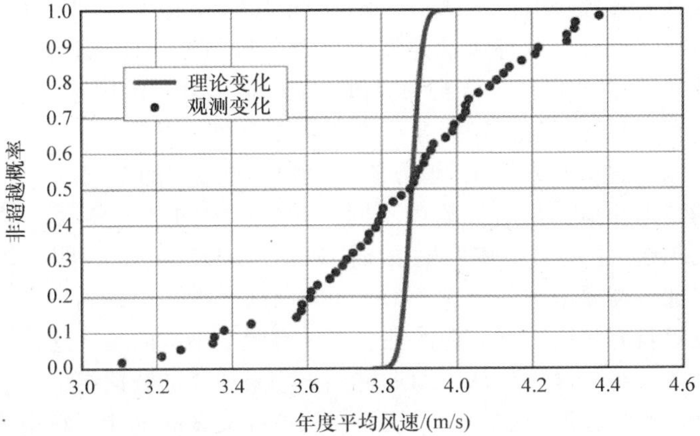

图 2.4 年度平均风速的概率分布——理论范围，假设每小时平均风速为威布尔分布和观测范围（杜塞尔多夫机场，1951～1999 年）

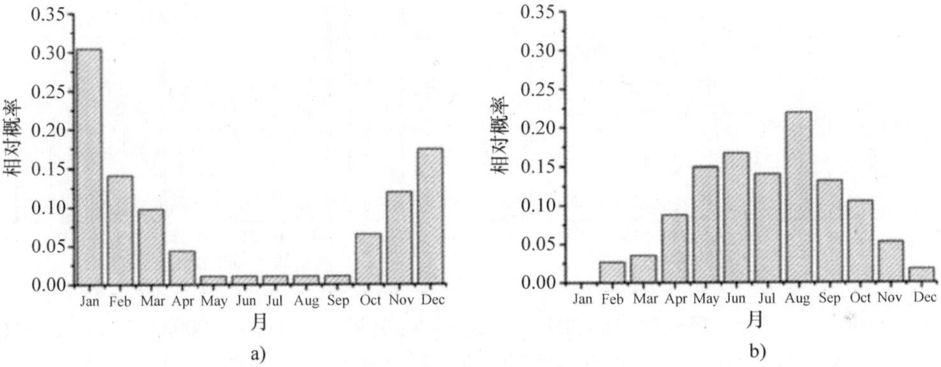

图 2.5 强锋面低压相对频率的季节性变化［来自 König－Langlo（2006）的纽梅耶风暴Ⅲ的数据］

a）杜塞尔多夫，德国，1952～2007 年 b）纽梅耶风暴 III，南极洲，1982～2004 年

对较小且不符合强风暴环境。很明显，年度极值无法取样所有的强风暴事件。换句话说，年度极端风速所包含的事件可能和强风暴环境没有关系，同时其他强风暴环境的相关事件被忽视。基于这种不合适统计值的数据分析可能会导致偏差结果。

此外，年度极值还不足以评估设计风荷载的超越概率。因为极端动力学系数是一种随机变量，设计风荷载的超过数可能会发生在一个季节内第二大或第三大的风暴中（Cook 1990）。

一个更为连续的方法为，在一个特定的临界值上取样所有的独立事件。临界值应足够大，以保证只有重大事件被取样，临界值还应该足够小，从而统计分析可以获得充足的事件。取样如雷暴等风暴系统较为简单，假设其不在午夜之前快速发生，并且不使用两个阵风速记录：一个在午夜之前；另一个在午夜之后。对于由强锋面低压引发的风暴，临界值经常被超过几小时。只能把最强的 1h 取样入组合中，因为其他几个风暴小时不属于独立事件。此外，这种风暴类型还具有一种特征，即风速降低随后上升（见图 2.6）。尽管此阶段风速可能会降到临界值以下，但上升后的风速仍然属于同一事件。严格地说，独立事件只能通过仔细查看气象图才能识别。作为一种直接的方法，然而如果微风速度的间隔超过 12h 或 24h，该方法可变为一种通用的惯例。

热带气旋的情形相似，仅时标略微不同。图 2.6 中的例子显示了根据飓风威尔玛 15min 平均时间的测量平均值（佛罗里达海岸监测，2007 年）。很明显，对于设计风荷载超越概率的累加，需要考虑一个大于 15min 的周期。

极值理论仅对具有相同物理起源的独立事件有效。不幸的是，这并不意味着一个极值分析不能作用在一组包含——从字面上讲——苹果和梨的数据组上，或者不能作用在一个人工细分的物理过程的数据组上。然而，从这种失真的统计资料中获得的结果可能会有严重偏离，并且从这些结果得出的结论可能是错误的。有必要注意到的是，将一个风暴样本组合细分为不同风域的独立的组合是不合适的。

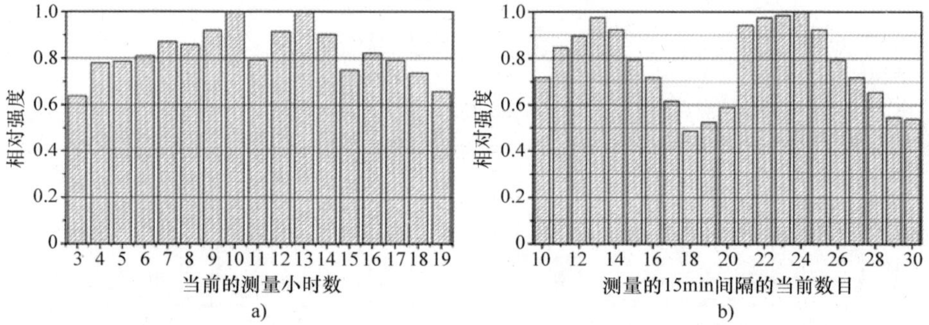

图 2.6　风速的降低和两个风暴实例的更新（Kasperski 2009a）

a）锋面低压，杜塞尔多夫机场，1954 年　b）威尔玛飓风，美国佛罗里达州，2005 年

所以任何极端风气候分析的第一步是，为发生的每个单独的风暴现象设置独立的组合（Gomes 和 Vickery 1978）。有一点需要注意，不同的风暴类型应使用不同的时标。可能最大的时标由南极洲持续几天的重力风中得到。最小的时标属于短短几分钟内特定地点的高风速雷暴。表 2.3 总结了设计决定的风暴类型和推荐的基本的时标，用来描述独立事件的时间关系曲线图。此列表中不包含龙卷风，因为一般情况下，结构不会被设计为可以承受如此高的风速。

表 2.3　风暴类型和合适的时标

风暴类型	时标
由强锋面低压引起的风暴/h	1
锋面低压中超阵风锋面/(s/min)	30/1
热带气旋/(min/min)	10/15
雷暴/(s/min)	30/1
重力风/h	1
其他当地风暴	未知

2.3 基本统计

2.3.1 组合规则

对于基于独立事件极值的方法，年度非超越概率可由每个事件中的非超越概率和每个季节发生 N 次风暴的概率的组合得来，如下所示（Kasperski 2007）：

$$p(v \leqslant v_{\text{ref}} \mid \text{年}) = \sum_{N=0}^{\infty} p(N)p(v \leqslant v_{\text{ref}})^N \tag{2.6}$$

式中，$p(N)$为每年发生 N 次风暴的概率，$N=0$，1，2，3，4，…；$p(v \leqslant v_{\text{ref}})$为每个独立事件中的非超越概率。

超过一种风暴类型的设计风荷载的超越概率，可作为任何风暴类型中均不会超过设计风荷载的事件的一种补充：

$$p_{\text{year}}(w > w_{\text{des}}) = 1 - \prod_j p_{\text{year},j}(w \leqslant w_{\text{des}}) \tag{2.7}$$

式中，j 为风暴类型，如锋面低压、阵风锋面、雷暴。

最终，特定区域 Φ 内风速的超越概率可通过下式获得：

$$p(v > v_{\text{ref}} \mid \Phi) = p(v > v_{\text{ref}})f_{\text{rel}}(\Phi) \tag{2.8}$$

式中，$p(v > v_{\text{ref}})$为基于特定风暴类型的，极值整个组合的超越概率；$f_{\text{rel}}(\Phi)$为在选定的区域中，来自特定风暴类型的极值的相对频率。

2.3.2 广义极值分布

广义极值（GEV）分布，通常可应用于图 2.6 中获得的年度非超越概率的轨迹。GEV 分布由 3 类极值分布组成：

- 类型Ⅰ：Gumbel 分布；
- 类型Ⅱ：Fréchet 分布；
- 类型Ⅲ：反 Weibull 分布。

关于 GEV 的表示法有两种。第一种表示法利用分布和积累概率分布的前两个瞬间，通过下式获得：

$$F(x) = \exp\left[-\left(f_1 - f_2\frac{x-m}{\sigma}\right)^{1/\tau}\right] \tag{2.9}$$

式中，m 为平均值；σ 为标准偏差；τ 为形状参数。

参数f_1和f_2取决于实际形状参数 τ：

$$f_1 = \Gamma(1+\tau) \tag{2.10}$$

$$f_2 = \sqrt{\Gamma(1+2\tau) - f_1^2}$$

式中，Γ 为伽马函数。

第二种表示法是基于位置参数 μ 和尺度参数 s：

$$F(x) = \exp\left[-\left(1-\tau\frac{x-\mu}{s}\right)^{1/\tau}\right] \tag{2.11}$$

对于正的形状参数，可得到类型Ⅲ分布。此类分布具有一个明确的上尾，不能超过概率1。最大值如下：

$$x_{\max} = m + \sigma\frac{f_1}{f_2} \tag{2.12}$$

负的形状参数会导致类型Ⅱ的分布。这些分布具有一个明确的下尾。如 $\tau=0$，可得到极限分布类型Ⅰ，即在极限式（2.9）中变为

$$F(x) = \exp\left[-\exp\left(-\left[\gamma+\frac{\pi}{\sqrt{6}}\frac{x-m}{\sigma}\right]\right)\right] \tag{2.13}$$

式中，γ 为欧拉常数 =0.577216。

供选择的表达方式为

$$F(x) = \exp\left[-\exp\left(-\left(\frac{x-\mu}{s}\right)\right)\right] \tag{2.14}$$

类型Ⅰ分布无两边限制。

类型Ⅱ和类型Ⅲ分别形成一类具有特定特征的曲线。与类型Ⅰ分布相比，当绘制在 Gumbel 概率纸上时类型Ⅱ和类型Ⅲ呈现出一种特定的曲率（见图2.7）。一般来讲，概率纸是一种带轴向特定规则的坐标纸，当将其根据横坐标的变量绘制时，将特定函数的分布函数转化为直线。当类型Ⅱ的分布曲线随横轴的减少变量弯曲成凹形时，相应的类型Ⅲ的曲线呈凸形。这两种类型的外形由类型Ⅰ区分开来，类型Ⅰ在概率纸中呈一条直线。

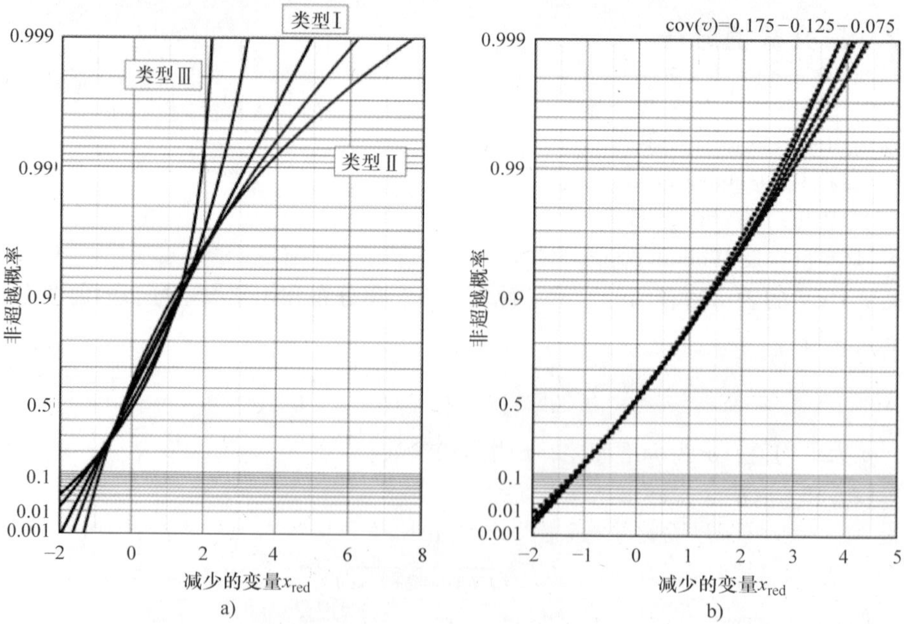

图 2.7　在 Gumbel 概率纸中的极值极限分布（Kasperski 2009a）

a）在类型Ⅰ、类型Ⅱ或类型Ⅲ下的 v 的轨迹　b）类型Ⅰ下的 v^2 的轨迹

还有一种可供选择的方法，该方法也被欧洲规范所采纳，即假设x^k符合类型Ⅰ分布。尤其对于应用于风速的$k=2$，似乎此概念有一个物理原因。在图2.8中，非超越概率v^2的轨迹符合3个不同的变量参数v的类型Ⅰ分布，即0.075、0.125和0.175。所有用圆点标记的3种轨迹，全部呈现出明显的凸形弯曲。换句话说，如果v^2符合类型Ⅰ分布，就代表v符合类型Ⅲ分布。图2.7中使用实线分别显示了这种符合。这两种方法之间的区别很小，符合类型Ⅲ分布的v基本上可以覆盖符合类型Ⅰ分布的v^2。

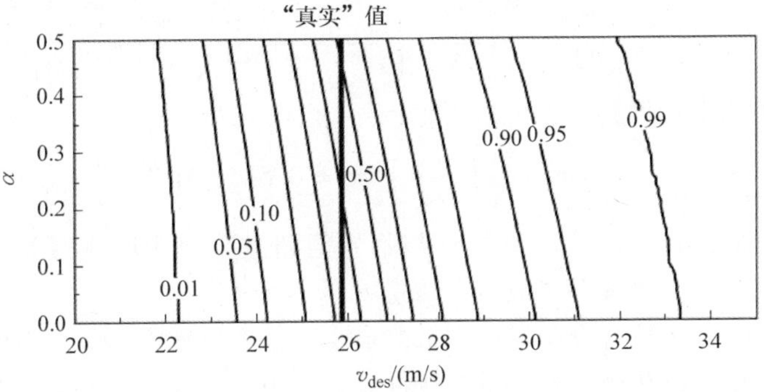

图2.8 不同α值的设计风速的非超越概率，每年一次风暴的风气候，极值符合$m=16.0\text{m/s}$、$\sigma=2.0\text{m/s}$、$p_{target}=0.999$、$v_{des,true}=25.87\text{m/s}$的类型Ⅰ分布

2.3.3 广义帕雷托分布

广义帕雷托分布（GPD）可被用于每个独立事件风速的超越概率的理论表达（Holmes和Moriarty 1999）。累积概率分布的表达式如下：

$$F(x) = 1 - \left[1 - \frac{x - x_s}{s}k\right]^{1/k} \tag{2.15}$$

式中，x_s为临界值；s为尺度参数；k为形状参数。

假设形状参数为正，则分布具有一个有限的不能超过的上尾。相应的目标值为

$$x_{max} = x_s + s/k \tag{2.16}$$

$k=0$时，指数分布为

$$F(x) = 1 - \exp\left(-\frac{(x - x_s)}{s}\right) \tag{2.17}$$

GDP和GEV的紧密关系可通过两个形状参数的关系得出：

$$k = \frac{1}{\tau} \tag{2.18}$$

2.3.4 概率分布的描述参数的识别

主要有4种不同的方法识别，基于基础过程概率分布的未知参数的观察。第一种方法称作瞬间法，取决于分布参数的数量，需要前两个或前三个瞬间。用于GEV，式(2.19)表示法需要进行总体平均值和标准偏差的计算：

$$m = \frac{1}{N}\sum_{i=1}^{N} x_i,\ \sigma^{\frac{1}{2}} = \left(\frac{1}{N-1}\sum_{i=1}^{N}(x_i - m)^2\right) \tag{2.19}$$

弯曲参数 τ 与偏斜度 γ_1 的关系如下：

$$\gamma_1 = \frac{\Gamma(1+3\tau) - 3\Gamma(1+\tau)\Gamma(1+2\tau) + 2\Gamma^3(1+\tau)}{(\Gamma(1+2\tau)) - \Gamma^2(1+\tau))^{3/2}} \tag{2.20}$$

偏斜度来自第三中心瞬间 μ_3：

$$\gamma_1 = \frac{\mu_3}{\sigma_x^3},\ \mu_3 = \frac{N}{(N-1)(N-2)}\sum_{i=1}^{N}(x_i - m_x)^3 \tag{2.21}$$

GPD 参数由总平均值和标准偏差得到：

$$s = 0.5m\left(1 + \left(\frac{m}{\sigma}\right)^2\right),\ k = 0.5\left(1 - \left(\frac{m}{\sigma}\right)^2\right) \tag{2.22}$$

需要注意的是，式（2.22）中的 m 与临界值超过数的平均值有关。瞬间法会导致偏差估计，即此方法无法获得“真实”参数。

第二个主要的方法是符合相对概率纸的最小二乘方。此方法需要对累计概率分布的基本方程进行转化，以获得观察变量的线性表达。第一步是基于归类的观察进行非超越概率的估计，最小值为1；最大值为 N，其中 N 为总体参数大小。对于每个观察，都有大量的关于如何估计非超越概率或定位的建议。根据非超过数的相对概率，定位的一般表达如下所示：

$$f_{\mathrm{rel}}(x \leqslant x_i) = \frac{i - \alpha}{N + 1 - 2\alpha} \tag{2.23}$$

典型值 α 的范围为 0～0.5。按照 Gumbel 的原始概念，α 设置为 0。后来，Gringorten（Gringorten 1963）建议 Gumbel 概率纸平面图应使用 $\alpha = 0.44$。基本上，如果 α 升高，设计风速的估计值会随之降低。

需要注意的是，如果总体参数大小不够大，估计参数和估计设计风速会与“真实”值有所不同。对于仅持续了几十年的观察来说，估计设计风速中的随机散布可能会比从不同的 α 值中得到的差要大。图 2.8 所示的例子为，每年一次风暴的风气候，其极端风速符合类型 I 极值分布，其中 $m = 16.0\mathrm{m/s}$，$\sigma = 2.0\mathrm{m/s}$。作为设计目标，使用 99.9% -分位数。基于 30 年来的 100000 次仿真，使用 Gumbel 概率纸中的最小二乘方估计参数。

当 $\alpha = 0.44$ 时，“真实”设计风速通过中位值得到，即“真实”设计风速等于中位值的 50%。对于其他的 α 值，方法有所区别，即对于更小的 α 值来说中间值太大，对于更大的 α 值来说中间值太小。

基本上，对于所有弯曲参数 τ 的非零值，都存在一个 GEV 的相对概率纸。此方法可根据两个特征参数为每个选定的 τ 值找到一个解决方案。不同 τ 值的不同的解决方案可根据参考文件中的偏差进行比较。根据 Gumbel 概率纸进行选择是合理的。最终，得到最合适的作为解决方案，得出了参考纸中的二次方偏差的最小和。

可用类似的方法获得 GPD 的最小二乘方，即在合适的参考文件中，获得不同对特征参数的二次方偏差的和。迭代策略的起始点来自瞬间法的解决方案，围绕此解决方案，可计算关于其他错误的尺度和形状因数。具有最小错误和的尺度和形状因数即最小二乘方解决方案。

识别位置参数的第三个方法为最大可能性法。对于 GEV 分布，可能性函数可从密度函数 f_x 相对于观察值 x_i 的相对值的结果中得到：

$$L(m, \sigma, \tau) = \prod_{i=1}^{N} f_x(x_i, m, \sigma, \tau) \overset{!}{=} \text{最大值} \tag{2.24}$$

由于对数的单一性，L 最大值与对数可能性函数 l 相同，即除了式（2.24），可得到下面的简单的表达式：

$$l(m, \sigma, \tau) = \ln\left(\prod_{i=1}^{N} f_x(x_i, m, \sigma, \tau)\right) = \sum_{i=1}^{N} \ln(f_x(x_i, m, \sigma, \tau)) \overset{!}{=} \text{最大值} \tag{2.25}$$

如果未知参数 m、σ 和 τ 的偏导数消失，则对数可能性函数变为最大值。对于使用式（2.9）中表示法的 Gumbel 分布，方程式的基本系统变为

$$\begin{aligned} &\frac{n}{s} - \frac{1}{s}\sum_{i=1}^{N} \exp\left(-\frac{x_i - \mu}{s}\right) = 0 \\ &\frac{n}{s} + \frac{1}{s}\sum_{i=1}^{N}\left(\frac{x_i - \mu}{s}\right) + \frac{1}{s}\sum_{i=1}^{N}\left(\frac{x_i - \mu}{s}\right)\exp\left(-\frac{x_i - \mu}{s}\right) = 0 \end{aligned} \tag{2.26}$$

方程式非线性系统的解决方案需通过迭代次数获得。可获得与 GPD 类似的方法。

第四个方法被称为最佳线性无偏估计量（BLUE）。其将特征参数估计为归类观察的加权和，为每一个特征参数指定单独的权重因数组。对于类型 I 极值分布，各自的参数刊登在文献（Balakrishnan 和 Chan 1992）中，总体参数大小达 30，参数与式（2.14）的表达式的关系为

$$\mu = \sum_{i=1}^{N} x_i A_i, \quad s = \sum_{i=1}^{N} x_i B_i \tag{2.27}$$

在图 2.9 中，基于估计设计风速的非超越概率对 4 种方法（$\alpha = 0$ 的最小二乘方、瞬间法、最大可能性和最佳线性无偏估计量）做了比较，30 个观察的随机总体参数，假设极端风气候符合 Gumbel 分布，平均值 = 16m/s 和标准变差 = 2m/s。此外，在表 2.4 中，对估计设计风速的平均值和标准偏差做了总结。只有最佳线性无偏估计量 - 估计没有出现偏离，对于初始 Gumbel 概念，通常得到相当大的过估计，对于瞬间法和最大可能性法，得到了轻微的欠估计。通过 BLUE 获得的估计设计风速中的最小变量参数（c. o. v. ），与最大可能性法获得的极为接近。通过 $\alpha = 0$ 的最小二乘方获得最大 c. o. v. 。从这个观点来看，BLUE——正如其名称所暗示的——是上面讨论的 4 种估计方法中最好的一个。然而，基于 BLUE 得到的估值，发生错误的概率为 51.5%，即有 51.5% 的概率估计的设计风速会小于“真实”设计风速。基于此概率，最好的方法为初始 Gumbel 法，即 $\alpha = 0$ 的最小二乘方，只有 28.8% 的错误概率。

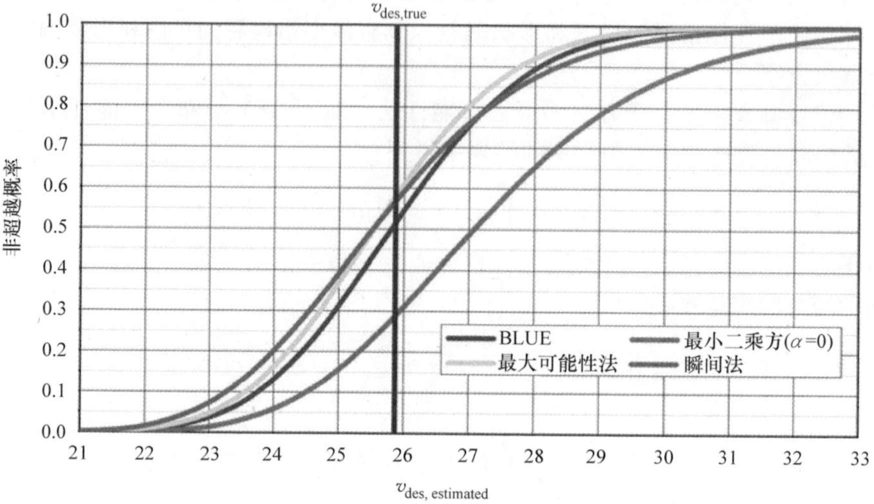

图 2.9　使用不同估计方法估计设计风速的任意分布

表 2.4　设计风速的平均值和变化系数，估计设计风速小于“真实”设计风速的错误概率，以及满足错误概率为 25%的调整因数

方法	BLUE	最大可能性法	瞬间法	最小二乘方（$\alpha=0$）
平均值/(m/s)	25.87	25.62	25.70	27.33
c. o. v.	0.0652	0.0653	0.0789	0.0887
错误概率	0.515	0.579	0.568	0.288
调整因数	1.048	1.057	1.066	1.009

当出现错误概率时问题就浮现出来了。基本上，值越小，出现过估计的错误概率越大，即降低目标值会使设计变得越来越不经济。作为两个相互矛盾要求的折衷，欧洲规范建筑工程设计基础建议在通过测试进行设计部分应有 75% 的置信区间，即对抵抗力的设计值错误概率为 25%。为了满足此要求，需要应用一个调整因数，将 4 种轨迹简单地转化为更高的风速。调整因数为“真实”设计风速和估计设计风速的 25% 分位数的比值。如果应用了合适的调整因数，所有 4 种曲线全会经过锚定点 $v_{\mathrm{des,true}}$和 $p=0.25$。需要提及的是，对于初始 Gumbel 法，需要的调整因数接近整数，即 $\alpha=0$ 的初始 Gumbel 法，不需其他考虑便可应用。

图 2.10 展示了全都满足错误概率 25% 要求的 4 种曲线。很明显，瞬间法和最小二乘方与最大可能性法和 BLUE 相比，会导致更大的过估计。BLUE 得到的过估计要比最大可能性法得到的略高，即最佳的方法再一次不是 BLUE。

有一点需要注意，只有在基础过程的“真实”概率分布已知的情况下，才能得到合适的调整因数。通常，观察到的总体参数不能揭示这一点，严格来讲其仍然未知，如果“真实”概率分布为类型 Ⅰ、类型 Ⅱ 或类型 Ⅲ。作为合理的折衷，ISO 4354：2009 建议使用类型 Ⅰ 分布，旨在平衡安全和经济这两个要求。

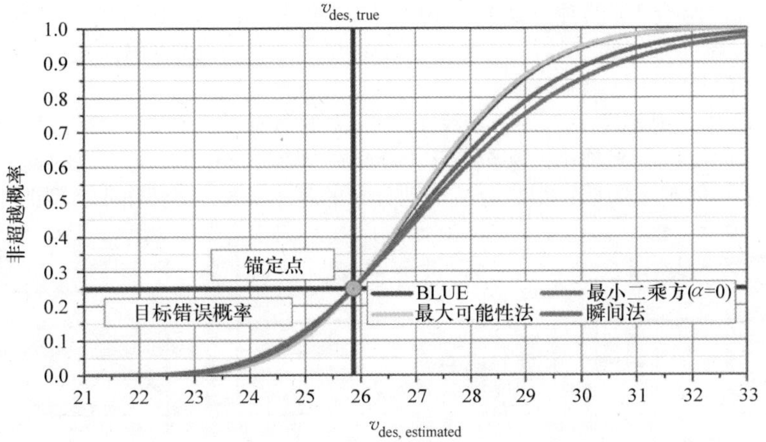

图 2.10 使用调整估计法的设计风速中的任意分布

2.3.5 被识别参数的统计稳定性

估计参数的统计稳定性可通过仿真加以研究。接下来，假设一个符合 $v_s=14.1\text{m/s}$、$s=2.0\text{m/s}$ 和 $k=-0.1$GDP 的风气候。每个季节，风暴的平均值给定为 $\lambda=2$，假设每个季节风暴的随机数量符合泊松分布。在图 2.11 中，显示了估计的 λ、s 和 k 值的概率

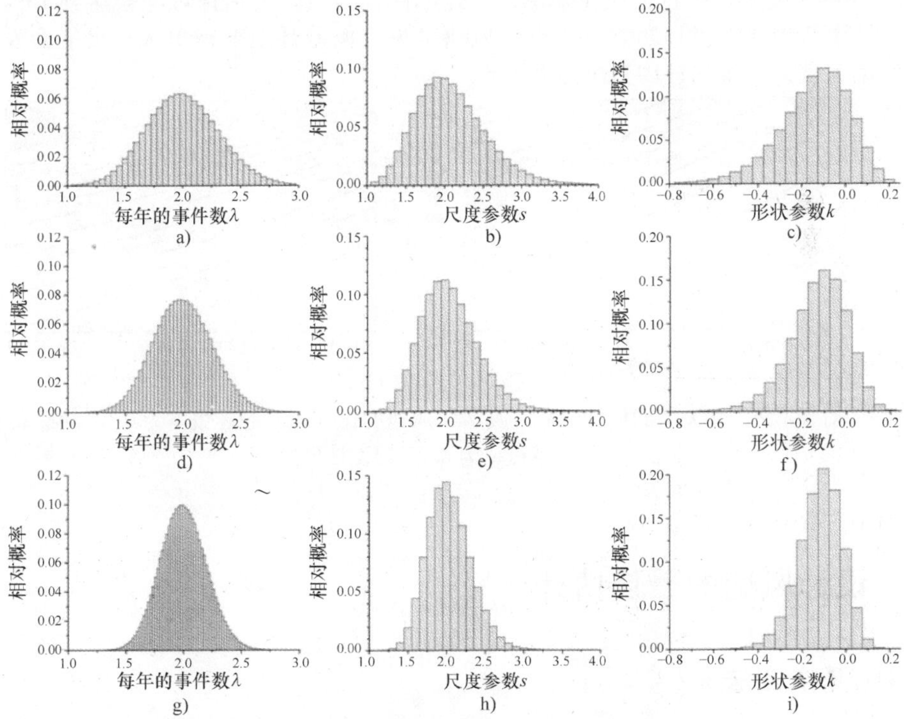

图 2.11 极端风速估计参数的统计稳定性（Kasperski 2009b）［a）~c）$T_{obs}=20$ 年；d）~f）$T_{obs}=30$ 年；g）~i）$T_{obs}=50$ 年］

密度，基于每个组合 10^6 的独立运行，20 年、30 年和 50 年的观察周期。事实上，没有参数可被视为具有充分的统计稳定性。估计值与“真实”值的偏差之大足以影响设计风速的估计。

在图 2.12 中，显示了关于 3 个参数 λ、s 和 k 的 90% 置信区间。尽管随着观察周期的提高，置信区间变得越来越小，甚至对于 100 年的周期，与“真实”值的偏差依然很大。对于只有几十年的观察周期，很难分析识别分布的基本类型（类型Ⅱ或类型Ⅲ）。

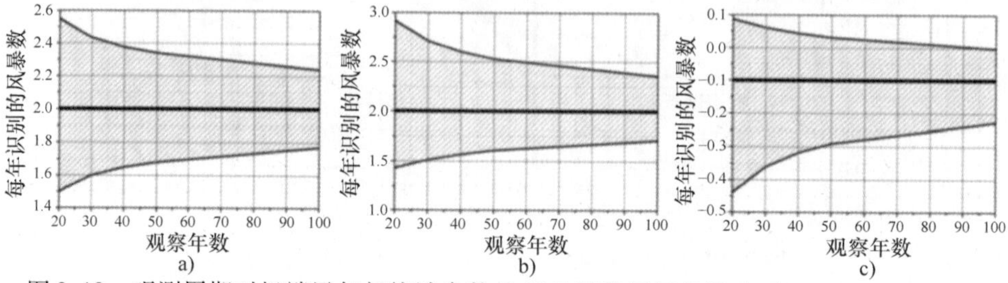

图 2.12　观测周期对极端风气候统计参数的 90% 置信区间的影响（Kasperski 2009b）。

a）每年的事件数 λ　b）尺度参数 s　c）形状参数 k

λ、s 和 k 的估计值中的统计不确定性会导致对风速推测不确定的估计。这种不确定性会随着超越概率的降低而升高。图 2.13 展示了一个例子，特征风速 p（$v > v_k = 1/50$/年）和设计风速 p（$v > v_d = 1/1000$/年），尺度参数范围为 1.5 ~ 3，形状参数范围为 −0.45 ~ 0.1。甚至对于特征风速来说，不确定性也很大。欠估计可能会达到 15%，过估计的因数可能会超过 1.35。对于设计风速来说，偏差甚至变得更大。可能会发生多达 25% 的欠估计，过估计因数可达到 1.8。

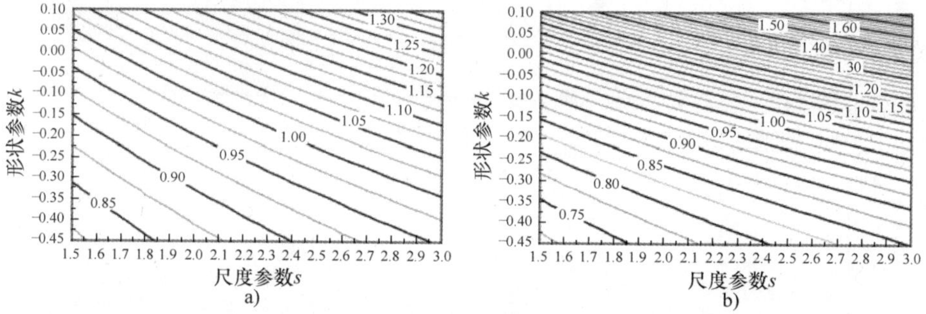

图 2.13　对于不同 s 和 k 值的估计值和“真实”风速的比（每年超越概率为 0.02 的特征风速 v_k，每年超越概率为 0.01 的设计风速 v_d）

a）v_k　b）v_d

2.4　设计风速的最佳估计

2.4.1　基本方法

“真实”参数无法被识别可导致这一理解，即实际上每个风气候都可能隐藏在观测参数之后，然而具有不同的概率。可通过仿真得到概率 p，即特定的 3 个数（λ、s、k）随机通向观察的3个数（λ_{obs}、s_{obs}、k_{obs}），即对于宽范围的3个数（λ、s、k）随机通向3个观察数发生的概率可被计算。然后，用特定3个数的随机匹配数，除以随机匹配的总数目。如果仿真的数量足够大，这种相对频率会变成对概率很好的估计（Kasperski 2009b）。

下一步，对于每个3个数（λ、s、k），都可估计一个设计风速。该设计风速与相对概率一起按升序归类。这两个结果可构成不确定设计风速的一种概率分布：

$$p(v_{des} \leqslant v_{des,i}) = \sum_{j=1}^{i} p_j(v_{des}(\lambda_j, s_j, k_j)) \tag{2.28}$$

式中，p_j为随机匹配特定的3个数（λ、s、k）的个体概率。

根据最佳估计的最终设计风速可基于选定的置信级得到。应用欧洲规范建议的75%的置信，识别可能设计风速的75%分位数值作为最佳估值。

因为通常认为风暴数量和风暴密度是相互独立的，仿真可按照两个独立的步骤执行：第一个为用于获得风暴数随机匹配概率的仿真；第二个为获得s和k随机匹配的仿真。然后将这两个结果进行如下组合：

$$p_j(v_{des}(\lambda_j, s_j, k_j)) = p(\lambda_j)p(s_j, k_j) \tag{2.29}$$

上述方法可被扩展为应用于长期的趋势，例如独立事件的数目λ和尺度参数s。因为有效的观察周期相对较短，所以很难识别趋势的"真实"形状。因此，一种公平的方法为观察周期和外推法引入了线性趋势（Kasperski 2010）。

2.4.2　应用举例

在德国的杜塞尔多夫，一种推荐的方法被应用于极端风气候，该极端风气候由强锋面低压控制。作为代表值，使用了独立事件的每小时最大平均风速。在图2.14中，展示了识别概率密度和分布。这些结果可被直接用于设计风速的估值。作为目标值，在项目工作寿命内选择5%的超越概率。表2.5总结了等级3建筑工作寿命L的不同值所对应的结果设计值和相对每年超越概率。

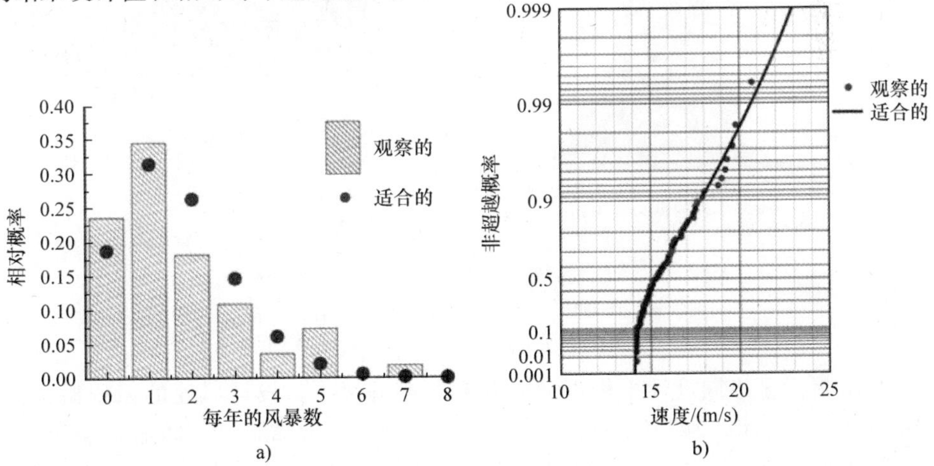

图2.14　杜塞尔多夫机场极端风气候的观察参数（1952~2007年）（Kasperski 2009b）

a）$\lambda_{obs}=92/55$　b）$v_{s,obs}=14.1\text{m/s}$、$s_{obs}=1.803\text{m/s}$、$k_{obs}=-0.1063$

表 2.5　基于识别参数的设计风速，等级 3

L/年	10	20	50	80
$P_{year}(v>v_d)$	1/195	1/390	1/975	1/1560
v_d/(m/s)	21.90	22.55	23.34	23.71

在表 2.6 中，列出了工作寿命为 $L=50$ 年时，建筑等级对风荷载的影响。将设计工作寿命由 10 年提高到 50 年会导致风荷载 14% 的提高。设计工作寿命为 50 年时，等级 4 建筑的风荷载与等级 2 建筑相差 10%。

表 2.6　基于识别参数的设计风速，L=50 年

等级	0	1	2	3	4	5
$P_{year}(v>v_d)$	1/100	1/224	1/375	1/975	1/1975	1/9975
v_d/(m/s)	21.20	22.03	22.72	23.34	23.89	25.03

图 2.15 展示了 3 个数（λ、s、k）的随机导致观测值的概率密度，假设每年的风暴数和风暴强度在统计上是独立的。整个仿真包含了10^6 次独立运行，每次与 55 年的子周期相对应。λ 的结果可能范围为 1.18 ~ 2.27。对于尺度参数，仿真识别范围为 1.0 ~ 3.5m/s，形状因数为 -0.5 ~ +0.25。

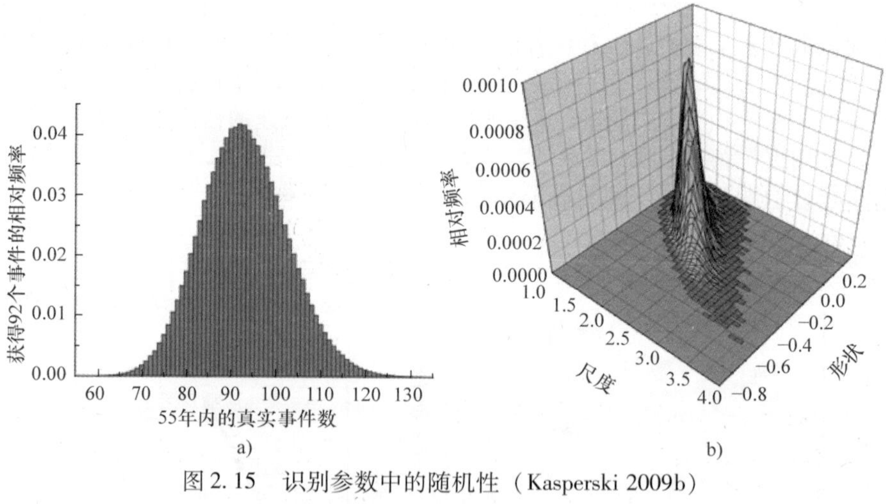

图 2.15　识别参数中的随机性（Kasperski 2009b）

a）55 年内不同 λ 值观察事件的观测密度

b）从 92 个事件的总体分布中获得观察参数 s_{obs} 和 k_{obs} 的联合概率

图 2.16 展示了不同设计工作寿命时间和不同等级下，设计风速的累积概率分布。设计风速的最佳估计值为 75% -分位数。表 2.7 和表 2.8 总结了各自的值。此外，将结果风荷载与通过“经典”方法得到的值做了比较。

基于观察风气候参数的直接估值和通过新方法得到的直接估值有很大的不同。这主要是由形状参数大的不确定性导致的。对于等级 3 建筑，设计风荷载的最佳估计值要比通过观察参数得到的风荷载大18%～26%。建筑等级的影响会导致类似范围的不同。

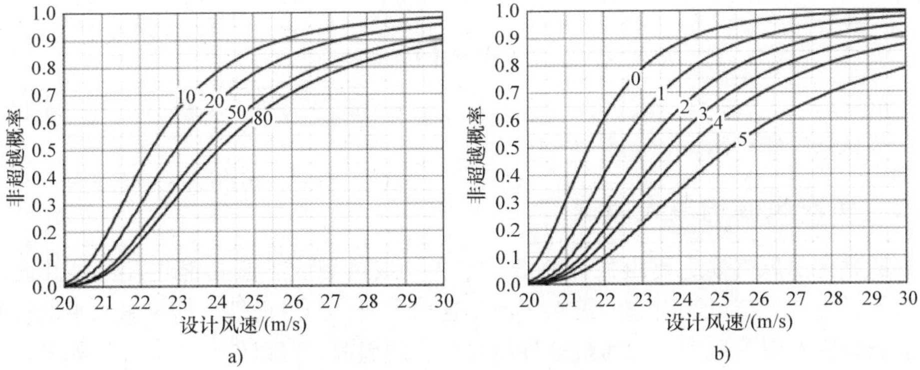

图2.16　设计风速的累积概率分布

a）工作寿命L的变化，等级3　b）建筑等级变化，L=50年

表2.7　设计风的最佳估值及与通过“经典”方法得到的风荷载的比较，等级3

L/年	10	20	50	80
v_d/(m/s)	23.74	24.71	25.98	26.62
风荷载增长（%）	+17.5	+20.1	+23.9	+26.1

表2.8　设计风的最佳估值及与通过“经典”方法得到的风荷载的比较，L=50年

等级	0	1	2	3	4	5
v_d/(m/s)	22.74	23.93	24.98	25.99	26.95	29.08
风荷载增长（%）	+15.1	+18.0	+20.9	+23.0	+27.3	35.0

2.5　方向性

2.5.1　简介

方向性影响的持续分析，需要一种整体的方法，即考虑风气候的方向性、气动系数的方向性以及——如果适用——结构抵抗力的方向性。对于非方向性设计，通常风暴的持续时间不是很重要，但方向性方法需要将额外风暴时间加入分析中。然后，可得到以下基本变量：

- 每12个月季节的独立风暴数量；
- 每次独立风暴的最大每小时平均风速；
- 相对平均风向；
- 根据超过临界值的小时数的独立风暴持续时间；
- 额外风暴小时数的相对强度；
- 不同风暴小时数中方向变化的概率。

假设——绝大多数——不同小时数中的空气动力学参数是相互独立的，一整个风暴的设计风速的超越概率可通过类似式（2.7）获得：

$$p(w > w_{des}) = 1 - \prod_{k=1}^{m} p_k(w \leqslant w_{des}) \tag{2.30}$$

式中，$p(w > w_{des})$为一整个风暴的超越概率；$p_k(w \leqslant w_{des})$为第 k 风暴小时中的非超越概率；m 为风暴持续时间。

2.5.2 每次风暴的最大风速

西欧地区的风气候主要由强锋面低压掌控，该风暴低压形成于北大西洋并向西移动。因此，由该类型风暴引起的极端风速呈现出了明显的方向性，即风暴水平的极端风速仅会出现在有限的风向中。通过这种风暴类型的起源，可以做一些总结，如冬季风暴是从东方流动过来的。

Beta 分布是一个具有上限值和下限值的合适的概率模型。Beta 分布的概率密度如下所示：

$$f(x) = \frac{(x-a)^{r-1}(b-x)^{t-1}}{(b-a)^{r+t-1}B(r,t)} \quad a \leqslant x \leqslant b \tag{2.31}$$

式中，a 为下限；b 为上限；r、t 为指数。

常数 B 按如下定义：

$$B(r,t) = \frac{\Gamma(r)\Gamma(t)}{\Gamma(r+t)} \tag{2.32}$$

一般情况下，累计概率分布 $F(x)$的闭型解答并不存在，即 $F(x)$只能通过$f(x)$的积分计算获得。如果两个极限 a 和 b 已知，指数 r 和 t 可通过平均值和 x 的标准偏差获得：

$$\begin{aligned} r &= \frac{h_1 h_2^2 - (1+h_1)^2}{(1+h_1)^3} \quad t = rh_1 \\ h_1 &= \frac{m-a}{b-m} \quad h_2 = \frac{b-a}{\sigma} \end{aligned} \tag{2.33}$$

否则，这 4 个参数只能应用如最小二乘方基于试错法获得。

观察到的风暴持续时间和观察到的风向变化概率为偏置参数，较弱的风暴已人为去掉了首尾。因此，定义方向性分析时，有必要仅使用观察到的最强的独立风暴。下面要讲的杜塞尔多夫的强风气候的例子，仅使用了 30 个最强的风暴。

图 2.17 展示了在累积 Beta 分布下独立风暴中最大风速的平均风向，以及在极坐标图中的相对强度。在杜塞尔多夫，风暴仅限于 180°至 330°的扇形区域。风暴的平均风向为 240°。

基于式（2.8），风速的方向设计值可根据风速在特定风向范围内由一个特定的超越概率来得到。在表 2.9 中，应用图 2.17 所示的风气候模型，将年度超越概率为 1/1000 的方向设计风速总结为 6 个扇形区域。

对于 330°至 180°的扇形区域，由强锋面低压引起的风暴的概率并不一致，该区域的设计风速为 14.1m/s。有一点需要注意，与风暴类型相对应的设计风速，有着每小时平均值较大的特点，即该设计风速不包括雷暴。

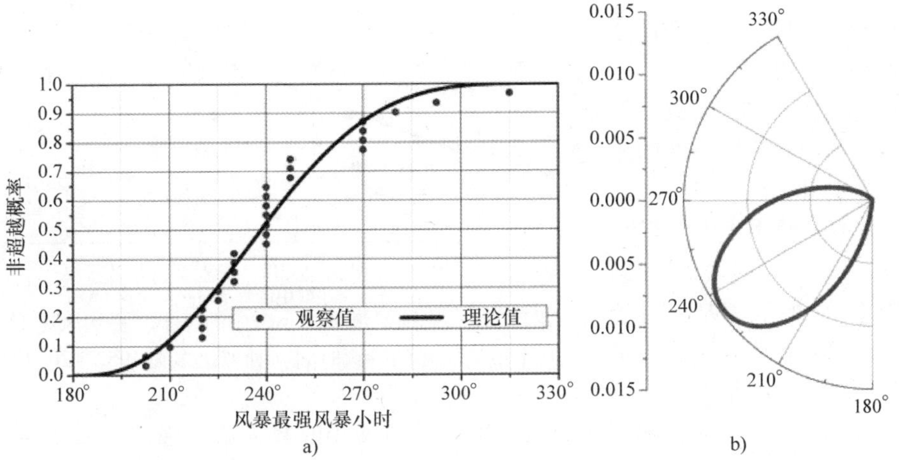

图 2.17 独立事件中最大风速的方向性

（杜塞尔多夫 1952 ~ 2007 年：$m=240°$，$\sigma=25°$，$r=3.04$，$t=4.59$）

a）累积概率分布 b）概率密度

表 2.9 杜塞尔多夫机场的方向性设计风速

扇形 Φ/(°)	$p(\Phi)$	$p_{year}(v_{drs,\Phi})$	$v_{des,\Phi}$/(m/s)
180 ~ 195	0.01995	0.94987	19.35
195 ~ 225	0.28522	0.99649	22.25
225 ~ 255	0.41871	0.99761	22.61
255 ~ 285	0.23295	0.99571	22.06
285 ~ 315	0.04275	0.97661	20.28
315 ~ 330	0.00042	0	14.1
全部	1.0	0.999	23.35

2.5.3 风暴持续时间和额外风暴小时数的相对强度

在图 2.18 中，30 个强风暴观察到的持续时间按照每个独立风暴中的最大每小时平均风速绘制了出来。散布图呈现上升的趋势，即风暴的持续时间随着风暴强度的上升而上升。相对相关性约为 0.5。对于大小为 30 个事件的总体分布，观察到的相关性的绝对值的概率为 0.993，并不是随机的。推断此关系到每年超越概率为 1/1000 的设计风速水平，可获得预期 14 个风暴小时数的持续时间。

每个独立风暴中额外的风暴小时数可按递减顺序归类，其风速水平可被标准化为每个风暴的最大每小时平均风速。可通过此得到额外的风暴小时的相对强度。对于一个连续的概率模型，风暴第三强的小时的相对强度可能会比风暴第二强的小时的相对强度大。可通过使用级联模型描述相对强度获得，即

$$v_k = v_{\max} \prod_{j=1}^{k} a_j \quad (2.34)$$

式中，$v_{\max}$ 为独立风暴中的最强风速；a_j 为风暴第 j 强的小时中的相对强度。

基本上，相对强度的范围为 0 ~ 1。级联相对强度的平均值随 k 上升：

$$a_{\text{rel}}(k) = 0.9548 + 0.0027k \quad (2.35)$$

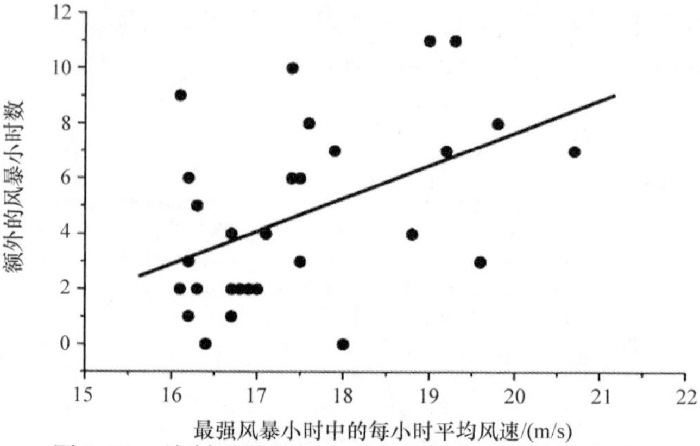

图 2.18　绘制了最强的小时中的每小时平均风速下，30 个最强风暴的持续时间（杜塞尔多夫 1952 ~ 2007 年）

图 2.19 展示了基于杜塞尔多夫的 30 个最强风暴中的 542 个风暴小时的级联相对强度。因此，在一个独立的风暴中，最长的额外风暴小时数为第二强的风暴小时。k 越大，级联相对强度的影响范围越小。基本上，通过图 2.19 中展示的信息，可以做出清晰的推断，超出了设计风暴时间预期的 14h 的持续时间。

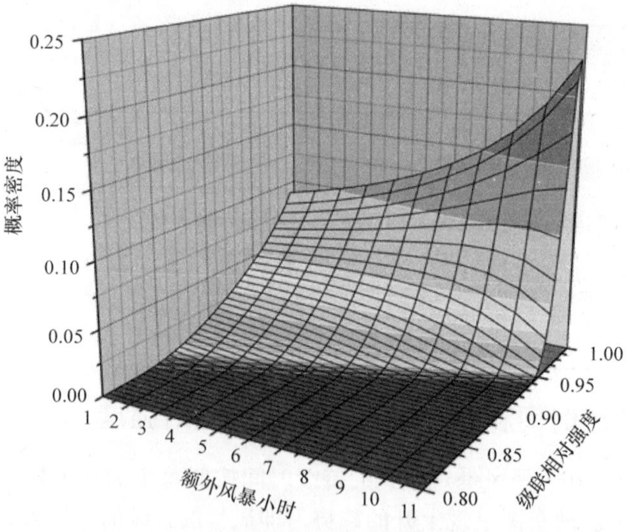

图 2.19　额外风暴小时的级联相对强度的概率密度

2.5.4　额外风暴小时中的方向变化

可使用 30 个最强风暴中的 542h 来描述风暴的第 k 强小时中的方向变化的概率。基本上，额外风暴小时中风向的概率密度可通过 Beta 分布描述。例如杜塞尔多夫，所有分布均在［180°，330°］。

对于第二强的小时，图 2.20 展示了 3 个主要涉及风暴范围 210°、240°和 270°下的

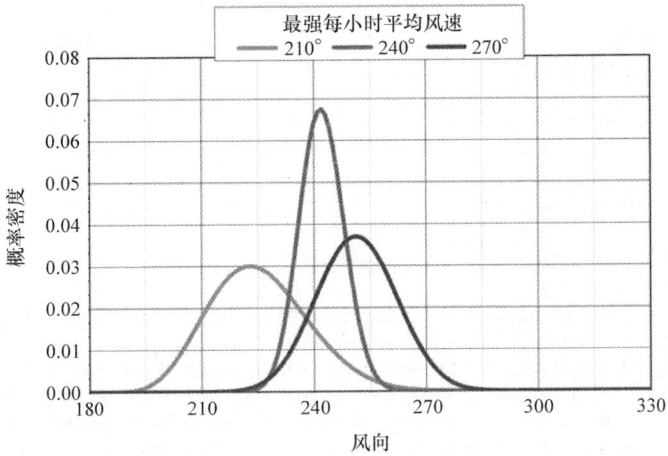

图 2.20 第二强风暴小时中风向变化的概率密度（杜塞尔多夫 1952～2007 年）

概率密度，包含超过 90% 的强风暴。如果最强的风暴小时发生在 240°，第二强的风暴小时很有可能发生在相同的范围。风向变化小于 ±5°的概率约为 60%。如果在最强的小时中，风从 210°吹来，第二强的风暴小时发生在相同方向的概率仅为 20%。最终，如果最强风暴小时的风向为 270°，第二强风暴小时为相同方向的概率小于 10%。基本上，如果最强风暴小时中的风向小于 240°，则风暴倾向于顺时针方向旋转。对于最强风暴小时中的风暴吹来的方向大于 240°，风向变化的概率密度朝逆时针方向倾斜。

风向变化的平均值或多或少独立于等级 k。然而，对于中心区域来说，标准偏差随 k 的增加而增加。即一般来讲，k 值越高概率分布越宽。

参 考 文 献

AS 1170.2-1989 (1989) Australian Standard – minimum design loads on structures, Part 2: wind loads. Standards Australia, Sydney

AS/NZS 1170.2:2011 (2011) Australian/New Zealand Standards: structural design actions - wind actions. Standards Australia, Sydney

ASCE/SEI 7-10 (2010) Minimum design loads for buildings and other structures. American Society of Civil Engineers, New York

Balakrishnan N, Chan PS (1992) Order statistics from extreme value distribution II: best linear unbiased estimates and some other uses. Commun Stat Simulation Comput 21 (4):1219–1246

Cook NJ (1990) The designer's guide to wind loading of building structures, Part 2 Static structures. Butterworths, London. ISBN 0-408-00871-7

EN 1990 (2002) Basis of structural design. European Committee for Standardization, Brussel

Florida Coastal Monitoring Program (2007) http://fcmp.ce.ufl.edu/ accessed May 2007

Gomes L, Vickery BJ (1978) Extreme wind speeds in mixed climates. J Ind Aerodyn 2:331–344

Gringorten II (1963) A plotting rule for extreme probability paper. J Geophys Res 68 (1963):813–814

Gumbel EJ (1958) Statistics of extremes. Columbia University Press, New York
Holmes JD, Moriarty WW (1999) Application of the generalised Pareto distribution to wind engineering. J Wind Eng Ind Aerodyn 83:1–10
ISO 22111-2007 (2007) Bases for design of structures – general requirements. International Organisation for Standardisation, Geneva
ISO 4354-2009 (2009) Wind actions on structures. International Organisation for Standardization, Geneva
Kasperski M (2007) Design wind loads for a low-rise building taking into account directional effects. J Wind Eng Ind Aerodyn 95:1125–1144
Kasperski M (2009a) Specification of the design wind load - a critical review of code concepts. J Wind Eng Ind Aerodyn 97:335–357
Kasperski M (2009) Estimation of the design wind speed based on uncertain parameters of the wind climate. In: Proceedings of APCWE-7, Taipei, 8–12 November 2009
Kasperski M (2010) A new approach for the specification of the design wind speed considering long-term trends in the wind climate. Global Environ Res 13(2):161–168
König-Langlo G (2006) http://www.pangaea.de/PangaVista?count=100&query=Continuous+meteorological+observations+Neumayer+-Gernandt accessed December 2006
Traup S, Kruse B (1996) Winddaten für Windenergienutzer Selbstverlag des Deutschen Wetterdienstes DWD, Offenbach am Main

第 3 章　钝体空气动力学

Richard G. J. Flay

摘要　钝体的空气动力学特征与流线体有本质上的不同，理解钝体空气动力学对在风工程领域取得进展至关重要。飞机翅膀等流线体具有一个圆头、薄的外形以及锋利的机翼后缘。它们的尾流较小且攻角较小，形成的上升力远比阻力要大。换句话说，钝体具有分开的尾流和不平稳的气流，阻力与升力相当。理解这些力的大小和性质，对保证在风的作用下工程设计可满足要求来说是必不可少的。

关键词　顺风・钝体・横风・阻力・升力・分离流・湍流・不稳定尾流・风工程

3.1　简介

本节将介绍阻力和升力的概念（Cengel 等人 2008）。阻力是流动流体经过物体时产生的空气动力学力，与流动的方向相同。升力是当流动流体的方向垂直于运动方向时产生的力，例如飞机在不变的速度和方向下飞行时作用力垂直向上，但是与高楼的方向水平，通常归类为横风力。

3.2　阻力和升力

3.2.1　阻力

阻力为流动流体沿流动方向作用在物体上的力。静止流体产生的压力垂直作用在浸泡物体的表面。由于流体的黏性和物体表面的不光滑性，使得物体表面和流体的相对移动产生了一种正切剪切力。阻力是由压力和剪切力沿着流动的方向，共同作用在两个物体的单元面上所产生的，如图 3.1 所示。

如果检查一下图 3.1 所示的单元面 dA，可以发现阻力和升力源自垂直力和剪切力的成分，可分别由式（3.1）和式（3.2）给出：

$$dF_D = -P dA\cos\theta + \tau_w dA\sin\theta \tag{3.1}$$

$$dF_L = -P dA\sin\theta + \tau_w dA\cos\theta \tag{3.2}$$

一般来讲，表面摩擦力和压力均促成了阻力和升力。垂直于流动方向的一个极薄的平板只有压差阻力。翅膀是流线型的且很薄，其阻力首先来自表面摩擦力，除非攻角很大且流动是分开的。

钝体不是流线型，所以阻力主要来自压力，物体前部受到的压力比后部更高（通常指底部)。实际上,可以通过提高作用在汽车、飞机等物体顺流部分的压力来降低阻力。这是因为压差阻力源自作用在物体顺流侧的不可恢复的压力。当流动分开时压差阻力最大,并在物体的底部或顺风侧形成一个极度低压的区域。

摩擦阻力是由流体的“黏性”或黏度产生,同样取决于流体的黏度系数和物体表面的边界层剖面梯度$\frac{dU}{dy}$,其中 U 为平行于物体表面的流体速度,y 为垂直于物体表面的方向。因此表面摩擦阻力是黏性的强函数,取决于边界层为层流还是湍流。

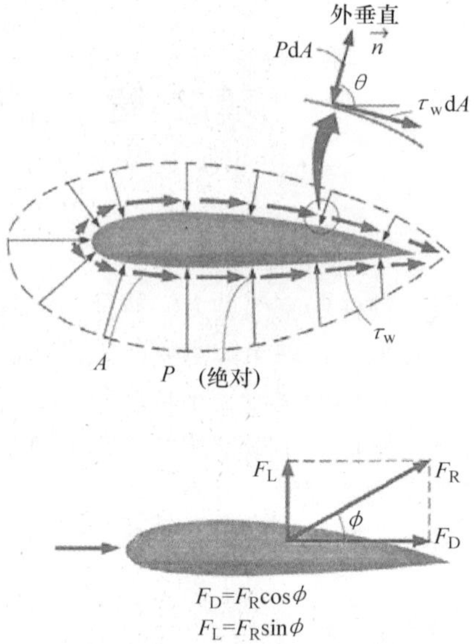

图 3.1　作用在翅膀型物体上的垂直力和剪切力(Cengel 等人 2008)

图 3.2 展示了不同的阻力情况。图 3.2a 展示了平行于流动方向的平板,作用在平板上的阻力主要源自表面摩擦。图 3.2b 展示了旋转的平板,故其垂直于流动方向。在这种情况下,阻力主要源自压差阻力,下风侧的压力要远小于上风侧的压力。图 3.2c 展示了围绕圆柱体的流线,其阻力主要源自表面摩擦力和压力。

阻力可通过流线降低,这在一些风工程应用中非常重要。航空业同样需要考虑该情况,因为油耗量与阻力成比例。在风工程中这一点更加不确定,因为风可能来自任何方向,许多的流线型设备可能需要自动校准。有时会将此方法应用于赛艇,在一些重要比赛中将阻力最小化至关重要,比如美国杯。

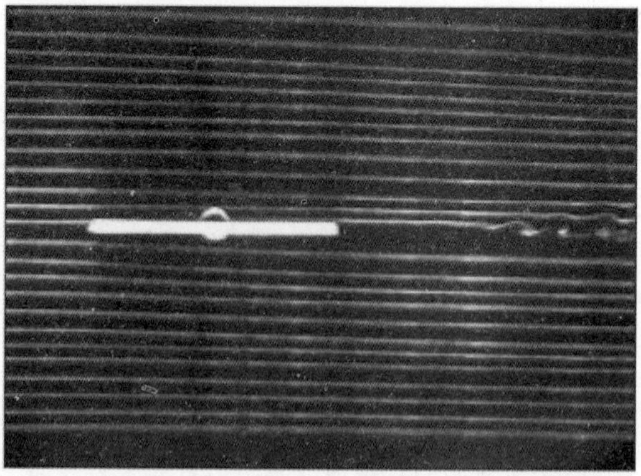

a)

图 3.2　3 种阻力情况的流体显示(Cengel 等人 2008)

a)平行于流动方向的平板

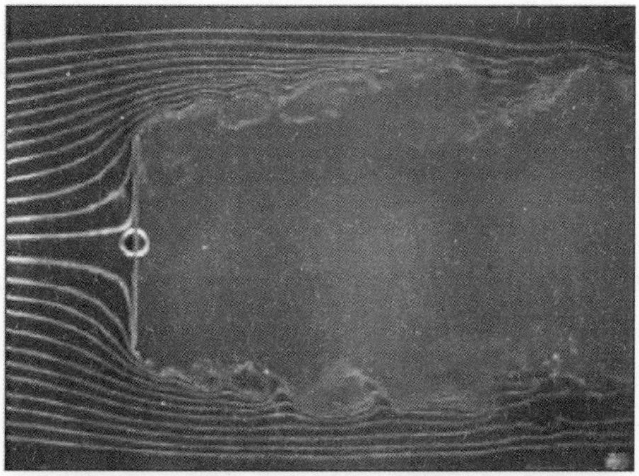

b)

c)

图 3.2 3 种阻力情况的流体显示（Cengel 等人 2008）（续）
b）垂直于流动方向的平板 c）圆柱

$Re=4\times10^4$的圆柱体的阻力系数约为 1.2，当 $Re>5\times10^5$时约为 0.3，然而相同投影区域的流线型机翼的阻力系数非常小。美国国家航空咨询委员会（NACA）进行了一项关于流线型的研究调查（Abbott 和 von Doenhoff 1959）。图 3.3 展示了研究结果。横坐标为 D/L，所以图的左手端相当于平板，右手端相当于 40% 厚的机翼。阻力系数的参考区域为正面 DB，一个用来解释图 3.3 的很好的方法是，想象为一个具有不变厚度 D 和变换的翼弦 L 的机翼。阐述了压力和摩擦力分别对阻力的贡献。摩擦阻力随着外形由细长变化为短平而降低，然而压力随之上升。C_D 在 $D/L=0.27$ 时的最小值为 0.06，要大幅度地小于相同尺寸的圆柱体。

3.2.2 流动分离

如果过度弯曲，流体流动会在物体表面处分离，从而创造出一个反向压力梯度的区域——该区域压力沿顺流方向增高。这使得“扩压器”的设计变得困难，其在没有流动分离时沿顺流方向的区域扩展。流动将从机翼的顶部开始分离，该处压力沿顺流方向增加，而机翼的下面的压力大体是相同的。

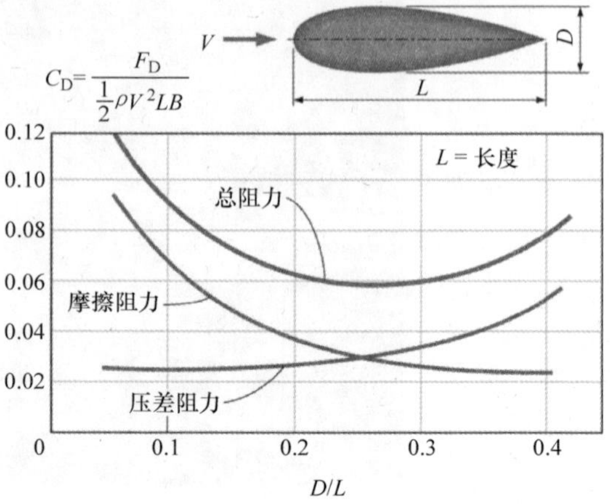

图 3.3　厚度弦线率为 $Re=4\times10^4$ 的流线型支柱的摩擦力、压力和总阻力系数的变化。C_D 通过迎风面积 DB 变为无量纲，其中 B 为垂直于纸面的物体宽度（Cengel 等人 2008）

分离取决于表面摩擦度和湍流。钝体之后的分离区域被称为尾流。当机翼的攻角较高时（约15°之上）出现分离，通常称作失速。图 3.4 展示了圆柱体和高攻角机翼之后的分离区域。

可以观察一下近几十年来，汽车是如何通过改变外形以降低阻力系数和油耗的。在 20 世纪 20 年代，汽车呈盒状，基于迎风面积，其阻力系数约为 0.8。在 50 年代，阻力系数降为 0.5。在 21 世纪，阻力系数通常为 0.3。通过将汽车前部外形变得越来越圆来降低分离现象，同时增加了流线型的外观，如门边、窗户接头和后视镜等，从而达到了降低阻力的效果。

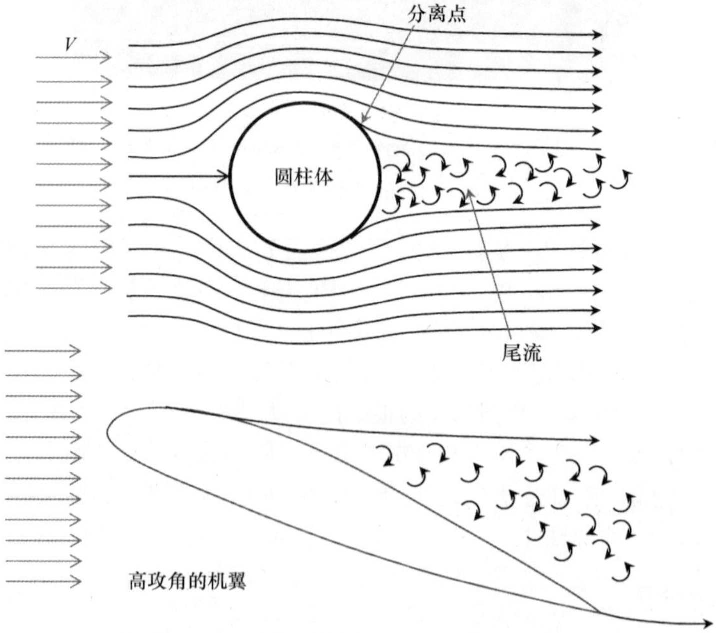

图 3.4　圆柱体后以及高攻角机翼上的分离

3.3 钝体上的压力

3.3.1 流过流线形体的平稳流

对于机翼等流线体，边界层厚度δ非常小，外部δ，气流是不旋转的（见图3.5）。Prandtl（1905）首先提出了进入黏性和非黏性区域的细分流概念。因此使用伯努利方程分析外部气流，只有在δ之内才有必要考虑黏性，与湍流黏度无处不在的钝体风工程相比，流线体分析要简单得多。流线体的阻力主要源自表面摩擦，因为精心设计的翼面的下风侧有很好的压力恢复。

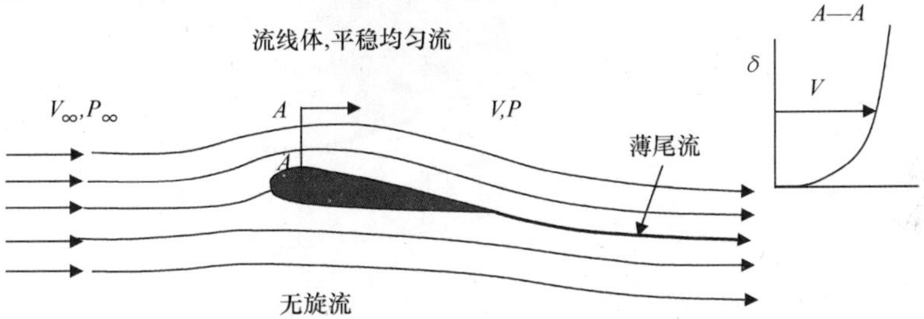

图3.5 气流经过流线型物体

伯努利方程为

$$P + \frac{1}{2}\rho V^2 = P_\infty + \frac{1}{2}\rho V_\infty^2 = P_0 = 常量 \tag{3.3}$$

可通过将压力不同于要获得的压力系数的压力，然后通过将参考动压分解来使其变得无量纲来获得压力系数，如式（3.4）和式（3.5）所示：

$$P - P_\infty = \frac{1}{2}\rho V_\infty^2 - \frac{1}{2}\rho V^2 \tag{3.4}$$

$$Cp = \frac{P - P_\infty}{\frac{1}{2}\rho V_\infty^2} = 1 - \left(\frac{V}{V_\infty}\right)^2 \tag{3.5}$$

式中，P_∞为自由流静压（一个数据）；$\frac{1}{2}\rho V_\infty^2$为自由流动压（一个尺度参数），其中$\rho$为流体密度，$V_\infty$为自由流速度。

因此，如果可以解决势流获得$\left(\frac{V}{V_\infty}\right)^2$，则便可计算出$Cp$，并得到机翼上的负载。

3.3.2 流过流线形体的平稳均匀流

图3.6展示了平稳均匀流中的矩形角柱。在这种情况下，很明显尽管起始流平稳没有脉动，物体仍然产生了一个很大的尾流，该尾流不稳定且从一边向另一边脉动。尽管可以在远离尾流的气流中使用伯努利方程将局部压力和速度与自由流值联系起来，但这

并不适用于静态和动态压力的和要低于自由流值的尾流。流体机械能量的损失已经转化为脉动。在图 3.6 中同样显而易见的是下侧壁的迎风角上分离的气泡。在这里，平均风向与物体表面相反，在建筑的这个位置将会观测到“回流”。气流进一步重新附着。因此很明显，图 3.6 中的气流比图 3.5 中气流经过流线型外形时更加复杂和不稳定。

然而，真实情况下气流比图 3.6 所示的情形更加复杂。风气流在脉动，平均风速随着海拔的增加而增加。在接下来的部分中进行了讨论。

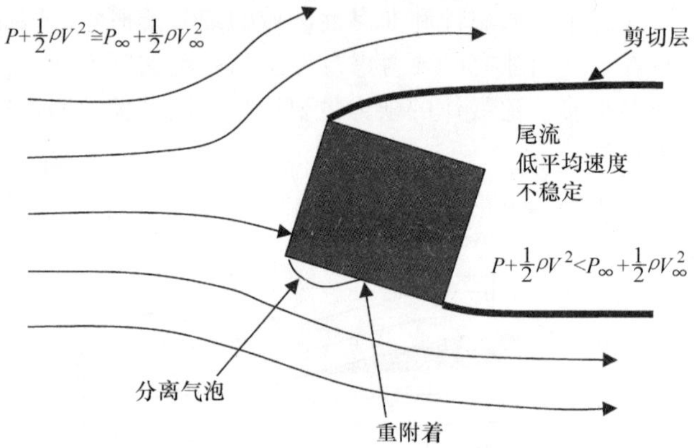

图 3.6　平稳均匀流中的钝体

3.3.3　湍流，三维钝体

图 3.7 展示了边界层气流经过一个三维的类似建筑的外形时的示意图。绘制出了一种可能出现的速度曲线，以及与湍流脉动相比较的，在一个平均周期后获得的平均曲线，可能表示完整尺寸的 20min，或风洞的 1min。如此一个复杂的气流，在时间和空间上多种多样，会在表面的所有的点产生湍流压力。某一点随时间变化的压力，如图 3.7 中标记的“A”，在图 3.8 中将有外观的描述。

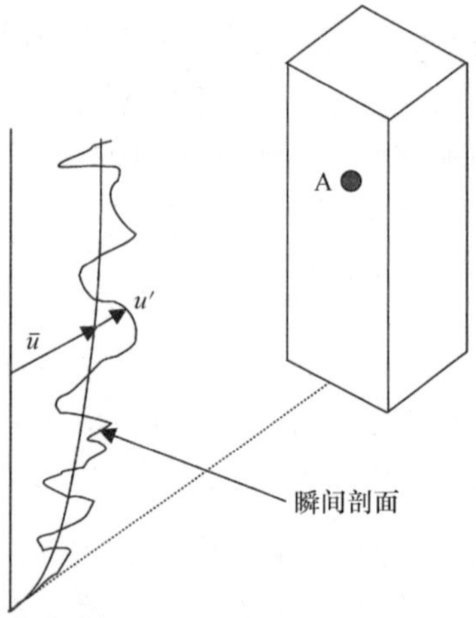

图 3.7　湍流流经三维钝体

图 3.8 显示的风有涡流的大小和频率。这是一种可在周期内定义的峰值压力、最小值压力和平均压力。

很明显，在这样几个可被定义的标志性压力参数中，有几个压力参数会有价值，同时有几个动压力可被用作参考值。式（3.6）使用平均动压力作为参考，定义了平均压力。式（3.7）使用平均动压力定义了峰值压力。式（3.8）使用峰值动压力定义了峰值压力。式（3.9）使用平均动压力定义了最小压力。式（3.10）可能不是特别现实，但却使用最小动压力定义了最小压力，该值实际上接近于零，会导致压力系数的值特别大：

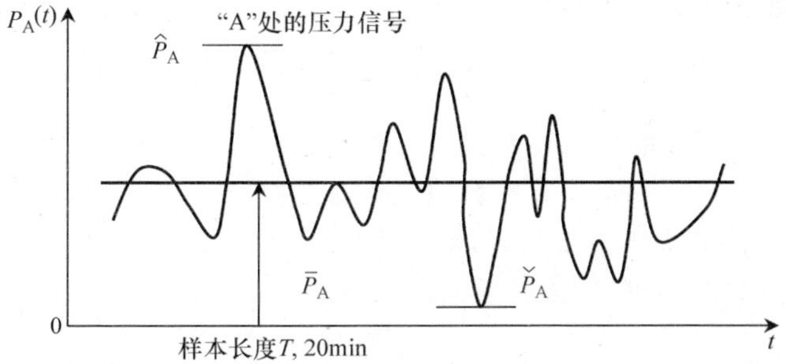

图 3.8　图 3.7 所示的“A”点钝体前部的压力脉动示意图

$$\bar{P}_A - P_\infty = \bar{C}p\,\frac{1}{2}\rho\,\bar{V}^2 \tag{3.6}$$

$$\hat{P}_A - P_\infty = \hat{C}p\,\frac{1}{2}\rho\,\bar{V}^2 \tag{3.7}$$

$$\hat{P}_A - P_\infty = \hat{\hat{C}}p\,\frac{1}{2}\rho\,\hat{V}^2 \tag{3.8}$$

$$\check{P}_A - P_\infty = \check{C}p\,\frac{1}{2}\rho\,\bar{V}^2 \tag{3.9}$$

$$\check{P}_A - P_\infty = \check{\check{C}}p\,\frac{1}{2}\rho\,\bar{V}^2 \tag{3.10}$$

对于风洞中的，在定义参考数量时需要倍加小心。图 3.9 展示了风洞设置的示意图，其中 V_r 为在靠近或位于边界层顶部的海拔 Z_r 处的参考风速。

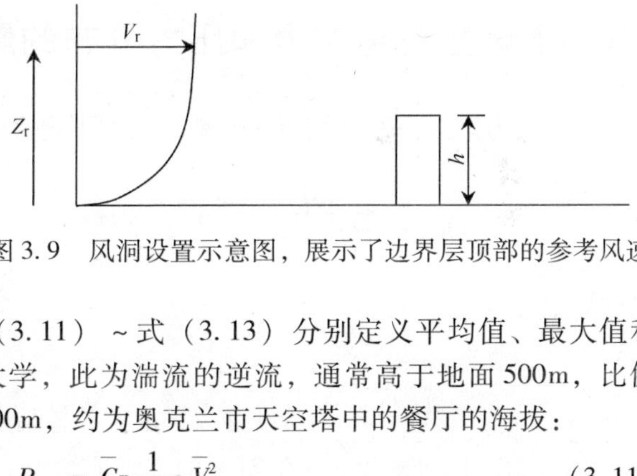

图 3.9　风洞设置示意图，展示了边界层顶部的参考风速

对于大多数的风洞设置，参考动压力是基于完全不受模型影响的边界层顶部的测量，随后可按照式（3.11）~式（3.13）分别定义平均值、最大值和最小值相应的压力系数。在奥克兰大学，此为湍流的逆流，通常高于地面 500m，比例为 1∶400，相应的完整尺寸海拔为 200m，约为奥克兰市天空塔中的餐厅的海拔：

$$\bar{P} - P_\infty = \bar{C}p\,\frac{1}{2}\rho\,\bar{V}_r^2 \tag{3.11}$$

$$\hat{P} - P_\infty = \hat{C}p\,\frac{1}{2}\rho\,\bar{V}_r^2 \tag{3.12}$$

$$\check{P}_A - P_\infty = \check{C}p\,\frac{1}{2}\rho\,\bar{V}_r^2 \tag{3.13}$$

将压力系数和建筑物顶端风速联系起来通常很方便，所以可以移除目标建筑，并将一个全静压探测或其他风速传感器置于建筑物顶端，可在建筑物顶端发现参考风速 V_r 和 V_h 的（线性）关系。然后通过替换上面的“风洞”公式中的 V_h，甚至可以定义更多的压力系数，例如关于平均压力的公式：

$$\bar{P} - P_{\infty} = \bar{C}p_{h} \frac{1}{2}\rho \bar{V}_{h}^{2} \tag{3.14}$$

基于建筑物顶部风速的压力系数是有用处的，因为测试工程师知道应该期待哪种数值。例如，在模型建筑的前侧，平均压力系数可能约为 0.8，峰值压力系数约为 1.2。在两边或者后面，系数应是负的。

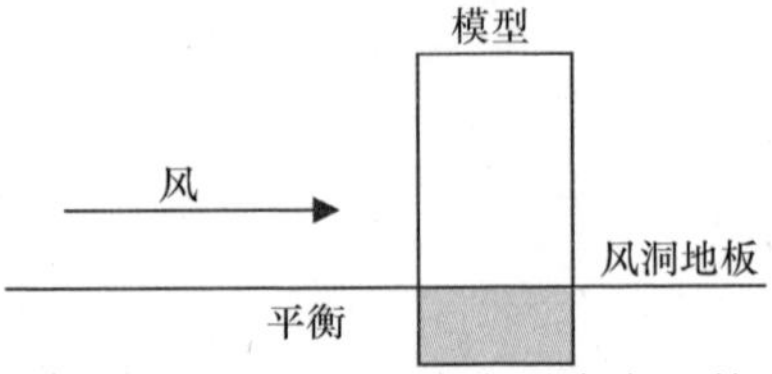

图 3.10　位于风洞中力平衡之上的模型示意图

这里同样需要力系数。这是因为，如图 3.10 所示的风洞平衡测量力以及受力系数，与实际测量速度相比通常相对不敏感。定向平行或垂直于平均风向，以及各自的阻力和升力。分别根据式（3.15）和式（3.16）中的非扰动自由流动压力定义了阻力和升力系数：

$$C_{D} = \frac{F_{D}}{\frac{1}{2}\rho V_{\infty}^{2} A} \tag{3.15}$$

$$C_{L} = \frac{F_{L}}{\frac{1}{2}\rho V_{\infty}^{2} A} \tag{3.16}$$

既然已经介绍了湍流的一般特征，一些钝体空气动力学概念也呈现了出来。

3.4　雷诺数对钝体力和压力分布的影响

雷诺数为惯性力和黏性力的比率，按如下定义：

$$Re = \frac{惯性力}{黏性力} \propto \frac{质量 \times 加速度}{剪切力 \times 面积} = \frac{\rho L^{3} \frac{V_{\infty}}{T}}{\mu \frac{V_{\infty}}{L} L^{2}} = \frac{\rho L^{2}}{\mu T} = \frac{\rho L^{2}}{\mu \frac{L}{V_{\infty}}}$$

$$= \frac{\rho V_{\infty} L}{\mu} = \frac{V_{\infty} L}{\nu}$$

式中，L 为特征长度；V_{∞} 为特征速度；μ 为动态黏度；ν 为运动黏度 $=\mu/\rho$；特征时间 T 等于特征长度/特征速度；ν 在 21℃的空气下约为 $15 \times 10^{-6} \mathrm{m^2/s}$。

建筑的典型雷诺数可为 $40\mathrm{m/s} \times 40\mathrm{m}/15 \times 10^{-6} = 10^{8}$。对于 10m 高的烟囱约为 3×10^{7}。

在决定边界层为层流还是湍流时雷诺数非常重要。这反过来会决定其抵抗反压力梯度的能力，或在物体表面分离的敏感性。在风洞中，模型比例通常为完整尺寸的 1/400，测试速度通常为满额设计速度的 1/3。这意味着风洞雷诺数仅为完整尺寸的 1/12000，即对于建筑来说大约为 10^{5}，对于烟囱来说大约为 2×10^{4}。

很明显，风洞中的雷诺数要比完整尺寸的小很多，需要注意的一点是，层流边界层比完整尺寸更多的越过表面。之前这并不是一个问题，因为自然风的脉动很大，所以只要在风洞中有充足的湍流，就不会在典型建筑模型适度粗糙的表面出现大面积的层流边界层。还有一点需要注意，与完整尺寸相比，气流在风洞中的分离是不同的。以前对于如建筑这种具有锋利边缘外形的物体来说不是一个问题，因为锋利的圆角会促进分离，气流在风洞中的分离和在完整尺寸类似。然而对于倒角的外形，就不是这种情况了，风洞中测试模型烟囱就充满了困难。

图3.11展示了大范围雷诺数的圆柱体和球体的阻力系数。很明显，在图3.11中，对于光滑的柱体，雷诺数范围为$10^3 \sim 2\times10^5$的阻力系数约为1.2，随后在雷诺数为5×10^5处迅速下降至0.3，随后再次缓慢上升。因此，雷诺数超过10^7的完整尺寸的烟囱会在*Cp*（或临界雷诺数）区域之上，在所谓的超临界区域中，风洞中雷诺数为10^4的模型会正好在临界雷诺数之下，位于亚临界区域内。

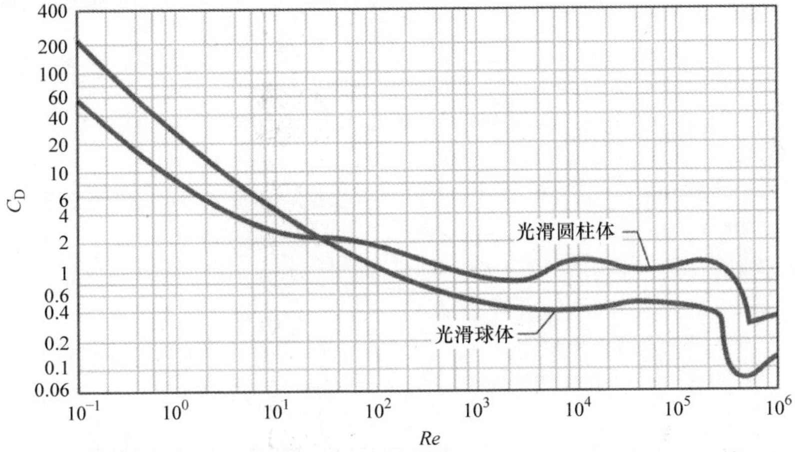

图3.11 光滑球体和圆柱体的阻力系数作为雷诺数的一个函数（Cengel 等人 2008）

这种相当不寻常的阻力系数的行为可通过圆柱体表面边界层的行为加以解释，其导致了图3.12所示的流动变化规律。雷诺数低时，边界层为层流，且非常容易受到圆柱体后面反向压力梯度的破坏，在$\theta=82°$时发生分离，产生一个大的低压尾流，阻力系数为1.2。当雷诺数高时，边界层在此位置前变为湍流，承受反向压力梯度的能力更强，所以直到$\theta=120°$时仍然不会分离，同时会导致一个更小的尾流以及后部（底部）更高的压力，并将阻力系数降为0.3。

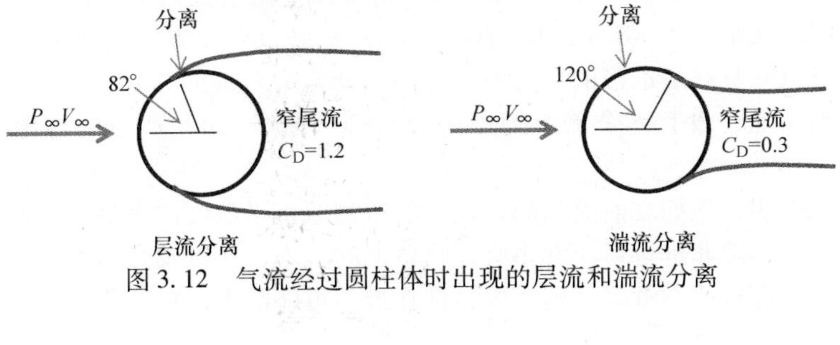

图3.12 气流经过圆柱体时出现的层流和湍流分离

当气流为湍流或球体和圆柱体的表面粗糙度时，图 3.11 和图 3.12 所示的效应仍会发生，但是雷诺数会发生变化。产生这种现象的原因是，脉动和表面粗糙度会导致表面的边界层由层流转化为湍流。图 3.13 非常清楚地展示了这种影响，图 3.13 还展示了小范围内或一系列不同表面粗糙度雷诺数的阻力系数。随着表面粗糙度的提高，阻力下降时出现的临界雷诺数也随之降低。因此可通过增加表面粗糙度来模拟更高的雷诺数运行。初始气流中的湍流会产生相同的影响（Son 等人 2010）。因为这种影响，历史上曾使用这种所谓的湍流球体在风洞中通过测量阻力确定湍流等级，并确定阻力系数。一个具有非常低湍流的风洞（Platt 1937），其临界雷诺数约为 3×10^5，阻力随着雷诺数的不断降低为亚临界雷诺数而降低，同时风洞气流中的湍流增强。因此在航空风洞中具有低的湍流极其重要，航空风洞用于在低湍流环境下模拟航空飞行。这种低湍流水平在用于风工程研究的边界层风洞中就不那么重要了，在风工程研究中，湍流被刻意加入气流中以模拟自然风。

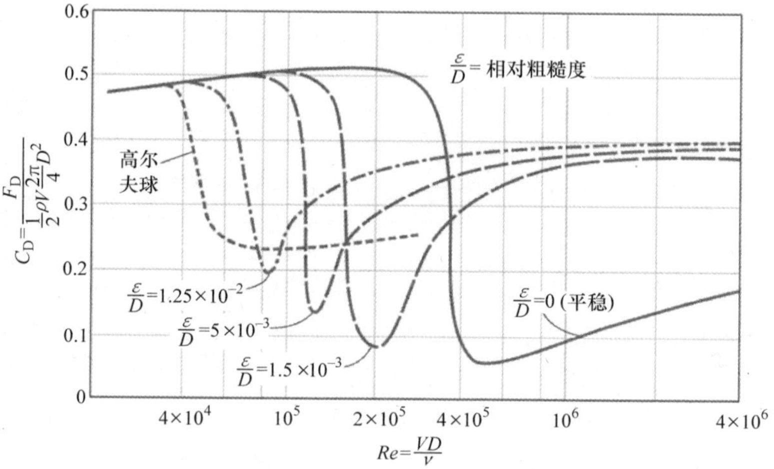

图 3.13　表面粗糙度对球体阻力系数的影响（Cengel 等人 2008）

图 3.11 所示的阻力系数源自圆柱体表面顺气流方向压力分布的综合。图 3.14 展示了在一定范围雷诺数圆柱体上测量的压力分布，可以发现压力分布非常明显的取决于雷诺数。

关于图 3.14，$Re=1.1\times10^5$ 的曲线（a）为亚临界雷诺数，$Re=6.7\times10^5$ 曲线（b）位于阻力曲线的底部，$Re=8.4\times10^6$ 的曲线（c）正好位于临界雷诺数上方。曲线（a）在圆柱体的下风侧具有最消极的压力系数，而最低阻力对应的曲线（b）具有最积极的压力系数。很明显，没有一个测量的压力分布符合曲线（d）所示的理论位势流压力分布。

这个结果表明，正如之前提到的，在风洞中测试雷诺数要比完整尺寸低很多的圆形物体是不明智的，除非进行得非常小心，物体上的压力分布以及合力可能会远离真实情况。如果必须要进行此类测试，则需要尝试在最高可能的雷诺数下测试。

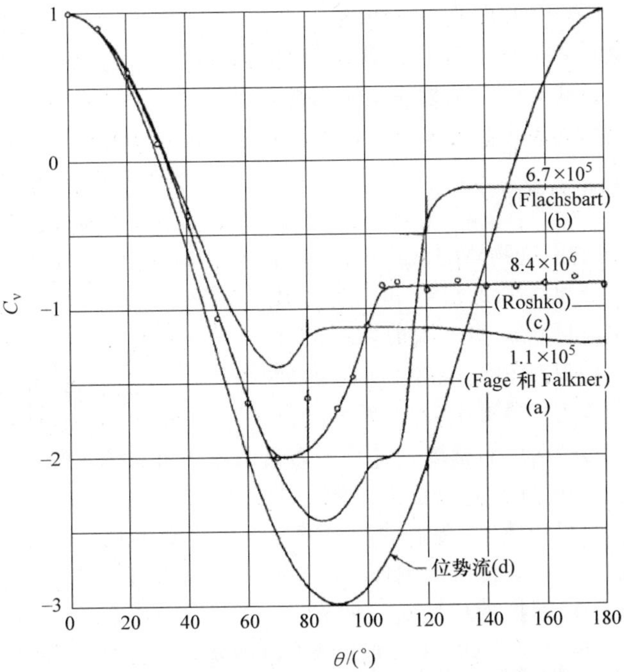

图 3.14 雷诺数对围绕圆柱体压力分布的影响（Roshko 1961）

3.5 湍流对钝体力的影响

要想在风洞中获得建筑流体力学研究的正确答案，合适的模拟气流结构必不可少。为什么是这样？原因是湍流通过两种方式影响气流：一个原因并不是特别重要；另一个十分重要。

众所周知，湍流会引起边界层从层流向湍流变化的早期转化。这通常会提高阻力，但同时也具有使气流分离减少的优点。在大气中，气流的雷诺数很大，所有建筑等物体上的边界层为湍流。因此在风洞中，物体需要具有湍流以获得湍流边界层，正如前面所提到的。然而，边界层是否在正确的位置转化为湍流对整个载荷并没有太多影响，因为其主要通过压差阻力产生，即前面和后面的压差。对于烟囱有一个特殊的问题，正如已经提到的按雷诺数分离点的变化。

湍流对气流的其他影响更加重要。气流中湍流的数量会影响物体后面尾流的形成方式，并对物体后面和两侧的最终压力有很大影响。因此必须在风洞中正确地模拟湍流才能获得正确的尾流以及正确的基准压力。

图 3.15（Gartshore 1973）展示了垂直于气流风向的平板后面的尾流。自由流和尾流流体被夹带入剪切层中。Gartshore 称流体中的湍流促进了夹带入剪切层，并可通过影响剪切层弯曲率来影响载荷。

图 3.16 展示了将物体放入带湍流和不带湍流的气流中的尾流的区别。Gartshore

(1973) 解释说，小规模的湍流气流可通过提高从物体上流出的剪切层夹带率，来影响钝体的阻力、脉动升力、基准压力系数和驰振行为。关于此部分的描述详见 3. 5. 1 节和 3. 5. 2 节。

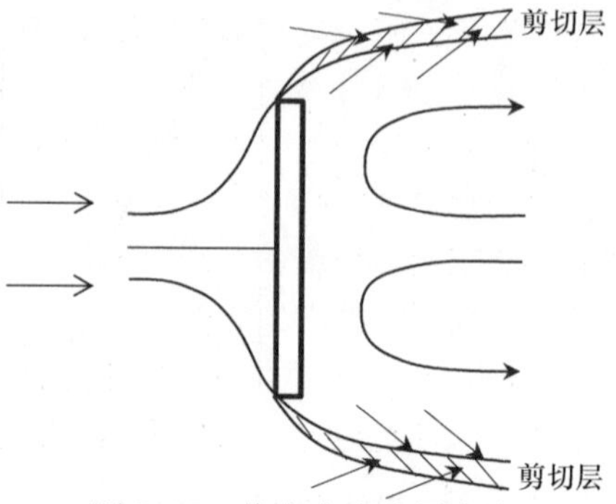

图 3. 15　将自由流和尾流流体夹带入剪切层中

3. 5. 1　湍流对阻力的影响

图 3. 16 中描述的围绕物体的气流中的自由流湍流，平均流场产生增长的混合和夹带，其出现在流出剪切层。尾流流体进入剪切层的增长率影响其形状，使其变得更加锋利——弯曲率降低。这对基准压力的影响很大，因为增高的弯曲率需要增高的径向压力梯度，并且因为自由流压力无法改变，剪切层内部的压力因此降低。对于图 3. 16 所示的位于强湍流下的薄板（左上方），增高的弯曲率可能会引起气流重新连接上“后体”。更低的弯曲率使下尾流变得更窄、剪切层变得更直，并且会产生使得尾流压力更加接近周围环境的影响（即使其比原来更高），并且阻力因此降低。在风洞中正确地模拟剪切层流线曲

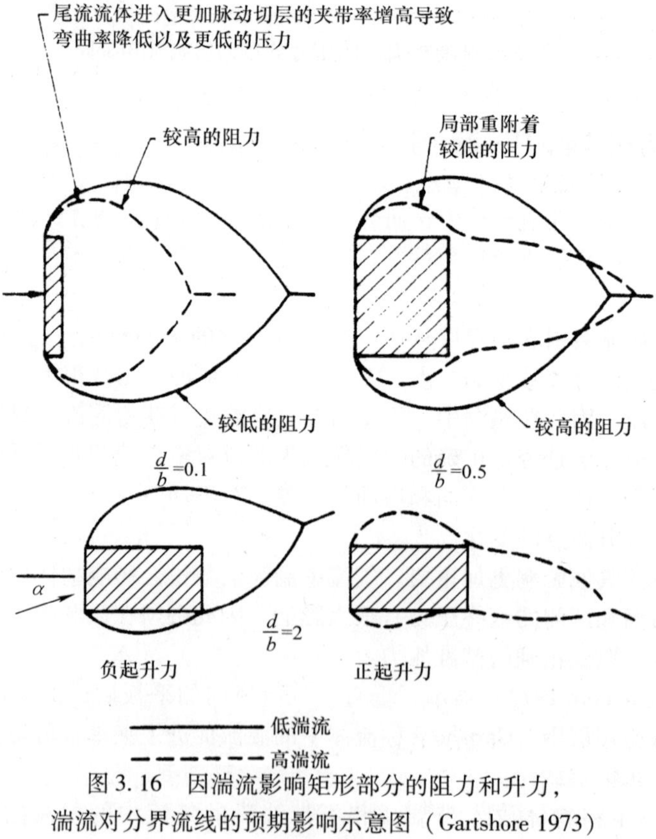

图 3. 16　因湍流影响矩形部分的阻力和升力，
湍流对分界流线的预期影响示意图（Gartshore 1973）

率非常重要，因为其可以按类似的方式在完整尺寸下再次连接（或不），并且可因此正确地模拟最终基准压力和相对力，正如图 3.17 所示，还展示了不同湍流等级下房屋形模型的测量值。

在图 3.17 中，粗糙长度取决于周围表面粗糙度，通过将测量速度曲线与对数定律相匹配得到。可以发现长度比 H/z_0（称为 Jensen 指数）对最终压力分布有重要影响，因此在风洞模拟中这一点同样重要，因为模拟压力分别可代表真实的情形。

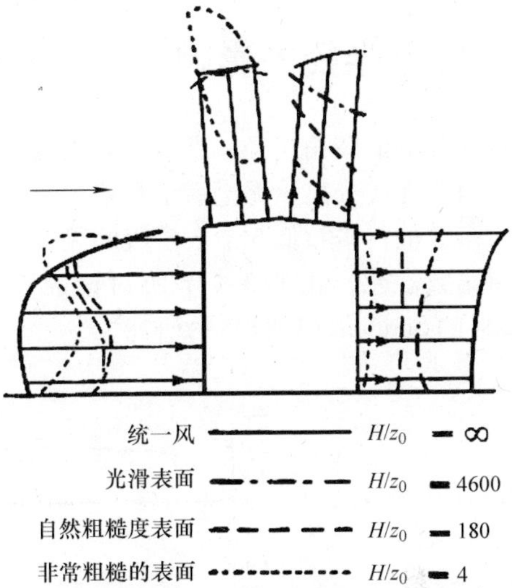

图 3.17 周围地面粗糙度对房屋压力分布的影响，其中 H 为房屋高度，z_0 为粗糙长度（Scruton 1981）

3.5.2 湍流对升力的影响

图 3.16 中较低的曲线非常重要，因为其展示了当气流与物体呈攻角时湍流是如何影响重附着的。重附着的位置对升力有很大的影响，所以湍流因此影响钝体产生横风的能力。其甚至会改变横风力的符号。这种符号的改变非常重要，因其可能会导致不稳定的横风运动，如"驰振"，横风力与速度同相位，因此可为结构的动作增加能量。

图 3.18 展示了由湍流和非湍流气流中的方形横截面形成的横风力。可以发现在特定的攻角下，C_y 在湍流气流中要比非湍流气流中大。在这种情况下，横风力足够大，可是模型在湍流气流中驰振，而在低湍流气流中保持稳定。图 3.18 显示，向下的运动会产生一个正的攻角 α 和正的 C_y，因此如果系统中没有阻尼，运动的条件允许发生驰振。

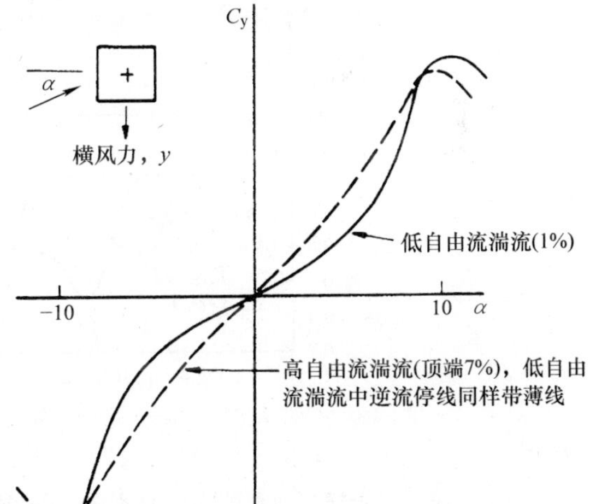

图 3.18 自由流湍流和小规模湍流对细长方钢塔的横向力特征的影响（Melbourne 1975）

对于后体长度较长的钝体（如一些桥梁的横截面），物体可在湍流气流中保持稳定，但在层流气流中不稳定。这就是为什么经常在平稳气流以及湍流中测试桥梁，因为在这些情况下才可能发现问题。这是因为在稳定的大气环境下，在河流冰凉的河水之上，会出现相当低的湍流气流，所以在低湍流下测试桥梁模型是很明智的。

3.6 圆角半径的影响

钝体外形的圆角半径非常重要，因为它可以帮助或阻碍气流经过圆角时的道路。锋利的圆角会促成分离，无论雷诺数多大，气流都会在此处分离。这就是边界层风洞被应用于大多数的雷诺数低3个数量级的风工程研究的原因。然而当圆角是圆形时，气流变得对雷诺数敏感，正如3.4节所讨论的以及图3.19所示的改编自Delany和Sorensen（1953）的Scruton（1981）的研究。

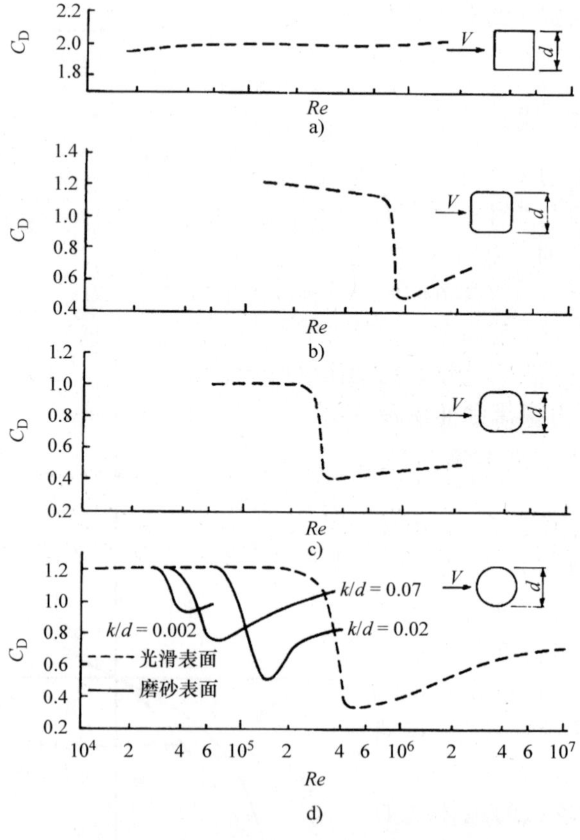

图3.19 对于横截面和圆柱体的棱柱，雷诺数、圆角半径率 r/d 和表面粗糙度 k/d 对 C_D 值的影响，其中 k 为磨砂的晶体大小（纵横比 = ∞）
（Scruton 1981，Delany 和 Sorensen 1953）
a）$r/d=0.021$ b）$r/d=0.167$ c）$r/d=0.333$ d）$r/d=0.5$（圆截面）

图3.19a所示为锋利的倒角，显示阻力对雷诺数不敏感。随着圆角半径的提高，可

以发现当雷诺数增加到一个特定的数值之上后，阻力开始降低，同时这个特定的数值随着圆角半径增高而降低。图 3. 19 为圆头的现代的汽车可降低阻力提供了证据。地图展示了圆柱体表面粗糙度对阻力曲线的影响，与展示了表面粗糙度对球体阻力的影响的图 3. 13 类似。在风工程中，在风洞测试中，提高弯曲表面的粗糙度可被用于“模拟”更高的雷诺数，但使用这种方法时需倍加小心。

3.7　顺风和横风激励以及涡旋脱落

为风工程目的将风激励和结构运动分解为顺风和横风激励比较简单。这源于应用的不同激励机制。顺风激励主要源自压差阻力，并受接近的湍流的影响较大。这在第 6 章有所描述。横风激励的来源更多。取决于接近的湍流、建筑外形、尾流以及成形装置。普遍的观察发现，桥梁支座之后的河流中的尾流由漩涡组成，漩涡似乎一种接一种变化。这就是所谓的卡门涡街。这种流动图案如图 3. 20 所示。其展示了低雷诺数下的流动，也就是为什么分离发生在离停滞点 82°的地方。漩涡沿相反的方向旋转非常明显。交替的漩涡在自然风中建筑和塔等很高的雷诺数下从二维的模型中脱落。

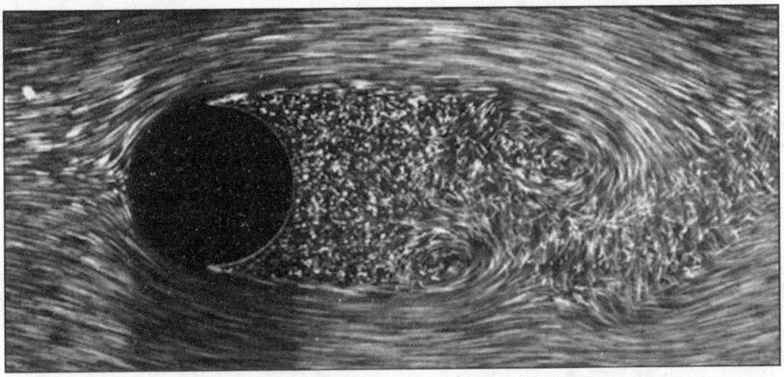

图 3. 20　伴随着湍流尾流的层流边界层的分离；当 $Re = 2000$ 时气流经过圆柱体（Cengel 等人 2008）

这种漩涡同样存在于风流中高的二维外形之后，尽管无法看见，是升力垂直于平均风向，即横风向。它们因为“循环”Γ 而出现，其围绕模型产生，且可显示出升力 L 与循环有关系，遵循一个重要的公式：$L = -\rho U\Gamma$。相同的情况是，当一名优秀的网球运动员打出一个强烈的上旋球时，会产生一个下降力。这些力在风工程中变得更加重要，即在平稳气流中具有如烟囱般的细长外形的物体，且尾流与直径和高度有关系。同时也与高建筑密切相关，设计师经过许多努力试图分解这些漩涡，从而降低横风激励力以及随后的运动。

RWDI 咨询公司有一些很好的分解尾流的实用方法，内刊于（Irwin 2008，2009）以及图 3. 21 ~ 图 3. 23 中展示了一个聪明的外形，不仅可以帮助分解尾流，还符合该地区传统的建筑风格。图 3. 23 清楚地展示了如此高的建筑具有的三维外形，旨在分解尾流并减少产生循环和作用在这个极高建筑上的相应的横风力。

图 3. 21　左图：台北 101 塔照片，右图：台北 101 塔风洞模型照片（Irwin 2008）

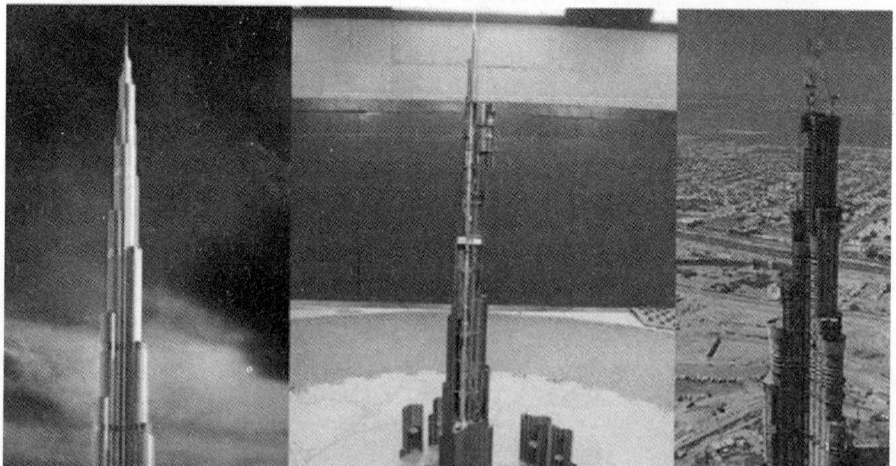

图 3. 22　哈利法塔——展望未来、空气弹性变形的模型和建筑照片（Irwin 2009）

图 3.23　1∶50 比例模型的哈利法塔顶部部分，用于高雷诺数测试（Irwin 2009）

3.8　澳大利亚和新西兰风荷载标准 AS/NZS 1170.2 怎样处理钝体空气动力学

风荷载规范和标准需要有方法通过部件尺寸、参考速度和压力系数来决定设计压力和载荷。理想情况下，应有不同的因素来调整压力，如防护的存在，并且这些因素需要基于现象可能会产生的物理学特性。新西兰和澳大利亚标准为一个特定区域规定了一个局域峰值阵风速 V_R、10m 高度的重现期以及地形粗糙度类别 2，即乡郊地区。不同的 M 系数对区域速度做了修改，以得到该地点风速，如式（3.17）所示：

$$V_{sit,\beta} = V_R M_d (M_{z,cat} M_s M_t) \tag{3.17}$$

式中，V_R 为 $1/R$ 超过数的年度概率下的局部阵风速度（m/s）；M_d 为 8 个基本风向的风向因子；M_s 为防护因子；M_t 为地形因子；$V_{sit,\beta}$为计算的地点的风速，其中方向 β 为 N、NE、E、SE 等。

因此式（3.17）涉及建筑的高度和地点、气候等对当地设计风速有影响的特征。压力通过式（3.18）决定：

$$p = (0.5\rho_{air})[V_{des,\theta}]^2 C_{fig} C_{dyn} \tag{3.18}$$

式中，p 为设计垂直于表面的风压（Pa）；ρ_{air} 为空气密度，应取 1.2kg/m^3；$V_{des,\theta}$ 为建筑正交设计风速，通常 $\theta = 0$、90°、180°、270°，由 $V_{des,\theta}$ 决定，并取决于建筑关于主要风向的方向；C_{fig} 为空气动力学形状因数；C_{dyn} 为动态响应因数（=1.0，除非建筑为风敏感结构）；$V_{des,\theta}$ 为峰值阵风速度，与建筑面朝的方向有关。

空气动力学形状因数 C_{fig}，由外部压力系数和不同的 K 系数决定：

$$C_{fig} = C_{p,e} K_a K_c K_l K_p \tag{3.19}$$

式中，$C_{p,e}$ 为外部压力系数；K_a 为面积换算因数；K_c 为组合因数；K_l 为局部压力因数；K_p 为多孔包层换算因数。

压力因数可用于解释风流经过钝体的一些物理现象。外部压力系数是一种结构或建筑上位置的函数，并考虑不同区域压力系数的平均值的问题。例如，一个典型高建筑的前面、两侧和后面的外部压力系数分别为 0.8、-0.65 和 -0.5，在前面为正，其他地方为负。面积换算因数 K_a 降低了大面积结构支撑上的载荷，并帮助解释阵风经过大面积物体时相互关系的不足。当面积不足 10m^2 时等于 1.0，当面积超过 100m^2 时降低至 0.8。当压力作用在几个表面产生载荷效应时，组合因数可降低载荷，并允许这样一个事实，即峰值压力和吸力不会在所有的表面同时发生。局部压力因数 K_l 考虑了建筑特定区域小漩涡的密度，以产生更高的压力和吸力。例如，墙或屋檐迎风面的值为 3.0。在这些地方局部分离会产生更高的吸力。多孔包层换算因数降低了多孔包层的压力系数，该处气流会渗入墙壁内从而降低压力和吸力。因此理解钝体空气动力学可帮助规范和标准的制定者使计算程序更加经济化，努力使计算程序中的风荷载过程更加形象化。

3.9 小结

通过本章可以清楚地发现，作用在钝体上脉动压力浸入高湍流的剪切即将到来的气流中，伴随大的从一边摆向另一边的颤动尾流，非常复杂，所以钝体空气动力学研究非常具有挑战性和趣味性。本章所呈现的大多数知识，都是由专注的研究者在真实结构和建筑上进行的关于压力和载荷的广泛测量而得到的，或者是在边界层风洞中的精密的模型上所做的测量。计算流体动力学分析对理解钝体空气动力学有很大的帮助，并且重要性越来越高。因此存在大量的知识可帮助专家根据经验和以公布的研究结果估计各种外形的载荷和压力。然而，大的结构和建筑需要在风洞中进行测试，以获得对压力和载荷的最准确的估计，但这是一个复杂的过程，通过这些测试以及后续的研究之后，对钝体空气动力学性质的理解会逐步加深。

参考文献

Abbott HI, Von Doenhoff EA (1959) Theory of wing sections. Dover Publications, New York, US
Cengel Y, Cimbala J, Turner R (2008) Fundamentals of thermal-fluid sciences (SI units), 3rd edn. McGraw-Hill, Europe, Middle East and Africa. ISBN 9780071266314
Delany NK, Sorensen NE (1953) Low-speed drag of cylinders of various shapes, N.A.C.A. Tech. Note. 3038. Wash
Gartshore IS (1973) The effects of free stream turbulence on the drag of rectangular two-dimensional Prisms, Engineering science research report, BLWT-4-1973 Vol 73-74. Boundary Layer Wind Tunnel Laboratory, University of Western Ontario, London
Irwin PA (2008) J Wind Eng Ind Aerodyn 96:701–712
Irwin PA (2009) J Wind Eng Ind Aerodyn 97(7–8):328–334
Melbourne WH (1975) Cross-wind response of structures to wind action. In: Eaton KJ (ed) Proceedings of the fourth international conference on wind effects on structures. Cambridge University Press, London, pp 343–359
Platt RC (1937) Turbulence factors of N.A.C.A. wind tunnel as determined by sphere tests, NACA report No. 558
Prandtl L (1905) In: Krazer A (ed) Verhandlungen des dritten internationalen Mathematiker-Kongresses in Heidelberg 1904, Teubner, Leipzig, Germany, p. 484. English trans. in Early Developments of Modern Aerodynamics, Ackroyd JAK, Axcell BP, Ruban A1 (eds) Butterworth-Heinemann, Oxford, (2001), p 77
Roshko A (1961) Experiments on the flow past a circular cylinder at very high Reynolds number. J Fluid Mech 10(3):345–356
Scruton C (1981) An introduction to wind effects on structures. Oxford University Press, Oxford
Son K, Choi J, Jeon W, Choi H (2010) Effect of free-stream turbulence on the flow over a sphere. Phys Fluids 22(4):1–7

第 4 章　大跨桥梁空气动力学

Yaojun Ge 和 Hiroshi Tanaka

摘要　本章介绍了桥面的气动力公式，包括静力部分、拟定常和非定常气动力以及瞬态力，随后是桥梁不同类型的风激励响应，包括颤振、驰振、抖振响应以及涡激振动等气动不稳定性。

关键词　气动力 · 抖振 · 颤振 · 驰振 · 漩涡激励

4.1　简介

风一直以有利的和不利的方式影响着人类。如果没有绿荫下的微风，炎热的夏天会让人难以忍受；但是在严寒的天气中，相同程度的微风却可能会威胁人的生命。在人类历史的早期阶段，风促成了海外贸易的发展。同时人们也会担心，如果他们不够幸运，强风暴可能会摧毁船只。因此会发现，自古代以来，风是人们设计房屋和城镇以及通风和冷却（尤其在温暖潮湿地区）的一个重要参考因素。

4.1.1　第一个转折点：平均风荷载

John Smeaton（1724～1792 年）最早描述了工程设计中关于风的实用性知识，他是第一位“土木工程师”，曾于 1759 年将风力表呈递给伦敦的皇家学会。这个表类似于表 4.1，

表 4.1　John Smeaton 风力表（1759 年）

风速		每英尺航空的垂直力/lb	风力的通称
mile/h	ft/s		
1	1.47	0.005	很难感觉到
2	2.93	0.020	刚好可以感觉到
3	4.40	0.044	
4	5.87	0.079	舒适的微风
5	7.33	0.123	
10	14.67	0.492	舒适的凛冽大风
15	22.00	1.107	
20	29.34	1.968	非常凛冽
25	36.67	3.075	
30	44.01	4.429	大风
35	51.34	6.027	
40	58.68	7.873	非常大的风
45	66.01	9.963	
50	73.35	12.300	风暴或暴风雨
60	88.02	17.715	大风暴
80	117.36	31.490	飓风
100	146.70	49.200	可吹断树木、吹倒建筑的飓风

注：1mile/h = 0.44704m/s，1ft/s = 0.3048m/s，1lb = 0.45359237kg。——译者注

所列的力可通过下面一个简单的公式总结出：

$$P = 1.2v^2 \tag{4.1}$$

式中，P 为风引起的压力（Pa 或 N/m^2）；v 为垂直于表面的风速（m/s）。

这与假设阻力系数 $C_D = 2.0$ 相等。需注意当一个二维的平板垂直于气流时，C_D 约为1.9。

Smeaton 的先驱工作并不是特别的完善。可能并不会帮助工程师更好地理解和认知风荷载（Biggs 1961）。

4.1.2　第二个转折点：阵风荷载

在19世纪之交，锻铁作为一种新型的更加可靠的结构材料开始被广泛应用，并由此设计和构建了更加优秀的结构。应用机制的显著进步也促进了这种飞跃。在这一时期，对风荷载信息的需求变得急切起来。可就此理解泰河大桥（Tay Bridge）倒塌的影响。再没有其他事件如此次失败一般，让工程师们重视作用在结构上的风荷载。

在当时泰河大桥是世界上最长的铁路桥，总长度为3km。由84跨锻铁桁架组成，其中13个为70~75m的桁架，跨度在河面上跨越27m。该桥由著名的苏格兰铁路工程师 Thomas Bouch（1822－1880年）设计，他曾因此项工作而被维多利亚女王授予爵位。不幸的是，在1897年12月29日那个风暴之夜，大桥被一股强风吹倒，而当时据此桥开通仅两年，当时桥上还有一列客运列车，并夺取了75条生命。据说在那次事件中风速为30~35m/s，低于设计风速36m/s。倒塌的主要原因是阵风速度或阵风荷载。

福斯铁路桥（Forth Railway）和埃菲尔铁塔的成功，换句话说，最早的两个最大的钢铁建筑，分别于1887年和1889年完工，是设计师树立的卓越的里程碑。福斯铁路桥是一个2×488m的吊桥，是当时世界上最长的拱形桥，埃菲尔铁塔是一个300m高的建筑，是世界上最高的人造建筑。这些巨大的成功也要归功于阵风荷载，也是第一次在结构设计中将其考虑进来。随后开创了20世纪前半段巨型吊桥和摩天大楼的时代，尤其在美国。

4.1.3　第三个转折点：动态风荷载

塔科马海峡吊桥（Tacoma Narrows Bridge）是当时世界上第三长的拱形桥，由 Leon Moisseiff 设计，他在20世纪的前1/4阶段促进了挠曲理论的应用，是那些年美国最受尊敬的桥梁设计师之一。甚至在开通大桥前4个月，还可以频繁地观测到振动现象，这引起了华盛顿大学 F. B Farquharson 教授及其他一些人的注意。据他观察，大桥在第一和第二对称模态的3~6m/s的微风下，第一次被观察到频繁地做垂直的弯曲振动。据说最大双振幅分别在这些模态下达0.6m和0.8m。在最终失败的那一天，1940年11月7日，大桥在18~22m/s的风速下，以第七对称和第八不对称模态振动了一段时间。当风速约为19m/s时，突然开始第一扭转运动并变得越来越剧烈，后续运动不断增加。据信就是在那时候，连接主钢缆和桥面的中心连接缆突然断裂。

需要注意的最重要的一点是，在此次事件中，大桥实际上是被动态激励摧毁的而不是静态风荷载。大桥曾被认为可以承受高达设计风速的静态风荷载，而设计风速是桥被最终摧毁的风速的两倍。这是因为在设计阶段并没有考虑诱发振动。回顾一下表4.2的历史，在这之前曾有一些桥因风力原因而毁坏。然而，很明显桥的动力学从未成为设计师关注的主要问题。

表4.2 风力作用引起的大桥倒塌

编号	年份/年	桥的名称	跨度/ft	风力作用	设计师	国家
1	1818	Drybutgh Abbey	260	静态	John 和 William Smith	苏格兰
2	1821	Union	499	静态	Samuel Brown	英格兰
3	1834	Nassau	245	静态	Lossen 和 Wolf	德国
4	1836	Brighton Chair Pier	255	静态	Samuel Brown	英格兰
5	1838	Montrose	432	静态	Samuel Brown	苏格兰
6	1839	Menai Strait	580	静态	Thomas Telford	威尔士
7	1852	Roche – Beruard	641	静态	Le Blanc	法国
8	1854	Wheeling	1010	静态	Charles Ellet	美国
9	1864	Lewiston – Queenston	1041	静态	Edward Serrell	美国
10	1879	Firth of Tay	246	静态	Thomas Bouch	苏格兰
11	1889	Nigara – Clifton	1260	静态	Samuel Keefer	美国
12	1940	Tacoma Narrows	2800	动态	Leon Mosseiff	美国

注：1ft＝0.3048m。——译者注

1940年塔科马海峡吊桥的倒塌为结构设计对抗风力作用打开了一个新的领域。当然这并不是说静态问题不再发生，而是动态的不断增长的需求随着结构跨度和高度的不断增加而变得不可避免。开发了新型的更轻、更坚固的材料，焊接技术的进步降低了阻尼，电子计算机和计算技术的发展支持更加“优化”的设计，所有的事情看起来似乎使得结构更加易受动态激励的攻击。问题理所应当的变成了应该考虑哪种振动以及该如何预测。后来 von Karman 与 Farquharson 一起合作，进行了桥梁的风洞研究，试图把各种模态下振动的原因归于漩涡激励。Bleich，另一位著名的设计师，试图使用带一些额外的气动力关系的机翼颤振理论作类比来解释这一问题。德国的 Klöppel 和挪威的 Selberg 特尝试了对颤振理论进的修改。日本的 Hirai 桥梁的失败案例是因为加劲框架缺乏抗扭刚度而导致的侧向翘曲引起的（Bleich 1949a；Klöppel 1963；Hirai 1942）。

这些事件之后，航空工程师也作出了显著的贡献。不断发展的颤振失稳理论为桥梁的失败提供了理论兴趣框架工作。关于颤振理论观察的进一步促进了不同机构的研究。在这里面，最重要的研究是一个由 Farquharson、Vincent 和 von Karman 组的队伍基于新塔科马大桥重建开展的。在英国的特丁顿国家物理实验室，在 Kit Scruton 的领导下也开展了一系列类似的研究。这些研究结果在 Forth 和 Severn 吊桥的设计中加以应用（Davenport 1977；Aynsley 等人 1977；Moisseiff 和 Lienhardt 1933）。

除了图4.1c 所示的颤振或驰振不稳定性，还有其他两种风致振动：随机振动和漩涡激励，如图4.1a、b 所示，应该在钝体空气动力学及其在桥梁中的应用中考虑。

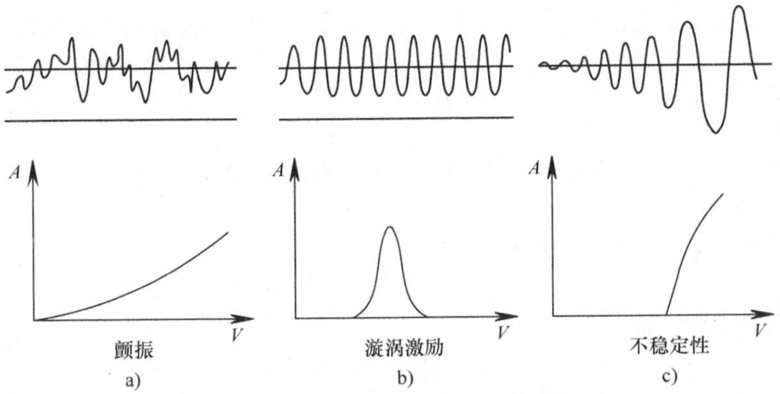

图 4.1 风力诱发响应的各种类型

a）颤振 b）漩涡激励 c）不稳定性

4.2 气动力公式

4.2.1 静力分量

当三维的结构暴露在空气气流之下，如图 4.2 所示，有 3 个力分量和 3 个力矩分量需要考虑，这些成分被称为相应的，无量纲力和力矩系数有时可按如下定义：

$$C_F = F/(QBW)\ F = D, S\&L \text{ 和 } Q = \rho U^2/2 \tag{4.2}$$

$$C_M = M/(QB^2W)\ M = M_R, M_P\&M_Y \text{ 和 } Q = \rho U^2/2 \tag{4.3}$$

在许多风工程问题中，并没有必要考虑所有这 6 个分量，或者尽管是必须的，需要考虑二维代替方案作为一个简易的数学模型，以简化概念并做一些实用的分析。

片条理论假设，最初首先引入机翼的设计，现在经常应用在桥梁的设计中，是一种典型的例子。因为桥梁仅沿一个方向延伸，最主要的考虑是当风垂直吹向桥梁的纵轴时，而不是关注整个结构，如需要考虑其单位厚度的二维切片（或长片），沿平均风向方向由两个平面切下。此概念与弹性理论中的平面应变分析相同。

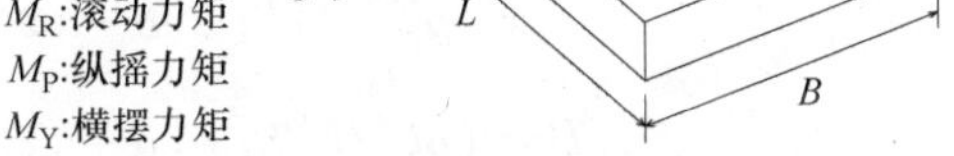

图 4.2 空气动力分量

对于此种情况，只有3个分量需要考虑；升力 F_L、阻力 F_D 和纵摇力矩 M_P，因为将每个跨度看做是一个具有统一跨度的无限长拱桥的一个剖面。与此对应，需要考虑的位移为（h_x，h_z，α_y）。下面，气动力分量公式仅考虑这 3 个方向，位移简写为（p，h，α）。

4.2.2 准平稳空气动力学

另一个经常引入的近似值为准平稳近似值，即任意时间的气动力仅取决于物体特定时刻的即时位置。换句话说，可以忽略气动力模型中的临时记忆效应或位移历史。

前面很清楚地论述了片条理论近似值，其含义一般可被理解。然而，这对于拟定常近似值来说并不准确。在相当高风速的情况下是可以接受的假设，但在其他情况下，如漩涡激励则明显是不能接受的。

当准平稳近似值被应用时，可通过下式简单地给出 3 个气动力分量：

$$L = QBC_{\mathrm{L}} \quad D = QBC_{\mathrm{D}} \quad M = QB^2 C_{\mathrm{M}} \tag{4.4}$$

式中，Q 为与相对风速有关的动态压力：

$$Q = (\rho/2)(U + u - \mathrm{d}p/\mathrm{d}t)^2 \tag{4.5}$$

力和力矩系数，第一个近似值为

$$C_j = C_j(\alpha) + (\mathrm{d}C_j/\mathrm{d}\alpha)\alpha_{\mathrm{rel}} \tag{4.6}$$

式中，U 和 u 分别为平均风速和湍流速度；α_{rel} 为相对攻角，通过下式得到：

$$\alpha_{\mathrm{rel}} = \alpha - \frac{\dot{h} + nB\dot{\alpha} - w}{U + u - \dot{p}} \approx \alpha - \frac{\dot{h} + nB\dot{\alpha} - w}{U} \tag{4.7}$$

式中，n 为代表气动升力作用点位置的一个因数。

对于低换算频率的薄的机翼，$n \approx 0.75$。因此力分量可表达如下：

$$\begin{aligned} L &= \bar{L} + L_{\mathrm{f}} + L_{\mathrm{b}} \\ D &= \bar{D} + D_{\mathrm{f}} + D_{\mathrm{b}} \\ M &= \bar{M} + M_{\mathrm{f}} + M_{\mathrm{b}} \end{aligned} \tag{4.8}$$

其中第一项为静态分量：

$$\begin{aligned} \bar{L} &= (\rho U^2/2) BC_{\mathrm{L}}(\alpha) \\ \bar{D} &= (\rho U^2/2) BC_{\mathrm{D}}(\alpha) \\ \bar{M} &= (\rho U^2/2) B^2 C_{\mathrm{M}}(\alpha) \end{aligned} \tag{4.9}$$

第二项为随位移变化的分量：

$$\begin{aligned} L_{\mathrm{f}} &= (\rho U^2/2) B[C'_{\mathrm{L}}\alpha - \{2C_{\mathrm{L}}\dot{p} + C'_{\mathrm{L}}(\dot{h} - nB\dot{\alpha})\}/U] \\ D_{\mathrm{f}} &= (\rho U^2/2) B[C'_{\mathrm{D}}\alpha - \{2C_{\mathrm{D}}\dot{p} + C'_{\mathrm{D}}(\dot{h} - nB\dot{\alpha})\}/U] \\ M_{\mathrm{f}} &= (\rho U^2/2) B^2[C'_{\mathrm{M}}\alpha - \{2C_{\mathrm{M}}\dot{p} + C'_{\mathrm{M}}(\dot{h} - nB\dot{\alpha})\}/U] \end{aligned} \tag{4.10}$$

最后一项，抖振力为

$$\begin{aligned} L_{\mathrm{b}} &= (\rho UB/2)\{2C_{\mathrm{L}}u(t) + C'_{\mathrm{L}}w(t)\} \\ D_{\mathrm{b}} &= (\rho UB/2)\{2C_{\mathrm{D}}u(t) + C'_{\mathrm{D}}w(t)\} \\ M_{\mathrm{b}} &= (\rho UB/2)\{2C_{\mathrm{M}}u(t) + C'_{\mathrm{M}}w(t)\} \end{aligned} \tag{4.11}$$

第一项仅与静态变形有关，在现状分析中可以忽略。C' 为静态角度附近 C 的斜率。如果横截面几乎是对称的，C_{L}、C_{M} 和 C'_{D} 接近于 0，因此：

$$L(t) \approx \frac{\rho U^2}{2} B \frac{\mathrm{d}C_{\mathrm{L}}}{\mathrm{d}\alpha}\left[\alpha - \frac{\dot{h} - nB\dot{\alpha}}{U}\right] + \frac{\rho UB}{2}\frac{\mathrm{d}C_{\mathrm{L}}}{\mathrm{d}\alpha} w(t)$$

$$D(t) \approx -\rho U^2 BC_{\mathrm{D}} \dot{p} + \rho UBC_{\mathrm{D}} u(t) \tag{4.12}$$

$$M(t) \approx \frac{\rho U^2}{2} B^2 \frac{\mathrm{d}C_{\mathrm{M}}}{\mathrm{d}\alpha}\left[\alpha - \frac{\dot{h} - nB\dot{\alpha}}{U}\right] + \frac{\rho UB^2}{2}\frac{\mathrm{d}C_{\mathrm{M}}}{\mathrm{d}\alpha} w(t)$$

4.2.3 非平稳空气动力系数

随位移变化的力分量可以以更加普遍的方式表达，包括虚质量效应，如下所示：

$$L_{\mathrm{f}} = L_h h + L_{\dot{h}} \dot{h} + L_{\ddot{h}} \ddot{h} + L_\alpha \alpha + L_{\dot{\alpha}} \dot{\alpha} + L_{\ddot{a}} \ddot{\alpha} + L_p p + L_{\dot{p}} \dot{p} + L_{\ddot{p}} \ddot{p}$$

$$D_{\mathrm{f}} = D_h h + D_{\dot{h}} \dot{h} + D_{\ddot{h}} \ddot{h} + D_\alpha \alpha + D_{\dot{\alpha}} \dot{\alpha} + D_{\ddot{a}} \ddot{\alpha} + D_p p + D_{\dot{p}} \dot{p} + D_{\ddot{p}} \ddot{p} \tag{4.13}$$

$$M_{\mathrm{f}} = M_h h + M_{\dot{h}} \dot{h} + M_{\ddot{h}} \ddot{h} + M_\alpha \alpha + D_{\dot{\alpha}} \dot{\alpha} + M_{\ddot{a}} \ddot{\alpha} + M_p p + M_{\dot{p}} \dot{p} + M_{\ddot{p}} \ddot{p}$$

系数 $L_{\dot{h}}$ 、$L_{\ddot{h}}$…、M_p 通常被称为气动导数，通过换算速度和换算频率的函数得到：

$$V_{\mathrm{r}} = U/(\omega B) \tag{4.14a}$$

$$K = 1/V_{\mathrm{r}} = \omega B/U \tag{4.14b}$$

导数的分析表达式仅在一种情况下得到，即平板简单的谐波运动，具有无穷小振幅的重度倾斜位移和零平均攻角。另一个简单情况下的分析给定为阶梯式位置改变引起的作用在平板上的升力，当以零度攻角暴露在均匀的气流下时，$h=1$ 及 $\alpha=1$。对于其他情况，气动导数需要经过实验确定。通常假设一个简单的谐波振荡运动。对于这种情况，第一、第四和第七项可以和第三、第六和第九项一起分别放在式（4.13）中，即

$$L_x x + L_{\ddot{x}} \ddot{x} = L_x x + L_{\ddot{x}}(-\omega_x^2 x) = (L_x - \omega_x^2 L_{\ddot{x}})x = L'_x x \tag{4.15}$$

因此，随位移变化的力也就是所谓的自励气动力，可以通过6个变化的状态变量和18个气动力参数表达。接下来的带气动导数的表达式，是由Scanlan提出，已经被广泛接受：

$$\begin{aligned}
&KH_1^*(K)\frac{\dot{h}}{U} + KH_2^*(K)\frac{B\dot{\alpha}}{U} + K^2H_3^*(K)\alpha + K^2H_4^*(K)\frac{h}{B} + KH_5^*(K)\frac{\dot{p}}{U} \\
&\qquad + K^2H_6^*(K)\frac{p}{B} \\
&KP_1^*(K)\frac{\dot{p}}{U} + KP_2^*(K)\frac{B\dot{\alpha}}{U} + K^2P_3^*(K)\alpha + K^2P_4^2(K)\frac{p}{B} + KP_5^*(K)\frac{\dot{h}}{U} \\
&\qquad + K^2P_6^*(K)\frac{h}{B} \\
&KA_1^*(K)\frac{\dot{h}}{U} + KA_2^*(K)\frac{B\dot{\alpha}}{U} + K^2A_3^*(K)\alpha + K^2A_4^*(K)\frac{h}{B} + KA_5^*(K)\frac{\dot{p}}{U} \\
&\qquad + K^2A_6^*(K)\frac{p}{B}
\end{aligned} \tag{4.16}$$

式中，$K=\omega B/U$。

该情况下平板的气动导数为

$$H_1^* = -\frac{\pi}{k}F(k)H_2^* = -\frac{\pi}{4k}\left[1+F(k)+\frac{2G(k)}{k}\right]$$

$$H_3^* = -\frac{\pi}{4k^2}[2F(k)-kG(k)]H_4^* = -\frac{\pi}{2}\left[1+\frac{2G(k)}{k}\right]$$

$$A_1^* = \frac{\pi F(k)}{4k}A_2^* = \frac{\pi}{16k}\left[-1+F(k)+\frac{2G(k)}{k}\right] \tag{4.17}$$

$$A_3^* = \frac{\pi}{8k^2}\left[\frac{k^2}{8}+F(k)-\frac{kG(k)}{2}\right]A_4^* = -\frac{\pi G(k)}{4k}$$

$$P_j^* = 0(j=1,2,3,4)$$

式中，$F(k)$和$G(k)$为 Theodorsen 函数的实部和虚部，由 Hankel 函数定义，如下所示：

$$C(k) = F(k) + iG(k) = \frac{H_1^{(2)}(k)}{H_1^{(2)}(k) + iH_0^{(2)}(k)} \tag{4.18}$$

$k = K/2$，在这里被用作换算频率。

4.2.4 瞬态力

气动导数的定义，假设物体正在进行一个简单的耦合振荡运动，正如颤振分析的情况，具有极小的振幅。因此不能直接适用于任何瞬态运动，可通过任何带过渡导纳的强制函数的卷积得到。

将一个弦长为 B 的薄的二维机翼置于均匀的气流 U 中，攻角 α 由零逐步提高，只有一半的最终升力会迅速有效，另一半的升力将逐渐获得，或：

$$L(\tau) = \pi\rho U^2 B\alpha\Phi(\tau) \tag{4.19}$$

式中，$\tau = 3Ut/B > 0$ 为无量纲事件；$\Phi(\tau)$被称为 Wagner 函数，通过下式估算：

$$\Phi(\tau) = 1 - 0.165\exp(-0.0455\tau) - 0.335\exp(-0.300\tau) \tag{4.20}$$

Wagner 函数与 Theodorsen 函数的关系可用拉普拉斯逆变换表达：

$$\Phi(\tau) = L^{-1}[C(-is)/s] \tag{4.21}$$

该关系暗示指数上升和稳定状态正弦曲线上升项形成一个拉普拉斯变换对。指数函数的拉普拉斯变换是通过有理式得出，或：

$$L[e^{at}] = 1/(s-\alpha) \tag{4.22}$$

已经确定的是，非定常气动力通常可由一系列拉普拉斯变换的部分分式估计（Fung 1969；Karpel 1981；Roger 1977）。目前用于每个非定常总合成力系数的近似函数最通用的格式为 Roger 公式，如下所示：

$$[A_p] = [Q_1] + [Q_2]p + [Q_3]p^2 + \sum_{j=1}^{N}\frac{p}{p+\gamma_j}[R_j] \tag{4.23}$$

另一个基本公式是，当突然出现一个连续向上的阵风 $w_0(\tau)$时，得出

$$L(\tau) = \pi\rho U^2 B(w_o/U)\Psi(\tau) \tag{4.24}$$

式中，$\tau = 2Ut/B$ 也是无量纲事件；$\Psi(\tau)$为过渡导纳，在这种情况下被称作 Küssner

函数。

Küssner 函数在某种程度上类似于 Wagner 函数，不同之处在于其是在零时间时从零开始，并且当 $\tau \to 0$ 时逐渐接近整体的恒定值。如果阵风是一种任意的垂直速度分布 $w(\tau)$，则升力变成了一种卷积或 Duhamel 积分，包括 Küssner 函数的导数，该导数等于脉冲响应函数，即

$$L(\tau) = \pi\rho U^2 B\int_0^\infty w(\tau - s)\Psi'(s)\mathrm{d}s \tag{4.25}$$

特别是，如果阵风以正弦曲线的形式变化，$w(s) = W_o\exp(iks)$，其中 $k = \omega B/(2U)$，则升力变为

$$L(s) = \pi\rho U^2 B(w(s)/U)\Theta(k) \tag{4.26}$$

式中，$\theta(k)$ 为 Sear 函数，与 Küssner 函数的关系为

$$\Theta(k) = \int_0^\infty \Psi'(s)\exp(-iks)\mathrm{d}s = ik\int_0^\infty \Psi(s)\exp(-iks)\mathrm{d}s \tag{4.27}$$

以上所述的卷积积分的概念成为了时域分析的重要工具。

4.3　气动不稳定性

4.3.1　气动不稳定性的概念

举一个例子，如图 4.3 所示的纵摇运动。运动的方程式为（Funf 1969；Blevins 1990）

$$J\ddot{\phi} + C\dot{\phi} + K\phi = (pU^2/2)B^2 C_M(\phi, \dot{\phi}, \cdots) \tag{4.28}$$

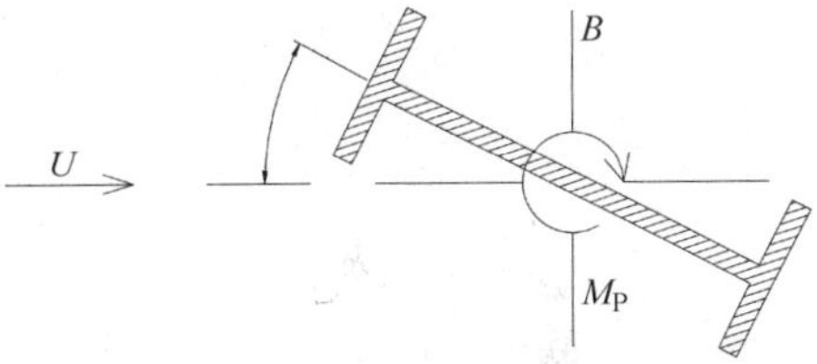

图 4.3　空气动力不稳定模型

如果 $C_M = a\phi + b\dot{\phi}$，一个更简单的表达方式为

$$\ddot{\phi} + 2\zeta_s\dot{\phi} + \omega_T^2\phi = \frac{\rho U^2 B^2}{2J}(a\phi + b\dot{\phi}) \tag{4.29}$$

式中，$\omega_T = (K/J)^{\frac{1}{2}}$；$\zeta_s = C/(2J\omega_T)$。

$$\ddot{\phi} + 2(\zeta_s + \zeta_a)\omega_T\dot{\phi} + \omega_T^2(1 - S_a)\phi = 0 \tag{4.30}$$

式中，$\zeta_a = -\dfrac{\rho U^2 B^2}{4\omega_T J}b(U_r)$；$S_a = -\dfrac{\rho U^2 B^2}{4J\omega_T^2}a(U_r)$；$a$ 和 b 被发现为换算速度的函数 $U_r = U/(B\omega_T)$；$\zeta_s + \zeta_a < 0$→负阻尼→颤振；$S_a > 1$→负刚度→发散。

4.3.2　翼面颤振的二维条带理论

尽管在航空史的早期就观察到了由空气弹性变形现象引起的翼面的动态破坏，但直到 20 世纪 20 年代，真正的不稳定翼面理论才开始发展。气动力在振荡平板上的数字计算由 Birnbaum（1922）首先提出，作为受限漩涡 Prandtl 理论的一种应用。在接下来的

几十年里，作用在振荡二维平板上的非定常气动力的分析，引起了空气动力学家极大的兴趣，如 Wagner、Glauert、Küssner、Duncan 和 Collar 等人，针对此问题最完善的解决方案由 Theodorsen 于 1935 年提出。Küssner 和 Schwarz、Cicala、Schmieden、Ellenberger 开发出了类似的解决方案，但 Theodorsen 提出的方案得到了最广泛的应用（Bisplinghoff 等人 1955；Dowell 等人 1989）。

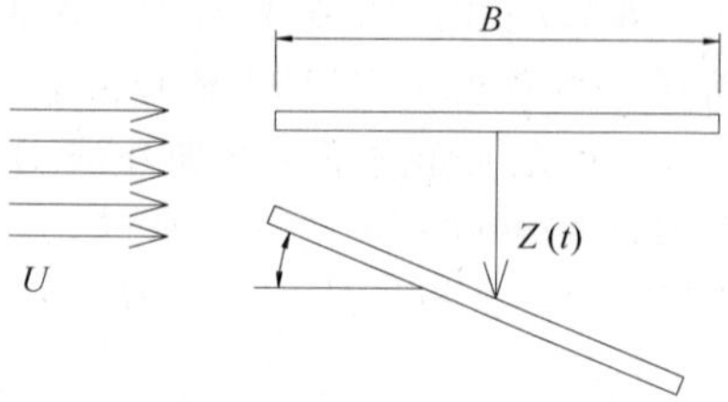

图 4.4　翅颤位移

图 4.4 展示了翼面的颤振问题，可按如下表述：

$$\ddot{z}+\omega_z^2(1+i2\zeta_z)z=L/m$$
$$\dot{\phi}+\omega_\phi^2(1+i2\zeta_\phi)\phi=M_p/J \tag{4.31}$$

非平稳空气动力为

$$L=(\rho U^2/2)BC_{\mathrm{L}}(\dot{z},\ddot{z},\phi,\dot{\phi},\ddot{\phi})$$
$$M_p=(\rho U^2/2)B^2C_{\mathrm{M}}(\dot{z},\ddot{z},\phi,\dot{\phi},\ddot{\phi}) \tag{4.32}$$

其中

$$C_{\mathrm{L}}=2\pi\left[\left(\phi+\frac{\dot{z}}{U}\right)C(k)+\frac{B\dot{\phi}}{4U}\{1+C(k)\}+\frac{B\ddot{z}}{4U^2}\right]$$
$$C_{\mathrm{M}}=\frac{\pi}{2}\left[\left(\phi+\frac{\dot{z}}{U}\right)C(k)-\frac{B\dot{\phi}}{4U}\{1-C(k)\}-\frac{B^2\ddot{\phi}}{32U^2}\right] \tag{4.33}$$

其中

$$C(k)=\frac{H_1^{(2)}(k)}{H_1^{(2)}(k)+iH_0^{(2)}(k)}=F(k)+iG(k) \tag{4.34}$$

被称为 Theodorsen 函数，如图 4.5 所示，$k=\pi fB/U$。

假设方程式的恒定解答为

$$z(t)=Ze^{i\omega t}\quad \phi(t)=Fe^{i\omega t} \tag{4.35}$$

便可确定颤振条件（U_{F}，ω_{F}）。

Theodorsen 分析是基于位势流理论，即假设气流不在物体粗糙的表面分离。同时还假设一个极小振幅的耦合简谐振动。

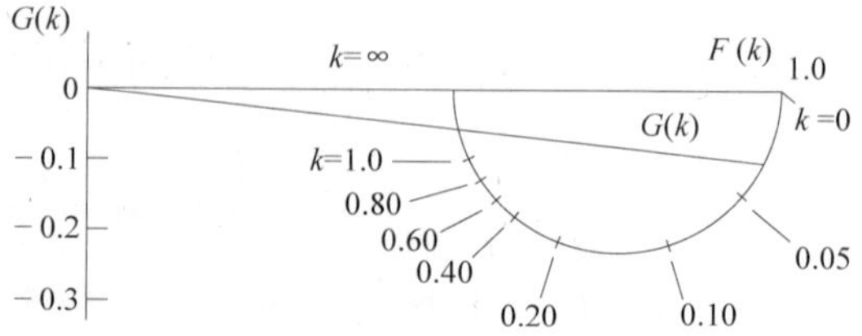

图 4.5　$C(k)$的矢量图

4.3.3　颤振理论的应用

在塔科马海峡吊桥（1940 年）倒塌之后，迅速将该事件与冰冻电缆的驰振或飞机机翼的颤振做了比较。Bleich 试图通过将泰奥多森气动力公式应用在桥梁上，来将此事件作为一种颤振分析，然后发现计算出的临界速度要比塔科马海峡吊桥的高出相当多。显然，机翼颤振系数并不能直接用于更加气动钝体的桥梁截面。Bleich 试图通过修改 Theodorsen 表达式，及考虑额外的与桥面前沿漩涡形成的影响相对应的项，来弥补这种缺陷，但并不是十分成功。关于这一点 Pugsley 评论到，通过实验决定气动力系数而不是 Theodorsen 公式，会在未来带来更多的帮助，他是正确的（Bleich 1949b；Scanlan 1978）。

讽刺的是，在 20 世纪 60 年代后期，受 Severn 和 Lillebelt 成功应用的激励，使用流线型浅箱型梁作为吊桥的加强梁变得越来越流行。对于这种情况，气流分离要少很多，带 Theodorsen 的 Bleich 原始估算实际上可以提供一个合理的估值。因为在前计算机时代计算需要一个很长的过程，就需要考虑颤振估算的各种简化计算。在那个年代，推荐使用 Selberg、Rocard 等人提出的著名公式（Selberg 1957）：

$$\frac{U_{\mathrm{F}}}{Bf_{\phi}}=3.7\left[\frac{mr}{\rho B^{3}}\left\{1-\left(\frac{\omega_{z}}{\omega_{\phi}}\right)^{2}\right\}\right]^{\frac{1}{2}} \tag{4.36}$$

式中，m 为平板的每单位长度质量；r 为旋转率；$f_{\phi}=\omega_{\phi}/2\pi$。

4.3.4 非平稳升力的实验

自从 20 世纪 30 年代以来，开始进行作用在机翼上的非平稳力的实验测定，特别是当将气流分离考虑进来之后。有两种基本方法：一种是通过变形测量仪对气动力分量进行直接测量，例如，当物体受力并被迫做出特定的运动时。另一个方法是通过模型的气流引起的运动直接计算力。

对于大多数的土木工程应用来说，在没有其他分析方法测定作用在各种气动非流线型横截面上的非定常气动力时，这种方法被广泛应用。大多数的测量在平稳的气流中完成，力系数假设通过位移及其第一导数的线性组合得到。做出了许多的尝试来调查湍流的影响（Ukeguchi 等人 1966；Scanlan 和 Sabzevari 1967；Forsching 1968；Tanaka 和 lto 1969；Scanlan 和 Tomko 1979；Morimitsu 等人 1973；Scanlan 和 Lin 1978；Tanaka 和 Davenport 1979；Hnston 1987；Poulsen 1990；Sarkar 等人 1991，1993；Yamada 等人 1991；Jakobsen 和 Hjorth－Hansen 1993；Jensen 和 Nielsen 1995）。

作为非平稳空气动力的数学表达式，Scanlan 提出的公式在土木工程应用中得到了最广泛的应用：

$$\begin{aligned}C_{\mathrm{L}}&=KH_1^*(K)\frac{\dot{z}}{U}+KH_2^*(K)\frac{B\dot{\phi}}{U}+K^2H_3^*(K)\phi+K^2H_4^*(K)\frac{z}{B}\\C_{\mathrm{M}}&=KA_1^*(K)\frac{\dot{z}}{U}+KA_2^*(K)\frac{B\dot{\phi}}{U}+K^2A_3^*(K)\phi+K^2A_4^*(K)\frac{z}{B}\end{aligned} \tag{4.37}$$

其中换算频率为 $K=\omega B/U=2k$。对于平板气动力，上述定义变化为

$$\begin{aligned}H_1^*&=-\frac{\pi}{k}F(k) & H_2^*&=-\frac{\pi}{4k}\left[1+F(k)+\frac{2G(k)}{k}\right]\\H_3^*&=-\frac{\pi}{4k}\left[\frac{2F(k)}{k}-G(k)\right] & H_4^*&=\frac{\pi}{2}\left[1+\frac{2G(k)}{k}\right]\\A_1^*&=\frac{\pi F(k)}{4k} & A_2^*&=\frac{\pi}{16k}\left[-1+F(k)+\frac{2G(k)}{k}\right]\\A_3^*&=\frac{\pi}{8k}\left[\frac{k}{8}+\frac{F(k)}{k}-\frac{G(k)}{2}\right] & A_4^*&=-\frac{\pi G(k)}{4k}\end{aligned} \tag{4.38}$$

尽管在近40年里已经得到了许多测量结果，但是并没有测量的气动力导数现成的综合总结。大多数的测量是在平稳气流和假设线性气动力的情况下完成的。到目前为止对湍流和非线性力研究是有限的。

使用实测的气动力系数测定颤振环境的计算过程与之前是相同的。通过假设在特定风速下具有相同频率的一组简谐解，将气动力作为位移和第一导数的线性组合，可以得出复杂的齐次方程，作为得到运动方程重要解集的一个条件。因此：

$$C_R(\omega_F, U_F) + iC_I(\omega_F, U_F) = 0 \tag{4.39}$$

因此可通过此方程式得到颤振条件 w_F 和 U_F。

4.3.5 三维颤振分析

上述的二维分析适用于相对单一的情况，如一个直板型吊桥，两个整个跨度垂直弯曲和扭转形式相同的鉴定振动模型。然而在其他情况下，需要考虑整个结构三维振型的分布。

假设桥面板振动的3个参与模型定义为

$$\begin{aligned} h(y,t) &= \phi(y)h(t)B \\ p(y,t) &= \Psi(y)p(t)B \\ \alpha(y,t) &= \theta(y)\alpha(t) \end{aligned} \tag{4.40}$$

垂直弯曲、侧移和纵摇运动，y 为沿桥方向的展向坐标，$h(t)$、$p(t)$ 和 $\alpha(t)$ 为无量纲广义坐标。运动的广义方程式为

$$\begin{aligned} m_h B(\ddot{h}2\zeta_h\omega_h\dot{h} + \omega_h^2 h) &= \int_L L(h,p,\alpha)f(y)\,\mathrm{d}y \\ m_p B(\ddot{p} + 2\zeta_p\omega_p\dot{p} + \omega_p^2 p) &= \int_L D(h,p,\alpha)\Psi(y)\,\mathrm{d}y \\ J_\alpha(\ddot{\alpha} + 2\zeta_\alpha\omega_\alpha\dot{\alpha} + \omega_h^2\alpha) &= \int_L M(h,p,\alpha)\theta(y)\,\mathrm{d}y \end{aligned} \tag{4.41}$$

其中广义惯性为

$$m_h = \int_L m(y)\phi^2(y)\,\mathrm{d}y \quad m_p = \int_L m(y)\Psi^2(y)\,\mathrm{d}y \quad J_\alpha = \int_L J(y)\theta^2(y)\,\mathrm{d}y \tag{4.42}$$

所有的集成需要在整个桥梁跨度上完成。

在这个表达式中，气动力需要新的项，因为现在需要考虑3个方向：

$$\begin{aligned} L &= QB\left[KH_1^*\frac{\dot{h}}{U} + KH_2^*\frac{B\dot{\alpha}}{U} + K^2H_3^*\alpha + K^2H_4^*\frac{h}{B} + KH_5^*\frac{\dot{p}}{U} + K^2H_6^*\frac{p}{B}\right] \\ D_f &= QB\left[KP_1^*\frac{\dot{p}}{U} + KP_2^*\frac{B\dot{\alpha}}{U} + K^2P_3^*\alpha + K^2P_4^*\frac{p}{B} + KP_5^*\frac{\dot{h}}{U} + K^2P_6^*\frac{h}{B}\right] \\ M_f &= QB^2\left[KA_1^*\frac{\dot{h}}{U} + KA_2^*\frac{B\dot{\alpha}}{U} + K^2A_3^*\alpha + K^2A_4^*\frac{h}{B} + KA_5^*\frac{\dot{p}}{U} + K^2A_6^*\frac{p}{B}\right] \end{aligned} \tag{4.43}$$

式中，$Q=\rho U^2/2$。

综合成力为

$$\int_L L(h,p,\alpha)\phi(y)\,\mathrm{d}y = (\rho B^3\omega^2/2)[H_h^* q_{11}h + H_p^* q_{12}p + H_\alpha^* q_{13}\alpha]$$

$$\int_L D(h,p,\alpha)\Psi(y)\,\mathrm{d}y = (\rho B^3\omega^2/2)[P_h^* q_{21}h + P_p^* q_{22}p + P_\alpha^* q_{23}\alpha] \tag{4.44}$$

$$\int_L M(h,p,\alpha)\theta(y)\,\mathrm{d}y = (\rho B^4\omega^2/2)[A_h^* q_{31}h + A_p^* q_{32}p + A_\alpha^* q_{33}\alpha]$$

其中

$$q_{11} = \int_L \phi^2(y)\,\mathrm{d}y \quad q_{22} = \int_L \Psi^2(y)\,\mathrm{d}y \quad q_{33} = \int_L \theta^2(y)\,\mathrm{d}y$$

$$q_{23} = q_{32} = \int_L \Psi(y)\theta(y)\,\mathrm{d}y \quad q_{13} = q_{31} = \int_L \theta(y)\phi(y)\,\mathrm{d}y \tag{4.45}$$

$$q_{12} = q_{21} = \int_L \phi(y)\Psi(y)\,\mathrm{d}y$$

且

$$\begin{gathered} H_h^* = H_4^* + iH_1^* \quad H_p^* = H_6^* + iH_5^* \quad H_\alpha^* = H_3^* + iH_2^* \\ P_h^* = P_6^* + iP_5^* \; P_p^* = P_4^* + iP_1^* \; P_\alpha^* = P_3^* + iP_2^* \\ A_h^* = A_4^* + iA_1^* \; A_p^* = A_6^* + iA_5^* \; A_\alpha^* = A_3^* + iA_2^* \end{gathered} \tag{4.46}$$

设定颤振条件为

$$h(t) = h_0\mathrm{e}^{i\omega t} \quad p(t) = p_0\mathrm{e}^{i\omega t} \quad \alpha(t) = \alpha_0\mathrm{e}^{i\omega t} \tag{4.47}$$

通过运动方程式得到

$$\begin{aligned} 2\mu_h[(\omega_h/\omega)^2 - 1 + i2\zeta_h\omega_h/\omega]h_0 &= H_h^* q_{11}h_0 + H_p^* q_{12}p_0 + H_\alpha^* q_{13}\alpha_0 \\ 2\mu_p[(\omega_p/\omega)^2 - 1 + i2\zeta_p\omega_p/\omega]p_0 &= P_h^* q_{21}h_0 + P_p^* q_{22}p_0 + P_\alpha^* q_{23}\alpha_0 \\ 2\nu_\alpha[(\omega_\alpha/\omega)^2 - 1 + i2\zeta_\alpha\omega_\alpha/\omega]\alpha_0 &= A_h^* q_{31}h_0 + A_p^* q_{32}p_0 + A_\alpha^* q_{33}\alpha_0 \end{aligned} \tag{4.48}$$

其中引入以下质量参数：

$$\mu_h = m_h/(\rho B^2) \quad \mu_p = m_p/(\rho B^2) \quad \nu_\alpha = J_\alpha/(\rho B^4) \tag{4.49}$$

通过临界颤振速度 U_F 和颤振频率 ω_F 得到此方程式一个重要的解集。一旦通过动态缝隙得到特征频率和相应振型后，变可为 3 种振型的任意特定组合建立颤振方程式，分别为垂直、侧向和扭转 3 个方向，如下所示：

$$\begin{vmatrix} 2\mu_h[\lambda_1^2X^2 - 1 + i2\zeta_h\lambda_1X] - H_h^* q_{11} & -H_p^* q_{12} & -H_\alpha^* q_{13} \\ -P_h^* q_{21} & 2\mu_p[\lambda_2^2X^2 - 1 + i2\zeta_p\lambda_2X] - P_p^* q_{22} & -P_\alpha^* q_{23} \\ -A_h^* q_{31} & -A_p^* q_{32} & 2\nu_\alpha[X^2 - 1 + i2\zeta_\alpha X] - A_\alpha^* q_{33} \end{vmatrix} = 0 \tag{4.50}$$

式中，$\lambda_1 = \dfrac{\omega_h}{\omega_\alpha}$；$\lambda_2 = \dfrac{\omega_p}{\omega_\alpha}$；$X = \dfrac{\omega_\alpha}{\omega}$；$\zeta_j(j=h,p,\alpha)$ 为结构阻尼，假设为每个 3 种振动模型

临界值的分数。

三维颤振分析主要基于多模叠加理念，在其中通过自激励气动力在本征模态之间发生动态耦合。选择一些假设参与颤振失稳的本征模态，加入颤振分析中。理论上，模态组合仅仅是颤振模态的近似表达式，但实际上如果可将足够多的本征模态包括在分析中，此近似表达式也会有非常高的精度。为了开发出一个更加综合和准确的程序来进行颤振模态分析，作者在1999年提出了一个完全模态的参与方法，和多模参与方法有本质的不同，可以在颤振分析中包含所有本征模态。通过使用颤振方程式的逆形式，完全模态方法采用最有效的本征解技术、带QR转化的逆矢量迭代，以解决由结构和气流组成的系统的颤振特征值和临界风速（Ge 1999；Ge和Tanaka 2000）。

4.3.6 驰振

另一种风诱发的、自激励的结构振动经常非常剧烈、强非线性，指出了湍流强烈的影响。驰振以多种方式建立其独特的一面（Blevins 1990；Parkinson和Brooks 1961；Novak 1969）。

例如一个坚固的高楼，高度为H。在高度z处的横截面如图4.6所示。物体运动方向的侧力（F_y）为

$$F_y(\alpha)=(\rho U^2/2)hHC_{F_y}(\alpha) \quad (4.51)$$

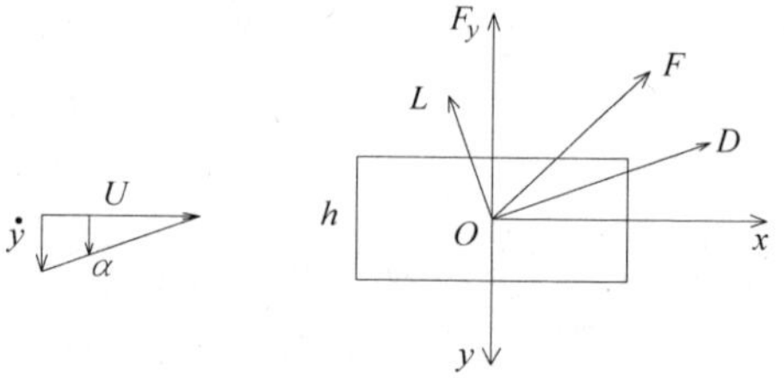

图4.6 驰振力分量

因为侧力在方向$-y$时正的，$F_y=-(L\cos\alpha+D\sin\alpha)$，侧力系数为

$$C_{F_y}(\alpha)=-(C_L+C_D\tan\alpha)\sec\alpha \quad (4.52)$$

$$\frac{\mathrm{d}C_{F_y}}{\mathrm{d}\alpha}=-\left\{\frac{\mathrm{d}C_L}{\mathrm{d}\alpha}+C_D(1+2\tan^2\alpha)\right\}\sec\alpha-\left(C_L+\frac{\mathrm{d}C_D}{\mathrm{d}\alpha}\right)\tan\alpha\ \sec\alpha \quad (4.53)$$

当$\mathrm{d}C_{F_y}/\mathrm{d}\alpha$在$\alpha=0$处为负数时，侧力会引起颤振，或

$$[\mathrm{d}C_L/\mathrm{d}\alpha+C_D]_{\alpha=0}<0 \quad (4.54)$$

称为Den Hartog准则。

带入$\alpha=\tan^{-1}(\dot{y}/U)$：

$$C_{F_y}(\alpha)=\sum_{i=\text{奇数}}^{m}A_i\left(\frac{1}{U}\frac{\mathrm{d}y}{\mathrm{d}t}\right)^i+\sum_{j=\text{偶数}}^{k}A_j\left(\frac{1}{U}\frac{\mathrm{d}y}{\mathrm{d}t}\right)^j\frac{\dot{y}}{|\dot{y}|} \quad (4.55)$$

运动的方程式为

$$m\ddot{y}+c\dot{y}+ky=F_y(t) \quad (4.56)$$

或

$$\ddot{y}+2\zeta\omega\dot{y}+\omega^2y=(\rho U^2/2m)hHC_{F_y}(\alpha) \quad (4.57)$$

引入新的无量纲参数：

$$Y=y/h \quad u_r=U/(\omega h)\text{和}\mu=\rho h^2H/(4m)$$

$$\ddot{Y}+\omega^2\dot{Y}+F(\dot{Y})=0 \tag{4.58}$$

其中

$$F(\dot{Y}) = 2\zeta\omega\dot{Y} - 2\mu\left[\sum_i A_i\omega^{2-i}\frac{\dot{Y}_i}{u_r^{i-2}} + \sum_j A_j\omega^{2-j}\frac{\dot{Y}_j}{u_r^{j-2}}\frac{\dot{Y}}{|\dot{Y}|}\right] \tag{4.59}$$

来自能量原理：

$$W = \int_0^H\int_0^T F(\dot{Y})\mathrm{d}x\mathrm{d}Y(t) = 0 \tag{4.60}$$

因此

$$\frac{1}{V} = \sum_{r=1}^{s} A_rB_rC_r\left(\frac{a}{V}\right)^{r-1} \tag{4.61}$$

其中

$$V = \mu u_r/\zeta \quad a = \mu Y_{\max}/\zeta$$

$$B_r2i!!/(i+1)!!(i = \text{奇数})\text{或}(4/\pi)j!!/(j+1)!!(j = \text{偶数})$$

$$C_r = \int_0^H v^{2-r}(z)\mid y(z)\mid^{r+1}\mathrm{d}z/\left\{\int_0^H y^2(z)\mathrm{d}z\right\} \tag{4.62}$$

式中，$v(z)$为$U(z)$的无量纲分布；s为扩展率，为C_{F_y}时的最大幂指数。

不稳定的临界速度为

$$V_{\mathrm{cr}} = \zeta/(\mu C_1A_1)\text{或}U_{\mathrm{cr}} = \zeta\omega_i h/(\mu A_1) \tag{4.63}$$

A_1 的典型值如图4.7所示。

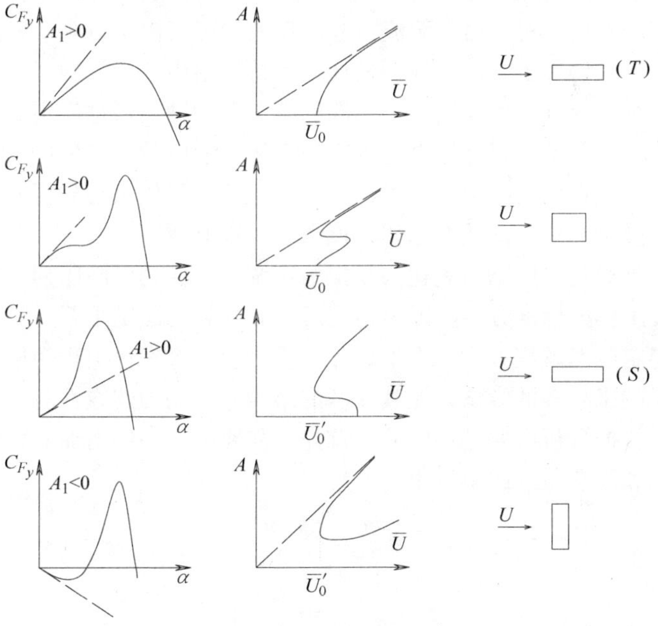

图4.7　A_1 的典型值

4.3.7 扭转颤振

关于单自由度系统的扭转颤振分析应平行于单自由度驰振。然而，它的拟定常分析并不是如此直接，因为获取有效的攻角存在困难。

Modi 首先尝试进行分析，随后是 Nakamura 和 Mizota，并由 Blevins 进行了总结（Blevins 1990；Modi 和 Slater 1972；Nakamura 和 Mizota 1975）。

为了避免任何可能的歧义，使用非定常气动力更有意义。仅相关项为俯仰力矩的 A_2^* 和 A_3^*。因此，运动的方程式为

$$\ddot{a}2\zeta_\alpha\omega_\alpha\ \dot{\alpha}+\omega_\alpha^2\alpha=(\rho U^2/2J)B^2[KA_2^*(B\dot{\alpha}/U)+K^2A_3^*\alpha] \tag{4.64}$$

其中，和之前一样，设气动力系数 A_2^* 和 A_3^* 为换算频率 $K=\omega B/U$ 的函数。如果不假设结合其他任何模态，$\omega=\omega_\alpha$，因此开始不稳定的临界条件为

$$A_2^*=(4J_{\zeta\alpha})/(\rho B^4) \tag{4.65}$$

4.4 抖振分析

4.4.1 随机振动分析

一个结构系统可以近似为一个单自由度系统，或者通过使用模型分析作为单自由度系统的组合。一旦模型建立起来，外部力可通过显式公式 $p(y,t)$ 给出，至少可以在理论上计算响应。然而，对于由风湍流引起颤振的情况，由于风激励里没有通用的分析公式，情况就要复杂得多了。需要根据最佳统计特征给出。

基本上在这种情况下，可使用两种不同的方法。一种是通过使用傅里叶变换在频域中进行响应预测。只要结构很好地进行了数学定义，响应就可以根据其统计特性，如方均根和给定的观察周期内的峰值响应等计算出来。这是随机振动分析的标准方法，只要系统是线性的且激励为稳定的状态过程，该方法就很有效。

另一种方法是通过将激励力表达为模拟给定统计特性的时间序列，来进行时域内的计算。这是地震工程的标准方法，因为地壳运动和导致的激励主要为瞬态过程，频域分析应用带来的稳定状态解决方案基本不起什么作用。甚至在风工程领域，近些年来也使用该方法进行了越来越多的尝试，尤其在考虑结构和气动力非线性时。

在本节中，抖振分析主要是在频域。首先，需要引入一些附加的数学工具。设想一个具有特征频率和固有阻尼的单自由度系统：

$$\begin{aligned} f_0&=\frac{\omega_0}{2\pi}=\frac{(k/m)^{1/2}}{2\pi}\\ \zeta_s&=\frac{c}{2m\omega_0}=\frac{c/2}{(km)^{1/2}} \end{aligned} \tag{4.66}$$

自由振动表述为

$$x(t)=\exp(-\zeta_s\omega_0 t)[A\sin(\omega_D t)+B\cos(\omega_D t)]$$
$$\omega_D=\omega(1-\zeta_s^2)^{1/2} \tag{4.67}$$

在任何已知激励力 $F(t)$ 下的强迫振动为

$$x(t)=\int_0^t F(s)h(t-s)\mathrm{d}s \tag{4.68}$$

式中，$h(t)$ 为脉冲响应函数（IRS），定义如下：

$$h(t)=(m\omega_D)^{-1}\exp(-\zeta_s\omega_0 t)\sin\omega_D t \tag{4.69}$$

当 $F(t)=\delta(t)$ 时，$h(t)$ 相当于系统的响应。当 $F(t)=1(t)$ 时，响应可表达为

$$x(t)\approx\{1-\exp(-\zeta_s\omega_0 t)\cos\omega_D t\}/k=A(t) \tag{4.70}$$

式中，$A(t)$ 被称为过渡导纳（IA），与 IRS 的关系为

$$h(t)=\mathrm{d}A/\mathrm{d}t+A(0)\delta(t) \tag{4.71}$$

Duhamel 积分（卷积）可通过 IA 表达为

$$x(t)=\int_0^t F(t-s)A'(s)\mathrm{d}s \tag{4.72}$$

当激励为单谐波或 $F(t)=\exp(i\omega t)$ 时：

$$x(t)=(\mathrm{e}^{i\omega t}/k)[1-(\omega/\omega_0)^2+i2\zeta_s\omega/\omega_0]^{-1}=F(t)H(\omega)/k \tag{4.73}$$

式中，$H(\omega)/k$ 被称为频率响应函数（FRF）。FRF 和 IRF 组成了一个傅里叶变换对，或

$$H(\omega)/k=F\{h(t)\}\text{和 }h(t)=F^{-1}\{H(\omega)/k\} \tag{4.74}$$

式中，$\omega=2\pi f$。

随机载荷的响应可按如下表述。首先，由式（4.68）建立输入/输出关系：

$$x(t)=\int_0^t F(t-\theta)h(\theta)\mathrm{d}\theta \tag{4.75}$$

很明显，平均和静态响应可以简单地表达为

$$\bar{y}=\bar{x}/k \tag{4.76}$$

响应信号 $x(t)$ 的自协方差函数为

$$\begin{aligned}R_x(\tau)&=\int_{-\infty}^{\infty}x(t)x(t+\tau)\mathrm{d}t=\int_{-\infty}^{\infty}\left[\int_{-\infty}^{\infty}F(t-\theta)h(\theta)\mathrm{d}\theta\right]\left[\int_{-\infty}^{\infty}F(t+\tau-\theta)h(\theta)\mathrm{d}\theta\right]\mathrm{d}t\\&=\int_{-\infty}^{\infty}\int_{-\infty}^{\infty}R_F(\tau+\theta_1-\theta_2)h(\theta_1)h(\theta_2)\mathrm{d}\theta_1\mathrm{d}\theta_2\end{aligned} \tag{4.77}$$

通过取式（4.77）的傅里叶变换：

$$\begin{aligned}S_x(\omega)&=\int_{-\infty}^{\infty}R_x(\tau)\exp(-i\omega\tau)\mathrm{d}\tau\\&=\int_{-\infty}^{\infty}\exp(-i\omega\tau)\int_{-\infty}^{\infty}\int_{-\infty}^{\infty}R_F(\tau+\theta_1-\theta_2)h(\theta_1)h(\theta_2)\mathrm{d}\theta_1\mathrm{d}\theta_2\mathrm{d}\tau\\&=\int_{-\infty}^{\infty}h(\theta_1)\exp(-i\omega\theta_1)\mathrm{d}\theta_1\int_{-\infty}^{\infty}h(\theta_2)\exp(-i\omega\theta_2)\mathrm{d}\theta_2\\&=\int_{-\infty}^{\infty}R_F(\tau+\theta_1-\theta_2)\exp\{-i\omega(\tau+\theta_1-\theta_2)\}\mathrm{d}\tau\\&=\frac{H(\omega)}{k}\frac{H^*(\omega)}{k}\int_{-\infty}^{\infty}R_F(\theta)\exp(-i\omega\theta)\mathrm{d}\theta=\frac{|H(\omega)|^2}{k^2}S_F(\omega)\end{aligned} \tag{4.78}$$

因此，输入和输出的范围是相关的。通过整合式（4.78），可计算方均响应：

$$\sigma_x^2 = k^{-2}\int_{-\infty}^{\infty} | H(\omega) |^2 S_x(\omega)\mathrm{d}\omega \tag{4.79}$$

4.4.2 在单自由度系统的应用

对于图4.8中给出的单自由度点状结构的顺风响应，阻力（见图4.9）定义为

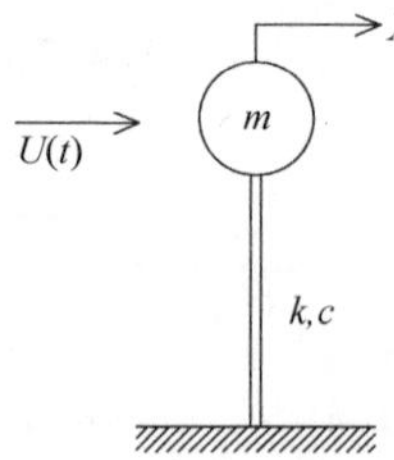

图4.8 单自由度点状结构

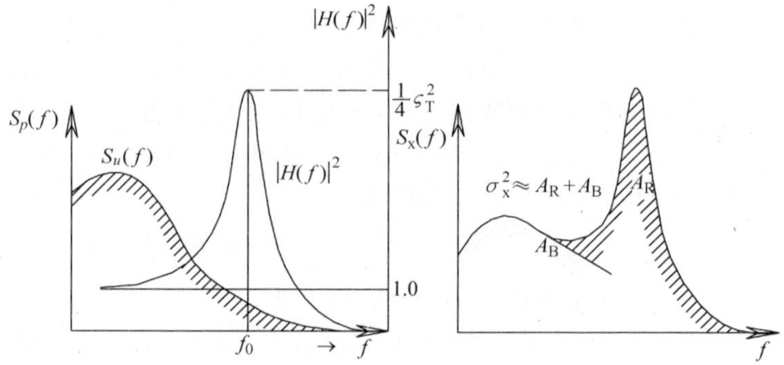

图4.9 阻力和顺风响应的范围

$$P(t) = (\rho U^2/2)AC_\mathrm{D} \tag{4.80}$$

通过设

$$\begin{aligned} &U(t) = U + u(t) \\ &P(t) = C_\mathrm{D}(\rho A/2)U^2\{1 + 2u(t)/U\} = \bar{P} + p(t) \\ &p(t) = 2\bar{P}[u(t)/U]X_\mathrm{a}(f\sqrt{A/U}) \\ &S_p(f) = (2\bar{P}/U)^2 |X_\mathrm{a}(f)|^2 S_u(f) \end{aligned} \tag{4.81}$$

式中，X_a 和 $S_u(f)$ 分别被称为气动力容许函数和速度谱。

响应 $X(t) = X + x(t)$ 通过下式计算：

$$\begin{aligned} S_\mathrm{x}(f) &= [|H(f)|/k]^2 S_p(f) \\ |H(f)|^2 &= [(1-\Omega^2)^2 + (2\zeta_\mathrm{T}\Omega)^2]^{-1} \\ \Omega &= \omega/\omega_0 \end{aligned} \tag{4.82}$$

$$\left(\frac{\sigma_\mathrm{x}}{\bar{X}}\right)^2 = \left(\frac{2\sigma_u}{U}\right)^2 \int_0^{\infty} | H(f) |^2 | X_\mathrm{a}(f) |^2 \frac{S_u(f)}{\sigma_u^2}\mathrm{d}f \tag{4.83}$$

近似估计 σ_x：

$$\sigma_\mathrm{x}^2 = k^{-2}\int_0^{\infty} | H(f) |^2 S_p(f)\mathrm{d}f \approx A_\mathrm{R} + A_\mathrm{B} \tag{4.84}$$

式中，$A_\mathrm{R} = k^{-2}\int_0^{\infty} | H(f) |^2 \mathrm{d}f\, A_\mathrm{B} = k^{-2}\int_0^{\infty} S_p(f)\mathrm{d}f\, S_p(f_0) = \dfrac{\pi f_0}{4\zeta_\mathrm{T} k^2} S_p(f_0)$

4.4.3 在阻力激励下的水平线状结构

关于图4.10，运动的方程式为

$$m\ddot{x}+(EIx'')''=p(y,t) \qquad (4.85)$$

响应可被扩展为一系列的本征模型：

$$x(y,t)=\sum_r \phi_r(y)q_r(t) \qquad (4.86)$$

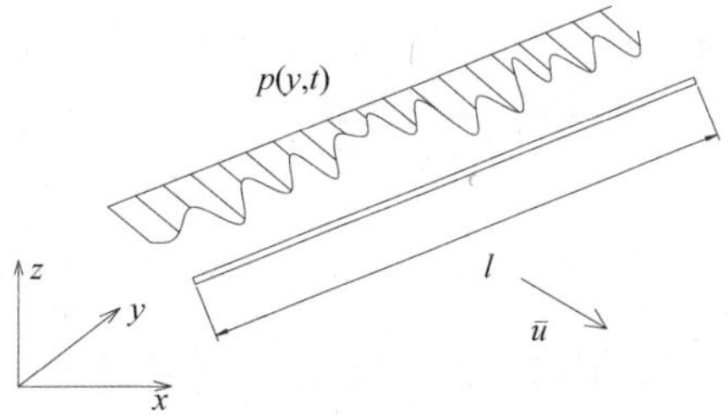

图4.10　阻力激励下的水平直线型结构

引入模态数量：

$$\begin{aligned}M_r &= \int_0^L m(y)\phi_r^2(y)\,\mathrm{d}y\\ K_r &= (2\pi f_r)^2 M_r\\ C_r &= 2\zeta_r(M_rK_r)^{1/2}\end{aligned} \qquad (4.87)$$

$$Q_r(t)=\int_0^L p(y,t)\phi_r(y)\,\mathrm{d}y$$

将运动的方程式简化为每个模态的模态方程：

$$\ddot{q}_r+2\zeta_r\omega_r\dot{q}_r+\omega_r^2q_r=Q_r(t)/M_r \qquad (4.88)$$

方均响应为

$$\sigma_x^2(y)=\sum_i\sum_j\overline{q_iq_j}\phi_i(y)\phi_j(y)\approx\sum_r\overline{q_r^2}\phi_r^2(y) \qquad (4.89)$$

$$\overline{q_r^2}=(K_r)^{-2}\int_0^\infty|H_r(f)|^2S_{Q_r}(f)\,\mathrm{d}f \qquad (4.90)$$

其中

$$S_{Q_r}(f)=\int_0^L\int_0^L S_p(y_1,y_2,f)\phi_r(y_1)\phi_r(y_2)\,\mathrm{d}y_1\mathrm{d}y_2$$

$$S_p(y_1,y_2,f)=S_p(f)\bar{R}_p(y_1,y_2,f) \qquad (4.91)$$

力的相干性$\tilde{R}_p(y_1,y_2,f)$未知，但是在传统的抖振分析中，通常假设为与速度相干性$\tilde{R}_u(y_1,y_2,f)$相同，其最初由Davenport引入。然后：

$$\tilde{R}_p(y_1,y_2,f)=\tilde{R}_u(y_1,y_2,f)=\exp(-fD/U)$$

其中，$D=|y_1-y_2|$

$$\begin{aligned}S_{Q_r}(f)&=S_p(f)|J_r(f)|^2\\ |J_r(f)|^2&=\int_0^L\int_0^L\tilde{R}_p(y_1,y_2,f)\phi_r(y_1)\phi_r(y_2)\,\mathrm{d}y_1\mathrm{d}y_2\end{aligned} \qquad (4.92)$$

被称作联合接纳函数。带入表达式中，方均模态响应变为

$$\overline{q_r^2}=(K_r)^{-2}\int_0^\infty|H_r(f)|^2S_{Q_r}(f)\,\mathrm{d}f=(K_r)^{-2}\int_0^\infty|H_r(f)|^2|J_r(f)|^2S_p(f)\,\mathrm{d}f$$

$$|H_r(f)|^2=[(1-\Omega_r^2)^2+(2\zeta_{\mathrm{T},r}\Omega_r)^2]^{-1}$$

$$\Omega_r=f/f_r$$

$$S_p(f) = (2\overline{P}/U)^2 |X_a(f)|^2 S_u(f) \tag{4.93}$$

式中，$\zeta_{T,s}$为总有效阻尼，通过结构（$\zeta_{s,r}$）和气动阻尼求和得到。

r 模态的气动阻尼约为

$$\begin{aligned} \zeta_{T,r} &= \rho A C_D U/(4\pi f_r m_r) \\ m_r &= \int_0^L m(y)\phi_r^2(u)\,dy \Big/ \int_0^L \phi_r^2(y)\,dy \end{aligned} \tag{4.94}$$

气动导纳函数$|X_a(f)|^2$需要通过一种方式或其他方式定义。

需要记得的是，仅有4个主要的假定被引入到分析中：

1）忽略交互耦合项：影响不大。

2）展向力一致性：可能应更高一些。

3）气动导纳：替换数。

4）非定常力：最好使用实测的导数（Davenport 1961，1962）。

4.4.4 在升力激励下的水平线状结构

如图4.11所示，响应的表达式为（Davenport 1961，1962）：

$$z(y,t) = \sum_r q_r(t)\phi_r(y)B \tag{4.95}$$

运动的模态方程式为

$$\ddot{q}_r + 2\zeta_{T,r}\omega_r\dot{q}_r + \omega_r^2 q_r = Q_r(t)/M_r \tag{4.96}$$

其中

$$M_r = \int_0^L m(y)\phi_r^2(y)\,dy \tag{4.97}$$

$$\zeta_{T,r} = \zeta_{s,r} + \zeta_{a,r} \tag{4.98}$$

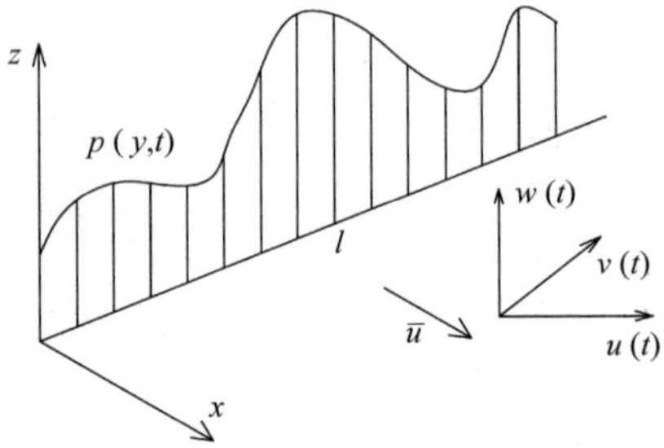

图4.11 升力激励下的水平直线型结构

气动阻尼可使用Scanlan型气动导数表达为

$$\zeta_{a,r} = -\frac{H_1^*}{2\mu_r L}\int_0^L \phi_r^2(y)\,dy \tag{4.99}$$

式中，$\mu_r = M_r/(L\rho B^2)$为模态质量率；导数H_1^*为换算频率$K = B\omega_r/U$的函数。如果拟定常方法和之前一样取：

$$\zeta_{a,r} = \frac{1}{4\mu_r L}\frac{1}{K}\frac{dC_L}{d\alpha}\int_0^L \phi_r^2(y)\,dy \tag{4.100}$$

广义抖振力可表述为

$$Q_r(t) = \frac{\rho U}{2}\frac{dC_L}{d\alpha}\int_0^L w(y,t)\phi_r(y)\,dy \tag{4.101}$$

$Q_r(t)$的自相关为

$$R_{Q_r}(\tau) = \left(\frac{\rho U}{2}\frac{dC_L}{d\alpha}\right)^2 \int_0^L\int_0^L \overline{w(y_1,t)w(y_2,t+\tau)}\phi_r(y_1)\phi_r(y_2)\,dy_1dy_2 \tag{4.102}$$

通过应用傅里叶变换，可获得 $Q_r(t)$ 的谱线密度函数。再次考虑气动导纳概念：

$$S_{Q_r}(f) = \left(\frac{\rho U}{2}\frac{\mathrm{d}C_L}{\mathrm{d}\alpha}\right)^2 |X_a(f)|^2\int_0^L\int_0^L C_w(y_1,y_2;f)\phi_r(y_1)\phi_r(y_2)\mathrm{d}y_1\mathrm{d}y_2 \tag{4.103}$$

式中，$C_w(y_1,y_2;f)=S_w(f)R_w(y_1,y_2;f)$ 为速度分量 $w(t)$ 的共谱。

再次使用速度相关性而不是力相关性。估值并不准确，最有可能会导致对结构响应的低估。模态响应谱为

$$S_{qr}(f) = \frac{|H_r(f)|^2}{K_r^2}S_{Q_r}(f)$$

$$|H_r(f)|^2 = [\{1-(f/f_r)^2\}^2+\{2\zeta_{T,r}f/f_r\}^2]^{-1} \tag{4.104}$$

$$\sigma_{qr}^2 = \int_0^\infty S_{qr}(f)\mathrm{d}f = \left(\frac{\rho BU}{2K_r}\frac{\mathrm{d}C_L}{\mathrm{d}\alpha}\right)^2\int_0^\infty S_w(f)|J_r(f)|^2|H_r(f)|^2\mathrm{d}f$$

其中联合接纳函数定义为

$$|J_r(f)|^2 = \int_0^L\int_0^L \widetilde{R}_w(y_1,y_2;f)\phi_r(y_1)\phi_r(y_2)\mathrm{d}y_1\mathrm{d}y_2 \tag{4.105}$$

方均响应为

$$\sigma_z^2(y) \approx \sum_r \sigma_{qr}^2\phi_r^2(y) \tag{4.106}$$

4.5　涡激振动

4.5.1　涡旋脱落的概念

假设结构频率（f_s）和尾涡流通过 Strouhal 数 $S_t=f_vD/U$ 形成频率（f_v）共振：

$$\begin{gathered} m\ddot{y}+c_s\dot{y}+ky=F(t) \\ F(t)=(\rho U^2/2)DC_L\sin(\omega_v t) \end{gathered} \tag{4.107}$$

Bishop 和 Hassan（1964）指出了该现象一个强自激励和自限制性质，带来了振子模型的推荐。同样的，随运动变化的气动阻尼测量取得进步：

$$\begin{gathered} K_a=-m_a/\rho B^2=K_a(U_r,\dot{y},\sigma_u/U,Re) \\ Re=UD/\nu \end{gathered} \tag{4.108}$$

涡激载荷的展向相关性主要由各个剖面之间的距离决定。其随响应振幅提高，随湍流的增强而降低。结构的纵横比同样对其有影响。

4.5.2　数学公式

假设总响应可通过模态函数表示为

$$y(z,t) = \sum_{i=1}^{\infty} a_i(t)\Psi_i(z) \tag{4.109}$$

其中模态函数为标准化的，例如：

$$\int_0^h \Psi_i(z)\,\mathrm{d}z = h \tag{4.110}$$

振动的第 i 阶模态的运动方程式为

$$M_i \ddot{a}_i + C_i \dot{a}_i + K_i a_i = Q_i(t) \tag{4.111}$$

其中

$$\begin{aligned} M_i &= \int_0^h m(z)\Psi_i^2(z)\,\mathrm{d}z = \text{广义质量} \\ K_i &= (2\pi f_i)^2 M_i = \text{广义刚度} \\ C_i &= 2(M_i K_i)^{1/2}\zeta_i = 4\pi M_i f_i \zeta_i = \text{模态阻力系数} \end{aligned} \tag{4.112}$$

及

$$Q_i(t) = \int_0^h w(z,t)\Psi_i(z)\,\mathrm{d}z \tag{4.113}$$

当 $w(z,t)$ 给定为物体每单位长度的涡激力时，式（4.113）对于第 i 阶模态是广义的。自由流湍流侧向剖面引起的抖振并不包括在上述计算中：

$$\sigma_{ai}^2 = \int_0^\infty S_{ai}(f)\,\mathrm{d}f = \frac{1}{K_i^2}\int_0^\infty |H_i(f)|^2 S_{Q_i}(f)\,\mathrm{d}f \tag{4.114}$$

鉴于结构导纳函数：

$$|H_i(f)|^2 = [\{1-(f/f_i)^2\}^2 + \{2\zeta_{Ti}f/f_i\}^2]^{-1} \tag{4.115}$$

式（4.114）可近似为

$$\sigma_{ai}^2 = \frac{\pi f_i}{4\zeta_{Ti}}\frac{S_{Q_i}(f_i)}{K_i^2} \tag{4.116}$$

式中，ζ_{Ti}是第 i 阶振动模态时结构阻尼加气动阻尼的总和。

4.5.3 桥面板的涡激振动

4.5.3.1 风洞测试预测

因为总是频繁地观察到桥面的涡激振动，所以在考虑桥梁的风稳定性时，这是首先要考虑的。通常将其看做是一个相对简单的问题，可通过进行简单剖面模型风洞测试测定。主要是因为关于此现象的设计标准仅仅区分为“好”或“坏”，不管任何可评估的涡激响应是否能在可能的风速范围内观察到。然而，仍然存在一个问题：有多坏才叫“坏”，有多好才叫“好”。为了获得更精确的预测，预测真实的响应水平变得十分必要，而不是简单地说“可能会有振动”。

很明显，现阶段预测的最可靠的方法是使用一个整个桥梁的空气弹性变形模型，可合适地模拟自然风环境。此情况下一个可能的问题是风速。通常风洞适用的风速范围对测量来说太低了。换句话说，如果计划进行剖面模型测试，如果有可能通过使用这些测试中任何有效的信息来做一个可靠的相应预测，问题是否依然存在？

4.5.3.2 通过剖面模型测试进行相应预测

使用剖面模型进行动态测试的惯例是构建一个桥主梁的刚体模型，且具有合适的比例，如下所示：

质量比例：$m/(\rho B^2)$和$I/(\rho B^4)$

结构阻尼：ζ_V 和 ζ_T

频率比：f_T/f_V

通过将无量纲形式的实测动态响应作为换算风速的函数，$U_r = U/(fB)$ 可获得普遍响应曲线，可以直接从曲线中读出完整尺寸的机构的响应曲线。这是基本思路。

尽管参数的选择是正确的，但并不意味着预测的响应就是预测的桥梁响应本身，因为振动的模态模型，无法在测试中正确地模拟气动力分布和气动阻尼效应。

为了从测试结果中准确获得原型结构的响应预测，就有必要了解空气定力升力、升力展向相干性的量级、气动阻尼以及振幅与它们的关系等相关知识。

实测动态响应可转化为升力系数的数值。根据以往的经验，升力的频率谱形式可能为高斯分布。然而，因为测试无法提供频率宽度和展向相干性的相关知识，所以需要基于一些理论注意事项进行假设。升力展向相干性的测定通常不包括在剖面模型测试之内。升力相干性的测量，可通过采用现有的技术测量大梁纵向不同位置的剖面压力分布来得到。

4.5.3.3 数学表达式

升力为

$$L(y,t) = (\rho U^2/2)BC_L \tag{4.117}$$

在拟定常环境下，其方均根（rms）为

$$\sigma_L(y) = (\rho U^2/2)B\sigma_{C_L} \tag{4.118}$$

甚至当气流是平稳的，脉动的升力也不具有周期性，且具有一个跨越 Strouhal 频率附近的窄频带谱f_s，其中f_s 再次通过 $S_t U/D$。力谱约为

$$\frac{fS_L(f)}{\sigma_L^2} = \frac{f/f_s}{b\sqrt{\pi}}\exp\left\{-\left(\frac{1-(f/f_s)}{b}\right)^2\right\} \tag{4.119}$$

式中，σ_L 为式（4.118）定义的方均根升力；b 为频宽参数。

频宽参数 b 主要取决于大规模湍流。上述频谱预计符合的频率范围为$f_s(1 \pm b)$。$Q_i(t)$可根据 $L(y, t)$ 频谱及其标准化共谱给出：

$$S_{Q_i}(f) = S_L(f)\int_0^L\int_0^L R(y_1,y_2)\Psi_i(y_1)\Psi_i(y_2)\,dy_1dy_2 \tag{4.120}$$

其中，式（4.119）给出的 $S_L(f)$是作用在静止结构上的脉动升力的展向相干性。

基于实验结果的 $R(y_1,y_2)$的建议函数形式为

$$R(y_1,y_2) = \exp(-|y_1 - y_2|/nD) \tag{4.121}$$

给出：

$$\int_0^L\int_0^L R(y_1,y_2)\,dy_1dy_2 = 2(nD)^2[L/(nD) - 1 + \exp\{-L/(nD)\}] \tag{4.122}$$

如果振型是一致的。

随运动变化的力可表述为

$$L_z(y,t) = (\rho U^2/2)(\omega D/U)^2[H_4^* z + H_1^*(\dot{z}/\omega)] \tag{4.123}$$

一般来说气动力系数或导数 H_1^* 和 H_4^* 随振幅变化。气动阻尼的大小对响应计算非常重要，可模拟为

$$H_1^* = H_{1o}^*[1 - (\sigma_z/\sigma_{zL})^2] \tag{4.124}$$

式中，σ_z 为方均根振幅；σ_{zL} 为当 $H_1^* \to 0$ 时达到的方均根临界振幅；H_{1o}^* 为当 $z \to 0$ 时的值，其数值主要取决于换算速度 U_r、雷诺数 Re 和纵横比 L/D。通常用于颤振分析的气动导数的测量不包括换算速度的范围，但是为了当前的目的可以完成且需要完成。

之前提到的气动阻尼与导数的关系为

$$\zeta_{aero} = -H_1^*/(2\mu)$$

$$\mu = m/(\rho B^2) \tag{4.125}$$

$$\zeta_{aero}(U_r, U_z) = \frac{H_{1o}^*(U_r)}{2\mu}\left[\left\{\frac{\sigma_z}{\sigma_{zL}(U_r)}\right\}^2 - 1\right] \tag{4.126}$$

可从风中的自由振动测试中得到。

因此剖面模型动态测试可以给出力系数 σ_{cL} 和气动阻尼比 $\zeta\tau\Theta_{aero}$。可能的错误源自在测量中缺乏侧向力相干性的信息，除非单独测量。只要可以确定这些参数，就有可能进行桥梁响应的预测。

参考文献

Aynsley RM, Melbourne WH, Vickery BJ (1977) Architectural aerodynamics, Applied Science Publishers

Biggs JM (1961) Wind forces on structures: final report. ASCE Task committee on wind forces

Bishop RED, Hassan AY (1964) The lift and drag forces on a circular cylinder oscillating in a flowing fluid. Proc Roy Soc Lond 277:51–75

Bisplinghoff RL, Ashley H, Halfman RL (1955) Aeroelasticity. Dover Publications, Inc., New York

Bleich F (1949a) Dynamic instability of truss-stiffened suspension bridges under wind action. Trans ASCE 114:1177–1222

Bleich F (1949b) Dynamic instability of truss-stiffened suspension brigdes under wind action. Trans ASCE 114:1177–1232

Blevins RD (1990) Flow-induced vibration. Van Nostrand Reinhold, New York

Davenport AG (1961) The application of statistical concepts to the wind loading of structures. Proc ICE, London, 19:449–472

Davenport AG (1962) Buffeting of a suspension bridge by storm wind. Proc ASCE 88:ST3

Davenport AG (1977) Wind engineering—ancient and modern—the relationship of wind engineering research to design. In: Proceedings of the 6th CANCAM, Vancouver

Dowell EH, Curtiss HC Jr., Scanlan RH, Sisto F (1989) A modem course in aeroelasticity, 2nd edn. Kluwer Academic Publishers, Dordrecht, Netherlands

Forsching H (1968) Aeroelastic stability investigations on prismatic beams. In: Proceedings of the symposium on wind effects on buildings and structures, Loughborough, p 22

Fung YC (1969) An introduction to the theory of aeroelasticity. Dover Publications, Inc., New York

Ge YJ (1999) Probability-based assessment and full-mode flutter analysis of cable-supported bridges against aerodynamic forces. Post-Doctoral research report, University of Ottawa

Ge YJ, Tanaka H (2000) Aerodynamic flutter analysis of cable-supported bridges by multi-mode

and full-mode approaches. J Wind Eng Ind Aerodyn 86:123–153
Hirai A (1942) Aerodynamic torsional instability of suspension bridges. J JSCE 28
Hnston DR (1987) Flutter derivatives from 14 generic deck sections. In: Proceedings of the ASCE structures congress, Orlando
Jakobsen JB, Hjorth-Hansen E (1993) Determination of the aerodynamic derivatives by a system identification method. In: Proceedings of the 1st IAWE European & African regional conference, Guernsey
Jensen AG, Nielsen FG (1995) A forced motion mechanism for the investigation of aerodynamic loads on structures moving in an air flow. In: Proceedings of the 9th ICWE, New Delhi
Karpel M (1981) Design of active and passive flutter suppression and gust alleviation. NASA contractor report No. 3482
Kloppel K (1963) Teilmodellversuche zur Beurteilung des Aerodynamischen Verhaltens von Brücken. Der Stahlbau 32, 75–79 and 113–121
Modi VJ, Slater JE (1972) Quasi-steady analysis of torsional aeroelastic oscillators. In: Proceedings of IUTAMIAHR symposium on flow-induced structural vibrations, Karlsruhe, pp 355–372
Moisseiff L, Lienhardt F (1933) Suspension bridge under the action of lateral forces. Trans ASCE 98:1080–1095
Morimitsu Y, lto M, Miyala T (1973) Aeroelastic oscillation of structures due to nonlinear aerodynamic forces. Proc JSCE 219:27–36
Nakamura Y, Mizota T (1975) Torsional flutter of rectangular prisms. Proc ASCE 101:EM2
Novak M (1969) Aeroelastic galloping of prismatic bodies. Proc ASCE 95 EMI:115–142
Parkinson GV, Brooks NPH (1961) On the aeroelastic instability of bluff cylinders. J Appl Mech 28:252–258
Poulsen NK (1990) System identification in determination of the flutter coefficients. Skibsteknisk Laboratorium
Roger KL (1977) Airplane math modeling methods for active control design. AGARD-CP-228
Sarkar PP, Jones NP, Scanlan RH (1991) System identification for estimation of flutter derivatives. In: Proceedings of the 8th ICWE, London (Ont.)
Sarkar PP, Jones NP, Scanlan RH (1993) A comparative study of the aeroelastic behavior of three flexible bridges and a thin airfoil. In: Proceedings of the 7th US national wind engineering conference, UCLA
Scanlan RH (1978) The action of flexible bridges under wind: I. flutter theory. J Sound Vib 60:201–211
Scanlan RH, Lin WH (1978) Effects of turbulence on bridge flutter derivatives. Proc ASCE 104 EM4:719–733
Scanlan RH, Sabzevari A (1967) Suspension bridge flutter revisited. In: ASCE structural engineering conference, Seattle
Scanlan RH, Tomko JJ (1970) Ailfoil and bridge deck flutter derivatives. Proc ASCE 97 EM6
Selberg A (1957) Aerodynamic stability of suspension bridges. IABSE 17:209–216
Selberg A (1963) Oscillation and aerodynamic stability of suspension bridges. Acta Polytechnica Scandinavica 6:Ci 13
Tanaka H, Davenport AG (1979) Effect of turbulence on aeroelastic instability of suspension bridges. In: Proceedings of the 7th CANCAM, Sherbrooke
Tanaka H, lto M (1969) The characteristics of the aerodynamic forces in self-excited oscillation of bluff structures. Trans JSCE 1:209–236
Ukeguchi M, Sakata H, Nishitani H (1966) An investigation of aeroelastic instability of suspension bridges. In: Proceedings of the international symposium on suspension bridges, Lisbon
Yamada H, Miyata T, Ichikawa H (1991) Measurement of aerodynamic coefficients by system identification methods. In: Proceedings of the 8th ICWE, London (Ont.)

第5章　结构的风致振动：主要针对高层建筑的空气动力学

Kenny C. S Kwok

摘要　本章探讨了建筑和结构的风致振动，还特别讨论了顺风和横风激励机制和响应过程。湍流抖振是顺风向的主要激励机制。在横风方向，主要是伴随湍流、涡旋脱落和随运动变化的激励共同构成了引起横风响应的主要机制。许多最新的风工程规范和标准采用了统计和频谱分析过程来预测顺风和横风激励引起的风荷载和响应。本章综述了评估高层建筑干扰激励的潜在影响和建筑体型对空气动力修正系数的有利效果。概述了来自四面八方其他建筑对高层建筑的顺风向、横风向和扭转响应的干扰效果。讨论了建筑体型的空气动力修正作用可以降低高层建筑风荷载和响应的有利效果和经济性。

关键词　空气动力学方法 · 激励机制 · 干扰 · 高层建筑 · 风致振动

5.1　简介

过去30年在风工程领域研究和试验工作取得的巨大的进步促进了对建筑和结构风力效应理解的进一步加深。许多研究发现被编入了全世界范围内现行的风工程规范和标准中。然而可以预期的是，由于风/结构相互作用的复杂性、设计概念的演变、新材料的引入和气象输入的重要性，诸如风洞模型测试等实验方法将继续在风工程研究和现代高层建筑与结构的抗风设计中扮演重要角色。

在进行风力作用下建筑或结构的设计时，设计师脑海里会浮现的一个问题是如何确定该建筑或结构是不是风敏感型。只需简单考查一下建筑或结构的外形、尺寸和特征就可以发现规范方法是否足以估算其风荷载。然而，对于风敏感型结构，风/结构相互作用引起的风荷载和结构响应的放大取决于结构的质量分布、刚度（平动和扭转）和结构阻尼特征。需要进行复杂的分析和试验程序来辅助结构的设计。

关于激励机制引起的顺风、横风和扭转响应以及这些响应的特征已经进行了广泛的研究和报导。激励机制研究包括湍流抖振、旋涡脱落以及与气动弹性效应效果有关的，如抖振、随振幅变化的横风和扭转锁定激励，还有扭转的分离/重附着机制。由于存在结构和空气动力的离心率和耦合问题，它们会对激励和响应过程产生重要影响。而且，这些激励机制并不经常孤立存在，而是经常是不止一种机制导致物体的响应。

如图5.1所示，风致荷载和响应可分解为两个正交方向：可能平行（顺风或阻力）和垂直于（横向或升力）平均风向；或平行和垂直于与物体几何属性相关的一个方向。本章的第一部分主要涉及顺风和横风激励机制的识别，以及建筑和机构上脉动荷载的效应。

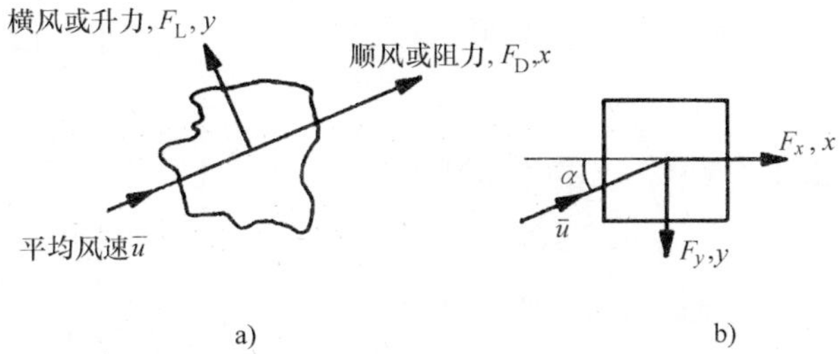

图5.1 风致力和响应的分量

a）风向坐标系 b）物体坐标系

新一代高层建筑更加高且更加细长，具有未来派的外形和精致的结构系统。这些建筑的换算风速需要采用稳定的增长接近甚至超过，换算风速的临界值，超过该值空气弹性变形效应的尺度和适用性设计考虑变得重要。

附近存在的高层建筑导致的逆流或顺流等干扰激励，在换算风速从低到中间的范围内造成了顺风、横风和扭转30%~40%的稳定增长，在更高范围的换算速度以及临界建筑分离和位置处增长更多。这些数值所导致的潜在增长在现代高层建筑的设计中需要重点考虑。

质量、刚度、阻尼和空气动力外形在减少高层建筑的风致振动中扮演的角色取决于载荷的类型，除了阻尼能力的提高总是有益的之外都是相当复杂的。风力诱发位移响应通常对质量或刚度变化不是很敏感，尽管一栋建筑质量或刚度的增加对降低加速响应是有益的。因此，一点也不奇怪，近些年在被动和主动振动控制研究领域投入了大量的资源、付出了许多努力。同样的，在现代的高层建筑设计中，采纳了建筑外形的空气动力修正带来的潜在益处。例如，对建筑空气动力外形相对较小的修正，同时保持其主要的计划外形，如在建筑的开口处或顶部倒圆角、倒直角和倒水平等，被发现可以显著降低风力诱发响应，尤其是横风响应。

5.2节讲述了在干扰激励和高层建筑响应的理解方面所取得的进步，以及对建筑外形进行空气动力修正以降低高层建筑的风力诱发响应所带来的潜在效果。

5.2 建筑和结构的顺风向激励和响应

自然风中的湍流或阵风所引起的抖振，会直接产生脉动力从而作用在气流中的结构上。脉动风速、风诱发力和由此产生的响应在自然界中通常是随机的。脉动载荷的大小是湍流强度及其长度尺寸的函数。湍流强度决定脉动力的局部大小，同时湍流长度尺度与结构的尺寸有关，决定脉动与结构的相互关系。

为了确定湍流风和结构上风荷载的关系，需要同时考虑波长和频率。例如，如果在高度 z 处的平均风速为 $\bar{u}(z)$，则可以得到波长 $\lambda=\bar{u}(z)/n$，其中 n 为频率分量。λ 为在频率 n 下产生脉动力的阵风或漩涡大小的线性量度，阵风在大型的结构上产生载荷的效力在很大程度上取决于阵风大小与结构尺度的关系，如 b，即 λ/b 的比或 $\bar{u}/nb$。对于高频率部分，$\lambda/b \ll 1$，产生的压力或其他力仅与结构的一小部分是相关的。这些高频部分产生的总体影响较小，因为它们在一些区域倾向于增加载荷，同时在结构的其他部分可能降低载荷。另一方面，在超低频部分，即$\lambda/b>>1$，会同时在结构的整个或至少大部分区域产生效应。

5.2.1 钝体上的脉动阻力

图 5.2 展示了大气边界层气流中的顺风向风速，为

$$u(t)=\bar{u}+u'(t) \tag{5.1}$$

式中，$\bar{u}$ 为顺风向平均风速；$u'(t)$ 为顺风向脉动风速。若将一个面积为 A 的小结构置于这样一个气流中，结构受到的阻力为

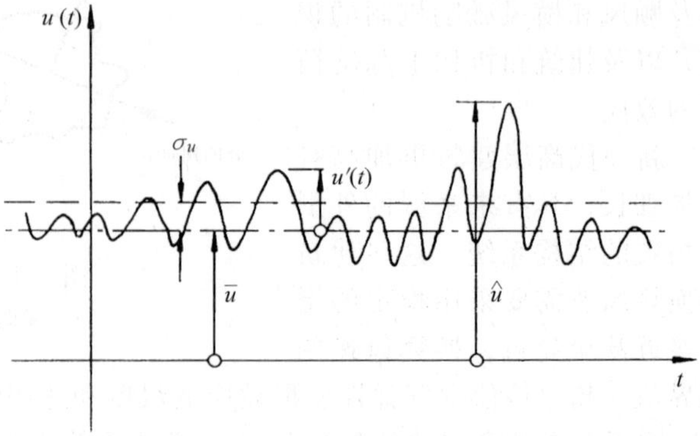

图 5.2 与时间有关的变量成分

$$\begin{aligned}F_{\mathrm{D}}(t)&=C_{\mathrm{D}}\frac{1}{2}\rho Au^2(t)\\&=C_{\mathrm{D}}\frac{1}{2}\rho A[\bar{u}^2+2\bar{u}u'(t)+u'^2(t)]\end{aligned} \tag{5.2}$$

式中，C_{D} 为阻力系数。

忽略较小的二阶项：

$$\begin{aligned}F_{\mathrm{D}}(t)&\approx C_{\mathrm{D}}\frac{1}{2}\rho\bar{u}^2A+C_{\mathrm{D}}\rho A\bar{u}u'(t)\\&=\bar{F}_{\mathrm{D}}+F'_{\mathrm{D}}(t)\end{aligned} \tag{5.3}$$

式中，$\bar{F}_{\mathrm{D}}$ 为平均阻力；$F'_{\mathrm{D}}(t)$ 为脉动阻力。

因此频域中脉动阻力的频谱表达式为

$$\begin{aligned}S_{\mathrm{D}}(n)&=(C_{\mathrm{D}}A\rho\bar{u})^2S_u(n)\\&=4\frac{\bar{F}_{\mathrm{D}}^2}{\bar{u}^2}S_u(n)\end{aligned} \tag{5.4}$$

式中，$S_u(n)$ 为顺风向湍流频谱。

然而，作用在结构上的力取决于与结构尺寸有关的湍流或阵风，它们之间的关系可以根据空气动力导纳函数表示为

$$\chi\left(\frac{n\sqrt{A}}{\bar{u}}\right)$$

因此

$$S_{\mathrm{D}}(n)=4\frac{\bar{F}_{\mathrm{D}}^2}{\bar{u}^2}\chi^2\left(\frac{n\sqrt{A}}{\bar{u}}\right)S_u(n) \tag{5.5}$$

以下的经验关系，如图 5.3 所示，适用于平板、圆盘和棱柱体的χ 值：

$$\chi(n)=\frac{1}{1+\left(\frac{2n\sqrt{A}}{\bar{u}}\right)^{\frac{4}{3}}} \tag{5.6}$$

一些χ的特性相当明显，如当$\chi \to 1$时，$n\sqrt{A}/\bar{u} \to 0$，此为低频率分量，若$\chi \to 0$，$n\sqrt{A}/\bar{u} \to \infty$，此为高频率分量。

5.2.2　阵风响应系数

如果假设一个结构为单自由度，自然频率为n_0，结构阻尼为ζ_s，刚度为k，则阵风荷载引起的结构顺风响应为

$$x(t) = \bar{x} + x'(t) \qquad (5.7)$$

如图5.2所示，其为平均和脉动部分之和。响应的平均或静力分量部分为

$$\bar{x} = \frac{\bar{F}_D}{k} \qquad (5.8)$$

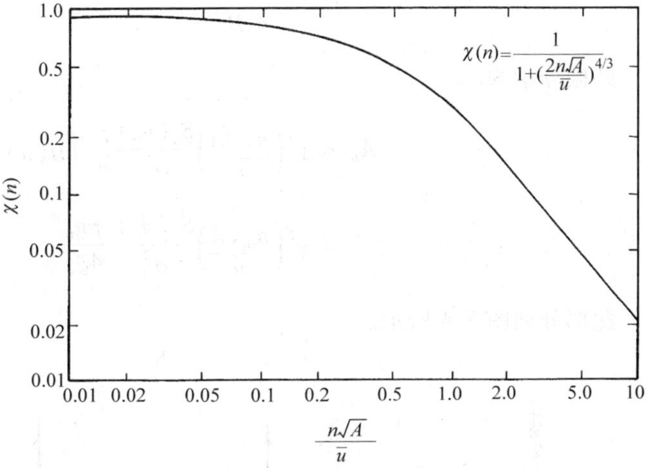

图5.3　平板、圆盘和棱柱体的空气动力导纳

位移响应的频谱可以表示为

$$\begin{aligned} S_x(n) &= \frac{1}{k^2}\frac{1}{\left[1-\left(\frac{n}{n_0}\right)^2\right]^2+4\zeta_s^2\left(\frac{n}{n_0}\right)^2}S_D(n) \\ &= \frac{1}{k^2}|H(n)|^2 S_D(n) \\ &= 4\frac{\bar{F}_D^2}{\bar{u}^2}\frac{1}{k^2}\chi^2\left(\frac{n\sqrt{A}}{\bar{u}}\right)|H(n)|^2 S_u(n) \end{aligned} \qquad (5.9)$$

式中，$H(n)$为机械导纳函数。

位移脉动分量的方差为

$$\sigma_x^2 = 4\frac{\bar{F}_D^2}{\bar{u}^2}\frac{1}{k^2}\int_0^\infty \chi^2\left(\frac{n\sqrt{A}}{\bar{u}}\right)|H(n)|^2 S_u(n)\,dn \qquad (5.10)$$

如果把下式代入：

$$\bar{x} = \frac{\bar{F}_D}{k}$$

并且用更加简洁的标准化形式表示速度谱：

$$\frac{S_u(n)}{\sigma_u^2}$$

则可以表达为

$$\begin{aligned} \frac{\sigma_x^2}{\bar{x}^2} &= 4\frac{\sigma_u^2}{\bar{u}^2}\frac{1}{k^2}\int_0^\infty \chi^2\left(\frac{n\sqrt{A}}{\bar{u}}\right)|H(n)|^2\frac{S_u(n)}{\sigma_u^2}dn \\ &= 4\frac{\sigma_u^2}{\bar{u}^2}[A_B + A_R] \end{aligned} \qquad (5.11)$$

低频阵风引起的背景激励可表示为

$$
\begin{aligned}
A_{\mathrm{B}} &= \int_{0}^{n_0} \chi^2\left(\frac{n\sqrt{A}}{\bar{u}}\right)\frac{S_u(n)}{\sigma_u^2}\mathrm{d}n \\
&= B
\end{aligned} \tag{5.12}
$$

共振分量为

$$
\begin{aligned}
A_{\mathrm{R}} &= \chi^2\left(\frac{n_0\sqrt{A}}{\bar{u}}\right)\frac{S_u(n_0)}{\sigma_u^2}\int_{0}^{\infty} |H(n)|^2\mathrm{d}n \\
&= \chi^2\left(\frac{n_0\sqrt{A}}{\bar{u}}\right)\frac{S_u(n_0)}{\sigma_u^2}\ \frac{\pi n_0}{4\zeta_{\mathrm{s}}}
\end{aligned} \tag{5.13}
$$

此部分如图 5.4 所示。

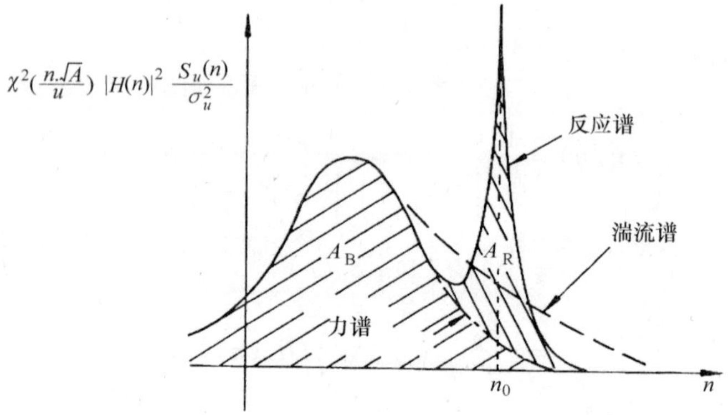

图 5.4　单自由度系统对湍流颤振响应的频谱特征

取 S 为尺度换算系数：

$$
S = \chi^2\left(\frac{n_0\sqrt{A}}{\bar{u}}\right) \tag{5.14}
$$

E 为阵风能量因子：

$$
E = \frac{\pi n_0}{4}\ \frac{S_u(n_0)}{\sigma_u^2} \tag{5.15}
$$

因此：

$$
A_{\mathrm{R}} = \frac{SE}{\zeta_{\mathrm{s}}} \tag{5.16}
$$

则

$$\frac{\sigma_x^2}{\bar{x}^2}=4\frac{\sigma_u^2}{\bar{u}^2}\left(B+\frac{SE}{\zeta_s}\right) \tag{5.17}$$

位移的标准偏方差与平均值之比为

$$\frac{\sigma_x}{\bar{x}}=2\frac{\sigma_u}{\bar{u}}\left(B+\frac{SE}{\zeta_s}\right)^{\frac{1}{2}} \tag{5.18}$$

期望峰值 x 为

$$\begin{aligned}x_{\max} &= \hat{x}\\ &= \bar{x}+x'_{\max}(t)\\ &= \bar{x}+g_f\sigma_x\end{aligned} \tag{5.19}$$

因子 g_f 为平均峰值因子，取决于时间间隔和 x 谱的形式。在大多数情况下，g_f 的值为 3 ~ 4，一般取 3.5。因此：

$$\begin{aligned}\hat{x} &= \bar{x}+g_f\bar{x}2\frac{\sigma_u}{\bar{u}}\left(B+\frac{SE}{\zeta_s}\right)^{\frac{1}{2}}\\ &= \bar{x}\left[1+2g_f\frac{\sigma_u}{\bar{u}}\left(B+\frac{SE}{\zeta_s}\right)^{\frac{1}{2}}\right]\end{aligned}$$

且

$$\begin{aligned}G &= \frac{\hat{x}}{\bar{x}}\\ &= 1+2g_f\frac{\sigma_u}{\bar{u}}\left(B+\frac{SE}{\zeta_s}\right)^{\frac{1}{2}}\end{aligned} \tag{5.20}$$

式中，G 为阵风响应因子。

上述提到方差表示方差导数的简化版本，由 Vickery（1966）和 Davenport（1967）首先提出。图 5.5 展示了激励和响应的过程。一般来说，此方法对于建筑、高塔、悬索和一些桥梁结构的顺风响应估计来说是足够的，尽管需考虑对边界层中的速度梯度和结构的模式振型进行一些修正。关于阵风响应因子方法应用更详细的描述见本书的其他章节。

5.2.3 气动阻尼

湍流抖振引起的脉动力与结构的运动无关。然而，气动阻尼力仅由结构的运动引起。尽管这些力的大小与结构的惯性力和恢复力相比相对较小，但与结构阻尼引起的力相比是可以较大的，并且会显著影响结构在风荷载下的反应。

假设结构为线性系统且振幅较小，x 方向的阻力如图 5.1a 所示，为

$$F_D(t)=C_D\frac{1}{2}\rho u_r^2(t)A \tag{5.21}$$

相对风速为

$$u_r(t)=\bar{u}-\dot{x} \tag{5.22}$$

因此

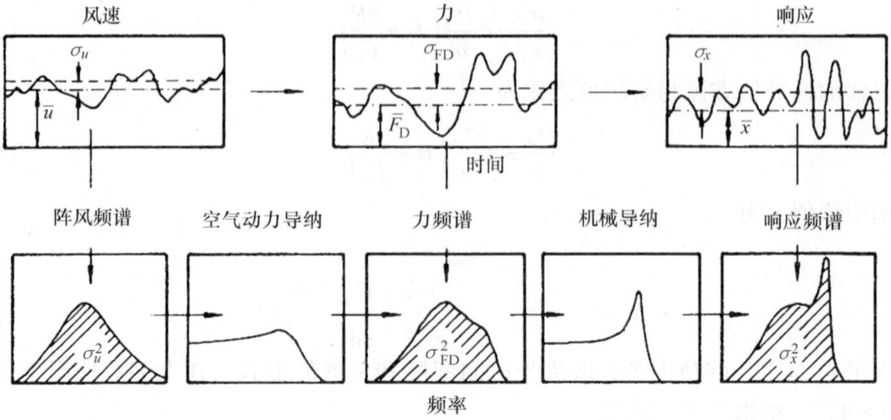

图 5.5　顺风激励和响应过程（Davenport 1967）

$$F_D(t) = C_D \frac{1}{2}\rho \bar{u}^2 A - C_D \rho \bar{u}\dot{x}A + C_D \frac{1}{2}\rho \dot{x}^2 A \tag{5.23}$$

通常来讲，$\dot{x} \ll \bar{u}$，因此式（5.23）中的最后一项可以忽略。第一项为平均阻力，第二项为气动阻尼力。阻尼力中的负号意味着它与结构运动的方向相反并且结构对外释放能量。也就是说，当气动阻尼 ζ_a 为正时会增加结构的阻尼。

对于垂直的结构，假设为线性位移振型，如果质量分布、横截面形状和 C_D是常数，则气动阻尼的表达式为

$$\zeta_a = \frac{2\rho \bar{u}(h) C_D}{4\pi\rho_s(3+\gamma)n_0 d} \tag{5.24}$$

式中，ρ 为空气密度；ρ_s为结构密度；d 为结构宽度（沿风的方向）；γ 为平均风速剖面的因子。

一些典型值：

$\rho = 1.2\text{kg/m}^3$

$\rho_s = 200\text{kg/m}^3$

$C_D = 1.2$

$d = 30\text{m}$

$\bar{u}(h) = 50\text{m/s}$

$\gamma = 0.25$

于是有

$$\zeta_a \approx \frac{10^{-3}}{n_0} \tag{5.25}$$

对于典型的高层建筑，其中 $n_0 = 0.2\text{Hz}$，ζ_a 约为临界阻尼的 0.5%。这是结构阻尼的显著增加，通常为临界阻尼的 1%～2%。因此，会降低建筑的顺风响应。尽管此情况下气动阻尼为正，需要注意的是，与横风激励有关的气动阻尼可能为负，这在后面的部分会有

论述。在那种情况下，会降低结构的整个阻尼，这会导致横风向响应显著增加。

5.3　建筑和结构的横风激励和响应

根据 Melbourne（1977）的提议，横风向激励机制可根据以下 3 个方面分为 3 种类型：

1）自由气流中的湍流；

2）尾流，尤其是涡旋脱落；

3）结构的横风向运动。

图 5.6 展示了与一系列结构的横风响应有关的主要变量和机制。尽管这些激励可单独识别，但导致响应时经常叠加。尽管近些年来这方面的研究有显著的进展，但是仍然没有一种适普的分析方法可以准确地计算出现代高层建筑和结构的横风响应。

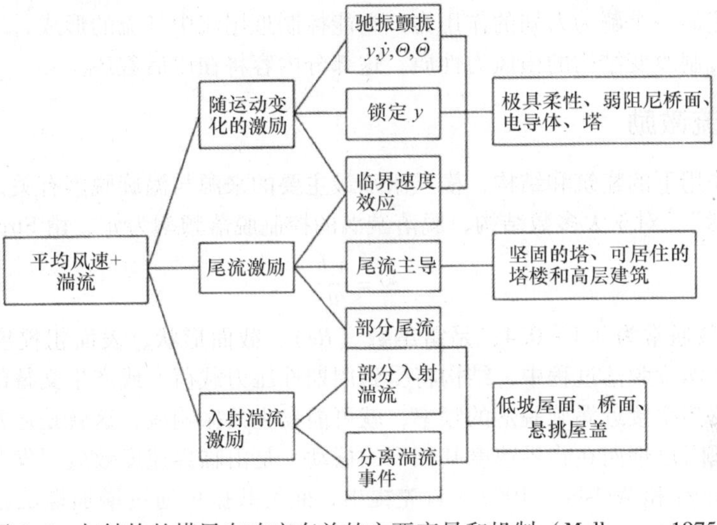

图 5.6　与结构的横风向响应有关的主要变量和机制（Melbourne 1975）

5.3.1　入射湍流导致的激励

自然风中的湍流会引起入射风的速度和方向的变化，这会直接降低建筑和结构上的脉动阻力、横风力和力矩。入射湍流引发横风响应的规模取决于其在结构上产生横风力的能力，是顺风向风速和平均风速入射角的函数。入射湍流可能会引起一种或多种振动的固有模式，或者结构可能会对相关的离散阵风产生响应。有一种类似用于测定结构顺风响应的准定常频谱方法，可适用于入射湍流引起的结构横风响应的估算。

结构每单位长度的脉动横风力为

$$F'_{\mathrm{L}}(t) = C_{\mathrm{L}}\rho\,\bar{u}bu'(t) + \left(C_{\mathrm{D}} + \frac{\partial C_{\mathrm{L}}}{\partial \alpha}\right)\rho\,\bar{u}bv'(t) \tag{5.26}$$

式中，$v'(t)$ 为湍流的横向风或横风向分量；$\partial C_{\mathrm{L}}/\partial\alpha$ 为升力系数相对于风入射角 α 的变化率。

通常来说，仅对于具有长后体的结构来说，如一些桥面板、平板式屋顶和飞机机翼，入射湍流引起的横风激励是显著的，例如对于圆截面来说 C_L 和$\partial C_L/\partial\alpha$ 为零。因此，横风力为

$$F'_L(t)=C_D\rho\,\bar{u}bv'(t) \tag{5.27}$$

与顺风力相比较：

$$F'_D(t)=C_D\rho\,\bar{u}bu'(t) \tag{5.28}$$

因为湍流的横风（横向风）强度通常约为顺风强度（纵向风）的一半或小于一半，故圆截面上的横风激励通常并不显著。

对于流线型桥面，C_D 和 C_L 均很小，但是对于 2π 平板，$\partial C_L/\partial\alpha$ 可能接近理论值。则横风力变为

$$F'_L(t)=2\pi\rho\,\bar{u}bw'(t) \tag{5.29}$$

式中，$w'(t)$为湍流的垂直分量。Davenport（1962）提出的准定常频谱法和许多其他方法都采用了这种方法来确定湍流抖振引起的桥梁响应。

入射湍流的一个鲜为人知的作用为，它能控制近尾流中气流的形成，并通过改变剪切层的脱落机制改变结构的横风力性质。这部分内容将在以后叙述。

5.3.2 尾流激励

对于风作用下的建筑和结构，横风激励最主要的来源与涡旋脱落有关，通常使用的名词为“涡激”。对于大多数结构，脱落漩涡的控制脱落频率为 n_s，由 Strouhal 数定义：

$$St=\frac{n_s b}{\bar{u}} \tag{5.30}$$

Strouhal 数通常为0.1～0.4，是雷纳数（Re）、截面形状、表面粗糙度和自由流湍流的函数。在涡旋脱落过程中，结构将受到周期性压力载荷，或产生交替的横风力。如果结构的自然频率接近涡旋脱落的频率，就可能发生共振响应，这就是通常所指的临界速度效应。弱阻尼烟囱在临界速度基频下的振动，是由临界速度效应引发共振最典型的例子。由 Scruton 和 Walshe（1957）首先提出，此类共振可通过增加螺旋箍筋进行有效抑制。在风洞测试中，穿孔挡板和分流板也被证明可以有效地降低振动力。螺旋板已被广泛地应用于许多大尺度结构上，但其最大的缺点是会增加阻力。

在大多数的现实情况中，垂直结构暴露在湍流强度等级和平均风速随高度的变化而变化的湍流风中时，其涡旋脱落引发的激励实际上为宽带的。因此，名词“尾流激励”可以用来概括与尾流相关的激励而不仅仅是与临界风速有关的所有形式的激励。

对不同结构和入射湍流，尾流引发横风力的研究已经较为广泛。尽管实验方法有明显的不同，但力的分布形状早已总结出来了，如图 5.7 所示，下面总结了 Saunders 和 Melbourne（1977）报道的一些重要的和基础的结论：

1）自由湍流对于与尾流激励有关的横风力有重要影响。湍流的增加会降低涡旋脱落的强度，这会使得横风力频谱变宽。因此，对于同样的结构如果置于湍流气流更强，当换算速度明显低于漩涡峰值速度时，横风响应会出现显著的增加，当换算速度接近漩涡峰值时，响应会显著降低。

2）高宽比较小的结构涡旋脱落的组织性较低，会导致横风力频谱变宽。定义了涡旋脱落频率的 Strouhal 数，往往随着高宽比的降低而降低，因此临界速度趋于提高。

3）具有短后体的结构产生的横风力频谱要比方形截面产生的具有更窄的频带宽，同时具有长后体的结构产生的力频谱更宽。因此，该效应会导致在相同条件下，具有长后体的结构会比具有短后体的结构的横风向响应更小。

4）对于大多数的高层建筑和结构，随着风速的提高，横风力要比顺风力大很多。因此根据设计，横风响应要比顺风响应更重要。

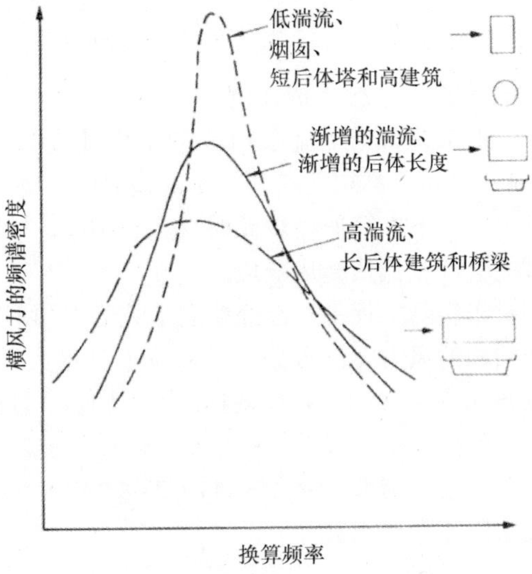

图 5.7　不同结构和自由湍流的尾流激励的频率分布（Melbourne 1975）

Vickery 和 Clark（1972）提出了下式所示高斯型横风力频谱（每（单位长度）^{2}）：

$$S_L(n)=\left(C_L\frac{1}{2}\rho\bar{u}^2b\right)^2\frac{1}{Bn_s\sqrt{\pi}}\exp\left[-\left(\frac{1-\frac{n}{n_s}}{B^*}\right)^2\right] \tag{5.31}$$

式中，C_L 为横风向力系数的标准差；B^* 为频谱的有效频宽，仅为中心频率的小数部分。

通过假设尾流激励是随机的，建筑和结构的横风响应可通过模态分析计算出来，正如 Vickery 和 Clark（1972）、Kwok（1982）和其他人所做的那样。如果假设响应主要为振动的第一阶（基本的）振型为主，可以极大地简化计算过程，则结构顶部横风响应的方差可通过下式得到：

$$\begin{aligned}\sigma_y^2 &= \int_0^\infty S_y(n)\,dn\\ &=\frac{1}{(2\pi n_0)^4m^2}\int_0^\infty S_L(n)\,|H(n)|^2\,dn\end{aligned} \tag{5.32}$$

式中，$S_y(n)$为横风位移谱；m 为结构的模态质量。

式（5.32）可被进一步简化：

$$\begin{aligned}\sigma_y^2 &\approx \frac{1}{(2\pi n_0)^4m^2}\left[\int_0^\infty S_L(n)\,dn+S_L(n_0)\int_0^\infty|H(n)|^2\,dn\right]\\ &\approx\frac{1}{(2\pi n_0)^4m^2}\left[\int_0^\infty S_L(n)\,dn+\frac{\pi n_0S_L(n_0)}{4\zeta_s}\right]\end{aligned} \tag{5.33}$$

如果低频率背景激励较小且结构阻尼较低（低于临界阻尼 10%），则激励频宽与共振频宽相比为宽频，式（5.33）中的第一项可以忽略。因此：

$$\sigma_y^2 \approx \frac{1}{(2\pi n_0)^4 m^2}\left[\frac{\pi n_0 S_L(n_0)}{4\zeta_s}\right] \tag{5.34}$$

响应的标准差与$\zeta_s^{-\frac{1}{2}}$成比例。

一般来说，当尾流激励占主导及当采用的换算速度较低时，采用式（5.32）或式（5.34）来预测高层建筑和结构的横风响应就足够了。然而，其他形式的激励，如驰振激励占主导下换算速度较高时（大于10），特别是在低阻尼结构中，采用这个预测方法就可能会严重低估横风响应。

对于实际工程中，已经建立了关于不同形状、纵横比、高宽比和风力大小的高层建筑和结构的风力频谱数据库，如位于圣母大学的 NatHaz（自然灾害）模型实验室出版的《自然灾害气动力载荷数据库》。为便于编纂典制，采用了一些简化计算方法，如类似基于频谱的式（5.32）~式（5.34），也被一些风工程规范和标准所采纳，例如澳大利亚和新西兰标准 AS/NZS 1170.2：2011，其中用图解和经验公式的形式给出了简单建筑的横风力频谱系数。

5.3.3 横风运动导致的激励

有3种公认的横风激励，即驰振、锁定和颤振。通常指的是风力引发不稳定或空气动力不稳定性，是源自结构形状或结构移动引起的空气动力所导致的任何一种气流形式。自从塔科马海峡悬索桥倒塌、输电线路或烟囱发生大幅度振荡问题突显以来，全世界对空气动力的不稳定性做了大量研究。

5.3.3.1 驰振激励

驰振通常是指与局部空气动力特性相关的，会导致结构横风力沿横风向增长的大幅度、单自由度运动的名词。一个经典的例子是冰雪覆盖输电线路的剧烈振动，Den Hartog 于1930年第一次对此展开了调查。驰振会在光滑流和湍流、高换算速度下的具有不同分离点的非流线型截面（如正方形和矩形物体、D形和十字断面）中发生。

假设将一个方形截面置于风中，风的方向垂直于一个表面或运动的平面，在驰振的过程中，任何截面的横风运动都会产生一个沿运动方向的面压力分布 F_y，因此 y 方向位移会进一步增加。振荡会在物体的自然频率下发生，振动的振幅会不断增加，直到每次循环通过结构阻尼消耗的能量平衡掉来自风的能量输入。

在驰振的分析中所用的基本假设为准稳定方法，因为驰振振动通常较慢，假设在驰振过程中的每一个瞬间，作用在物体上的空气动力，与相同刚度物体在相同入射角的平均风速下所做的静态测试相同。

根据式（5.1），空气动力为

$$F_y = -(F_L\cos\alpha + F_D\sin\alpha) \tag{5.35}$$

横向力系数为

$$C_{F_y} = -(C_L\cos\alpha + C_D\sin\alpha) \tag{5.36}$$

则

$$\frac{\partial C_{F_y}}{\partial \alpha} = -\left(\frac{\partial C_L}{\partial \alpha}\cos\alpha - C_L\sin\alpha + \frac{\partial C_D}{\partial \alpha}\sin\alpha + C_D\cos\alpha\right) \tag{5.37}$$

对于较小的 α：

$$\alpha = \tan^{-1}\frac{\dot{y}}{u} \approx \frac{\dot{y}}{u} \tag{5.38}$$

因此

$$\frac{\partial C_{F_y}}{\partial \alpha} \approx -\left(\frac{\partial C_L}{\partial \alpha} + C_D\right) \tag{5.39}$$

或者

$$C_{F_y} \approx -\left(\frac{\partial C_L}{\partial \alpha} + C_D\right)\frac{\dot{y}}{u} \tag{5.40}$$

驰振不稳定性的衡量标准为横向力系数的斜率，理论上来说，$\partial C_{F_y}/\partial\alpha > 0$ 时会发生驰振。与驰振激励有关的空气动力可根据相等的气动阻尼表达。对于暴露在湍流大气边界层气流中的垂直结构，通过假设第一阶线性模态和沿结构的常数$\partial C_{F_y}/\partial\alpha$，根据 Kwok 和 Melbourne（1980）的研究，等量气动阻尼为

$$\zeta_a = -\frac{3\rho}{8\pi\rho_s(3+\gamma)}\frac{u(h)}{n_0 b}\frac{\partial C_{F_y}}{\partial \alpha} \tag{5.41}$$

如果等量气动阻尼为负，则合成阻尼（气动力加上结构阻尼）为零或负，横风响应振幅将增加，直到达到一个由气动阻尼的非线性决定的稳定数量级。尽管风速和结构阻尼相互作用的结果是合成阻尼既不为零也不为负，负的气动阻尼的存在显著降低了结构的总阻尼。这导致了与湍流和尾流有关的激励所导致的响应的提高。

Parkinson（1971）、Novak（1972）和其他一些人提出了更多改进的驰振非线性理论。尽管这有助于驰振的详细分析，但普遍认为这些理论仅适用于非常高的换算速度，以及更大的位移振幅情况。因此，这些理论仅适用于有限范围的结构，如悬索，不适用于正常风速下的现代建筑和结构。简单的线性近似通常会导致驰振响应的估计较为保守，但作为许多建筑可能驰振不稳定性的一般指标来说通常是足够的。

在倾斜细长的方形截面结构上也观测到了驰振型激励和响应，如桥塔、建筑特征和雕塑（Shum 等人 2009）。

5.3.3.2 锁定激励

"锁定"激励通常是指一种现象，在该现象中，在相当广泛的风速范围下发生结构的大振幅横风响应，同时如 Strouhal 数所定义的涡旋脱落频率，接近于结构的自然频率。当振动的幅度达到一个特定的临界值时，振动的频率和涡旋脱落频率趋向于变得同步，且合成横风力显著提高。一旦锁定建立后，大幅度振动可在一个相当广泛的换算速度下维持，并独立于自然涡旋脱落频率。

当脉动气流经过一个近乎静止的和振动的方形角柱测量其速度脉动时，会在振动角柱尾流频谱中清晰地识别出一个更加显著的峰值，表明了涡旋脱落中一个增加的规律

性。众所周知，作用在静止结构上的脉动压力与沿结构长度的关系不明显。较大振幅的横风运动会引起脉动压力升力相关性的显著增加，并因此导致一个大的锁定横风力。锁定激励的机制如图 5.8 所示。许多类型的结构，包括方形、矩形、圆形和 D 型截面，在光滑气流和湍流中易受锁定激励的影响。临界横风响应振幅代表横风向位移标准差较显著高于锁定激励，可通过实验测定。对于处于湍流边界层气流中的高层建筑和结构，按照 Kwok 和 Melbourne（1981）所报道的，对于圆柱体结构临界振幅仅为直径的 0.6%，对于棱柱结构约为 2.5%。

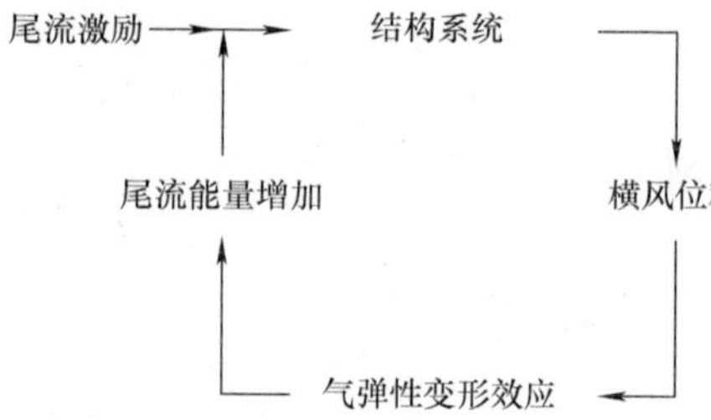

图 5.8　锁定激励的机制

当锁定建立后，作用在结构上的横风力有很好的组织性，且沿结构的跨度密切相关。任意时间 t 的脉动横风力具有一个接近结构自然频率和涡旋脱落频率的离散频率，可假设为正弦形式，采用下式：

$$F'_{s}(t)=\sqrt{2}C_{FS}\frac{1}{2}\rho\,\bar{u}^{2}b\sin(2\pi n_{s}t) \tag{5.42}$$

式中，C_{FS}为正弦锁定力系数。

力系数是非线性的，而且取决于一些因素，如断面形状、湍流、横风响应振幅和运行换算速度。作为第一估值，在计算锁定激励引起的结构响应时可以忽略其非线性特性。具有第一阶线性模态的结构，其锁定激励引起的横风响应为

$$\frac{\sigma_{y}}{b}=\frac{C_{FS}\rho b^{2}h}{2(1+\gamma)\zeta_{s}m\left[4\pi\frac{n_{0}b}{\bar{u}(h)}\right]^{2}} \tag{5.43}$$

当尾流激励为支配机制时，响应的标准方差与 ζ^{-1} 和 $\zeta^{-1/2}$ 比成正比。对于高、细长和柔性的结构，如烟囱，如 Basu 和 Vickery（1983）所建议的那样，可通过将空气动力的非线性特征与数学模型相结合，来达到对锁定响应更加准确的预估。

就现代高层建筑和结构中锁定激励的重要性而言，其在很大程度上取决于其他形式横风激励的能力，如尾流激励，以产生较大数量级的横风响应促成锁定的建立。因此可以认为，对于具有相对较低刚度、小阻尼和位于尾流能量频谱峰值附近的高层建筑和结构，更容易发生锁定。

5.3.3.3　颤振

在涉及 2 个或以上自由度的运动中，颤振比驰振和锁定更复杂，通常结合了弯曲和扭转运动。与驰振激励类似，脉动力由物体的运动控制，但有一个关键的方面存在不同，即每种自由度均有单独的稳定运动，其交叉干扰从风中提取力产生了组合的不稳定运动的能量。

假设一个物体沿竖直方向 z 和旋转 θ 运动，分别做弯曲和扭转运动，运动公式可写为（例如 Scanlan 和 Tomko 1971）

$$\ddot{z}+2\zeta_{z}\omega_{z}\dot{z}+\omega_{z}^{2}z=\frac{F_{z}(t)}{m}+H_{1}^{*}\dot{z}+H_{2}^{*}\dot{\theta}+H_{3}^{*}\dot{\theta} \tag{5.44a}$$

$$\ddot{\theta} + 2\zeta_\theta \omega_\theta \dot{\theta} + \omega_\theta^2 \theta = \frac{F_\theta(t)}{I} + A_1^* \dot{z} + A_2^* \dot{\theta} + A_3^* \theta \tag{5.44b}$$

式中，ζ_z、ζ_θ 为平移和旋转模式下的结构阻尼系数；ω_z、ω_θ 为平移和旋转模式下的自然圆频率；H_i^*、A_i^* $(i=1, 2, 3)$ 为气动力系数，或者通常是指颤振导纳，在平移和旋转模式下被用来描述物体移动引发的空气动力；$F_z(t)$、$F_\theta(t)$ 为其他风激励机制引起的平移和旋转模式下的空气动力激励，如湍流颤振和涡旋脱落。

式（5.44a）和式（5.44b）为耦合二阶线性微分方程，如果假设 A_i^* 和 H_i^* 为常数，方程的解可以很容易的计算出。当 A_i^* 和 H_i^* 为某特定值时，不稳定颤振型振动可能发生。飞机机翼的弯曲和扭转运动是一个著名的颤振例子，通常被称作经典颤振。现代建筑和结构的颤振通常相对很少发生，通常仅限于翼状结构，如悬索桥桥面、悬臂式屋顶和斜拉桥式屋顶。塔科马海峡悬桥中使用的工字型断面易于发生颤振和驰振，桥的倒塌可能是两种现象的集合。读者可以查阅到大量关于桥梁空气动力学的相关信息。

机翼关于失速仰角的振动被称为失速颤振。严格意义上讲，振动的形式并不是颤振，因为它仅涉及单自由度运动。该类型的激励包括因结构关于失速仰角而振动、空气流分离和重附着中的滞后作用，碗状结构如电波望远镜和雷达反射器，易受此类激励影响。

5.4 其他脉动力和响应现象

5.4.1 扭转振动

不均匀的风压分布，尤其对于非对称或复杂结构形状，会产生平均和动力扭矩（例如 Isyumov 和 Poole 1982；Lythe 和 Surry 1990；Cheung 和 Melbourne 1992）。湍流颤振也可能会引起高层建筑的动态扭矩和组合扭矩振动，要么与自由流有关，要么由附近的高层建筑、涡旋脱落或作用在长后体上的重附着气流导致（例如 Xu 等人 1992；Beneke 和 Kwok 1993；Zhang 等人 1993）。最容易受到影响的建筑类型为平板状或那些具有复杂外形的建筑，尤其是那些在弹性中心和质量中心之间存在偏心率的建筑。

在现代高层建筑中普遍采用的结构系统通常会导致一个扭转模式的自然频率，要明显的大于平动模态的基频。因此在较大的扭转响应出现之前平动振动已经产生了。假设建筑的气动力并非常不利，抗风结构系统设计合理，通常可以顾及到扭转载荷。然而，扭转振动可能会放大建筑运动带来的居住者的感受，尤其在建筑的极端状态下。

现代高层建筑和结构正在越来越多地采用复杂的外形和结构系统，而这些易导致弹性中心和质量中心之间产生偏心距，由此带来显著不平衡的风荷载。因此在设计过程中，扭转载荷和响应变得更加重要。扭转载荷和振动估计的分析步骤还没有达到成熟的状态，并没有普遍囊括在现行的风工程规范和标准中，风洞试验仍然是预测此类响应的一个有效的工具。

5.4.2 涡旋脱落引起的顺风和椭圆振动

涡旋脱落过程会引起脉动阻力，从而引起顺风振动，以及导致开口型薄壁结构椭圆振动的脉动压力。气流中涡旋脱落引起的顺风振动较为少见，其合成运动与湍流颤振引发的振动相比通常较小。

开口型薄壁结构，如大直径钢制烟囱、储料仓和粮仓，尤其是那些圆周非加劲型的，最容易受到椭圆振动的影响，但是很少发生。在椭圆振动过程中，圆截面变为椭圆形，它会周期性地沿风的方向拉长然后垂直于它，或者与风的方向呈 ±45°角。如果结构椭圆振动模态自振频率 n_o 已知，理论上当涡旋脱落频率等于 n_o、$n_o/2$、$n_o/3$ 等时会发生椭圆振动。因此椭圆振动可能会在一个与临界风速有关的风速范围内发生：

$$u_o = \frac{n_o D}{St}、\frac{n_o D}{2St}、\frac{n_o D}{3St}等 \tag{5.45}$$

式中，D 为直径；St 为结构的 Strouhal 数。

5.5 高层建筑的风致干扰激励

当几种结构紧密聚集到一起时，结构与结构之间的距离会影响附近的风场以及作用在每一个建筑上的风力。此类干涉效应在相同或相似的结构群尤为显著，如一排烟囱。因为一组相同的结构群拥有相同的振动频率以及其他的结构特征，所以它们特别容易受彼此的干扰。当上行结构的涡旋脱落频率与下行结构的自然频率一致时，会产生大幅度振动。这一现象以同轴线烟囱为代表，就是所谓的共振。

当一个建筑处于另一个建筑的尾流时，也会发生尾流驰振和尾流颤振。对于具有驰振倾向的横截面建筑，处于另一个结构尾流中时，其速度脉动会提高驰振力。对于非常柔性的建筑，如传输电线和暴露的电梯电缆，可能会出现耦合的横风和顺风运动，通常所指的是尾流颤振。

在一个标准的城市环境下，许多高层建筑物和结构紧密地排列在一起，建筑与建筑之间的距离会影响附近的流场以及作用在每一个建筑上的风力。邻近高层建筑的相互影响，通常指的是干扰或邻近影响，会明显增加风荷载，并使居住者对增强的振动的感知放大。由干扰影响引起的建筑响应的潜在增加已经成为现代高层建筑设计中的重要考虑因素。显然，新建筑物的所有者对现有建筑的任何不利风影响负有责任，之后这被认为是第一起诉讼中，大都会人寿保险有限公司所宣称的世界贸易中心导致“不寻常的、增强的、非自然的风压力”强加在附近的建筑上。这在诉讼和专业责任方面增加了新维度。

聚集在一起的上行建筑和下行建筑的顺风、横风和扭转响应会受来自四面八方风的影响。因此，现在通常研究在高层建筑和结构的风洞模型试验当中都会着重分析，现有的或者建议的来自相邻建筑干扰的影响。通过这些测试已经收集了大量的有用的信息，但由于这些测试具有的版权性质所限，这些信息很少能广泛采用。然而，在理解各种干扰激励机制方面及其导致高层建筑响应显著增加等方面的问题已取得重大进展。

影响高层建筑相互干涉激励的因素有很多。一些主要因素有尺寸、形状、建筑的动力特性、风速和风向、邻近的地形以及邻近建筑物的位置和形式。在过去的 10 年里，识别和量化这些因素对风致荷载的影响以及方形和矩形建筑物的响应得到了越来越多的关注。例如，Saunders 和 Melbourne（1980）、Ruscheweyh（1980）、Sykes（1983）、Blessmann（1985）、Bailey 和 Kwok （1985）、Kareem （1987）、Kwok （1989）、Taniike（1991）、Yahyai 等人（1992）、Zhang 等人（1994，1995）、Khanduri 等人（2000）、Thepmongkorn 等人（2002）、Tang 和 Kwok（2004）以及其他人。这些文献的详细综述可详见由 Kwok（1994）和 Khanduri 等人（1998）所撰写的综述性文章。本节归纳了一些重要的研究成果。

5.5.1　高层建筑在干扰激励下的顺风和横风响应

Saunders 和 Melbourne（1980）、Ruschcwcyh（1980）、Sykes（1983）、Bailey 和 Kwok（1985）、Blessmann（1985）、Kareem（1987）、Kwok（1989）、Taniikc（1991）、Yahyai 等人（1992）、Thepmongkorn 等人（2002）、Tang 和 Kwok（2004）以及其他采用空气弹性变形的技术的学者们已开展了高层建筑在干扰影响下顺风和横风响应的研究。这些测试在模拟湍流边界层环境中进行，环境类型从开阔平坦地形到高度湍流边界的城市地形。测试建筑大多数是高宽比 2~9 的方形或矩形截面。这些测试覆盖 2~14 的换算风速的全部范围，覆盖满足正常使用范围的典型设计风速到远远超过强度极限状态的设计风速。

干扰效应通常表示为抖振因子（BF）的等高线：

$$BF=\frac{\text{倾覆力矩(邻近结构)}}{\text{倾覆力矩(独立结构)}} \tag{5.46}$$

图 5.9 所示即一个抖振等高线图，它表示在一个建筑在开阔农村地形和风速降低为 6 时同样建筑的干扰激励下的顺风和横风响应。等高线显示顺风和横风响应对逆风干扰位置时显著增加多达 80%，并且当干扰建筑处在一个临界顺风位置时，顺风向响应会增加 400% 以上。

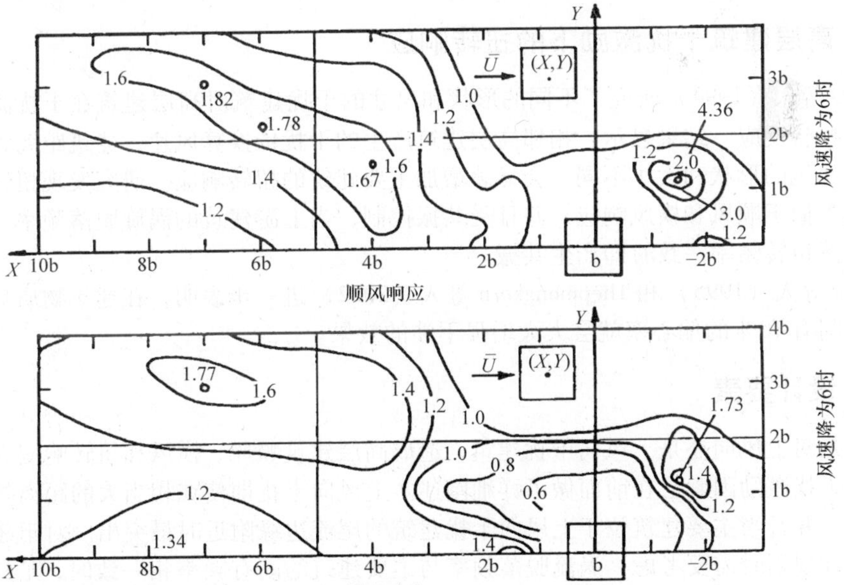

图 5.9　由一个完全相同的干扰建筑引起的抖振因子分布情况（Bailey 和 Kwok 1985）

Bailey 和 Kwok（1985）以及 Kwok（1989）等人详细研究了干涉激励机制，他们着重研究了一些主要建筑的力谱和尾流谱。主要的激励机制是增强型湍流抖振或共振抖振，高数值的顺风和横风抖振因子从主要建筑成对角线展开，如图 5.9 所示，激励力在上风向建筑尾流的边缘得到加强。

顺风向的干扰建筑通常对主要建筑的影响较小，除了一些关键部位，如图 5.9 所示。当两个建筑之间的间隔为临界宽度时，就会产生一个通道，它的宽度足以让风在两栋建筑之间汇聚和流动。主要建筑尾流特征的显著改变诱发了逆风向主要建筑的共振响应。主要建筑会沿着两个建筑之间对角线产生大长椭圆形运动，如图 5.10 所示。

当上风向干扰建筑的旋涡脱落频率与主要建筑的固有频率一致时，共振抖振产生并伴随激励荷载和响应的大幅增加。共振的临界换算风速的发生取决于涡旋脱落特点。风洞试验中当采用不同形状和尺寸的上行建筑置于主要建筑的上风向时，观察到顺风和横风响应显著增加。例如，Bailey 和 Kwok（1985）以及 Taniike（1991）发表的文章。此外，在多遇低风速情况下，这种共振抖振的发生比孤立建筑更频繁。

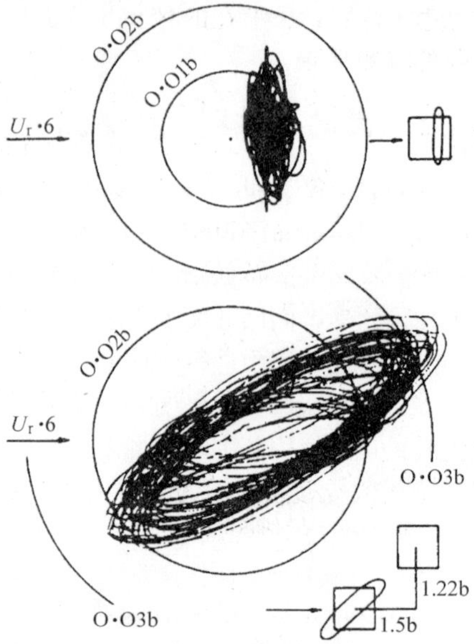

图 5.10　由下风向建筑引起的干扰（Bailey 和 Kwok 1985）

5.5.2　高层建筑干扰激励下的扭转响应

Zhang 等人（1994）研究了不同的形状和尺寸的干扰建筑对高层建筑在干扰激励下所产生的扭转反应。结果显示，相邻高层建筑产生的干扰依换算风速、建筑距离和位置以及干涉建筑的形状和大小不同，会显著增加主要建筑的扭转响应。研究发现扭转干扰激励机制类似于顺风和横风响应，并且受共振控制，当上游建筑的涡旋脱落频率与主要建筑的自然扭转频率一致时即产生共振。

Zhang 等人（1995）和 Thepmongkorn 等人（2002）进一步表明，在建筑物质量和弹性中心之间有 10% 的偏心率就会大大增强干涉的效果。

5.5.3　设计要素

不管是对上风向还是下风向干扰建筑，造成高层建筑顺风、横风和扭转响应大量增加的潜在干扰激励因素已在前面做了详细阐述。上风向干扰即使在相当大的距离外仍然能感受到，并且当主要建筑位于上风向干扰建筑的尾流边缘附近时最突出。对于建筑形状平面设计规划时需要考虑，涡流脱落频率与主要建筑的固有频率相一致时，尤其在较低风速和高频风速，干扰建筑的漩涡脱落会引起共振抖振。另一方面，下风向干扰局限于一个相对较小的区域，会在特别近的相邻建筑之间产生一个临界距离。

由干扰引起的风荷载和响应的增加大小强烈依赖于地形的湍流特征，坐落在海滨附近或接近市中心的边缘的高楼大厦是最脆弱的。对于坐落于城市中心带有高度湍流风的高层建筑，干扰影响显著降低。然而，当只有少数高层建筑或其他高结构突出远高于周围的建筑林冠时，潜在的相互干扰影响不会减少，而应该按照现在的在建筑林冠之上的风力条件来评估。

在干扰因素影响下换算风速范围涉及正常使用状态下的风速相关性，特别是关于居住者舒适度，这远远超过设计要求的极限状态。

Kwok（1989）提出了图 5.11 所示的一组开阔郊区和城市地形下干涉效应的百分率增长等值线图。这可以用于初步评估现有建筑对拟建建筑的潜在影响，反过来，对相似的形状和高度的建筑的潜在干扰的影响。一般来说，风荷载增长 10%～30% 可能在正常设计安全系数范围内。然而，如果增加 30%～50%，虽然不一定是灾难性的，但要引起足够的关注，特别是在要根据居住者的舒适度来满足正常使用要求的前提下。增加超过 50%，更不用说在一些风洞试验中已观察到的增加一倍以上的风荷载，将会远远超过现代设计实践正常的安全界限。

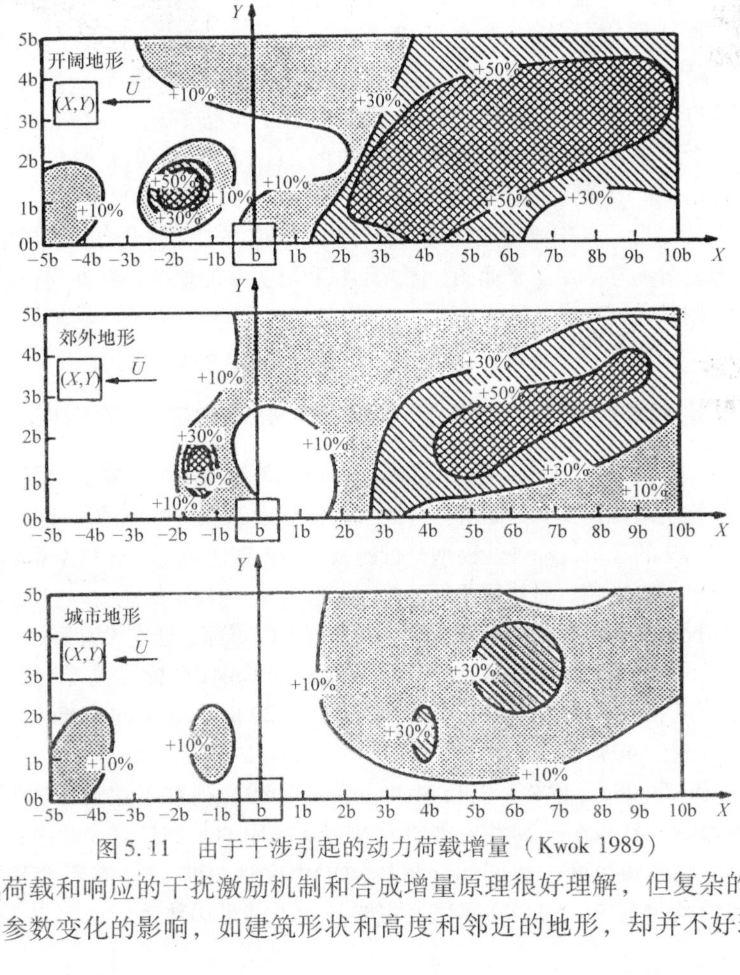

图 5.11　由于干涉引起的动力荷载增量（Kwok 1989）

虽然风荷载和响应的干扰激励机制和合成增量原理很好理解，但复杂的干扰影响的性质和不同参数变化的影响，如建筑形状和高度和邻近的地形，却并不好理解。因此，对相邻建筑干涉影响的详细调查，包括现有的和拟建的高层建筑结构，现在经常借助于风洞模型试验来完成。

5.6 减少建筑和结构的风致响应的空气动力措施

空气动力措施为减少静态和动态风致荷载提供了有效途径。动态激励的常见来源是整体的结构或来自其外部构件影响的 Van Karman 旋涡脱落引起。当涡旋脱落的共振频率与某一振动固有频率相同时，在临界风速下结构的横向动力风致或横向“升力”的响应会显著增大。对于圆形截面，这个临界风速表示为一个无量纲或换算速度，大约是5。对于方形断面的建筑和构件，这一临界换算速度大约是10。很高的细长和柔性建筑的换算速度为5~10，有时更高，并且设计者面临如何处理涡旋脱落诱导效应的挑战。这些会影响强度设计、正常使用可靠性等问题，并会造成一个潜在的疲劳损伤问题。

一种方法是通过改变质量、刚度或有效阻尼来改善结构的动力特征。越来越多的高楼大厦配备了一些辅助阻尼系统。另一种方法是寻找空气动力解决方案。改变有效宽度，通过将建筑体型改变为梯形或通过引入逆流，来减少涡旋脱落的空间组织并降低涡旋脱落引起的荷载。用于高层建筑的有效措施是改变沿着建筑高度或沿着暴露的建筑跨度的截面或“形状”。各种气动措施，包括边条、阻力板、侧支索以及其他，也能够有效降低圆形断面的烟囱和仓储等上产生的涡旋脱落引起的力。Zdrakovich（1981）对这种空气动力学方法做了详细阐述。

高层建筑的设计师往往很难使用空气动力有利形状或添加空气动力缓解措施或设备进行设计。计划功能划分通常决定了平面图，因此形状和对美学的追求往往妨碍被动或主动增加空气动力设备和附件，这些设备通常需要一定的尺度才能有效。然而，仍然有许多可以减少风致反应的动力学措施很容易被高层建筑的设计者所采纳。下面讨论了其中的一些。

5.6.1 建筑形状的空气动力修正对高层建筑风致响应的影响

Kwok 和 Bailey（1987）、Kwok 等人（1988）和 Kwok（1988）开展了风洞试验，研究了空气动力设备、建筑边缘构造和建筑开口等因素对高层建筑风致响应的影响。对方形和矩形截面以及高宽比为9的建筑气动弹性模型进行测试，检查建筑翼部，开口型翼部，开槽角部、导角和水平向开槽等的影响。对建筑角部的修改范围为9%~16%的宽度。空气动力学参数的修改会显著增加投影面积或建筑的有效宽度，如角落上的翼部，通常没有好处。

水平开槽、开槽角部和导角能显著、有效地减少 CAARC 标准高层建筑中制定的矩形截面结构的顺风和横风动力响应。换算风速在3~20时，导角的建筑相对一般的建筑顺风向响应能够减少40%。

Melbourne 和 Cheung（1988）以及 Melbourne（1989）研究了建筑体型形状对高层建筑横风响应的影响。从风洞气弹性模型研究和实际应用的示例计算中总结出，对于标准的对称或方形高层建筑平面，适度的圆角或倒角角度达10%时，并不会显著降低在低临界风速下的横风向响应，这个临界风速主要与为了满足居住者舒适而设置了正常使用加速度标准。然而可以达到在更高的换算速度下依据极限状态设计荷载显著减少的目的。圆角或倒角程度更大的偏圆形建筑体型，例如八角形或六角形状，横风力谱在较高或较低的换算风速时都会减少。相似特征在具有递减的上层平面面积的高层建筑中也有体现，减小面积可以通过逐渐梯形化，切割或者逐步减小角部。然而，对于主次轴长度比约3:2的椭圆或长八角形建筑平面形状，它们的临界换算风速非常低。高横风响应合力和加速度水平使它更难以满足居住舒适的标准。而且，这些计划的形状表现出明显绕垂直轴的扭转反应。

5.6.2　开洞和底部排气的优点

一种很有前景的气动力解决方法是“base - bleed”技术：为了增加底部的平均压力，空气注入尾流空腔或“基区”。这样有助于稳定尾流，根据基准压力的变化，扰乱或完全消除有序的或“窄带”的涡旋脱落。这可以通过引入“通过开口”，让迎风面正压力传递或“流入”到底部区。Isyumov 等人（1989）、Dutton 和 Isyumov（1990）进行了风洞模型试验，他们将风力作用在一个在湍流边界层的方形截面高层建筑，检查通过开口对风力的影响，用实验数据说明了这种方法的有效性。模型安装在一个力平衡装置上，可测量平均和脉动风阻力和横风向基底倾覆力矩。为了进行比较，还对无开口的结构进行了测试。

引入“间隙”概念对风阻力的影响最小。然而，当风近似垂直吹向建筑物的表面时，横向风动力会明显减少。顺风向风通过建筑物开口，特别是顺风和测风均开口时，涡旋脱落会十分明显地减少，因此建筑物横风向动力挠度也会减小。临界换算风速偏移到一个更高的数值，这意味着建筑物的共振将推迟到一个重现期较长的更高风速。然而由于存在第二个频谱峰值，从而在临界风速约6左右横风向响应会有增加，这可能使它更难以满足居住舒适的标准。涡旋脱落过程的扰乱程度随开口宽度的不同而不同，建筑物宽度的开口只有4%小时也有很大的降低。研究的结果表示，平均基底气动压力系数是高层建筑整体气动力，包括涡旋脱落的过程的一个重要指标。

5.6.3　建筑物顶部、锥度、扭曲、逆流和其他组合建筑形状的影响

Lsyumov 等人（1992）在风洞中用力平衡和气动弹性模型对于一个“切割”过的390m高的办公塔楼项目开展了有利影响因素的探索。结果表明，顶部切割越多越有利于减缓顺风和横风响应。在这个案例里面顶部为一个开口的三棱锥形状，切割大小为15%，建筑顶部通过开口达到通风疏导建筑尾流的目的可有助于进一步减少这些响应。

最近，Kim 等人（2011）和 Tanaka 等人（2012）开展了全面的风洞试验研究，进一步探究不同形状构造的高层建筑在包括倾斜、弯曲、截面减小、螺旋、开洞口和各种复合模型等情况时的气动特性。

5.6.4　设计要素

建筑体型的气动力特性修正，可以通过开长孔槽、倒棱角、水平或垂直方向在建

筑上开洞口、修改建筑顶端、逐渐减小尺寸，减小转角等方式，这些都能显著降低风对高层建筑引起的荷载和响应。对大多数现代高层建筑而言，可以通过气动力修正减低高达40%的顺风响应，其修正可针对大范围的折减风速，它能够囊括正常使用和承载能力极限状态范围内的设计风速。正常使用状态的设计风速下结构的横风响应可以减少30%左右，同时极限状态设计风速下响应的折减可以极大减小。一般来说，若要通过修改建筑物的角部造型，如开长孔或者倒棱角来达到减小响应的目的，则至少要求改动范围达到建筑物宽度的10%。然而一般来说，由于这种模型修改导致投影面积或建筑的有效宽度增加却并不有利。

气动力修正往往会改变建筑物的旋涡脱落特性。如果修正使Strouhal数降低，则与建筑物的固有频率一致的涡旋脱落频率时的临界换算风速会提高到一个具有更长复现周期的值。另一方面，如果修正导致Strouhal数增加，共振响应将发生在一个较低的换算速度，该换算速度有较短的复现期，这样可能会增加极限状态设计荷载或使它更难以满足像居住舒适性标准的正常使用极限状态的要求。第二个谱峰值偶尔也会出现，横风向响应的增加也会对结构的性能产生不利的影响。

显然，风力荷载和高层建筑的风致响应特性依赖于建筑物的设计形状。如前所述，一个具有较好体型的建筑一般Strouhal数较小，当选择恰当时，体型参数将带来很好的效果。现代高层建筑设计中，特别对于那些不寻常的设计形状和超高层建筑，开展风洞模型试验的全面研究总是有益的，且能提供有用的信息，这些信息可以用来评估改变体型的潜在好处或采用其他形式的气动力修正方案。然而，有效的气动力方案可能会使可用面积减小，由此可能需要额外的补给层，这显然会增加风载和建设成本。一方面，低效平面图的室内空间规划通常导致租赁或销售回报也较低；另一方面，额外的上部楼层有可能增加收益。因此，对工程师来说不是简单修改一下气动力学特性，如修改拐角的大小和类型，必须综合考虑对结构响应和对经济效益的影响。

Tse等人（2009）进行了风洞试验，研究大量1:400比例尺的方形建筑物，原型尺寸约为48m×48m×240m（$B \times D \times H$），依次改变建筑物的角部形式。为了保持整个建筑使用面积不变，需要增加额外的楼层来弥补由于角部改变导致的面积损失，这样每个改动都会导致建筑高度、整体长宽比（H/B）和固有频率的变化。简化的成本模型需考虑建设成本和投资回报，包括楼层租金收益、每年租金增加、空置率和坏账损失，以此确定气动力修改方案的成本效益，成本模型也体现了决策的复杂性是基于商业和金融决策的。更现实的成本模型，包括通货膨胀、运营成本和建筑折旧，可以为实际应用提供更准确的成本效益分析。

5.7 小结

本章详细讲述了建筑结构的顺风和横风响应机制和其响应过程。湍流振荡是顺风向的主要的激励机制。基于统计和频谱分析的阵风系数法，前面已经概述，它主要是用于预测较广泛范围内建筑结构的顺风响应。

建筑结构的横风激励机制和响应过程比顺风向更为复杂，湍流、涡旋脱落和依赖于运动的激励是产生横风响应的主要机制。目前已有简化的方法可确定高层建筑结构的横风响应。

在干扰激励和相关的高层建筑物响应增加，以及建筑的气动力学形状修正以降低高层建筑风致响应潜在有利影响等方面的最新研究进展，都已经进行了综述。从建筑物上风向或下风向来的干扰激励会导致高层建筑的顺风、横风和扭转反应显著增加。来自相邻的现有或拟建建筑的干扰影响必须列入高层建筑结构设计的考量范围。

建筑形状包括开孔和倒棱、水平和垂直方向穿过建筑的孔洞、建筑顶部修改、建筑竖向变截面、减少角落等气动力参数的改变能显著降低高层建筑的风致载荷和建筑响应。现代高层建筑，特别是新一代的超级高楼大厦，这些气动力参数修改可用来满足可正常使用的需求，如居住舒适标准和减少极限状态设计风荷载。然而，气动力参数的修改也会牺牲建筑使用面积的大小和出售楼层的面积。在实践中，需要一个合适的建设成本和投资回报评价机制去评估气动力学参数修改对高层建筑项目的收益回报。

致谢

作者感谢在过去30年中他的研究合作伙伴和研究学生在澳大利亚悉尼大学和中国香港科技大学这对本章的研究成果作出的贡献。他们在推进作者对高层建筑风力结构相互作用和高层建筑气动力学的理解的过程中作出了十分宝贵的贡献。

参考文献

AS/NZS 1170.2:2011 (2011) Structural design actions Part 2: Wind actions. Standards Australia/Standards New Zealand

Bailey PA, Kwok KCS (1985) Interference excitation of twin tall buildings. J Wind Eng Ind Aerodyn 21:323–338

Basu RI, Vickery BJ (1983) Acrosswind vibrations of structures of circular cross-section, part II: development of a mathematical model for full-scale application. J Wind Eng Ind Aerodyn 12:75–97

Beneke DL, Kwok KCS (1993) Aerodynamic effect of wind induced torsion on tall buildings. J Wind Eng Ind Aerodyn 50:271–280

Blessmann J (1985) Buffeting effects on neighbouring tall buildings. J Wind Eng Ind Aerodyn 18:105–110

Cheung JCK, Melbourne WH (1992) Torsional moments of tall buildings. J Wind Eng Ind Aerodyn 41–44:1125–1136

Davenport AG (1962) Buffeting of a suspension bridge by storm winds. ASCE J Struct Div 88 (ST2):233–268

Davenport AG (1967) Gust loading factors. ASCE J Struct Div 93(ST2):11–34

Dutton R, Isyumov N (1990) Reduction of tall building motion by aerodynamic treatments. J Wind Eng Ind Aerodyn 36:739–747

Isyumov N, Poole M (1983) Wind induced torque on square and rectangular building shapes. J Wind Eng Ind Aerodyn 13:183–196

Isyumov N, Dutton R, Davenport AG (1989) Aerodynamic methods for mitigating wind-induced building motions. In: Proceedings of ASCE structures congress, San Francisco

Isyumov N, Fediw AA, Colaco J, Banavalkar PV (1992) Performance of a tall building under wind action. J Wind Eng Ind Aerodyn 41–44:1053–1064

Kareem A (1987) The effect of aerodynamic interference on the dynamic response of prismatic structures. J Wind Eng Ind Aerodyn 25:365–372
Khanduri AC, Stathopoulos T, Bédard C (1998) Wind-induced interference effects on buildings—a review of the state-of-the-art. Eng Struct 20(7):617–630
Khanduri AC, Stathopoulos T, Bedard C (2000) Generalization of wind-induced interference effects for two buildings. Wind Struct 3(4):255–266
Kim YC, Kanda J, Tamura Y (2011) Wind-induced coupled motion of tall buildings with varying square plan with height. J Wind Eng Ind Aerodyn 99:638–650
Kwok KCS (1982) Crosswind response of tall buildings. Eng Struct 4(10):256–262
Kwok KCS (1988) Effect of building shape on wind-induced response of tall buildings. J Wind Eng Ind Aerodyn 28:381–390
Kwok KCS (1989) Interference effects on tall buildings. In: Sun TF (ed) Proceedings of 2nd Asia-Pacific symposium on wind engineering, vol 1. Beijing, pp 446–453
Kwok KCS (1994) Aerodynamics of tall buildings. In: A state of the art volume on wind engineering, Wiley Eastern Limited, Delhi, 1994, pp 180–204
Kwok KCS, Bailey PA (1987) Aerodynamic devices for tall buildings and structures. ASCE J Eng Mech 113(3):349–365
Kwok KCS, Melbourne WH (1980) Freestream turbulence effects on galloping. ASCE J Eng Mech Div 106((EM2)):273–288
Kwok KCS, Melbourne WH (1981) Wind-induced lock-in excitation of tall structures. ASCE J Struct Div l07(STl):57–72
Kwok KCS, Wilhelm PA, Wilkie BG (1988) Effect of edge configuration on wind-induced response of tall buildings. Eng Struct 10(4):135–140
Lythe GR, Surry D (1990) Wind induced torsional loads on tall buildings. J Wind Eng Ind Aerodyn 36:225–234
Melbourne WH (1977) Crosswind response of structures to wind action. In: Eaton KJ (ed) Proceedings 4th international conference on wind effects on buildings and structures, Heathrow, 1977, Cambridge University Press, Cambridge, pp 343–358
Melbourne WH (1989) Wind loading and environment of tall building. In: Proceedings of international conference on tall buildings and city development, Brisbane, pp 159–164
Melbourne WH, Cheung JCK (1988) Designing for serviceable accelerations in tall buildings. In: Proceedings of 4th international conference on tall buildings, vol 1, Hong Kong and Shanghai, pp 148–155
Novak M (1972) Galloping oscillations of prismatic structure. ASCE J Eng Mech Div 98((EM 1)):27–46
Parkinson GV (1971) Wind-induced instability of structures. Philos Trans R Soc Lond A 269:395–409
Ruscheweyh H (1979) Dynamic response of high rise buildings under wind action with interference effects from surrounding buildings of similar size. In: Cermak JE (ed) Proceedings of 5th international conference on wind engineering, Fort Collins, Pergamon Press, Oxford, pp 725–734
Saunders JW, Melbourne WH (1977) Tall rectangular building response to crosswind excitation. In: Eaton KJ (ed) Proceedings 4th international conference on wind effects on buildings and structures, Heathrow, 1975, Cambridge University Press, Cambridge, pp 369–80
Saunders JW, Melbourne WH (1980) Buffeting effects of upstream buildings. In: Cermak JE (ed) Proceedings of 5th international conference on wind engineering, Fort Collins, Pergamon, Oxford, pp 593–606
Scanlan RH, Tomko JJ (1971) Airfoils and bridge decks flutter derivatives. ASCE J Eng Mech Div 97:1717–1737
Scruton C, Walshe DEJ (1957) A means of avoiding wind excited oscillations of structures of circular or near circular cross-section. National Physical Laboratory Aero Report 335
Shum KM, Kwok KCS, Hitchcock PA (2009) Galloping effects on inclined square cylinder in turbulent flow. In: Proceedings of 7th Asia-Pacific conference on wind engineering, Taipei (Full paper on CD-ROM)

Sykes DM (1983) Interference effects on the response of a tall building model. J Wind Eng Ind Aerodyn 11:365–380
Tanaka H, Tamura Y, Ohtake K, Nakia M, Kim YC (2012) Experimental investigation of aerodynamic forces and wind pressures acting on tall buildings with various unconventional configurations. J Wind Eng Ind Aerodyn 107–108:179–191
Tang UF, Kwok KCS (2004) Interference excitation mechanisms on a 3-DOF Aeroelastic CAARC Building Model. J Wind Eng Ind Aerodyn 92:1299–1314
Taniike Y (1991) Turbulence effect on mutual interference of tall buildings. ASCE J Eng Mech 117(3):443–456
Thepmongkorn S, Wood GS, Kwok KCS (2002) Interference effects on wind-induced coupled motion of a tall building. J Wind Eng Ind Aerodyn 90:1807–1815
Tse KT, Hitchcock PA, Kwok KCS, Thepmongkorn S, Chan CM (2009) Economic perspectives of aerodynamic treatments of square tall buildings. J Wind Eng Ind Aerodyn 97:455–467
Vickery BJ (1966) On the assessment of wind effects on elastic structures. Civil Engineering Transaction, Institution of Engineers, Australia, pp 183–192
Vickery BJ, Clark AW (1972) Lift and acrosswind response of tapered stacks. ASCE J Struct Div 98((ST1)):1–20
Xu YL, Kwok KCS, Samali B (1992) Torsional response and vibration suppression of wind-excited buildings. J Wind Eng Ind Aerodyn 43:1997–2008
Yahyai M, Kumar K, Krishna P, Pande PK (1992) Aerodynamic interference in tall rectangular buildings. J Wind Eng Ind Aerodyn 41–44:859–866
Zhang WJ, Kwok KCS, Xu YL (1994) Aeroelastic torsional behaviour of tall buildings in wakes. J Wind Eng Ind Aerodyn 51:229–248
Zhang WJ, Xu YL, Kwok KCS (1993) Torsional vibration and stability of wind-excited tall building with eccentricity. J Wind Eng Ind Aerodyn 50:299–308
Zhang WJ, Xu YL, Kwok KCS (1995) Interference effects on aeroelastic torsion response of structurally asymmetric tall buildings. J Wind Eng Ind Aerodyn 57:41–61
Zdrakovich MM (1981) Review and classification of various aerodynamic and hydrodynamic means for suppressing vortex shedding. J Wind Eng Ind Aerodyn 7:145–189

第 6 章　评估结构在风激励下顺风向响应的阵风系数法

Richard G. J. Flay

摘要　本章分析了一种用来研究高层建筑顺风向激励响应的较为成熟方法。该方法已被证明能够进行良好的预测，并且目前是一些风荷载顺风激励响应预测的标准和规范的基础。它基于以下前提：相对柔性的建筑风的顺风向运动主要是初始湍流导致的，从而引起建筑物类似的一个低阻尼单自由度系统运动。

本章介绍的阵风系数法基于 50 年前 Vickery、Davenport 和其他研究人员前辈的理论研究工作。

关键字　顺风向风振 · 顺风向响应 · 阵风系数 · 高层建筑运动

6.1　时域内点状结构的风作用

假设风作用于一个非常小的（点状）物体，如图 6.1 所示，大部分湍流能量的波长要远远大于一个典型尺寸的建筑物。

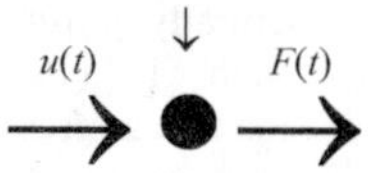

图 6.1　风作用于小型点状物体

接下来的分析中，假设阻力系数、迎风面积和流体密度都为常量。风速 u 为时间的函数，作用于物体的风力也是如此，记风力为 $F(t)$：

$$F(t) = C_D A \frac{1}{2}\rho u(t)^2 \tag{6.1}$$

式中，C_D 为阻力系数；A 为迎风面积；ρ 为流体密度。

风速是时变量，所以风速可分解为平均风速部分和脉动风速部分，平均风速部分用 $\bar{u}$ 表示，脉动风速部分用 u'表示，这和 Reynolds 分解方法的表述一致：

$$u(t) = \bar{u} + u'(t) \tag{6.2}$$

将式（6.2）带入式（6.1）。

$F(t) = C_D A \frac{1}{2}\rho(\bar{u} + u'(t))^2$ 展开二次方项得

$$F(t) = C_D A \frac{1}{2}\rho(\bar{u}^2 + 2\bar{u}u'(t) + u'(t)^2) \tag{6.3}$$

$F(t)$的平均值可由式（6.4）计算出：

$$\bar{F} = \overline{F(t)} = C_D A \frac{1}{2}\rho\,\overline{(\bar{u}^2 + 2\bar{u}u'(t) + u'(t)^2)} \tag{6.4}$$

式（6.4）可以简化为式（6.5）：

$$\bar{F} = C_D A \frac{1}{2}\rho(\bar{u}^2 + \underbrace{\overline{u'(t)^2}}_{\text{值很小}}) \tag{6.5}$$

风力的脉动部分可通过瞬时风力减去平均风力计算出，简化后的结果见式（6.6）：

$$F'(t)=F(t)-\overline{F}$$

$$=C_{\mathrm{D}}A\,\frac{1}{2}\rho(\overline{u}^2+2\overline{u}u'(t)+u'(t)^2-\overline{u}^2-\overline{u'(t)^2})$$

$$F'(t)=C_{\mathrm{D}}A\rho\,\overline{u}u'(t)+C_{\mathrm{D}}A\,\frac{1}{2}\rho(\underbrace{u'(t)^2-\overline{u'(t)^2}}_{\text{值很小,通常可以忽略}}) \tag{6.6}$$

如果湍流强度是10%，那么式（6.6）右边第二项大约是第一项的10%，所以其可忽略使分析结果更直接。在考虑到的情况下的湍流强度较高（比如大于20%）时，修正项随后可再添加回去。忽略式（6.6）右边第二项，可得下面的线性近似式：

$$F'(t)=(C_{\mathrm{D}}A\rho\,\overline{u})u'(t) \tag{6.7}$$

现在，上述瞬时脉动风速 $u'(t)$ 是整个脉动速率在不同速度的频谱的一部分。因此，在频域范围内，风的作用和其产生的力可以加以考虑。从时域到频域（或频域到时域）信息的随机数据处理和转换可参见 Bendat 和 Piersol（2011）的研究。

6.2 频域内点状结构的风作用

由于 $F'(t)$ 和 $u'(t)$ 是时间相关的线性函数方程，式两边同时进行傅里叶变换可得到其频域的表达式。然后，在各自频率上，由实部和虚部分量的二次方项可以给出功率谱，可表述为

$$F'(t)\text{的功率谱}=u'(t)^{*}\text{的功率谱常量}$$

“常量”为式（6.7）中的 $(C_{\mathrm{D}}A\rho\,\overline{u})^2$，这样频域表达式变为

$$S_F(f)=(C_{\mathrm{D}}A\rho\,\overline{u})^2S_u(f) \tag{6.8}$$

由于 $F'(t)$ 的单位为 N，所以 $S_F(f)$ 的单位是 $\mathrm{N^2/Hz}$，其频率 f 在微分 $\mathrm{d}f$ 之上积分时，与力的脉动幅值的二次方成比例。

式（6.5）可以简化为

$$\overline{F}=C_{\mathrm{D}}A\,\frac{1}{2}\rho\,\overline{u}^2 \tag{6.9}$$

可重新整理为

$$C_{\mathrm{D}}A\rho\,\overline{u}=\frac{2\overline{F}}{\overline{u}}$$

然后代回式（6.8）得到只含力和风速的表达式（6.10）：

$$S_F(f)=\frac{4\overline{F}^2}{\overline{u}^2}S_u(f) \tag{6.10}$$

该方程相当符合目前包络结构的阵风，例如对点状物体的分析。然而，现在需要考虑大的建筑物的情况，这些建筑物的尺寸要大于某些阵风。这种情况下，式（6.10）显然高估了小阵风的力量，其不能够完全与大建筑物的表面关联起来。可以说，这个“缺乏相关性”与相对于结构尺寸的阵风尺度相关，这种想法启发了 Vickery 和 Davenport 等人（Davenport 1967；Vickery 1965，1968）提出“气动导纳”概念。

6.3 气动导纳

阵风波长定义为

$$\lambda = \frac{\bar{u}}{f} \tag{6.11}$$

式中，f为频率，单位为Hz；$\bar{u}$为平均速度。

若A代表物体的面积，那么建筑物的特征宽度尺寸为$\sqrt{A}$。因此，阵风力转移到建筑物上的大小应该依赖于比值$\frac{\lambda}{\sqrt{A}} = \left(\frac{f\sqrt{A}}{\bar{u}}\right)^{-1}$。建筑物捕捉风的有效性取决于其气动导纳$\chi$，它是$\frac{\lambda}{\sqrt{A}}$的函数，也就是$\chi^2\left(\frac{f\sqrt{A}}{\bar{u}}\right)$。

Davenport、Vickery 和其他上面提到的研究人员用理论和实验的研究方法确定了函数$\chi^2\left(\frac{f\sqrt{A}}{\bar{u}}\right)$。式（6.12）给出的经验关系被证实适用于可用信息，并且这也是目前常用的函数方法：

$$\chi^2\left(\frac{f\sqrt{A}}{\bar{u}}\right) \approx \left[\frac{1}{1 + \left(\frac{2f\sqrt{A}}{\bar{u}}\right)^{\frac{4}{3}}}\right]^2 \tag{6.12}$$

式（6.12）表示的图形如图6.2所示。

力谱传递到一个“大”的建筑物，从而由式（6.10）和式（6.12）得

$$S_F(f) = 4\frac{\bar{F}^2}{\bar{u}^2} S_u(f) \chi^2\left(\frac{f\sqrt{A}}{\bar{u}}\right) \tag{6.13}$$

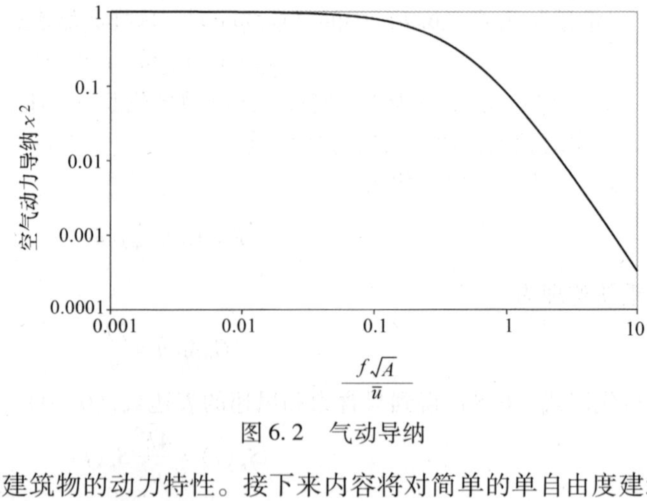

图6.2　气动导纳

力谱将会导致建筑物位移。显然，风力使建筑物产生响应的有效性取决于与建筑物固有频率相关的风激励频率的范围。因此，必须考虑建筑物的动力特性。接下来内容将对简单的单自由度建筑物进行阐述。

6.4 单自由度（SDF）系统的动力响应综述

设想一个单自由度系统，物块m通过弹性系数为k的弹簧和阻尼系数为c的阻尼接

地，由力 $F(t)$ 进行激励，如图 6.3 所示通过 SDF 系统原理图可得到

$$m\ddot{x}+c\dot{x}+kx=F(t) \tag{6.14}$$

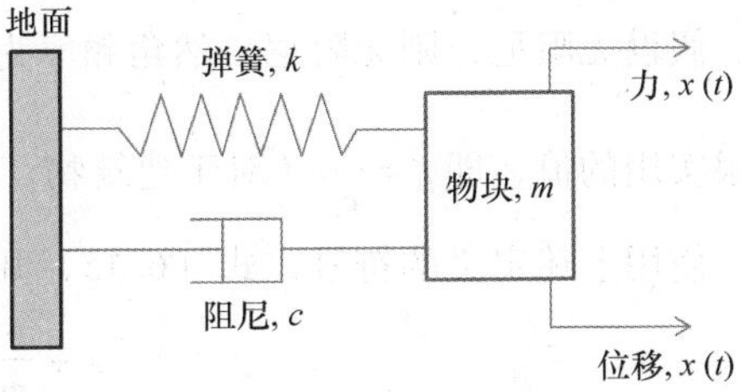

图 6.3 SDF 系统原理图

设置 $F(t)=0$ 可求瞬态响应。解决方法称为余函数法，因此：

$$m\ddot{x}+c\dot{x}+kx=0 \tag{6.15}$$

$$(mD^2+cD+k)x=0, D=\mathrm{d}/\mathrm{d}t$$

令 $x=Ae^{qt}$ 可求得 $\dot{x}=Aqe^{qt}$、$\ddot{x}=Aq^2e^{qt}$。

将辅助方程中的 x、$\dot{x}$ 和 $\ddot{x}$ 代入其中得到

$$(mq^2+cq+k)Ae^{qt}=0 \tag{6.16}$$

式（6.16）当 $A=0$（无位移—显然有解）或 q 是二次方程的解，也就是

$$q=\frac{-c\pm\sqrt{c^2-4mk}}{2m} \tag{6.17a}$$

$$=-\frac{c}{2m}\pm\sqrt{\frac{c^2}{4m^2}-\frac{k}{m}} \tag{6.17b}$$

$$=-\alpha\pm\beta \tag{6.17c}$$

式中，$\alpha=\frac{c}{2m}$；$\beta=\sqrt{\frac{c^2}{4m^2}-\frac{k}{m}}$。

显然式（6.17）有 3 种不同解，这取决于系统中的阻尼的大小，阻尼值又会导致明显不同的运动形式。

1）若 β 是虚数，即 $\frac{k}{m}>\frac{c^2}{4m^2}$，则运动是周期性的，式（6.17）的解有如下形式（令 $\beta=i\omega_d$）：

$x=e^{-\alpha t}\{A_1e^{i\omega_d t}+A_2e^{-i\omega_d t}\}$ 可以等效成

$$x=e^{-\alpha t}\{B_1\cos\omega_d t+B_2\sin\omega_d t\} \tag{6.18}$$

式中，$\omega_d=\left(\frac{k}{m}-\frac{c^2}{4m^2}\right)^{\frac{1}{2}}$ 被为阻尼固有角频率。

对建筑物来说，虚数解是最常见的。

2）若 $\beta=0$，即 $\left(\frac{k}{m}=\frac{c^2}{4m^2}\right)$，运动处于临界阻尼状态，则解为

$$x=e^{-\alpha t}(A_1+A_2t) \tag{6.19}$$

临界阻尼因子定义为 $c_c=(4mk)^{1/2}$，临界阻尼因子对于评价系统阻尼大小是个很重要的参考量。该解为周期和非周期运动的界限值。

3）若 β 为实数，即 $\frac{k}{m}<\frac{c^2}{4m^2}$，则又为非周期运动，解的形式为

$$x=e^{-\alpha t}(B_1\cosh\beta t+B_2\sinh\beta t)$$

该解在风工程学中通常不做讨论，该处指出仅为表述完整。

假设无阻尼，则无阻尼自然角频率为 $\omega_n=\left(\frac{k}{m}\right)^{\frac{1}{2}}$。通常，阻尼与临界阻尼的比值是个很实用的值，即 $\zeta=\frac{c}{c_c}$（对于建筑物，ζ 的值通常非常小，约为 1%）。

使用上述定义的符号，式（6.15）用无阻尼自然角频率和阻尼比表示如下：

$$\ddot{x}+\frac{c}{m}\dot{x}+\frac{k}{m}x=0$$

替代 c 和 k/m，更进一步简化为

$$\ddot{x}+\zeta\frac{(4mk)^{\frac{1}{2}}}{m}\dot{x}+\omega_n^2=0$$

$$\ddot{x}+2\zeta\omega_n\dot{x}+\omega_n^2x=0 \tag{6.20}$$

考虑到受迫振动的 $F(t)$ 是周期性的，且不妨设 $F=F_0\cos\omega t$。式（6.13）变为

$$m\ddot{x}+c\dot{x}+kx=F_0\cos\omega t$$

$$\ddot{x}+2\zeta\omega_n\dot{x}+\omega_n^2x=\frac{F_0}{m}\cos\omega t \tag{6.21}$$

用 D 表示来代表对时间的微分，式（6.21）可写为

$$(D^2+2\zeta\omega_nD+\omega_n^2)x=\frac{F_0}{m}\cos\omega t$$

$$x=\frac{\frac{F_0}{m}\cos\omega t}{D^2+2\zeta\omega_nD+\omega_n^2} \tag{6.22}$$

依此，$D^2\cos\omega t=-\omega^2\cos\omega t$ 可写为 $D^2=-\omega^2$（Hannah 和 Stephens 1986），式（6.22）变为

$$x=\frac{\frac{F_0}{m}\cos\omega t}{(\omega_n^2-\omega^2)+2\zeta\omega_nD} \tag{6.23}$$

式（6.23）分子分母同乘 $(\omega_n^2-\omega^2)-(2\zeta m_nD)$ 可消除分母中的 D：

$$x=\frac{((\omega_n^2-\omega^2)-2\zeta\omega_nD)\frac{F_0}{m}\cos\omega t}{(\omega_n^2-\omega^2)^2-4\zeta^2\omega_n^2D^2}$$

D^2 可一替换为 $-\omega^2$，移出分子中的分数项，得到用正弦和余弦函数的表达形式：

$$x=\frac{F_0}{m}\left\{\frac{(\omega_n^2-\omega^2)\cos\omega t+2\zeta\omega_n\omega\sin\omega t}{(\omega_n^2-\omega^2)^2+4\zeta^2\omega_n^2\omega^2}\right\} \tag{6.24}$$

由式（6.24），可得以下特性：

1）当 $\omega\to0$ 时：

$$x\to\frac{F_0}{m}\frac{\omega_n^2\cos\omega t}{\omega_n^4}=\frac{F_0}{m}\frac{m}{k}\cos\omega t\to\frac{F_0}{k}=\text{静态位移 }X_{st}$$

即，“慢”位移与激振力同相。

2）当 $\omega\to\infty$ 时：

$$x\to\frac{F_0}{m}\frac{(-\omega^2)\cos\omega t}{(-\omega^2)^2}=\frac{-F_0}{m}\frac{\cos\omega t}{\omega^2}\to 0$$

“快”位移滞后力激励180°并趋向0。

3）当 $\omega=\omega_n$ 时，激励频率等于无阻尼固有频率，位移响应如下：

$$x=\frac{F_0}{m}\frac{2\zeta\omega_n\omega_n\sin\omega t}{4\zeta^2\omega_n^2\omega_n^2}=\frac{F_0}{m}\frac{1}{\omega_n^2}\frac{\sin\omega t}{2\zeta}$$

$$=\frac{F_0}{m}\frac{m}{k}\frac{\sin\omega t}{2\zeta}=\frac{F_0}{k}\frac{\sin\omega t}{2\zeta}$$

可以看出，位移滞后激励力90°相位，显然，ζ 趋近0时其值越大。

式（6.4）的几何图形如图6.4所示，“x”的长度由原点沿 x 轴进行测量，图6.4三角形的两条直角边长度分别是乘数的正弦和余弦项。

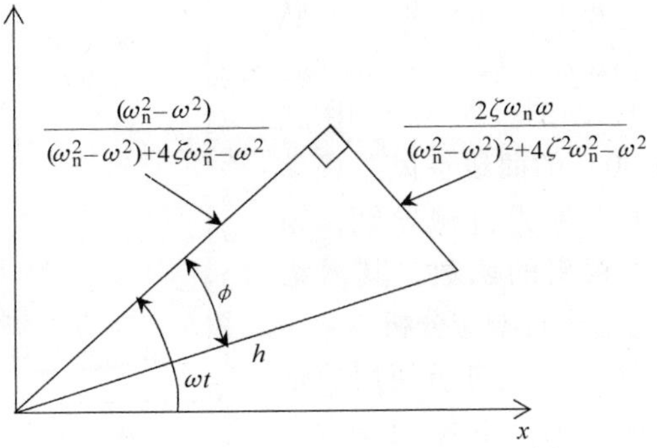

图6.4　式（6.24）的几何图形

展开式（6.24）分母如下：

$$x=\frac{F_0}{m}\frac{\left\{\dfrac{(\omega_n^2-\omega^2)\cos\omega t}{((\omega_n^2-\omega^2)^2+(2\zeta\omega_n\omega)^2)^{\frac{1}{2}}}+\dfrac{2\zeta\omega_n\omega\sin\omega t}{((\omega_n^2-\omega^2)^2+(2\zeta\omega_n\omega)^2)^{\frac{1}{2}}}\right\}}{((\omega_n^2-\omega^2)^2+(2\zeta\omega_n\omega)^2)^{\frac{1}{2}}}\tag{6.25}$$

使用毕达哥拉斯定理，图6.4直角三角形的斜边 h：

$$h=\sqrt{\frac{(\omega_n^2-\omega^2)^2+(2\zeta\omega_n\omega)^2}{((\omega_n^2-\omega^2)^2+(2\zeta\omega_n\omega)^2)^2}}=\frac{1}{((\omega_n^2-\omega^2)^2+(2\zeta\omega_n\omega)^2)^{\frac{1}{2}}}\tag{6.26}$$

这样，式（6.25）的项用角 φ 的正余弦形式表示为式（6.27）：

$$x=\frac{F_0}{m}\frac{(\cos\varphi\cos\omega t+\sin\varphi\sin\omega t)}{((\omega_n^2-\omega^2)^2+(2\zeta\omega_n\omega)^2)^{\frac{1}{2}}}\tag{6.27}$$

式（6.27）中分子用余弦倍角公式简化为

$$\frac{F_0}{m}\frac{\cos(\omega t-\varphi)}{((\omega_n^2-\omega^2)^2+(2\zeta\omega_n\omega)^2)^{\frac{1}{2}}}\tag{6.28}$$

式（6.28）中替换 $\frac{1}{m}=\frac{\omega_n^2}{k}$，然后同除以 ω_n^2：

$$x=\frac{F_0}{k}\frac{\cos(\omega t-\varphi)}{\left(\left(1-\dfrac{\omega^2}{\omega_n^2}\right)^2+\left(2\zeta\dfrac{\omega}{\omega_n}\right)^2\right)^{\frac{1}{2}}};\ \varphi=\tan^{-1}\frac{2\zeta\omega_n\omega}{(\omega_n^2-\omega^2)}\tag{6.29}$$

注意到如果作用力 F_0 时频率为0，则静力位移 $\frac{F_0}{k}=X_{st}$，记 $r=\frac{\omega}{\omega_n}$，受迫运动振幅与静载挠度的比率，也就是动力放大系数，可由式（6.30）得到。这是标准方程，许多机械振动相关的书籍都有推导过程：

$$\left|\frac{x}{X_{\mathrm{st}}}\right| = \frac{1}{\left(\left(1-\left(\frac{\omega}{\omega_{\mathrm{n}}}\right)^2\right)^2 + \left(2\zeta\frac{\omega}{\omega_{\mathrm{n}}}\right)^2\right)^{\frac{1}{2}}} = H\left(\frac{\omega}{\omega_{\mathrm{n}}}\right) = H(r) \tag{6.30}$$

式（6.30）的特性曲线如图 6.5 所示。

因此，SDF 系统的响应取决于与固有频率关联的作用力函数，即风激励，以上已证。图 6.5 中式（6.30）的曲线在风工程学术语中称为机械导纳，因其为频率的函数，其需结合力谱进行响应分析。

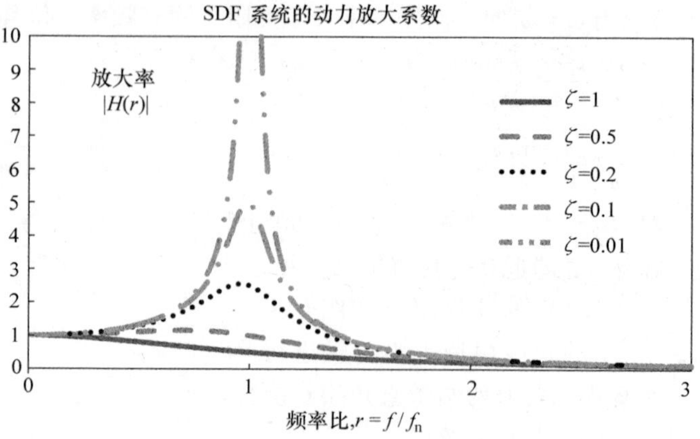

图 6.5　SDF 系统动力放大系数

6.4 节的分析使用的是角频率 ω，单位是 rad/s。然而，由于 $\omega = 2\pi f$，f 的单位是 Hz，将它们置换，为表述方便，从此处往后将变量 f 用在机械导纳函数中。

由式（6.30）可见，位移谱可从力谱得出：

$$\left|\frac{x}{X_{\mathrm{st}}}\right| = H(f) \qquad |x(f)| = \frac{F_0}{k}|H(f)| \tag{6.31}$$

建筑物的动态特性的作用，也就是机械导纳，可以用来求取建筑物的响应的表达式，即在激励作用下结构运动了多少。

6.5　位移谱

式（6.13）是作用物体上的激励力谱的表达式。其结果，如位移，可通过 6.4 节推导的力谱和机械导纳函数的乘积得到。

得式（6.32）：

$$S_x(f) = \frac{1}{k^2}|H(f)|^2 S_F(f) \tag{6.32}$$

相应的，SDF 系统的位移表示为

$$S_x(f) = \frac{4\overline{F}^2}{k^2\overline{u}^2}S_u(f)\chi^2\left(\frac{f\sqrt{A}}{\overline{u}}\right)|H(f)|^2 \tag{6.33}$$

有气动导纳和机械导纳的表达式，风谱也可由根据周围的地形和高度粗略的估计，因此原则上可通过式（6.33）求出位移谱。通过积分可求出位移谱的范围。例如，建立一个恰当的电子表格，求位移方差。峰值位移可以由平均值加上一定数量的标准偏差进行估计。然而，这种阵风因子方法早于电子表格出现之前，所以一些巧妙的分析技术被研究出来。这些技术方法很好地阐述了当建筑物受到风激励影响时不同变量对平均和峰值位移的影响。

6.6　位移谱积分

位移的脉动部分的变化可通过位移谱积分求得：

$$\overline{x'^2} = \int_0^\infty S_x(f)\,\mathrm{d}f \tag{6.34}$$

带入式（6.33）：

$$x'^2 = 4\frac{\overline{F}^2}{k^2\overline{u}^2}\int_0^\infty \chi^2\left(\frac{f\sqrt{A}}{\overline{u}}\right)|H(f)|^2 S_u(f)\,\mathrm{d}f \tag{6.35}$$

现在推导平均位移也就是静力位移：

$$\overline{x} = \frac{\overline{F}}{k} \tag{6.36}$$

和通过脉动风速的变分正则化的风谱，它的域是1.0，即

$$S_u(f) = \overline{u'^2} * \underbrace{S'_u(f)}_{\text{域}=1\text{的正交化谱}} \tag{6.37}$$

将式（6.36）和式（6.37）带入式（6.35），得到一个无量纲的关系式：

$$\frac{\overline{x'^2}}{\overline{x}^2} = 4\frac{\overline{u'^2}}{\overline{u}^2}\int_0^\infty \chi^2\left(\frac{f\sqrt{A}}{\overline{u}}\right)|H(f)|^2 S'_u(f)\,\mathrm{d}f \tag{6.38}$$

阵风因子法的这种积分方式是一种巧妙新奇的方法。积分由两部分组成，忽略任何建筑物动力特性的背景响应部分 A_{B}，和在固有频率附近的窄带响应的共振部分。这种积分的分解见式（6.39）：

$$\frac{\overline{x'^2}}{\overline{x}^2} = 4\frac{\overline{u'^2}}{\overline{u}^2}[A_{\mathrm{B}} + A_{\mathrm{R}}] \tag{6.39}$$

其中

$$A_{\mathrm{B}} \approx \int_0^\infty \chi^2\left(\frac{f\sqrt{A}}{\overline{u}}\right)S'_u(f)\,\mathrm{d}f = B \tag{6.40}$$

在整个频谱带宽范围内，假设 $H(f)=1$ 且

$$A_{\mathrm{R}} \approx \chi^2\left(\frac{f_{\mathrm{n}}\sqrt{A}}{\overline{u}}\right)S'_u(f_{\mathrm{n}})\int_0^\infty |H(f)|^2\mathrm{d}f \tag{6.41}$$

式中，f_{n}是固有频率；积分 $\int_0^\infty |H(f)|^2\mathrm{d}f$ 有一种解析方法，也就是 $\int_0^\infty |H(f)|^2\,\mathrm{d}f = \frac{\pi}{4}\frac{f_{\mathrm{n}}}{\zeta}$。

因此，式（6.41）采用含有物理意义的符号 S 和 E，可写为式（6.42）：

$$A_{\mathrm{R}} = \underbrace{\underbrace{\chi^2\left(f_{\mathrm{n}}\frac{\sqrt{A}}{\overline{u}}\right)}\underbrace{S'_u(f_{\mathrm{n}})}}_{\text{在建筑物共振频率下的估值，常数}}\frac{\pi}{4}\frac{f_{\mathrm{n}}}{\zeta} = \frac{SE}{\zeta} \tag{6.42}$$

式中，$S=\chi^2\left(f_n\frac{\sqrt{A}}{\overline{u}}\right)$是“尺度折减系数”，用于考虑由于暴露表面缺乏风速相关性导致气动导纳减少了大物体表面的风载；$E=\frac{\pi}{4}f_nS'_u(f_n)$是“阵风能量因子”，表示谱线密度，或者风在建筑物固有频率的激励能量；ζ是临界阻尼部分；$B=\int_0^\infty\chi^2\left(\frac{f\sqrt{A}}{\overline{u}}\right)S'_u(f)\,\mathrm{d}f$是“背景”（低频）激励系数，表示物体的“准稳定”激励，忽略共振响应。

这些相当复杂的公式以几何图形方式表示，如图 6.6 所示。

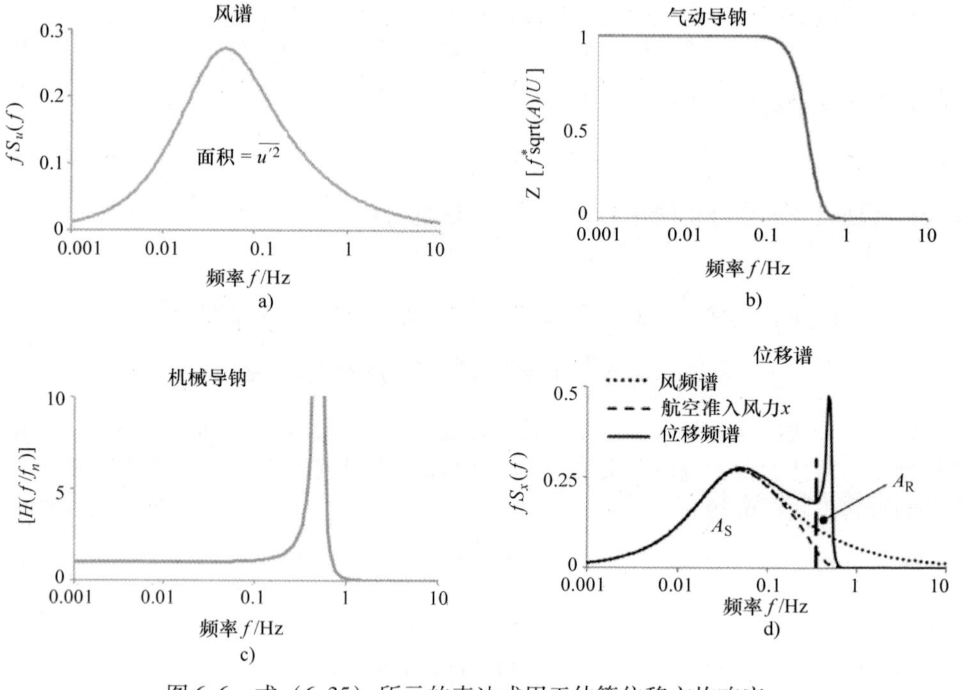

图 6.6　式（6.35）所示的表达式用于估算位移方均响应

将式（6.40）和式（6.42）带入式（6.39），开二次方根得式（6.43），符号 σ 用来表示标准差。式（6.43）阐述了位移脉动分量对标准方差的贡献。结构响应分为背景部分和共振部分，可通过增加阻尼来减小共振：

$$\frac{\sigma_x}{\overline{x}}=2\frac{\sigma_u}{\overline{u}}\left[B+\frac{SE}{\zeta}\right]^{\frac{1}{2}}\tag{6.43}$$

6.7　峰值响应的估算

峰值响应可以通过假设其由平均位移响应和若干标准方差响应组合而估算出来，如式（6.44）所示，g 是峰值因子，取值为 3~4：

$$\hat{x}=\bar{x}+g\sigma_x \tag{6.44}$$

若对超过1h的峰值进行研究，g 的值可通过式（6.45）估算：

$$g \cong (2\ln(3600f_0))^{\frac{1}{2}} \tag{6.45}$$

结合式（6.43）和式（6.44）得出式（6.45），其中位移峰值是峰值因子、风的湍流强度、背景系数 B 和$\frac{SE}{\zeta}$的函数：

$$\hat{x}=\bar{x}+g\bar{x}2\frac{\sigma_u}{\bar{u}}\left[B+\frac{SE}{\zeta}\right]^{\frac{1}{2}}$$

目前的推导叫做阵风系数法，阵风系数 G 由式（6.46）得到：

$$\frac{\hat{x}}{\bar{x}}=G=1+g\frac{\sigma_x}{\bar{x}}=1+gr\left[B+\frac{SE}{\zeta}\right]^{\frac{1}{2}} \tag{6.46}$$

式中，变量 r 是湍流强度的两倍，即 $r=2\frac{\sigma_u}{\bar{u}}$。

在高湍流密度中，忽略 $u'(t)^2-\overline{u'(t)^2}$项［见式（6.6）］是不合理的，根据 Vickery（1972）提出的理论可加修正项，式（6.46）可写为

$$G=1+gr\left[B(1+k)^2+\frac{SE}{\zeta}\right]^{\frac{1}{2}} \tag{6.47}$$

其中

$$k=\frac{gr\sqrt{B}}{4} \tag{6.48}$$

其贡献在高湍流密度中尤其显著，特别是当共振特别小时。对于小建筑物，B 趋近1，若共振部分很小，式（6.47）变为

$$G=1+gr[(1+k)^2]^{\frac{1}{2}}=1+gr\left(1+\frac{gr}{4}\right)=1+gr+\frac{g^2r^2}{4}=\left(1+\frac{gr}{2}\right)^2$$

$$=\left(1+\frac{g2\frac{\sigma_u}{\bar{u}}}{2}\right)^2=\left(1+g\frac{\sigma_u}{\bar{u}}\right)^2=\frac{(u+g\sigma_u)^2}{\bar{u}^2}=\left(\frac{\hat{u}}{\bar{u}}\right)^2$$

$$G=\left(\frac{\hat{u}}{\bar{u}}\right)^2 \tag{6.49}$$

可见，通过修正项修正，阵风系数趋近于阵风峰值速度与平均速度比值的二次方。

以上的推导过程为“阵风系数法”的实质，是由 Daveport 和 Vickery 在 20 世纪 60 年代提出的（Daveport 1967；Vickery 1968；Vellozi 和 Cohen 1968）。只要估算目标建筑的 gr、BS、E 等项，就可用于估算建筑结构。早于 1989 年版本的澳大利亚风工程规范 AS 1170.2 的附录中，有个附录中阐述了上述推导过程并附有求 gr、B、S、E 系数项的图解。1989 年版本的 AS 1170.2 补增了基于周围粗糙度、建筑物高度、宽度等确定这些参数的公式。现行的标准版本 AS/NZS 1170.2：2010 也使用这些公式确定所需参数获取阵风系数。而且，由于标准版本使用“阵风”速度为基准，所以需要进行附加计算来考虑阵风速度，就如先前的分析是基于“平均”风速一样。

6.8 顺风向加速度估算

承受强风的高层建筑的典型运动如图 6.7 所示。可以发现，高频“共振”运动叠加在低频“背景”部分上。

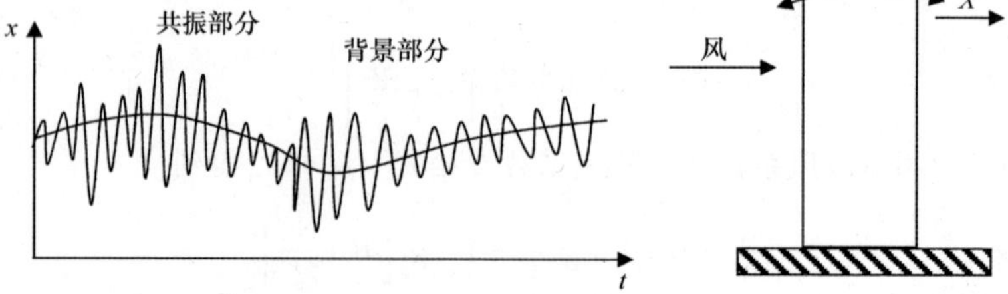

图 6.7 风激励时建筑物运动示意图

对于单频正弦振荡（例如 $x = A\sin\omega t$），可以知道，简单谐振运动理论中$\ddot{x} = -\omega^2 x$，其中 $\omega = 2\pi f$，f 为频率，单位为 Hz。

到目前为止，建筑物的运动频率是由一定范围的频率成分构成的，其与变化范围区域内的定义的功率谱相关，有：

$$\sigma_x^2 = \int_0^\infty S_x(f)\,\mathrm{d}f \tag{6.50}$$

通过式（6.51）还看出，加速谱与位移谱相关，加速谱的估值为位移谱乘以 $2\pi f$ 的四次方。

$$\sigma_{\ddot{x}}^2 = \int_0^\infty S_{\ddot{x}}(f)\,\mathrm{d}f \cong \int_0^\infty (2\pi f)^4 S_x(f)\,\mathrm{d}f \tag{6.51}$$

式（6.51）的积分式的图像与图 6.8 很相似。

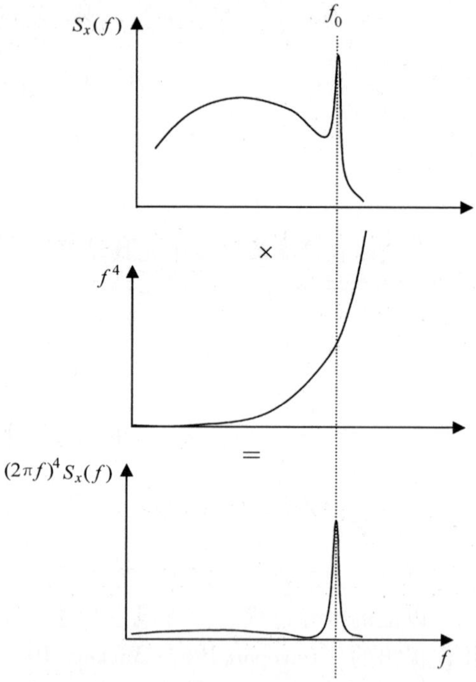

图 6.8 位移谱和加速度谱关系示意图

因此，谱的背景部分对加速度影响不大，且在加速度计算中可以认为加速度仅由共振频率的运动引起。这可以用与前面分析位移谱相似的方式来推导得到：

$$\begin{aligned}\sigma_{\ddot{x}}^2 &= \int_0^\infty S_{\ddot{x}}(f)\,\mathrm{d}f \\ &\cong \int_0^\infty (2\pi f)^4 S_x(f)\,\mathrm{d}f \\ &\cong (2\pi f_n)^4 4\bar{x}^2 \frac{\sigma_u^2}{\bar{u}^2}\chi^2\left(\frac{f_n\sqrt{A}}{\bar{u}}\right) S'_u(f_n)\,\frac{\pi}{4}\,\frac{f_n}{\zeta} \\ &\cong (2\pi f_n)^4 4\bar{x}^2 \left(\frac{\sigma_u}{\bar{u}}\right)^2 \frac{SE}{\zeta}\end{aligned} \tag{6.52}$$

可简化为式（6.53）：

$$\sigma_{\ddot{x}} = \bar{x}(2\pi f_n)^2 r\left(\frac{SE}{\zeta}\right)^{\frac{1}{2}} \tag{6.53}$$

加速度峰值可通过采用合适的峰值因子求得，式（6.54），由于建筑物围绕平均风位置挠曲位置振荡，所以没有平均值部分：

$$\hat{\ddot{x}} = g\sigma_{\ddot{x}} \tag{6.54}$$

最终得到式（6.55），式中符号意义与前述一致：

$$\hat{\ddot{x}} = g\,\bar{x}(2\pi f_n)^2 r\left(\frac{SE}{\zeta}\right)^{\frac{1}{2}} \tag{6.55}$$

6.9　小结

上述分析证明了一种方法，可以得出建筑物的位移峰值和加速度。它还假设建筑物运动为一个 SDF 系统，并被顺风向的湍流分量激发。这一推导发表于约 50 年前，时至今日仍然应用于预测。它也为一些标准规范奠定了基础，比如澳大利亚/新西兰标准 AS/NZS 1170.2：2011。

致谢

笔者与 Alan Daveport 教授和 Barry Vickery 教授共事时，跟随他们学习了很多风工程学的知识，笔者表示十分感谢。笔者非常有幸在 20 世纪 80、90 年代参加澳大利亚 Monash 大学 Bill Melbourne 教授组织的风工程学高等课程，阵风系数的推导过程就是 Vikery 教授在这个课程上传授的。

参 考 文 献

Bendat JS, Piersol AG (2011) Random data analysis and measurement procedures, 4th edn. Wiley, New York

Davenport AG (1967) Gust loading factors. ASCE J Struct Div 93:11–34

Hannah J, Stephens RC (1986) Mechanics of machines, elementary theory & examples. Edward Arnold, London

Vellozi J, Cohen E (1968) Gust response factors. J Struct Div Proc ASCE 94(ST6)

Vickery BJ (1965) On the flow behind a coarse grid and its use as a model of atmospheric turbulence in studies related to wind loads on buildings. Aero Report 1143. National Physical Laboratory (UK)

Vickery BJ (1968) Load fluctuations in turbulent flow. ASCE J Eng Mech Div 94:31–46

Vickery BJ (1972) The provisions and limitations of the Australian Wind Loading Code, AS1170. In: Proceedings of the Australian conference on design & planning of tall buildings, Sydney

第7章　建筑组件和覆盖层上的风荷载

Gregory A. Kopp

摘要　在极端暴风环境中，建筑组件和覆盖层对建筑的总体性能十分重要。一个相当小的组件失效都会引起内部增压，从而增加其他组件的总净荷载，或导致严重的雨水渗透，使损失进一步增大。在本章中，关注低层建筑风荷载的性质，以及用于定义建筑产品和组件极限容量的测试方法。风荷载具有显著的空间和时间变化性，这在建筑规范和标准测试方法中被大大地简化了。大多数的建筑规范将组件荷载指定为仅有个别不同值的单峰值，仅包含了少数建筑的各种建筑表面。许多建筑组件具有复杂的、冗长的荷载路径，本章讨论了如何在此系统中处理荷载分配。一些建筑组件和覆盖层系统的设计取决于风暴持续时间和荷载周期的数目，这些也在本章中进行了讨论。

关键词　钝体空气动力学 · 覆盖层 · 低频疲劳 · 压力均衡 · 静疲劳 · 风荷载

7.1　简介

极端风暴环境下建筑组件和覆盖层系统的性能对保障生命安全和降低损失至关重要。单板的故障或损坏会显著加大由覆盖层开口处进水引起的损失。例如，当迎风墙上的组件发生故障时，屋顶、侧壁和背风墙上的净风荷载会通过内部增压提高。此类增压会导致随之而来的故障，危害建筑物内外人员的生命安全。单个屋面板的减少会致使雨水损坏建筑内的物品和内部装饰，从而导致更大的损失。

设计风荷载一般规定为

$$F_a = qC_eCp_aC_gA \tag{7.1}$$

式中，F_a 为荷载；q 为动态风压；C_e 为风压高度变化系数；Cp_a 为有效压力（或荷载）系数；C_g 为阵风系数。

对于这个看起来很简单的公式，却蕴含着大量的细节：F_a 实际上是一个等价静荷载，式（7.1）将风气候（通过 q）、风荷载和响应联系了起来。这对作用在主结构上的荷载来说是众所周知的，对于建筑组件来说也同样如此。需要注意的是，Cp_a 单独由空气动力压力决定，这在下面有讨论。

非结构性和高变异性材料的使用，使得荷载路径更加复杂和冗长，建筑组件和覆盖层系统通常为超静定结构，但会大幅提高系统性能。对于许多组件和覆盖层系统来说，共振效应可忽略不计，因此，在 t 时刻，对于名义从属面积为 A 的组件位置 ζ，有效压力或荷载系数 $Cp_a(\zeta, t)$ 可写为

$$Cp_a(\zeta, t) = \int_{A_1} Cp_e(x, y, z, t)I(x, y, z)\frac{da}{A} \tag{7.2}$$

式中，$I(x,y,z)$为结构影响函数

$$Cp_e(x,\ y,\ z,\ t)=\frac{p_e(x,\ y,\ z,\ t)-p_o}{q} \tag{7.3}$$

为坐标（x，y，z）处的外部压力系数；p_e 为外部压力；p_o 为静压。

在$I(x,\ y,\ z)$为非零的区域，积分区域为全面积 A_1，标准化通常在名义从属面积 A 之上，A 在 7.3 节中给出了定义。因此，$Cp_a(\zeta,\ t)$同时取决于空气动力特性和结构自身因素，如图 7.1 所示。

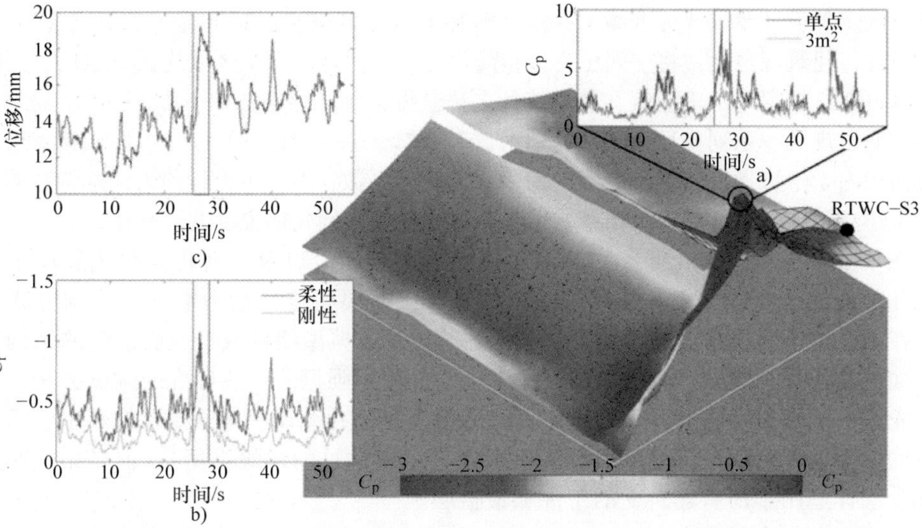

图 7.1　作用在检测房屋屋顶上的外部风压空间梯度等值线。插图 a：单点和 3m² 面积平均的风洞压力系数。插图 b：墙顶连接处的作用压力系数（RTWC），按没有荷载分配（柔性的）和全部荷载分配（刚性的）。插图 c：在插图 b 所示的荷载下，RTWC－S3 的位移（Morrison 等人 2012）

图 7.1 以具有三角形屋顶的低层建筑为例说明了此概念。外部压力系数 Cp_e 的空间分布，可通过图形主要部分上的云图体现出来，这显示了某一特定时刻的系数结果，数值大约为 −3～0。实际上，这是压力处于最大负值的时刻，出现在靠近屋脊处。在这一点处压力随时间的变化如图 7.1 中的插图 a 所示，显示出具有增强吸力（即负压）的“阵风”出现了超过 3s，实际峰值的持续时间很短（小于 1s）。就式（7.2）和典型建筑组件的尺寸而言，该单点压力并不密切相关。然而，对于此类屋顶上的典型覆盖板，假如面积为 $3m^2$，峰值系数 Cp_a 在这种情况下要除以 3。原因是存在空间压力梯度，区域的平均空气动力系数比单点值明显偏小，在时间压力梯度方面，图 7.1 中的插图 a 也表明，即使对于空间均匀分布的荷载，也会间歇性发生最大波动。

因为在屋顶上有上升力的作用，所以需要对屋顶进行垂直风荷载的抗风设计。对于木屋顶而言，桁架布置较为紧密且互相连接，并与墙体连接（Morrison 等人 2012）。插图 b 显示了此类屋顶连接处力的两种可能的时程曲线，称之为“RTWC－S3”。一个时

程曲线假设屋顶为刚性的，另一个则假设屋顶为柔性的。考虑这两种假设，在每一个连接处积分方程式（7.2）计算得到了不同的荷载，结果显示柔性屋顶最差连接处具有更高的荷载值。当然，与刚性屋顶相比，柔性屋顶具有最低的荷载分布，这是因为刚性屋顶的影响函数 I 在更大区域范围内是非零的。正如插图 b 所示，结构系统将作用压力再分布，对净荷载产生了显著影响。定义这种再分布是非常重要的，因为实际荷载路径对极端环境下的性能具有重要影响。插图 c 显示了连接处的实际测量位移，更多细节见 Morrison 等人的相关文献（2012）。

建筑规范，如 ASCE 7－10（2010），即通过使用式（7.1）明确地解释了这些风荷载，又通过规定的设计要求或标准测试含蓄地解释了这些风荷载。对于直接基于式（7.1）的组件设计，建筑规范通常将空间压力分布简化为几个区域，每个区域均具有恒压，同时瞬时效应可通过规定一个单峰值（使用统计方法获得）加以考虑，如图 7.2 所示。建筑尺寸的影响通过规定一系列典型形状的体型系数来考虑。进一步讲，假设在组件或覆盖层构件从属面积内 $I=1$，通常情况下可规定面积平均风压系数，然后由设计师为任意特殊的组件或系统建立正确的有效面积。在某些情况下这很简单，换句话说，这没有什么。

在本章中，将研究（低矮）建筑上风荷载的性质，以及如何将其简化后用于建筑规范和标准测试规程。需要注意的是，这些假设需要将空气动力学和结构响应联系起来。在 7.2 节中对风荷载做了研究。在 7.3 节讨论了典型组件或覆盖层系统的结构响应及其如何对设计风荷载产生影响。在 7.4 节中，着重强调了一些标准的测试方法。新兴的、先进的测试方法也有介绍，这些方法降低了标准化测试和建筑规范解释中使用许多假设的需要。所有例子都是针对低层建筑（这是最常见的建筑类型），但是这里所讨论的概念同样适用于所有建筑上的组件和覆盖层。

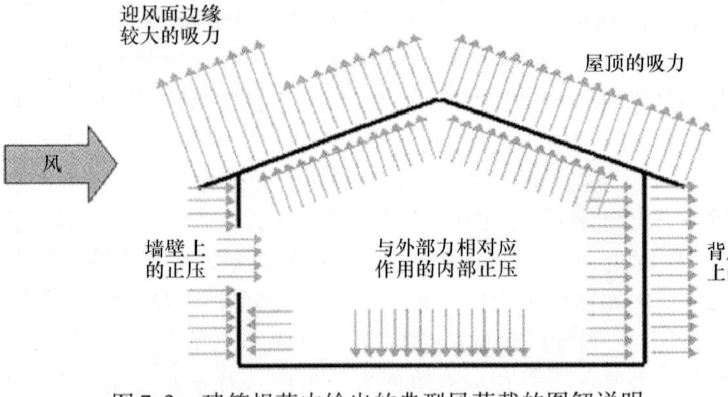

图 7.2　建筑规范中给出的典型风荷载的图解说明，
包括外部和内部压力（Henderson 2010）

7.2　建筑物上的风荷载

风荷载取决于许多参数，包括风场、风向角 α、地表粗糙度和周围环境、雷诺数 Re

以及建筑物外形和尺寸。所有风洞试验的理论基础是，包含所有与测量现象相关的参数的无量纲群的相似。对于作用在建筑物上的压力，可得出

$$Cp_{e}(x, y, z, t)=\frac{p_{e}-p_{o}}{\frac{1}{2}\rho V_{H}^{2}}$$

$$=f\left(\frac{x}{H},\frac{y}{H},\frac{z}{H},tV/H,Re,\frac{z_0}{H},\text{建筑尺寸和形状},\alpha\right) \qquad (7.4)$$

对于地表粗糙度一致的平地上的单个独立标准尺寸的建筑物而言，高度 H 处 $Re = VH/v$。定义 z_0/H 为杰森（Jersen）数，则意味着大气边界层可通过单个参数定义，即空气动力学粗糙度 z_0，该参数将平均风速剖面和湍流的细节联系了起来。

因为风致压力取决于大量的参数，所以它们还有许多的变化，也就不觉得奇怪了。可以根据与建筑物外表面位置（空间变化）、时间变化、几何效应、建筑物内部压力以及风向的关系将这些变化进行分类。这些将在接下来的内容中讨论。

7.2.1 建筑物的空间变化和几何形状对压力的影响

图 7.3 和图 7.4 显示了几种具有不同屋顶形状、屋顶坡度、屋檐高度和风向的低矮建筑物的平均压力系数。会立刻明显地体现出，这些建筑上的压力大小和压力分布的差异非常明显。风在建筑物边缘（即屋顶边缘、屋脊或者墙边）处分离，如果建筑物足够大，风随后会在下风处再附着。同时风中湍流的特性也会影响这个过程，特别是改变再附着点的位置和分开气流压力的大小，建筑物的外形起本质性的作用。如图 7.3 所示，当风倾斜于一面墙时，屋顶坡度会改变在屋顶主要拐角处形成的两个圆锥形漩涡的强度，屋顶坡度甚至还会改变压力的基本模式。如图 7.4 所示，当风倾斜于一面墙时，墙的尺寸会改变在主要拐角处形成的两个圆锥形漩涡的强度。与图 7.3 的上部和下部相比，可以很明显地看出，风向也是影响风荷载的重要参数。所以，再一次证明了建筑物表面的压力空间变化是很明显的，并且非常明显地取决于建筑物的几何结构。假如，通过从郊区到开阔地带的地形改变，来改变风的特性，同样也会改变一些属于空间模式的细节的大小。突然改变建筑物周围的环境产生的影响会更大。

外部压力的空间梯度非常重要，至少有 3 个原因：第一，它们会影响面积平均风压系数 Cp_{a}，如图 7.1 和图 7.5 所示；第二，它们表明建筑物表面不同位置的组件会承受不同的荷载，而且很难对覆盖层的荷载通过子结构传至主结构的路径进行分析性的定义。第三，空间梯度会影响多层屋顶和墙壁系统的压力均匀化，正如 7.2.3 节所论述。

图 7.5 展示了作用在屋顶不同尺寸区域上的外部压力的时程曲线，包括在有关风向下平坦屋顶建筑物上观测到的局部吸引力最大峰值的瞬间。正如 Surry 等人（2007）所论述的那样，水平轴为整个时长，使用基于强热带气旋的时间标度。图 7.5 上展示了两个不同的时间轴，左边的阐述了波动的全部性质，右边的展开图突出了最大峰值周围的细节。峰值的升高和降低大约花了 0.2s，可以清楚地看到，在越来越大区域上的平均［使用式（7.2），$I=1$］会同时降低面积平均压力的大小和高频部分。因此，由气流中

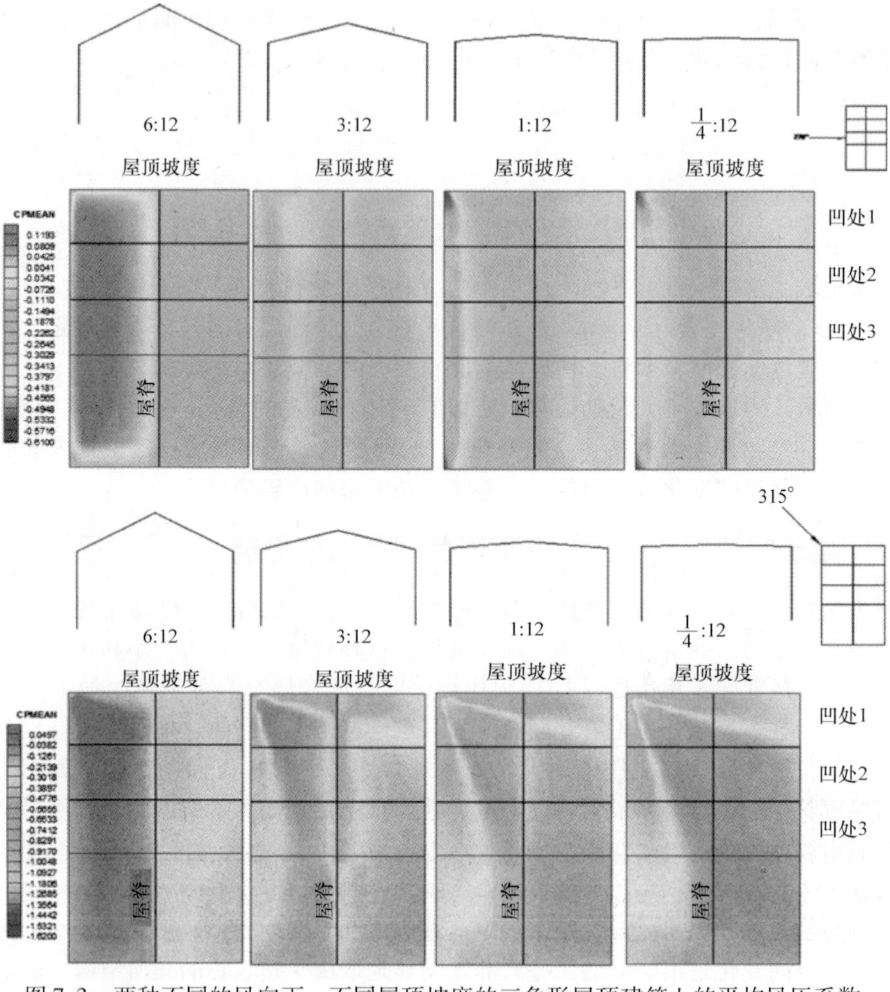

图 7.3　两种不同的风向下，不同屋顶坡度的三角形屋顶建筑上的平均风压系数

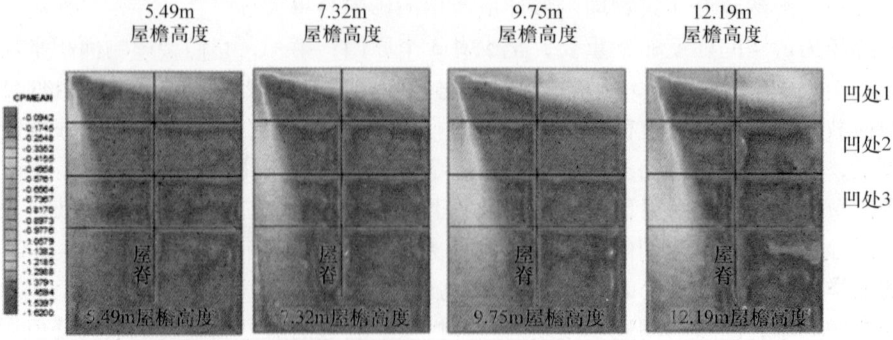

图 7.4　不同屋檐高度的三角形屋顶建筑的平均压力系数

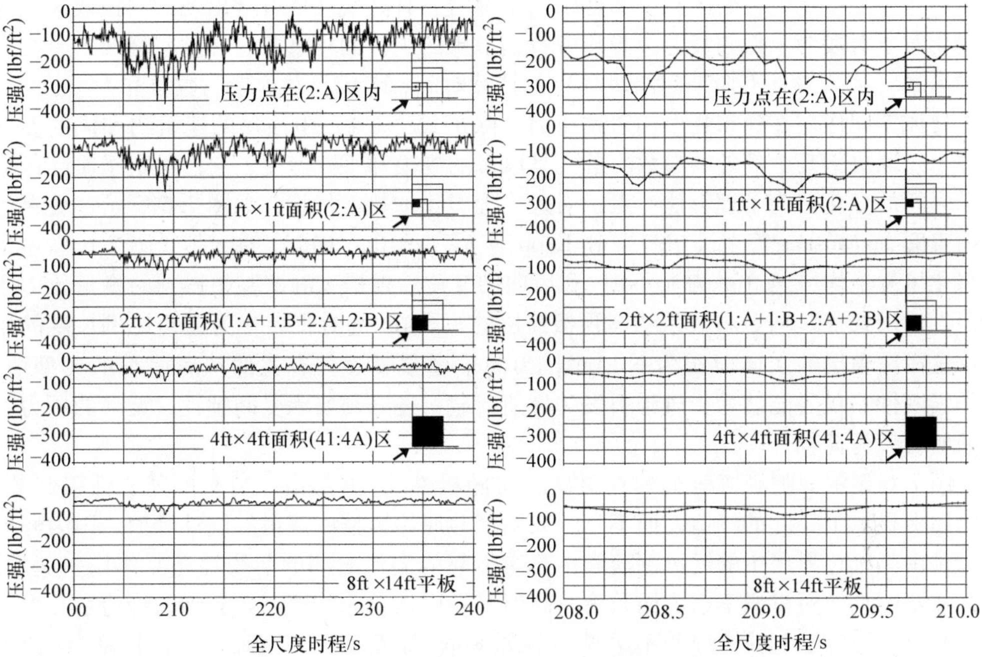

图 7.5　屋顶拐角处附近不同从属面积的压力变化，
包括最大、最小压力点（Surry 等人 2007）

注：1ft = 0.3048m；$1\text{lbf/ft}^2 = 47.8803\text{Pa}$——译者注

的湍流和建筑物边缘处气流分离产生的湍流所引起的空间梯度，以及由建筑物形状引起的平均梯度，与单点处的最危险峰值压力相比，会降低整个荷载。因此，因为面积平均包括更大的区域，峰值压力的大小会出现在这个区域。图 7.5 中，在这种特定情况下，点压力和一个面积为 1.5 m^2（$16ft^2$）的区域之间相差 4 倍。

这些压力的特性或多或少在所有的建筑物表面重复出现。为处理建筑物上的这些空间变化，建筑规范针对一系列典型的（理想化的）建筑形状，设定压力系数作为不同地点或地带区域的函数。本章关于建筑规范的内容给出了一个此类图表的例子，同时也可在所有主要的建筑规范中找到。设计师只需要为所设计的组件选择合适的从属面积。如果组件需要标准化测试，通常使用这些准均匀规范压力来评估组件的能力或性能。对许多系统来说，均匀荷载完全适合设计，然而存在一些空间变化对性能至关重要的情况，在这种情况下假设荷载为均匀的是不安全的。

7.2.2　风荷载的时间变化

峰值压力的时间变化和间歇性的性质在 7.2.1 节中有论述，有关的图为图 7.1 和图 7.5。如上所述，建筑物边缘处气流分离产生的湍流和气流中的湍流引起的峰值压力的持续时间很短。然而需要强调的是，这些波动存在一系列的尺度，能量高达约 10Hz。

因此，当一个特定组件的固有频率低于这个值时，有必要评估可能出现的共振效应。时间变化对于对疲劳、低频疲劳或静疲劳特别敏感的组件同样重要。在这些情况下有必要考虑风暴（或者设计寿命期间的风暴）的持续时间，考虑负载周期的数目和大小。

暴风期间作用在建筑物上的风致压力，除了式（7.4）中描述的建筑物和风的参数之外，还取决于几个额外的参数。首先是风暴的规模和平移速度，它们决定了实际风荷载随时间的变化。为了理解这一点，引入了理想化的热带气旋，如图7.6所示，更多细节请查阅 Jancauskas 等人（1994）和 Kopp 等人（2010，2012）的文献。图7.6描述了理想化风暴平均风速（平均15min）和风向的变化。根据风洞试验中得到的测量压力数据值，使用式（7.3），将建筑物屋顶覆盖层的一段 Cp_e 的时程转化为完整比例尺度的压力。这段覆盖层的从属面积为 $0.15m^2$，为与单屋顶紧固件有关的从属面积的典型值。此类紧固件不仅要能够承受风暴引发的峰值荷载，还必须要承受间歇性、波动的压力引起的所有疲劳荷载。

图7.6显示观测峰值荷载具有明显的“随机性”。这是由风荷载的随机性引起的。这张图上显示了实际的峰值，而不是从风洞试验原始数据中获得的统计峰值。因为峰值压力是由大气边界层中的逆风湍流和由建筑引起的湍流之间的非线性相互作用引起的，它们非常罕见，所以概率密度函数为非高斯。在屋顶的一些地点观测到的峰值系数大于15，峰值系数等于8的情况并不罕见（例如 Kopp 等人 2005）。因此，设计标准需要考虑具有特定超越概率的峰值压力（Cook 1990）。值得强调的是，强风的持续时间越长，获得高峰值压力的概率就越高，疲劳荷载的周期数目就越大。

7.2.3 内部压力和压力均衡

当建筑物表面存在一个开口时，压力和气流会进入建筑物的内部空间。当此类开口在一面墙上时，如敞开的门或破碎的窗，内部体积会被增压。在这种情况下，净荷载改为

$$Cp_n(x, y, z, t) = Cp_e(x, y, z, t) - Cp_i(t) \tag{7.5}$$

式中，Cp_n 为穿过墙壁或屋顶组件的净压力；Cp_i 为内部压力。

内部压力在内部体积内通常是统一的，所以此公式中并没有考虑空间相关性，其主要是针对外部压力和净压力。如果墙壁或屋顶组件为单层，则根据式（7.2），Cp_n 为作用在覆盖层和组件上的净压力。如果墙壁或屋顶组件为多层材料装配起来的，则 Cp_n 为穿过整个装配材料的净荷载。内部压力理论已经比较完善（Holmes 1979），足以满足准确的预测风洞试验研究的结果（Oh 等人 2007）。

对于墙壁或屋顶的多层装配材料而言，当开口为建筑物外的表面时，则内部空间为墙壁或屋顶夹层之间相对较小的体积。此类开口可能是有意为之，如雨屏幕墙或壁板，也可能是无意的，如两个对接覆盖层部件之间的裂缝或缝隙。所以，在这种情况下，外部压力也同样会被传输到内层，但是会受进入开口的气流以及开口和缝隙的形状和尺寸的影响而改变，以至于每层之间的压力可能会不同，$p_1(x, y, t)$。会出现层间压力，除非将外层密封起来。

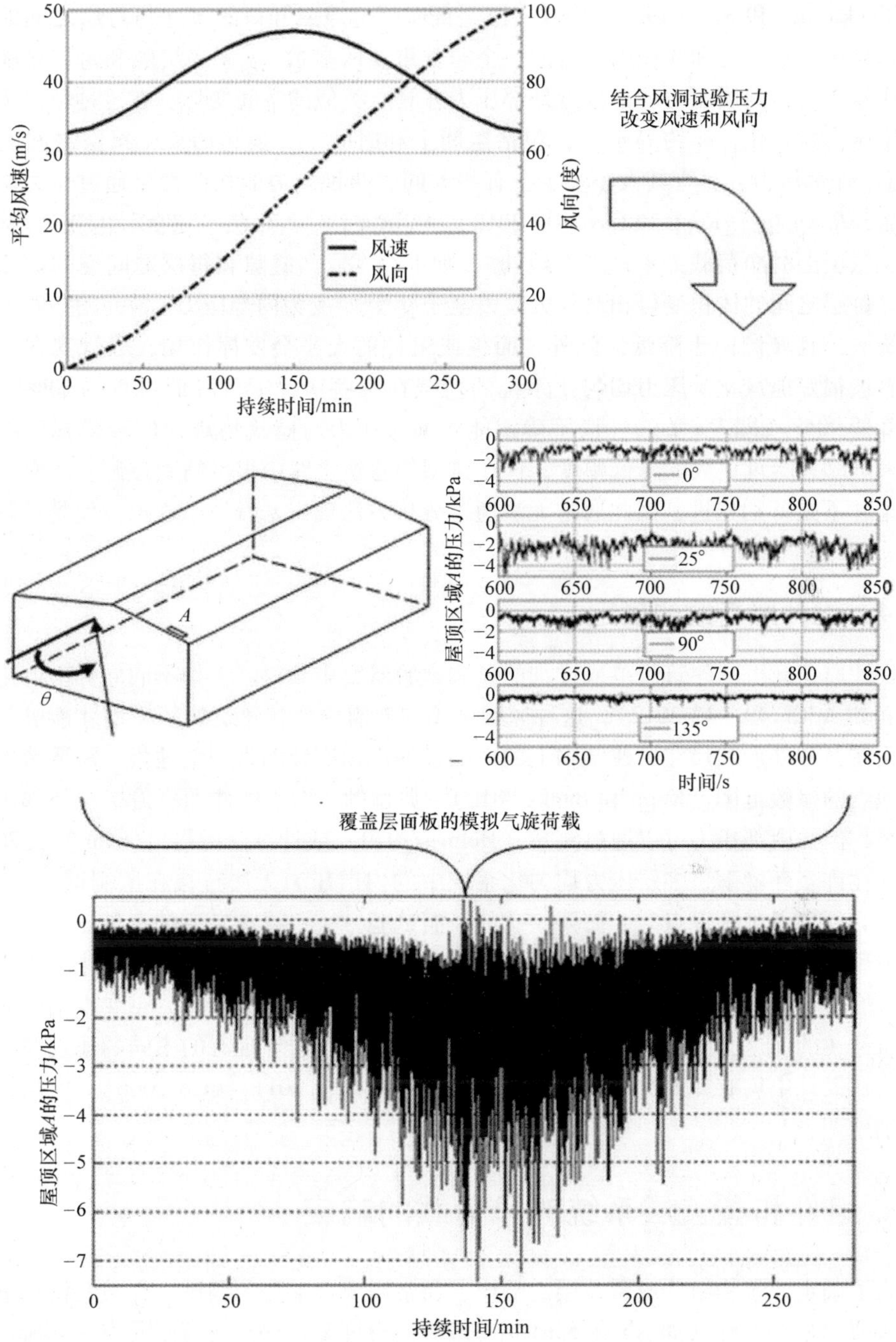

图 7.6　压力荷载随时间变化发展的图解（底部），展示了风暴随时间的变化（顶部）和风洞中获得的空气动力数据（中部）的整合（Koop 等人 2012）

Bienkiewicz 和 Sun（1992，1997）已经证明了缝隙或开口的尺寸与每层之间的空间有关，是决定每层之间体积内压力的一个非常重要的参数，p_l。当缝隙和每层之间的空间之比较大时，内层压力就越接近外部压力并具有类似的空间变化。在这种情况下，就会发生压力均匀化，p_l 约等于 p_e，包括空间上和时间上。换句话说，每层之间的压力“跟随”外部压力，尽管其大小多少会有些不同。两种压力的相似性可通过压力均匀化率给出，$R=p_l/p_e$（Kopp 和 Gavanski 2012）。当 $R=1$ 时，存在“完全”的压力均匀化，以至于每层上的净荷载为零；当 $R=0$ 时，则不存在。当缝隙和每层之间空间的比例较小时，每层之间的体积变得相对较大，以至于 p_l 开始变为内部压力，p_i，在空间上变得更加统一，且 R 倾向于降低。此外，面板或组件的大小会发挥作用，尽管其在文献中还没有被很好地量化。压力均匀化系统的荷载在某些情况下可降低40%～60%，也可能会降低90%（即 $R=0.9$）。尚不确定能否通过压力对建筑物规模的轻微扰动的敏感性，来可靠地实现更大的降低幅度，这在典型的建筑实践中很难精确控制。压力均衡系统理论并不是特别先进，因此通常无法通过分析方法确定 $p_l(x, y, z, t)$，但是可以确定 $p_i(t)$。

7.2.4 设计风荷载的确定

设计风荷载可从建筑规范或详细的风洞试验研究中获得。正如不同的标准所论及的那样（如 ASCE 49－12 2012），这种风洞试验同时需要风和建筑物的模型才能进行。对于应用在各种外形和尺寸的建筑物上的产品，如屋顶安装的太阳电池板，需要考虑产品使用地点的参数范围（Kopp 和 Banks 2012）。典型的，对于组件和覆盖层，外部压力需要测量，但是内部压力可以通过测量（Holmes 1979）或计算分析得出（Oh 等人 2007）。然而，在许多环境下，多层压力均匀化系统中的内层压力无法直接在风洞试验中测量。当设计必须要考虑这一点时，需要特殊的风洞试验方法并寻求专家的意见。

最后，在抗风设计中，还需要注意可能会有风致飞射物。当这种飞射物影响结构时，可能会破坏建筑物的外层，打破窗户或房门，或者穿透覆盖层，正如本书中的其他部分所论述的。这会导致内部增压，以及大量的雨水渗透。现有的不同的建筑规范和测试方法在设计中均有提到这个问题（例如澳大利亚规范 2011；BCA 2006），但是并没有被详细地调查。

7.3 组件和覆盖层系统对风荷载的响应

为了确定建筑物组件或覆盖层的响应，通常需要标准化的测试。在某些情况下有限元分析便已足够准确（如 Ali 和 Senseny 2003）。有许多资料描述有限元方法，所以在这里就不再赘述。当然，现在的目标是讨论组件的响应如何与设计风荷载相互影响或改变设计风荷载。对于具有复杂或者冗长荷载路径的系统，论述了荷载分配和有效从属面积的选择。在这些系统中，风荷载在建筑物表面的空间变化是一个决定此系统性能的重要参数。许多组件取决于时间变化，对于这种情况，疲劳荷载的周期数目和大小以及风暴的持续时间都非常重要。

7.3.1 从属面积和荷载分配

对于覆盖层紧固件，如木板的钉子或立接缝金属屋顶的夹子，名义从属面积 A，对于紧固件通常将其假设为伸向相邻紧固件一半的面积。例如，对于面板上的紧固件，占据的空间为一个方向 0.8m，另一个方向 0.2m，紧固件的内部名义从属面积为 0.8m × 0.2m = 0.16 m²（对于在面板中间的紧固件，从属面积为 0.4m × 0.1m = 0.04 m²）。然而，由于面板的抗弯刚度，在紧固件之间存在荷载分配。对于作用在面板上的统一的、稳定的压力，可将式（7.2）修改为

$$F_n = \int_{A_t} p_n(x, y, z) I(x, y, z) \mathrm{d}a = P_n \int_{A_t} I(x, y, z) \mathrm{d}a = P_n A_e \qquad (7.6)$$

因此，有效从属面积 A_e，通过作用在紧固件上的净压力之比得出，F_n 由净作用压力 P_n 分解，可在不具备影响函数精确知识的情况下予以估计。相同的荷载试验会因为荷载分配在关键的紧固件处产生 $A_e > A$（例如 Farquhar 等人 2005），所以真实临界荷载大于使用名义从属面积所估计的值。对于基于规范的设计，在大于荷载的能力方面，P_c / P_n 应大于 A_e / A，其中 P_c 为建筑规范上的压力（不考虑荷载因数）。然而，如果关键面板不是在建筑物表面空气动力环境最差的位置，此计算方法应当是保守的（Morrison 和 Kopp 2010）。

因为真实压力在表面变化很大，式（7.6）只是粗略估计。Farquhar 等人（2005）和 Henderson（2010）已经证明了线型、弹性梁理论可被用于准确地估算特定覆盖层系统的影响函数，因此当风洞试验或其他合适的数据可用时，响应可以被准确地估计出来。需要注意的是，相对坚固的面板会更加有效地均分荷载，允许较弱的紧固件将荷载释放给邻近的紧固件（Khan 2012），因此它们可以承受更高的压力（Rosowsky 和 Schiff 1996），使得面板更像一个整体工作。基于式（7.6），这一点可被看作以周围紧固件 A_e 的上升为代价，降低了关键紧固件 A_e。超出了增强的能力，实际工作的面板更像一个整体，这是有益的，因为 Cp_a 随着区域的不断增加而下降，如图 7.5 所示，因此因为空间梯度，同样降低了所需抵抗的荷载。

在具有非线性行为的系统中，影响函数的分析确定可能会更难，结果需要试验作为基础或进行确定。一个类似的例子是斜钉、木质结构屋顶和墙壁的连接（Morrison 等人 2012）。在这种情况下，这种钉连接在断开之前出现了大量的弯曲行为（滑钉）（Morrison 和 Kopp 2011），这在第一次连接断开之前由每处连接的钉子滑动引起，带来了影响函数持续不断的改变（Morrison 等人 2012）。

7.3.2 低循环疲劳

风暴期间存在显著的风致压力波动。一些覆盖层系统和建筑组件可能会因为这些波动引起的低循环疲劳而失效。一个例子是螺栓固定的、金属屋顶覆盖层（Henderson

2010)。在澳大利亚的 Darwin 地区 Tracy 飓风期间，金属屋顶板因为低频疲劳而出现螺帽脱落，大量的屋顶出现损坏（Walker 1975a，b；Morgan 和 Beck 1977）。因此，在设计这种组件和覆盖层系统时需要考虑这些失败机制。通常，一个低频测试，如 SIDGERS（Baskaran 和 Chen 1998）或低—高—低澳大利亚标准（BCA 2006），必须用于评估能力。

低频疲劳通常定义为在 10000 个周期内出现失效。仔细观察图 7.1、图 7.5 或图 7.6，可以看出很难定义一个“周期”，尽管周期的存在很明显。Henderson（2010）定义了一个具有正弦曲线特征的荷载周期，周期结束时的值与开始时相同。在周期期间，需要考虑最大荷载 S_{max} 和最小荷载 S_{min}、荷载比 $R = S_{min}/S_{max}$ 和荷载振幅 $S_{amp} = abs(S_{max} - S_{min})/2$。雨流法为估计周期数目的常用方法（例如 Amzallag 等人 1994；Kumar 2000）。在风荷载下，绝大多数的周期为低振幅，小部分为高振幅（与用于设计的外部压力或净压力相比）。例如，据 Henderson（2010）报告，在屋顶压力随时间变化的 15min 之内，出现了大约 7500 个周期，其范围为峰值设计大小的 10%，同时只有一个周期的大小接近峰值压力。这种荷载周期可被用于开发或评估测试标准，正如 Baskaran 和 Chen（1998）的 SIDGERS 方法所做的那样。

周期盘点法的一个局限之处是丢失了周期的顺序，尽管真实的性能可能取决于周期的顺序。然而，对于大多数的风暴，当风暴经过结构时，峰值荷载倾向于逐步建立。因此，对于建筑物组件，同样需要评估设计水平风暴的强度和持续时间，正如 7.2.2 节所论述的那样。在某些位置，结构在其寿命内可能会遭遇许多风暴，这一点同样需要予以考虑。Henderson（2010）提供了一个包含许多详细信息的总结。

7.3.3 静疲劳和玻璃

在剧烈的暴风中窗户玻璃经常会损坏，原因归结于风致飞射物、安装问题和风致压力（Minor 和 Beason 1976；Minor 1984；Kareem 和 Stevens 1984；Williams 和 Kareem 2003；Brewick 等人 2009）。玻璃窗户用于住宅结构和高层建筑。在设计标准中，组件和覆盖层系统需要考虑风暴强度和持续时间，玻璃就是一个例子。

玻璃损坏的机制称为静疲劳（Charles 1958），不会在一个特定的压力水平下损坏。由于荷载持续时间和大小的结合而使得强度随时间的降低这一特点，在风工程中已经公认了超过 30 年（Minor 1981）。布朗积分很好地描述了静疲劳（Brown 1972，1974）：

$$DA = \int_0^t [\sigma_a(t)]^n dt \tag{7.7}$$

式中，DA 为损伤累积；t 为时间；$\sigma_a(t)$ 为玻璃表面关键裂缝（也就是导致损坏的特定裂缝）处与时间有关的作用压力；n 为常数（对于碱石灰硅酸盐玻璃公认为 16）。

通过使用压力和作用压力之间的幂指数关系，引入了一种简化的格式（Brown 1972；Dalgliesh 和 Taylor 1990；Kawabata 1996；Calderone 1999），因此：

$$\mathrm{DA}_{\mathrm{crit}} = \int_{0}^{t_{\mathrm{f}}} [p(t)]^{s} \mathrm{d}t \tag{7.8}$$

式中，p 为作用荷载；s 为系数。

式（7.8）有利的一方面是，它需要作用压力替代裂缝处引起的压力，因此便不再需要使用关键裂缝的位置。然而，由于 $p-\sigma_{\mathrm{a}}$ 的关系，特定玻璃板的 s 值不相同，是非线性的，在给定板的每个位置上是不同的（但是可以通过分析来决定）。因此，它还提出了影响压力的不同参数（即板的大小、玻璃类型等）的范围。玻璃的破损被定义为当 DA 在 $t=t_{\mathrm{f}}$ 时达到临界值 $\mathrm{DA}_{\mathrm{crit}}$。

由于 DA 和 $\mathrm{DA}_{\mathrm{crit}}$ 因较高的指数值 n 而变大，损伤累积通常被转换为等价净荷载。例如，如果选择转换的参考持续时间为 t_{ref}，特定设计情况下的风压随时间变化关系 $p(t)$，需要转换为 t_{ref} 等价净荷载 $p_{\mathrm{eq}}(t_{\mathrm{ref}})$。这个 $p_{\mathrm{eq}}(t_{\mathrm{ref}})$ 相当于建筑规范中的设计荷载。有几个传统的方法（即 Davenport 1975；Holmes 1985；Gavanski 和 Kopp 2011a，c），其中一个为

$$p_{\mathrm{eq}}(t_{\mathrm{ref}}) = \left(\int_{0}^{T} p^{s}(t)\,\mathrm{d}t/t_{\mathrm{ref}}\right)^{1/s} \tag{7.9}$$

假设 $\mathrm{DA}_{\mathrm{crit}}$ 的值不依赖于荷载的形式，只要影响 $\mathrm{DA}_{\mathrm{crit}}$ 的剩余参数（如玻璃类型）相同，则计算 $p_{\mathrm{eq}}(t_{\mathrm{ref}})$ 不依赖于荷载的形式。Gavanski 和 Kopp（2011c）使用式（7.9），研究了对于不同的风暴持续时间是如何解释建筑规范中使用的单峰值的。

可以使用现有的失效模型，得到持续时间为 t_{ref} 的净荷载下特定失效概率的失效压力 P_{f}，表示为 $p_{\mathrm{f}}(t_{\mathrm{ref}}, P_{\mathrm{f}})$。因此，$p_{\mathrm{f}}(t_{\mathrm{ref}}, P_{\mathrm{f}})$ 变成设计标准中的负载阻力。所以，玻璃的类型和几何结构满足：

$$p_{\mathrm{eq}}(t_{\mathrm{ref}}) < p_{\mathrm{f}}(t_{\mathrm{ref}}, P_{\mathrm{f}}) \tag{7.10}$$

为合适的设计选择。许多研究者推荐了几个预测荷载阻力的模型（Brown 1972；Beason 和 Morgan 1984）。Gavanski 和 Kopp（2011b）在最近做了总结。

7.4 建筑物组件和覆盖层的测试方法

有 3 种方法将风荷载加载到特殊的建筑组件：①全尺寸风洞或实地测试；②气箱压力测试；③作用力测试。全尺寸实地测量通常是合理的，但是需要在相对较低的荷载水平下提供数据，可用于评估分析模型。最近刚刚建立了大小足以在原位置测试建筑物组件（即在建筑物上）的风洞。然而，当前仍然有研究工具没有在实践中被用于评估组件能力。全尺寸测试最代表现实，达到了正确的气流模拟和被考虑的组件置于建筑物上的程度。对于一些当前的覆盖层系统，如多层、压力均匀化系统，是现有的足够准确的唯一方法。然而，在实践中，气箱测试和力测试更为通用，这些将在下面进行描述。关于全尺寸测试方法近期的讨论，见 Kopp 等人的文献（2012）。

作用力和气箱压力测试通常只适用于简单的荷载形式。作用力方法运用单或多点处的点荷载，其需要附着在覆盖层或组件上。它们已经被用于测试完整的结构和结构的子部分。然而，直接附着意味着用于确定覆盖层的性能较为有限。

气箱压力测试已被长时间用于建筑产品和组件的测试，因为通过使用一个风扇增压或减压来设置一个密闭的测试室较为简单。早期的试验使用密封的气囊（其就像一个膀胱一样）获取荷载。现在的测试装置使用坚硬的箱子，其中一侧为样品。这种装置的设计特点是组件安装相对快速，所以可以测试更多的样品，成本相对较低。

气箱测试最大的局限性之一是在测试体积内压力是统一的。对于压力均匀化不发挥作用的单层系统，或组件上的空间梯度可忽略不计的地方来说，就限制了它的使用。通常，使用这种方法的作用荷载为步升或斜升形式，然而可直接实施一个简单的控制系统来应用周期（通常为正弦）荷载。因此，许多测试标准需要这种方法，全世界范围内有许多测试建筑组件和覆盖层的商业实验室使用这种方法。

这类测试方法的例子参见 Baskaran 和 Chen（1998）和 Henderson（2010）等人的文献。同时，需要这些方法的测试标准包括屋顶上升性能的测试（ASTN 2005；Underwriters Laboratories 2006）、覆盖层疲劳性能（BCA 2006）、玻璃性能（ASTM 2007）等。这些测试方法具有非常显著的优点，执行通常相对简单，具有统一、静态（或统一的、循环的）的荷载作为基准。然而，这种简单化是以真实加载的严重放松作为代价的。同样的，标准测试中边界层状态变化的影响可能会很重要，因为整体结构的安装和布局可能都会改变性能。

正如上述讨论，在风洞中测试全尺寸结构近些年来取得了显著的发展。气箱方法中使用的压力控制系统同样取得了显著的进步，以至于可以在现实空间和随时间变化风荷载下测试完整的结构。Kopp 等人（2010，2012）相当详细地讨论了这些方法以及其相对优势和劣势。然而需要注意的是，这些方法现在可实现特殊建筑上特殊组件模拟（或直接测量的）压力随时间变化关系的直接应用，如图 7.6 所示。

这些先进测试方法的一个显著的优点是压力和速度之间的关系可被清晰地定义（通过定义压力系数）。实际上，将风洞数据转化为规范（即 St. Pierre 等人 2005）所需要的相同假设，可被用于全尺寸响应测试的解释，为处理带来了更高的一致性。尤其适用于时间或空间变化对组件性能起重要作用的系统。这种测试方法在未来可能变得更为通用，并且这些先进控制系统的应用会更加广泛。

7.5 小结

本章回顾了影响建筑组件和覆盖层上风荷载的因素，可总结如下：

- 风致压力在所有建筑物表面随时间不断地变化。为了设计简单化，建筑规范中提出的风荷载规定了一小部分区域的峰值，每个都具有统一的压力。大多数标准测试评估组件性能也应用统一、静压力。
- 压力的空间变化，与组件的结构细节结合起来，设置了静态不确定系统中的荷载路径和荷载分配。在设计中考虑这一点很重要，然而简单从属面积方法的使用在许多（尽管不是全部）情况下会很保守。
- 一些建筑组件和覆盖层系统的性能取决于风荷载的波动、风暴的持续时间和风暴强度，或者换句话说，荷载周期的数目和大小。

参考文献

Ali HM, Senseny PE (2003) Models for standing seam roofs. J Wind Eng Ind Aerodyn 91:1689–1702

Amzallag C, Gerey JP, Robert JL, Bahuaud J (1994) Standardization of the rainflow counting method for fatigue analysis. Int J Fatigue 16:287–293

ASCE 7-10 (2010) Minimum design loads for buildings and other structures. American Society of Civil Engineers, Reston

ASCE 49-12 (2012) Wind tunnel testing of buildings and structures. American Society of Civil Engineers, Reston

ASTM (2005) Standard test method for structural performance of sheet metal roof and siding systems by uniform static air pressure difference. ASTM E 1592-01, Philadelphia

ASTM (2007) Standard practice for determining load resistance of glass in buildings. ASTM E 1300-07, West Conshohocken

Baskaran B, Chen Y (1998) Wind load cycle development for evaluating mechanically attached single-ply roofs. J Wind Eng Ind Aerodyn 77–78:83–96

BCA (2006) Building Code of Australia. Australian Building Code Board, Canberra

Beason WL, Morgan JR (1984) Glass failure prediction model. J Struct Eng 110:197–212

Bienkiewicz B, Sun Y (1992) Wind-tunnel study of wind loading on loose-laid roofing systems. J Wind Eng Ind Aerodyn 43:1817–1828

Bienkiewicz B, Sun Y (1997) Wind loading and resistance of loose-laid roof paver systems. J Wind Eng Ind Aerodyn 72:401–410

Brewick P, Divel L, Butler K, Bashor R, Kareem A (2009) Consequence of urban aerodynamics and debris impact in extreme wind events. In: Proceedings of the 11th Americas conference on wind engineering, San Juan, Puerto Rico, 2009

Brown WG (1972) A load duration theory for glass design. Pub. No. NRC 12354, National Research Council of Canada, Ottawa

Brown WG (1974) A practicable formulation for the strength of glass and its special application to large plates. Pub. No. NRC 14372, National Research Council Canada, Ottawa

Calderone IJ (1999) The equivalent wind loading for window glass design. PhD Thesis, Monash University

Charles RJ (1958) Static fatigue of glass. J Appl Phys 29:1549–1553

Cook N (1990) The designer's guide to wind loading of building structures, Part 2. Static structures. BRE, Hertfordshire

Dalgliesh WA, Taylor DA (1990) The strength and testing of window glass. Can J Civ Eng 17:752–762

Davenport AG (1975) Discussion of 'Wind pressures on buildings-probability densities'. BLWT-4-1975, Boundary Layer Wind Tunnel Laboratory, University of Western Ontario, London

Farquhar S, Kopp GA, Surry D (2005) Wind tunnel and uniform pressure testing of a standing seam metal roof model. J Struct Eng 131:650–659

Gavanski E, Kopp GA (2011a) Glass breakage tests under fluctuating wind loads. J Archit Eng 17:34–41

Gavanski E, Kopp GA (2011b) Examination of load resistance in window glass design. J Archit Eng 17:42–50

Gavanski E, Kopp GA (2011c) Storm and gust duration effects on design wind loads for glass. J Struct Eng 137:1603–1610

Henderson D (2010) Response of pierced, fixed, metal roof cladding to fluctuating wind loads. PhD Thesis, James Cook University

Holmes JD (1979) Mean and fluctuating internal pressure induced by wind. In: Proceedings of the 5th international conference on wind engineering, Colorado State University, 435–450, 1979

Holmes JD (1985) Wind action on glass and Brown's integral. Eng Struct 7:226–230

Jancauskas ED, Mahendran M, Walker GR (1994) Computer simulation of the fatigue behaviour of roof cladding during the passage of a tropical cyclone. J Wind Eng Ind Aerodyn 51:215–227

Kareem A, Stevens JG (1984) Window glass performance and analysis in Hurricane Alicia. In: ASCE proceedings specialty conference on "Hurricane Alicia: One Year Later", New York, 178–186, 1985

Kawabata S (1996) Study on wind resistance design of glass plate for cladding. PhD Thesis, Nippon Sheet Glass Co Ltd (in Japanese)

Khan MAA (2012) Load sharing of toe-nailed, roof-to-wall connections under extreme wind loads in wood-frame houses. MESc Thesis, University of Western Ontario

Kopp GA, Banks D (2012) Use of the wind tunnel test method for obtaining design wind loads on roof-mounted solar arrays. J Struct Eng. doi:10.1061/(ASCE)ST.1943-541X.0000654

Kopp GA, Gavanski E (2012) Effects of pressure equalization on the performance of residential wall systems under extreme wind loads. J Struct Eng 138:526–538

Kopp GA, Surry D, Mans C (2005) Wind effects of parapets on low buildings: Part 4. Mitigation of corner loads with alternative geometries. J Wind Eng Ind Aerodyn 93:873–888

Kopp GA, Morrison MJ, Gavanski E, Henderson DJ, Hong HP (2010) The 'Three Little Pigs' project: hurricane risk mitigation by integrated wind tunnel and full-scale laboratory tests. Nat Hazards Rev 11:151–161

Kopp GA, Morrison MJ, Henderson DJ (2012) Full-scale testing of low-rise, residential buildings with realistic wind loads. J Wind Eng Ind Aerodyn 104–106:25–39

Kumar KS (2000) Prediction of wind-induced fatigue on claddings of low buildings. Comput Struct 75:31–44

Minor JE (1981) Window glass design practices: a review. J Struct Div 107:1–12

Minor JE (1984) Window glass performance and hurricane effects. In: ASCE proceedings specialty conference on "Hurricane Alicia: One Year Later", New York, 151–167, 1984

Minor JE, Beason WL (1976) Window glass failures in windstorms. J Struct Div 102:147–160

Morgan J, Beck V (1977) Failure of sheet metal roofing under repeated wind loading. Civ Eng Trans 19:1–5

Morrison MJ, Kopp GA (2010) Analysis of wind-induced clip loads on standing seam metal roofs. J Struct Eng 136:334–337

Morrison MJ, Kopp GA (2011) Performance of toe-nail connections under realistic wind loading. Eng Struct 33:69–76

Morrison MJ, Henderson DJ, Kopp GA (2012) The response of a wood-frame, gable roof to fluctuating wind loads. Eng Struct 41:498–509

Oh JH, Kopp GA, Inculet DR (2007) The UWO contribution to the NIST aerodynamic database for wind loads on low buildings: Part 3. Internal pressures. J Wind Eng Ind Aerodyn 95:755–779

Rosowsky DV, Schiff SD (1996) Probabilistic modeling of roof sheathing uplift capacity. In: Proceedings of the 7th speciality conference on probabilistic mechanics and structural reliability. Worchester, 334–337, 1996

St Pierre LM, Kopp GA, Surry D, Ho TCE (2005) The UWO contribution to the NIST aerodynamic database for wind loads on low buildings: Part 2. Comparison of data with wind load provisions. J Wind Eng Ind Aerodyn 93:31–59

Standards Australia (2011) AS/NZS1170.2: structural design actions, Part 2. Wind actions. Standards Australia, Sydney

Surry D, Sinno RR, Nail B, Ho TCE, Farquhar S, Kopp GA (2007) Structurally-effective static wind loads for roof panels. J Struct Eng 133:871–885

Underwriters Laboratories (2006) Standard UL 580. Test for uplift resistance of roof assemblies, Underwriters Laboratories

Walker GR (1975a) Report on cyclone Tracy – effect on buildings. Department of Housing and Construction, Australia

Walker GR (1975b) Estimation of wind field assessment of building damage. Aust J Struct Eng 7:209–224

Williams T, Kareem A (2003) Performance of building cladding in urban environments under extreme winds. In: Proceedings of the 11th international conference on wind engineering, Lubbock

第 8 章　水平风致飞射物及其碰撞试验

Chris Letchford、Ning Lin 和 John Holmes

摘要　本章通过使用试验和数值研究的组合方法分析了水平风中块状、杆状和板状风致飞射物的轨迹。这些研究表明，水平飞射物的速度与阵风速度之比本质上为飞射物水平移动距离的函数。经验表达式将这些飞射物的水平速度作为移动距离和时间的函数进行了粗略的估计，也可用于建立合理的飞射物碰撞标准。

关键词　空气动力学 · 飞射物 · 水平风 · 碰撞标准 · 轨迹

8.1　简介

众所周知，风致飞射物是强风（如飓风）造成建筑物毁坏和破坏的主要原因。典型的风致飞射物为少量的固定的建筑物组件和损坏的结构构件，如屋顶碎石、屋顶瓦片、屋顶构件和框架构件。快速飞行的飞射物可能会穿透建筑物表面并威胁人类的生命财产安全。飞射物穿透还会引起内部增压，大约为屋顶、边墙和背风面墙壁上净荷载的两倍。因此，失效的屋顶结构、破损的墙面覆盖层面板和毁坏的玻璃都会变成飞射物的来源，开启损坏的“连锁反应”。

飞射物问题可被总结为产生、轨迹和碰撞。飞射物的产生包括飞射物控制条件（对于附属物）或结构损坏（对于结构构件）。飞射物碰撞是材料和结构抵抗力的问题，碰撞速度（能量及动能）由风行轨迹决定。飞射物轨迹包括飞行物体的空气动力学和力学，是本章的主要话题。

8.2　之前已出版的研究

关于风致飞射物的已出版研究与风荷载相比要少得多，尽管最近关于此话题又重新燃起了兴趣。这与强风暴造成损害的来源是不成比例的。

在 20 世纪 70 年代，基于不同复杂水平的飞射物空气动力学的假设，几个飞射物在龙卷风中的轨迹模型被开发出来。McDonald 研究了一个仅考虑飞射物阻力的质点模型（McDonald 等人 1974）。Simiu 和 Cordes（1976）开发了平均阻力系数的概念，用来解释飞射物的随机翻转。Lee 的龙卷风致飞射物模型（1974）考虑了飞行期间不变的阻力和上升力。Twisdale 等人（1979）开发了一个三维（3D）随机方向模型，考虑了随机的阻力、上升力和侧力系数随飞射物相对风速方向的变化。Redmann 等人（1976）开发了一个全六维（6D）轨迹模型，考虑了倾斜、旋转和摇摆动作，以及阻力、上升力和侧力。这些于70年代开展的研究有助于深刻地理解龙卷风致飞射物的空气动力学特性，然而数值空气动力学模型未经实验数据验证。

Tachikawa（1983）开展了风洞试验用以支持数值模拟研究。他测量了均匀流中旋转板上的阻力、上升力和力矩系数，开发了将这些系数作为旋转速度函数的实验表达式，并将这些表达式合并入数值模拟中，将计算轨迹和实验轨迹做了比较。Tachikawa（1983）首先对日本的风致飞射物的扩展研究做了总结，其充分的描述至今为止仅在日本有效。Tachikawa（1983）还鉴定了一个无纲量参数，作为飞射物轨迹的首要决定因素，本质上是空气动力和重力之比。

Holmes（2004a）计算了“块状”飞射物的轨迹，并研究了垂直空气阻力和大气湍流的影响。进行了空间分析，讨论了相关无量纲参数，包括Tachikawa数。块状飞射物的计算轨迹随后通过风洞模拟予以验证（Holmes等人2004；Holmes 2004b）。Visscher和Kopp（2005）、Lin等人（2006）和Holmes等人（2005，2006a，b）通过风洞和数值模拟，对空气动力和力矩、平板或“片式”物体的轨迹做了研究。当上升力与旋转率（“Magnus”效应）成比例被合并在计算中时，计算轨迹和测量轨迹之间出现了很好的一致性。

Baker（2004，2007）在Tachikawa成果基础上提出了一个改变的无量纲计划，研究了运动方程的数值解决方案。在开始很长一段时间后，给出了块状和片状飞射物轨迹开始时的近似解。

很明显，飞射物飞行的空气动力学特征研究是确定合适的飞射物碰撞速度的关键。飞射物轨迹数值模拟中需要的空气动力系数的值，可基于风洞试验来确定。飞射物轨迹的风洞模拟不仅提供了数值模拟的比较数据，还可被直接用于研究飞行飞射物的空气动力学特性，旨在降低飞射物飞行问题的复杂性。

8.3 飞射物碰撞和碰撞测试标准

由于风致飞射物带来的大量直接或间接的损坏或损失，在飓风和龙卷风多发区域需要对建筑物表面进行抵抗风致飞射物的设计。McDonald（1976）宣称，核动力设备和结构抗龙卷风设计的最大问题是保护免受飞射物的攻击。他还将风致飞射物作为其他结构的关键设计因素：地表上的住所、学校和医院，对人员的保护是首要的关注点。

在当代城市区域，高层建筑的窗户和建筑玻璃幕墙在结构当中最容易受到风致飞射物的攻击。Minor（1994）举例说明了过去20年间由因剧烈风暴中风致飞射物引起的严重的玻璃损坏，包括1983年8月得克萨斯州休斯顿的飓风Alicia，和1992年8月佛罗里达州的飓风Andrew。Lee和Wills（2002）报道了亚洲最高建筑之一的中国香港中心广场，于1999年9月在台风York期间，受到的重大的玻璃幕墙的损坏。

20世纪70年代，澳大利亚（Experimental Building Station 1978）根据飓风“Tracy”开发了使用木质屋顶构件的原始碰撞测试标准，在美国出现了包括“2×4”的类似测试协议。这带来了关于风致飞射物一系列的标准测试规定（即ASTM标准E1886－05 2005；ASTM标准E1996－05 2005；Texas Department of Insurance 1997；SFBC 1994）。尤其是在飓风 Andrew 之后，4.1kg（9lb）“2×4”屋顶构件在15.2m/s（50ft/s）速度下的水平碰撞，已成为南佛罗里达州墙壁覆盖层和百叶窗的测试要求。作为屋顶碎片碰撞的替代方法，佛罗里达州还针对9m（30ft）以上的玻璃幕墙引入了一种钢球测试。国际规范协会（International Code Council 2005）针对风暴避难所，建议采用更加严格的碰撞标准。McDonald（1990，1999）和 Minor（1994）讨论了不同建筑材料对风致飞射物的抵抗力。尽管飞射物碰撞标准的影响在近期公布的飓风灾害报告中是很明显的，这些风暴中的大多数并没有达到设计风力。此外，在选择飞射物碰撞速度时，对空气动力学和飞射物轨迹知识的考虑明显较少。更合理的飞射物碰撞标准将包含合适的轨迹模型，尤其是水平风向的，是现在的主要工作内容。

当前的工作基于得克萨斯州理工大学和路易斯安那州州立大学的合作研究，描述了线性风（如传统的边界层中的飓风）中风致飞射物的决定性研究。在得克萨斯州理工大学的风洞中使用C-130飞机来产生强风，进行了大量的全尺寸模拟，旨在调查不同风致飞射物的空气动力学特征。

Lin 等人（2006）和 Holmes 等人（2005，2006a，b）在之前的文件中展示了片状飞射物的实验和数值研究。现有的文件描述了块状和棒状飞射物的水平轨迹的经验解，并与数值解做了比较，这些类型相对应的飞射物目前被应用在了碰撞测试中。这些研究解决的主要问题是，在给定的与来源的距离下，飞射物与下风侧建筑物碰撞的速度是多少？采用 Tachikawa 的无量纲方案（Tachikawa 1983）来分析模拟数据。在这里所表述的结果同时基于风洞模拟数据和飞射物运动方程的数值解，可被用于改进飞射物碰撞标准。垂直位移和速度为第二重要，但是需要考虑飞射物体在碰撞建筑物墙壁之前是否攻击地面。

尽管在自然界中飞射物的轨迹本质上来说是概率性的，但是有必要以确定性的方式充分研究轨迹，旨在识别影响飞射物碰撞速度和飞行距离的物理参数。以后，这些信息和开发的模型可以应用到危险和可靠性研究中，以及风暴损害建模的风险模型中。

8.4　飞射物类型和运动方程

8.4.1　一般的飞射物类型

Wills 等人（2002）将不同几何外形的飞射物分为三类：“块状”“片状”和“杆状”（见图8.1）。这种方法按照飞射物的形状和特征尺度将其分类。例如立方体和球体的屋顶碎石为块状，胶合板、屋顶瓦片和木瓦为片状，“2×4”木材和竹枝为杆状飞射物。现行的调查使用此分类方法来研究水平风中的块状和杆状风致飞射物的飞行轨迹。

8.4.2　运动方程

基于牛顿第二定律，以下3个公式分别描述了一般飞射物在二维平面内沿着统一风场的风向，在水平、垂直和旋转方向的运动（Tachikawa 1983）：

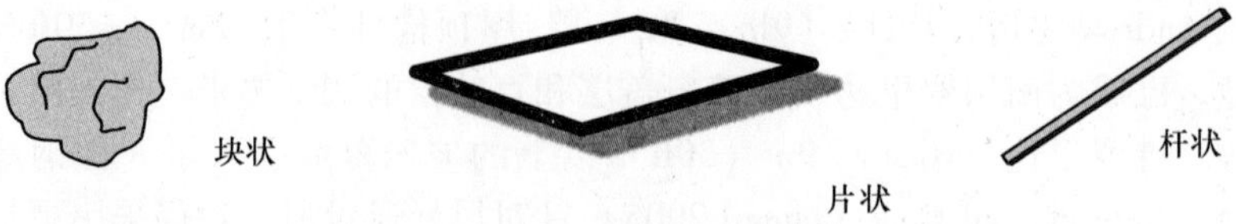

图 8.1　一般飞射物类型（Wills 等人 2002）

$$m\frac{\mathrm{d}^2x}{\mathrm{d}t^2}=m\frac{\mathrm{d}u_{\mathrm{m}}}{\mathrm{d}t}=\frac{1}{2}\rho_{\mathrm{a}}A[(U-u_{\mathrm{m}})^2+v_{\mathrm{m}}^2](C_{\mathrm{D}}\cos\beta-C_{\mathrm{L}}\sin\beta) \tag{8.1}$$

$$m\frac{\mathrm{d}^2z}{\mathrm{d}t^2}=m\frac{\mathrm{d}v_{\mathrm{m}}}{\mathrm{d}t}=\frac{1}{2}\rho_{\mathrm{a}}A[(U-u_{\mathrm{m}})^2+v_{\mathrm{m}}^2](C_{\mathrm{D}}\sin\beta+C_{\mathrm{L}}\cos\beta)-mg \tag{8.2}$$

$$I_{\mathrm{m}}\frac{\mathrm{d}^2\theta}{\mathrm{d}t^2}=\frac{1}{2}\rho_{\mathrm{a}}Al[(U-u_{\mathrm{m}})^2+v_{\mathrm{m}}^2]C_{\mathrm{M}} \tag{8.3}$$

式中，m 为飞射物质量；l 为参考长度（片或杆的顺风方向）；A 为参考飞射物面积（通常取最大表面积——即正方形板为 l^2，杆状为 $l\times d$，其中 d 为最大横截面尺寸）；I_{m} 为质量惯性矩；x、z 分别为飞射物的水平和垂直位移；θ 为角位移；u_{m} 为水平飞射物速度；v_{m} 为垂直飞射物速度；U 为风速；ρ_{a} 为空气密度；C_{D}、C_{L} 和 C_{M} 分别为阻力、上升力和力矩系数，它们通常为瞬时攻角的函数；β 为相对风速与水平方向之间的夹角；g 为重力加速度；t 为时间。

在式（8.1）~式(8.3）中，假设风向为水平，这些公式成对出现且必须被同时解出。

假设块状物体仅有阻力——没有上升力或旋转力矩作用，阻力系数假设为独立于攻角。在这种情况下。式（8.1）~式(8.3）可简化如下：

$$\frac{\mathrm{d}^2x}{\mathrm{d}t^2}=\frac{\mathrm{d}u_{\mathrm{m}}}{\mathrm{d}t}=\frac{\rho_{\mathrm{a}}C_{\mathrm{D}}A(U-u_{\mathrm{m}})\sqrt{(U-u_{\mathrm{m}})^2+v_{\mathrm{m}}^2}}{2m} \tag{8.4}$$

$$\frac{\mathrm{d}^2z}{\mathrm{d}t^2}=\frac{\mathrm{d}v_{\mathrm{m}}}{\mathrm{d}t}=\frac{\rho_{\mathrm{a}}C_{\mathrm{D}}A(-v_{\mathrm{m}})\sqrt{(U-u_{\mathrm{m}})^2+v_{\mathrm{m}}^2}}{2m}-g \tag{8.5}$$

式（8.4）和式（8.5）的求解相当简单，但是保留耦合。对于块状物体，可通过忽略式（8.4）中垂直运动和式（8.5）中的水平部分的空气阻力来实现进一步的简化。这会导致式（8.4）和式（8.5）的解耦，可获得“封闭式”解（English 和 Holmes 2005）。然而，采用这种求解方法会低估水平位移和速度，并高估垂直位移和速度。

片状和杆状飞射物还会受到其飞行平面之外的力矩和旋转以及平面外的侧力的作用。然而，附加的方程与水平运动方程［式（8.1）］并不是强耦合，在关注碰撞时水平飞射物速度的现行研究中被忽视。

众所周知，大气层中的风场是不均匀的和波动的，可轻易将这些效果合并到数值计算中（即 Twisdale 等人 1996；Holmes 2004a）。据发现，湍流为轨迹带来了变化性。然而，通过在飞射物飞行的持续时间内（通常只有 1 ~3s）将阵风速看作不变的值，来将阵风的影响做近似的处理。当飞射物在与其来源近似的高度上碰撞下风侧建筑物时，在轨迹之内速度随高度的变化并不很大。因此，在当前的研究中，为了获得有用的结果，会假设一个具有统一高度的稳定气流。

8.4.3　无量纲形式

Tachikawa（1983）指出，式（8.1）~式(8.3）可以按如下无量纲形式重写：

$$\frac{\mathrm{d}^2\bar{x}}{\mathrm{d}\bar{t}^2}=\frac{\mathrm{d}\bar{u}}{\mathrm{d}t}=K[(1-\bar{u})+\bar{v}^2](C_{\mathrm{D}}\cos\beta-C_{\mathrm{L}}\sin\beta) \tag{8.6}$$

$$\frac{\mathrm{d}^2\bar{z}}{\mathrm{d}\bar{t}^2}=\frac{\mathrm{d}\bar{v}}{\mathrm{d}t}=K[(1-\bar{u})^2+\bar{v}^2](C_{\mathrm{D}}\sin\beta+C_{\mathrm{L}}\cos\beta)-1 \tag{8.7}$$

$$\frac{\mathrm{d}^2\theta}{\mathrm{d}\bar{t}^2}=K\Delta Fr^2[(1-\bar{u})^2+\bar{v}^2]C_{\mathrm{M}} \tag{8.8}$$

其中无量纲变量为

$$\bar{x}=\frac{gx}{U^2}(\text{无量纲水平位移}) \tag{8.9}$$

$$\bar{z}=\frac{gz}{U^2}(\text{无量纲垂直位移}) \tag{8.10}$$

$$\bar{t}=\frac{gt}{U}(\text{无量纲时间}) \tag{8.11}$$

$$\bar{u}=\frac{u_{\mathrm{m}}}{U}(\text{无量纲水平飞射物速度}) \tag{8.12}$$

$$\bar{v}=\frac{v_{\mathrm{m}}}{U}(\text{无量纲垂直飞射物速度}) \tag{8.13}$$

无量纲参数 K、Δ 和 Fr 定义如下：

$$K=\frac{\rho_{\mathrm{a}}U^2A}{2mg} \tag{8.14}$$

式中，K 为空气动力和重力之间的关联度，被建议命名为 Tachikawa 数（Holmes 等人 2006a）。

$$\Delta=\frac{ml^2}{I_{\mathrm{m}}} \tag{8.15}$$

式中，Δ 为质量和旋转惯性之间的关联度。

$$Fr=\frac{U}{\sqrt{gl}} \tag{8.16}$$

式中，Fr 为弗劳德数（Froude Number）。

8.4.4　早期轨迹解

对于飞行的早期部分，公式可被解耦并分别表达为水平和垂直两个方向。因此，当 $\bar{u}$、$\bar{v}<<1$时：

$$\cos\beta=\frac{1-\bar{u}}{\sqrt{(1-\bar{u})^2+\bar{v}^2}}\to 1,\ \sin\beta=\frac{\bar{v}}{\sqrt{(1-\bar{u})^2+\bar{v}^2}}\to 0$$

忽略较小项，在水平方向，$\frac{d^2\bar{x}}{d\bar{t}^2}=\frac{d\bar{u}}{d\bar{t}}\to C_D K$。整合：

$$\bar{u}=C_D K\bar{t},\bar{x}=\frac{1}{2}C_D K\bar{t}^2,\ \bar{u}=\sqrt{2C_D K\bar{x}} \tag{8.17}$$

Baker（2004，2007）建议更小的限制关系，但是仅对于块状（3D）物体。实际上，这些关系适用于所有类型的飞射物。类似的，在垂直方向，$\frac{d^2\bar{z}}{d\bar{t}^2}=\frac{d\bar{v}}{d\bar{t}}\to C_L K-1$。整合：

$$\bar{v}=(C_L K-1)\bar{t},\bar{z}=\frac{1}{2}(C_L K-1)\bar{t}^2,\ \bar{v}=\sqrt{2(C_L K-1)\bar{z}} \tag{8.18}$$

式（8.17）和式（8.18）应通过与实验数据或数值数据的经验拟合，在任何类型飞射物轨迹的初始得到满足。

8.4.5 数值解

尽管上述初始轨迹解是有价值的，还必须通过运动方程的数值积分来获得真实风致飞射物相关范围内的准确轨迹。因此，通过求解无量纲式（8.6）~式(8.8)，来决定每个时间步的水平、垂直和角度加速度。通过外推和插值来估算随后时间步的速度和位移。因此 $i+1$ 时间步时的水平飞射物速度可通过下式得到：

$$\bar{u}_{i+1}=\bar{u}_i+\left(\frac{d\bar{u}}{d\bar{t}}\right)_i\Delta\bar{t} \tag{8.19}$$

水平位移随之可通过下式估算：

$$\bar{x}_{i+1}=\bar{x}_i+0.5(\bar{u}_i+\bar{u}_{i+1})\Delta\bar{t} \tag{8.20}$$

类似的关系可用于垂直和角度速度及位移。需要注意，对于杆状（和片状）物体，式（8.6）~式(8.8）中的空气动力学系数 C_D、C_L 和 C_M 根据每个时间步相对风的有效攻角而有所不同。此角度由角位移成分 θ，和物体的垂直运动带来的与水平方向的有效角 β 组成。（Holmes 等人 2006a，b）。

8.5 实验和数值研究

在得克萨斯州理工大学风洞实验室进行了大量的所有类型飞射物的轨迹模拟。风洞的横截面为 1.8m 宽，1.2m 高。风洞没有任何粗糙构件。风行路径上的湍流强度为 0.5%。将一个圆形的磁铁支架（直径 $b=18$mm）放置在保护网前面 6.65m 远、0.6m 高的地方。将小的金属凸起黏合在模型上，放置在磁铁上。使用定位在发射支架附近的 4 孔眼镜蛇探头（T. F. I 100 系列）测量风速。关闭电磁铁的电流连接，以便让飞射物在要求的风速下飞行。使用一个 Olympus 公司数码摄像机（60Hz，0.0167s/帧）捕捉飞行轨迹。可从数码摄像机的文件中获得坐标数据和时间间隔，用于计算飞行速度。

风洞中使用的模型包括 22 个平板、11 个立方体和球体以及 8 个杆，风速范围为 4.5 ~26m/s。Lin 等人（2006）给出了片状飞射物的细节。立方体的重量范围为 1.3 ~

21.2g，边长为12~38mm。球体的重量范围为3.6~47.5g，直径为19.1~6.9mm。立方体和球体的K值范围为0.6~7.5。“2×4”杆的重量范围为5.5~17.9g，长度为330~380mm。杆的K值范围为3.8~27.7。杆被释放时有垂直（$D/B=0.03$和0.04）于风的，也有平行（$D/B=26$和30）于风的，最初的攻角α_0为0°、15°和45°。Lin（2005）报道了实验程序、数据分析方法以及使用的所有模型和全尺寸飞射物。

片状物体的轨迹与屋顶瓦片和纸板等飞射物相关，因为上升和角度动能的产生而变得复杂。Lin等人（2006）、Holmes等人（2006a，b）提出了一个详细的分析，在这里仅展示此分析的一个总结，并专门与得克萨斯州理工大学进行的全尺寸实验做了一些比较。

这里展示了块状和杆状物体的轨迹，这些形状与目前用于碰撞测试的飞射物类型相关。尽管碰撞物体（即立方体和球体），仅受阻力作用，在实验中下降或飞行较短的距离，其水平轨迹主要受K影响。在阻力、上升力和俯仰力矩的作用下，类似于片状物，杆状物被发现比片状物在垂直位移方面具有更大的变化性，然而杆状物轨迹的水平部分比得上片状和块状物体的水平部分，主要取决于K。Lin等人（2005a，b）对杆状物轨迹的这种特征做了详细论述。得克萨斯州Lubbock市的Reese技术中心采用了一家C130飞机进行了有限的全尺寸研究。

8.5.1 块状飞射物的轨迹

观测轨迹显示，对于特定的飞射物类型，水平轨迹主要受K影响，早期轨迹解式（8.17）显示出$\bar{u}$从根本上来说是$K\bar{x}$的函数，图8.2展示了块状飞射物的实验数据、$\bar{u}$与$K\bar{x}$的相对关系。数据吻合度非常明显。由于更大的阻力，立方体比球体飞得更远、更快。

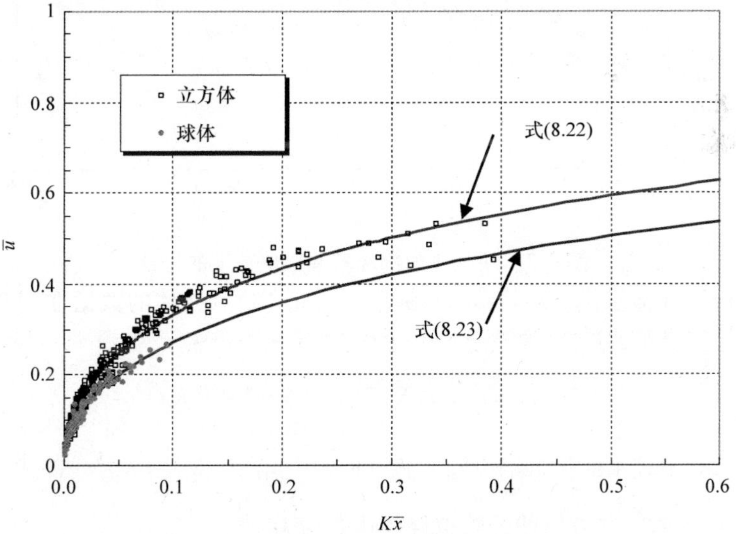

图8.2 块状飞射物的水平轨迹$\bar{u}$相对于$K\bar{x}$

数据还显示出，对于整个观测轨迹而言，$\bar{u}$可通过$K\bar{x}$的指数函数近似为

$$\bar{u}=1-e^{-\sqrt{2CK\bar{x}}} \tag{8.21}$$

请注意，对于$\sqrt{2CK\bar{x}}$的较小值，式（8.21）近似于$\bar{u}=\sqrt{2CK\bar{x}}$［即式（8.17）］。

将C_c和C_s分别表示为立方体和球体水平轨迹的平均空气动力学参数，在式（8.21）中，最小二乘法拟合参数为$C_c=0.81$，$\sigma=0.020$；$C_s=0.50$，$\sigma=0.0087$（带标准偏差）。C_c和C_s的经验取值分别近似于立方体（$C_D\approx0.8$）和球体（$C_D\approx0.5$）的阻力系数。因此，对于立方体：

$$\bar{u}\approx1-e^{-\sqrt{1.6K\bar{x}}} \tag{8.22}$$

对于球体：

$$\bar{u}\approx1-e^{-\sqrt{1.0K\bar{x}}} \tag{8.23}$$

图8.3将块状物体水平轨迹的这些经验表达式与数值解做了比较。当$\bar{u}$根据$K\bar{x}$绘制时，数值解对K的值不敏感（English 和 Holmes 2005），图8.3使用了K的一个代表值2，来产生数值解。对于立方体，数值轨迹略低于经验轨迹，同时对于球体这两者几乎是相同的。

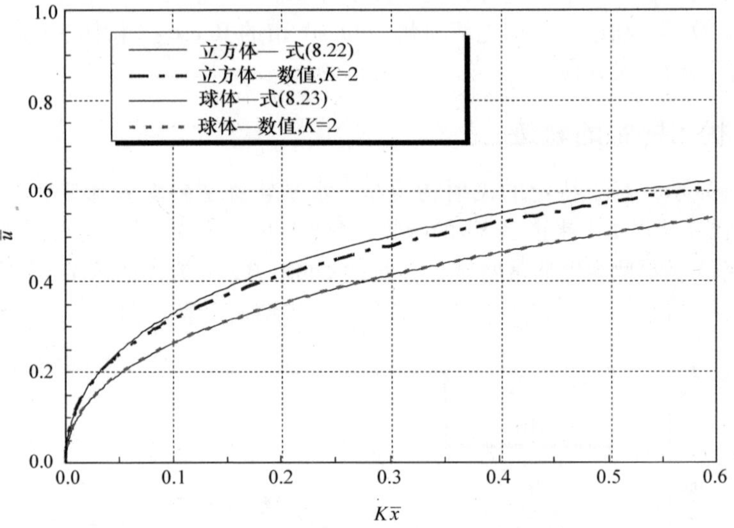

图8.3　块状飞射物经验和数值速度的比较

式（8.17）还显示出，$K\bar{x}$为$K\bar{t}$的函数。因此，块状物体的数据在图8.4中再次被呈现出来。数据显示，$K\bar{x}$可被整合为$K\bar{t}$的多项式函数，表示为

$$K\bar{x}=\frac{1}{2}C(K\bar{t})^2+a(K\bar{t})^3+b(K\bar{t})^4+c(K\bar{t})^5+\cdots \tag{8.24}$$

注意到，对于较小的无量纲时间，式（8.24）给出$\bar{x}=\frac{1}{2}CK\bar{t}^2$［即式（8.17）］。

当$C_c=0.81$时，立方体的经验拟合表达式变为

$$K\bar{x}\approx0.405(K\bar{t})^2-0.036(K\bar{t})^3-0.052(K\bar{t})^4+0.008(K\bar{t})^5 \tag{8.25}$$

对于球体，$C_s=0.50$：

$$K\bar{x}\approx0.25(K\bar{t})^2+0.084(K\bar{t})^3-0.1(K\bar{t})^4+0.006(K\bar{t})^5 \tag{8.26}$$

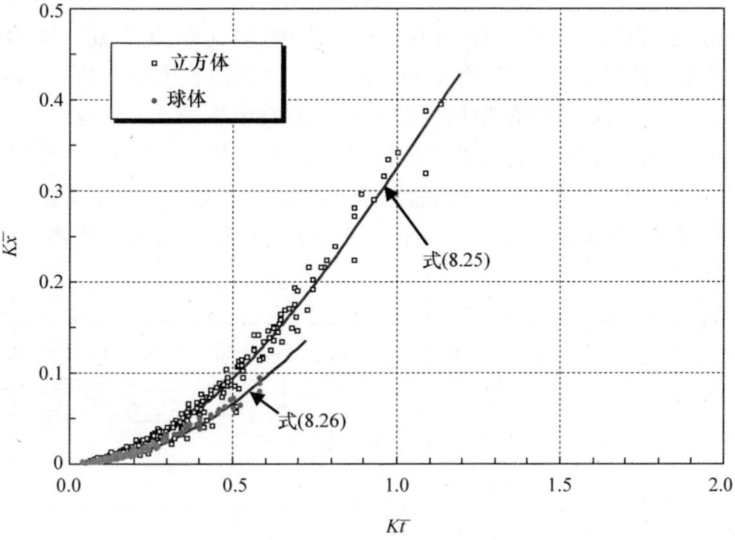

图 8.4 块状飞射物的水平轨迹 $K\overline{x}$ 相对于 $K\overline{t}$

8.5.2 杆状飞射物的轨迹

图 8.5 展示了将 $\overline{u}$ 作为 $K\overline{x}$ 函数时杆状飞射物的经验水平轨迹。这些数据包括在不同的初始攻角下，垂直和水平于风向释放的杆状物的轨迹。杆状物水平轨迹的趋势与块状物体类似，式（8.21）与杆状飞射物数据拟合较好，相关参数为

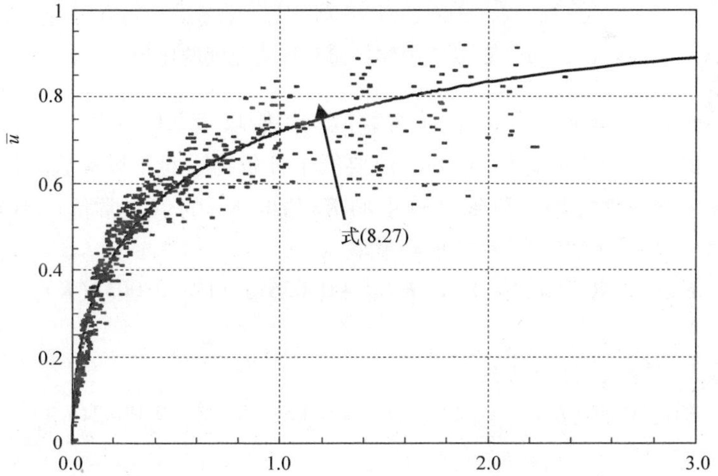

图 8.5 杆状飞射物的水平轨迹 $\overline{u}$ 相对于 $K\overline{x}$

$C_r=0.80$，$\sigma=0.062$。C_r 可被看作杆状物水平轨迹的平均空气动力系数。因此，对于杆状物：

$$\bar{u} \approx 1 - e^{-\sqrt{1.6K\bar{x}}} \tag{8.27}$$

采用 Twisdale 等人（1996）使用的模型产生的空气动力系数，压力中心位置在 0.25 倍的 0°攻角的几何中心到 90°攻角的几何中心逆风向长度间变化，得到了垂直和平行于风向的“2 ×4”几何结构屋顶构件的杆状物的数值轨迹。

图 8.6 将杆状飞射物轨迹的经验和数值结果做了比较。$\bar{u}$ 相对于 $K\bar{t}$ 的数值轨迹对杆状飞射物的 K 值相当不敏感，K 取代表值 10。经验轨迹略高于数值轨迹。数值轨迹中的波动是由杆状物的角度旋转引起的，尤其对于平行于风释放的杆状物。这些波动在经验公式中被“消除”。

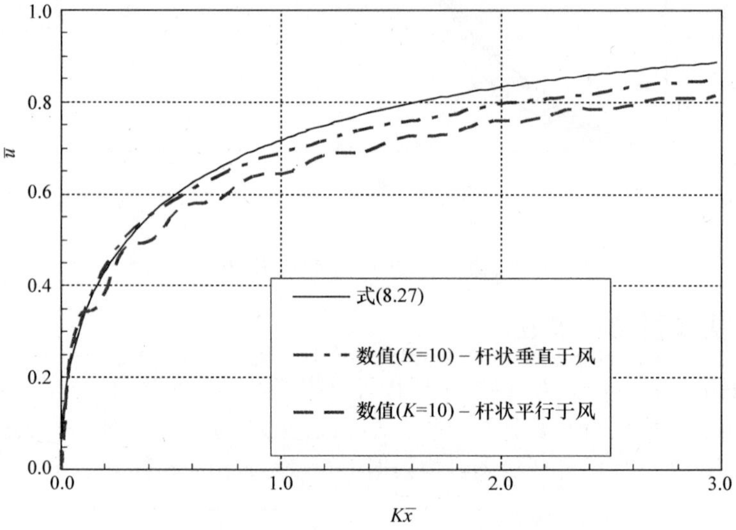

图 8.6 杆状飞射物经验和数值速度的比较

图 8.7 展示了 $K\bar{x}$ 相对于 $K\bar{t}$ 的杆状物数值。初始攻角（0° ~45°）轻微地影响水平轨迹，同时杆状物平行于风释放时的 $K\bar{x}$ 值要低于杆状物垂直于风释放时的 $K\bar{x}$ 值，在实验的早期阶段飞行非常缓慢，导致在较小的 $K\bar{t}$ 值时 $K\bar{x}$ 的值非常低。当 $C_r = 0.80$ 时，带入式（8.22），对于垂直于风释放的杆状物：

$$K\bar{x} \approx 0.40(K\bar{t})^2 - 0.16(K\bar{t})^3 + 0.036(K\bar{t})^4 - 0.0032(K\bar{t})^5 \tag{8.28}$$

$\sigma = 0.085$。

对于平行于风释放的杆状物：

$$K\bar{x} \approx 0.40(K\bar{t})^2 - 0.29(K\bar{t})^3 + 0.088(K\bar{t})^4 - 0.0082(K\bar{t})^5 \tag{8.29}$$

$\sigma = 0.15$。

8.5.3 片状飞射物的轨迹

因为自动旋转产生的上升力，片状物体的飞行要复杂得多。经验结果表明，对于特定的飞射物形状，飞射物轨迹（T）是至少 9 个参数的函数：风速（U）、空气密度

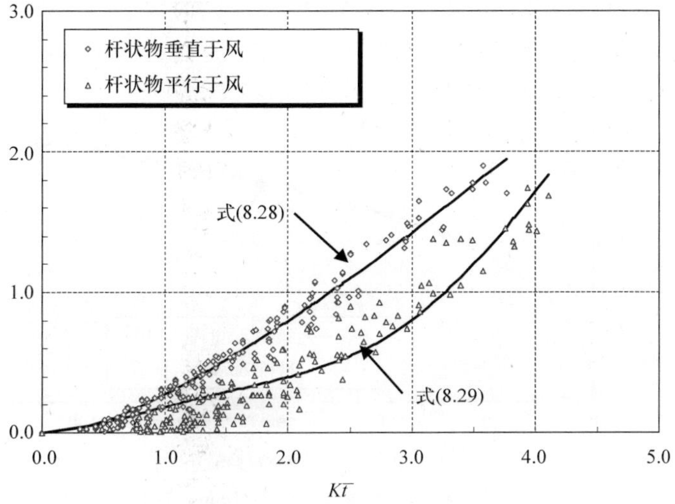

图 8.7 杆状物的水平轨迹 $K\bar{x}$ 相对于 $K\bar{t}$

(ρ_a)、片状物尺寸（B、D 和 h）、片状物密度（ρ_m）、支撑尺寸（b）、支撑位置（s，即中心、圆角或边缘）和初始攻角（α_0）。因为飞射物碰撞标准已致力于产生可重复的实验，迄今为止主要关注块状（球状轴承）飞射物和杆状（“2×4”）飞射物。因此，在这里不会详细地讨论片状飞射物，读者可以查阅 Lin（2005）的文献获取更多细节。

8.6 应用

之前的内容展示了对于特定的飞射物类型，风行速度水平部分与风速的比，是 $K\bar{x}$ 的函数。这种关系在经验式（8.21）中很明显。因为风速取消了 $K\bar{x}$，这就意味着对于特定的飞射物，速率仅仅是水平移动距离的函数（注意，飞射物速度的垂直分量并不是这样）。飞射物水平轨迹的平均空气动力学系数 C 可通过将实验模拟数据或数值模拟数据带入式（8.21）获得。用这种方法，可以估算在一定的水平移动距离下的飞射物碰撞速度，并据此建立合理的飞射物碰撞标准。

作为应用实例，图 8.8 展示了一个 2g、8mm 的钢球水平抛射速度与风速之比，图 8.9 所示为 4.1kg（9lb）的“2×4”飞射物（经常在碰撞试验标准中被制定为典型的碰撞物）水平抛射速度与风速之比。图 8.8 和图 8.9 中的数值碰撞轨迹是从阵风速度为 60m/s 的飓风中得到的，对风速不敏感。

ASTM 标准 E1886－05（2005）规定了代表“小飞射物”的相同金属球的碰撞速度在 0.40 倍和 0.85 倍 3s 阵风速度之间，代表“大飞射物”的“2×4”飞射物的碰撞速度在 0.1 倍和 0.55 倍 3s 阵风速度之间。这些规范可能会高估或低估实际的飞射物碰撞速度，这取决于飞射物在碰撞之前能飞行多远。

假设 $\rho_a=1.2\text{kg/m}^3$，2g、8mm 直径的金属球的经验表达式可从式（8.23）中获得：

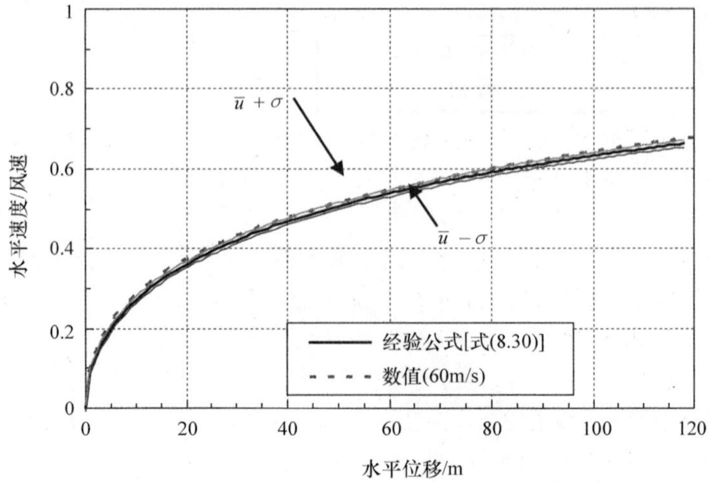

图 8.8　金属球的轨迹（8mm，2g）

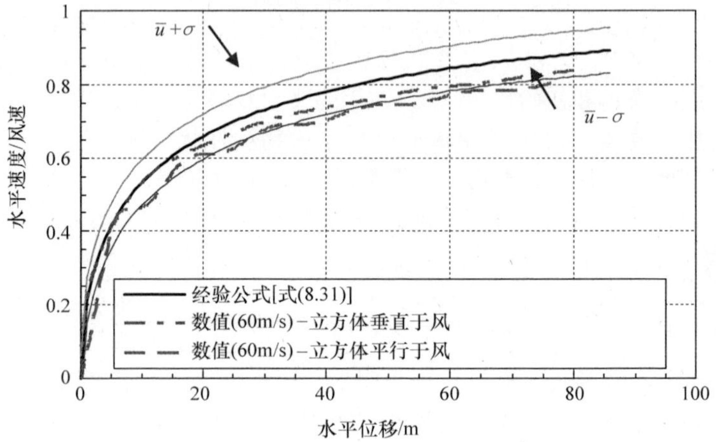

图 8.9　一个“2×4”飞射物（2.4m×0.1m×0.05m，4.1kg，0°）的轨迹

$$\bar{u}\approx 1-\mathrm{e}^{-\sqrt{0.010x}},\sigma=0.0087 \tag{8.30}$$

式中，$\bar{u}$ 为飞射物水平速度与风速之比（$\bar{u}=u_{\mathrm{m}}/U$）；x 为飞射物水平位移。

对于“2×4”飞射物（2.4m×0.1m×0.05m，4.1kg），式（8.27）给出：

$$\bar{u}\approx 1-\mathrm{e}^{-\sqrt{0.058x}},\sigma=0.0616 \tag{8.31}$$

对于这些特定的飞射物体，式（8.30）和式（8.31）可被直接用于规定碰撞标准。

需要注意的是，碰撞速度随飞行距离的增长而增大，然而飞射物有可能在碰撞到物体之前落到地面上。因此，有必要首先估计可能的飞射物飞行距离。式（8.24）和带入表达式，立方体［式（8.25）］、球体［式（8.26）］以及杆状［式（8.28）和式（8.29）］可被用于估计给定飞行时间的飞射物飞行距离。飞射物的飞行时间通常持续 1～3s。准确的飞射物飞行时间取决于飞射物最初的高度以及垂直轨迹。

8.7　讨论

本章结合风洞研究和运动方程的数值解，讨论了块状和杆状风致飞射物的轨迹。这些飞射物类型是目前佛罗里达州用于测试建筑物外立面和门窗的屋顶碎石和木构件的代表。

这些研究指出，水平飞射物速度与风速之比是飞射物水平移动距离的函数，且沿风速方向加速。说明了抛射速度与风速在轨迹上的“平均”比值（即 Wills 等人 2002），对于随飞行距离单调上升的数量来说意义并不大。水平抛射速度与风速之比逐渐接近1。最大值出现在中间区域，随后随距离的增加按此比值下降，在均匀风场中不会发生（正如之前的研究所建议和暗示的）。这意味着如果风速超过水平抛射速度，只能根据一个负的阻力系数获得一个负的水平加速度，——这明显不是一个物理上可实现的状况。

得到了相对水平抛射速度随水平距离的简单经验表达式。这可被用于建立针对飞行距离的抛射特征和速度的合理抛射碰撞测试（Lin 等人 2007）。在以前，似乎这些标准的得出并没有直接考虑建筑物空间。

致谢

本章的完成得到了美国商务部、得克萨斯州理工大学、国家标准技术协会、风暴缓解计划、John P. Laborde 客座教授以及路易斯安那州海洋基金的大力支持。

参考文献

ASTM Standard E1886-05 (2005) Standard test method for performance of exterior windows, curtain walls, doors, and storm shutters impacted by missile(s) and exposed to cyclic pressure differentials. American Society for Testing and Materials, Inc., West Conshohocken

ASTM Standard E1996-05 (2005) Standard specification for performance of exterior windows, glazed curtain walls, doors and storm shutters impacted by windborne debris in hurricanes. American Society for Testing and Materials, Inc., West Conshohocken

Baker CJ (2004) Solutions of the debris equations. In: Proceedings of the 6th U.K. conference on wind engineering, Wind Engineering Society, Cranfield, 15–17 September 2004

Baker CJ (2007) The debris flight equations. J Wind Eng Ind Aerodyn 95:329–353

English EC, Holmes JD (2005) Non-dimensional solutions for trajectories of wind-driven compact objects. In: Proceedings of the 4th European and African conference on wind engineering (EACWE2005), Institute of Theoretical and Applied Mechanics, Prague, 11–15 July 2005

Experimental Building Station (1978) Guidelines for the testing and evaluation of products for cyclone prone areas, Technical Record 440. Department of Housing and Construction, Chatswood

Holmes JD (2004a) Trajectories of spheres in strong winds with application to wind-borne debris. J Wind Eng Ind Aerodyn 92:9–22

Holmes JD (2004b) The aerodynamics and mechanics of wind-borne debris. In: Proceedings of the

1st international symposium on wind effects and urban environment, Wind Engineering Research Center, Tokyo Polytechnic University, Tokyo, Japan, 8–9 Mar 2004
Holmes JD, English EC, Letchford CW (2004) Aerodynamic forces and moments on cubes and flat plates, with applications to wind-borne debris. In: Proceedings of the 5th international colloquium on bluff-body aerodynamics & applications, NRCC, Ottawa, 11–15 July 2004
Holmes JD, Letchford CW, Lin N (2005) Trajectories of windborne debris of the plate type. In: Proceedings of the 10th Americas conference on wind engineering, AAWE, Baton Rouge, 1–4 June 2005
Holmes JD, Baker CJ, Tamura Y (2006a) The Tachikawa number—a proposal. J Wind Eng Ind Aerodyn 94:41–47
Holmes JD, Letchford CW, Lin N (2006b) Investigations of plate-type windborne debris. II Computed trajectories. J Wind Eng Ind Aerodyn 94:21–39
International Code Council (2005) ICC draft standard on design, construction and performance of storm shelters. I.C.C., Falls Church. www.iccsafe.org
Lee AJH (1974) A general study of tornado-generated missiles. Nucl Eng Des 30:418–433
Lee BE, Wills JAB (2002) Vulnerability of fully glazed high-rise buildings in tropical cyclones. J Arch Engg (ASCE) 8:42–48
Lin N (2005) Simulation of windborne debris trajectories. M.S. thesis, Department of Civil Engineering, Texas Tech University
Lin N, Letchford CW, Gunn T (2005) Investigation of the flight mechanics of 1D (rod-like) debris. In: Proceedings of the fourth European & African conference on wind engineering (EACWE2005), Institute of Theoretical and Applied Mechanics, Prague, 11–15 July 2005
Lin N, Letchford CW, Holmes JD (2005) Experimental investigation of trajectory of windborne debris with applications to debris impact criteria. In: Proceedings of the 10th Americas conference on wind engineering, AAWE, Baton Rouge, 1–4 June 2005
Lin N, Letchford CW, Holmes JD (2006) Investigations of plate-type windborne debris. Part I. Experiments in wind tunnel and full scale. J Wind Eng Ind Aerodyn 94:51–76
Lin N, Holmes JD, Letchford CW (2007) Trajectories of windborne debris and applications to impact testing. ASCE J Struct Eng 133(2):274–282
McDonald JR (1990) Impact resistance of common building materials to tornado missiles. J Wind Eng Ind Aerodyn 36:717–742
McDonald JR (1999) Windborne debris impacts on metal wall panels and their implications. In: Larsen, Larose, Livesey (eds) Wind engineering into the 21st century. Balkema, Rotterdam. ISBN 90 5809 059 0, 1443-1449
McDonald JR, Mehta KC, Minor JE (1974) Tornado-resistant design of nuclear power-plant structures. Nucl Saf 15(4):432–439
Minor JE (1994) Windborne debris and the building envelope. J Wind Eng Ind Aerodyn 53:207–227
Redmann GH, Radbill JR, Marte JE, Degarabedian P, Fendell FE (1976) Wind field and trajectory models for tornado propelled objects. Electrical Power Research Institute, Technical report 1, Palo Alto
SFBC (1994). South Florida building code, 1994 Edition for Miami-Dade County
Simiu E, Cordes M (1976) Tornado borne missile speeds. NBSIR 76-1050, National Bureau of Standards, Gaithersburg
Tachikawa M (1983) Trajectories of flat plates in uniform flow with application to wind-generated missiles. J Wind Eng Ind Aerodyn 14:443–453
Texas Department of Insurance (1997) Building code for windstorm resistant construction. Texas Department of Insurance, Austin
Twisdale LA, Dunn WL, Davis TL (1979) Tornado missile transport analysis. Nucl Eng Des 51:295–308
Twisdale LA, Vickery PJ, Steckley AC (1996) Analysis of hurricane windborne debris risk for residential structures. Applied Research Associates, Inc., Raleigh
Visscher B, Kopp G (2005) Wind-tunnel measurements of trajectories of roof sheathing panels under high wind loads. In: Proceedings of the 10th Americas conference on wind engineering, AAWE, Baton Rouge, 1–4 June 2005
Wills JAB, Lee BE, Wyatt TA (2002) A model of wind-borne debris damage. J Wind Eng Ind Aerodyn 90:555–565

第 9 章 风荷载规范和标准的理解：规定背后的基本原理

Theodore Stathopoulos

摘要 本章汇集了最近几十年通过不同的实施规程，在建筑物风荷载的评估方面所取得的进展。这对理解当前关于建筑物上风致压力的估计方面的规范规定来说是必要的，反过来还可以帮助改善这些规定。针对风荷载标准规定的开发所进行的背景研究几乎仅仅使用边界层风洞实验，对计算方法的使用非常有限。本章所呈现的话题包括：风结构、风速模型、三角形屋顶建筑上的风压规定、四坡屋顶的压力系数和内部压力。根据普遍的观察，现行的规范必定包含上游地面粗糙度的影响、不同的屋顶类型和其他建筑特征。讨论了计算风工程学（CFD 和 ANN 法）的进步。最近的创新方法，如风荷载路径和使用特定建筑几何结构的风压系数随时间变化的关系进行数据库辅助设计（DAD）等，预计会在未来的实施规程中被利用。

关键词 建筑物 · 规范规定 · 计算风工程学 · 设计 · 风荷载

9.1 简介

本章包括一些关于风工程学中的基本原理，有助于理解关于建筑物抗风设计实践的风荷载标准和规范。风工程学的发展在 20 世纪取得了巨大的进步，已将集中研究带来的结果包含进了不同国家和国际实践风荷载标准和规范的最新版本中。特别强调了低层建筑，因为高层建筑，尤其是指那些具有复杂形状和不同环境的建筑仍然在边界层风洞中进行实验，尽管计算性的尝试在不断增加。表 9.1 显示了不同速度（每小时英里数）下，垂直于风向的平面上的每平方英尺压力（磅），由公式 $P=0.004V^2$ 计算出。

表 9.1 1944 年 ARMCO 钢结构规定的风压力

速度/(mile/h①)	压力/(lbf/ft²②)	风的类型
10	0.4	微风
20	1.6	轻风
30	3.6	强风
40	6.4	疾风
50	10.0	暴风
60	14.4	强暴风
80	25.6	飓风
100	40.0	强飓风

注：对于一个矩形建筑，压力取表中数值的 80%。

① 1mile/h = 0.44704m/s。——译者注

② $1\text{lbf/ft}^2 = 47.8803\text{Pa}$。——译者注

风荷载规范已经由一页纸逐步变成了几百页纸的一本书，要求包含详细的指南和注释，以便详细地阐述这些要求，通过适当的解释和正确的应用帮助设计师。实际上，大多数国家和国际风荷载标准具有共同的格式，包括向设计师提供描述性的说明，紧接着是关于背景信息的注释、补充或附录，以及之前版本规范/标准修订的规定或基本原理的由来。为有兴趣的读者提供相关的参考，以便进行更深入的阅读和理解，尽管一些国家的标准没有这方面的内容，大概是因为规范协会已经利用了他们共同的智慧，在原始研究中选择或没有考虑材料的这一部分内容。

不同的荷载标准另一个共同的特征是，对作用在建筑物表面的风荷载进行评估的基本方程，格式为

$$P = qC_eC_pC_g \tag{9.1}$$

此公式包括取决于气候和地形的动态风致压力（q），取决于高度和上游地貌特性的风压高度变化系数（C_e），取决于与风相互作用的建筑物的形状和几何细节的压力系数或形状系数（C_p）和阵风系数（C_g），其表示作用在建筑物表面的动态特性，以及包括所谓的影响覆盖层构件设计的“热点”影响因素在内的本地波动。本章将讨论上述每一个基本因素。

加拿大国家建筑规范（NBCC 1995，2005，2010）注释中包含的风荷载规定是首创的，然而美国国家标准 ASCE 7 - 10（2010）现在被认为是世界上最好的规范之一，因为它囊括了风—建筑相互作用领域主要的研究结果。更新规范规定是一个不断进行的过程，总是有问题需要解决，有创新需要实施。目前，关键的问题：包括不同形状建筑物上风荷载的估计、内部压力估计的规定以及粗糙度转变等情况下地貌的清晰定义。这是主宰未来几年研究议程的重要问题。此外，不同建筑物结构荷载路径的理解和评估是真正的挑战，同时还需要采取多种措施减轻旋涡在屋顶拐角、屋脊和边缘处产生的强吸力的情况。

本章回顾了在低矮建筑物风荷载评估方面知识的演变和目前的状态。在简短的历史回顾之后，是西安大略大学在 20 世纪 70 年代进行的低层建筑风荷载研究的一些详细描述。展示了研究结果对当代实践风荷载标准和规范中设计荷载规定的影响。最后，将讨论计算风工程学以及所谓的计算机辅助风工程学在建筑物风压力估值中的地位。

9.2 风速

动态风致压力式（9.1）的 $q = \frac{1}{2}\rho V^2$ 主要取决于风速 V。

需要注意：

- 地面障碍物阻止靠近地表的空气的移动，导致风速的降低（见图 9.1）。
- 在地表之上一定的高度上，空气的移动不再受地面障碍物的影响。此高度就是所谓的梯度风高度 z_g，它是地表粗糙度的函数。

无障碍风速被称为梯度风速 V_g，其在梯度风高度之上是保持不变的。

工程师通常使用指数定律代表风速随高度的变化。这主要是一个经验公式，定义为

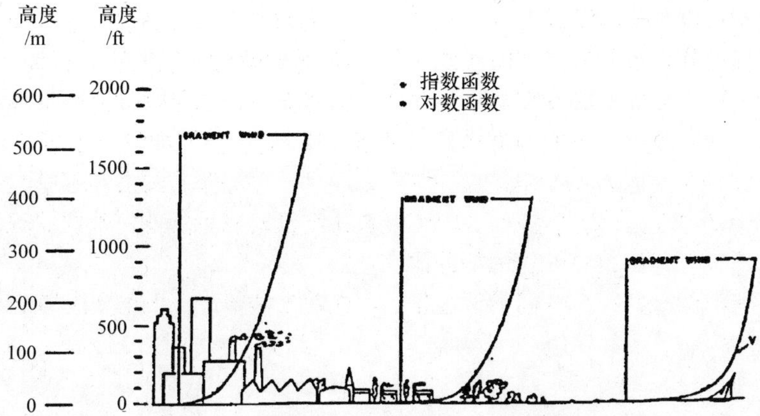

图 9.1 风速随高度的变化（Davenport 1967）

$$\frac{V_z}{V_g}=\left(\frac{z}{z_g}\right)^{\alpha} \tag{9.2}$$

式中，z_g 和 α 为地面粗糙度的函数、z_g 和 α 的典型值见表 9.2。

表 9.2 速度曲线特性的典型值

地形类型	地形描述	梯度风高度 z_g/m	粗糙长度 z_o /m	风速剖面指数 α	阵风速度指数
1	外海、雪地、冻原、沙漠	250	0.001	0.11	0.07
2	具有低矮树木和分散树木的旷野	300	0.03	0.15	0.09
3	郊区、小镇、树木繁茂的区域	400	0.3	0.25	0.14
4	大量的高层建筑、城市中心、发达的工业区	500	3	0.36	0.20

气象学家通常使用幂次定律［式（9.3）］，其基于边界层的物理性质。在边界层底部的 20% ~30% 有效，定义为

$$V_z=2.5u^* \ln\frac{z}{z_o} \tag{9.3}$$

式中，z_o 为粗糙长度；u^* 为摩擦速度（$\sqrt{\frac{\tau_o}{\rho}}\cong 1\sim 2\text{m/s}$——对于极端风速）；$\tau_o$ 为地表的剪应力；ρ 为空气密度。

表 9.2 还包括 z_o 的典型值和按照风速剖面指数的 60% 计算的阵风速度指数。

9.2.1 地貌

在最近版本的北美风荷载标准中，对地貌级别的定义做了一些改变。例如，在目前的 ASCE 7 – 10 标准（ASCE 2010）中，地貌 A 已经被取消，仅剩下 3 个基本的地貌类型，分别为 B（郊区）、C（旷野）和 D（海岸线地区）。地貌 A 针对非常密集的城市中心，极为贴近高层建筑。在这些区域中，关于风的变化性极为关键的一点是，仅仅风洞

中的物理模拟可以预测局部风况。

表面粗糙度和地貌级别之间的区别带来了对地貌更为准确的定义。图 9.2 ~ 图 9.4 展示了 B、C 个 D 地貌级别的典型情况。需要注意的是，每个风向的地貌是按照最坏的情况定义的，即在考虑之中的来自该方向任意一边的两个 45°部分。

图 9.2　地貌 B：具有大量密集障碍物的城区，障碍物的尺寸为住宅建筑大小或者更大。对于所有显示的结构，表面粗糙度等级为 B 的地形代表为逆风方向延伸超过 20 倍的结构高度或 2600ft（792m）中的较大值（ASCE 2010）

图 9.3　地貌 C：障碍物分散的开阔地带，对于大多数的风向高度通常低于 30ft。照片中平均屋顶高度低于 30ft 的所有一层结构的地形代表均低于 1500ft 或 10 倍结构高度，来自开阔地带的结果高于任何一个值使用地貌 B（ASCE 2010）

图 9.4 地貌 D：海岸线上（排除飓风影响区域的海岸线），风从至少 1mile 外经过开阔的水域吹向建筑物。地貌 D 的海岸线包括岛屿航道、较大的湖和加利福尼亚州、俄勒冈州、华盛顿州和阿拉斯加州的海岸地带（ASCE 2010）

描绘高层建筑物地貌逆风的特性所需要的参数已经从 10 倍建筑物高度增加到了 20 倍建筑物高度。对于地貌 B 而言，需要至少 800m 逆风建筑的表面粗糙度（不充分的开放风区）。开放风区被定义为大于或等于每边约 50m 的开阔地带。图 9.5 和图 9.6 展示了使用地貌分类 B 表面粗糙度 C 或 D 的开放风区效果，很明显，任何开放风区的计划位置对于不同的风向可能会有不同的效果。

优秀的工程学判断是地貌合适评估的必要条件。需要牢记在心的是，特殊建筑的地貌可能会因为逆风建筑未来的开发与/或拆除在几个风向方面发生变化。

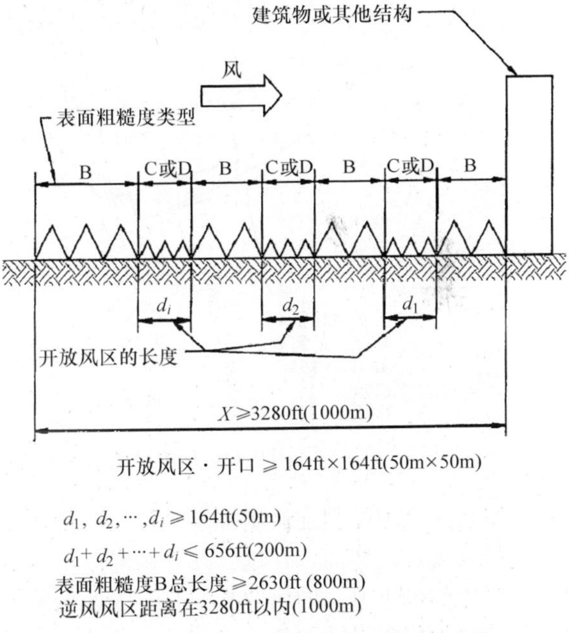

图 9.5 逆风开放风区的地貌 B（ASCE 2010）

9.2.1.1 逆风地貌

逆风地貌的定义和与其有关的粗糙度最近正面临着重新燃起的兴趣。这是因为由粗糙地形环境之上气流的实际阻滞，低层建筑上设计风压力减少的潜在可能性。设计风荷载规定中要包括地貌更加清晰的定义，包括指定地貌风压高度变化系数适用值的过度情

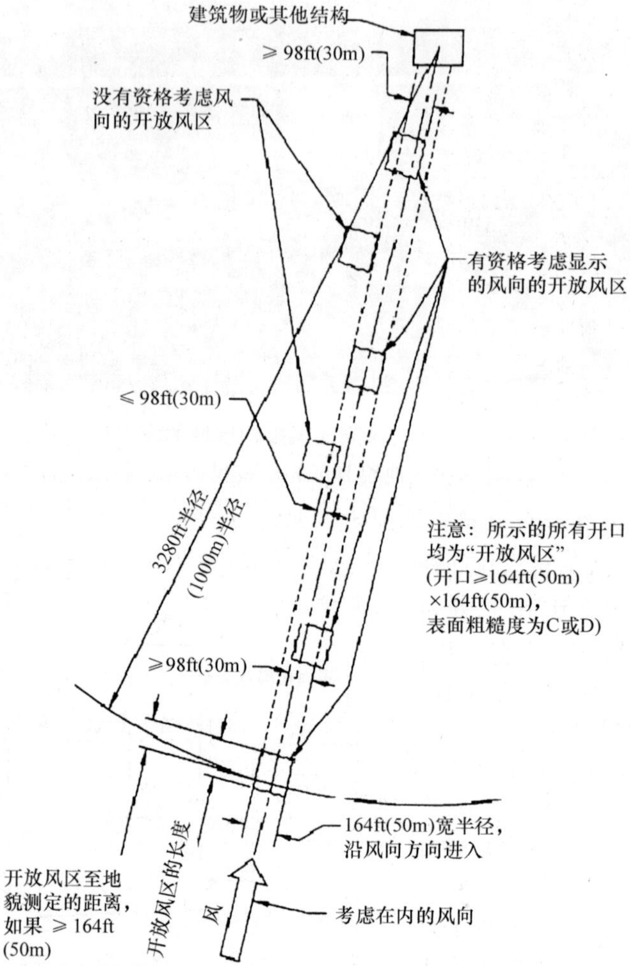

图 9.6　开放风区的地貌 B（ASCE 2010）

况。地貌影响详细的阐述会增加设计过程的复杂性，但是实际上可能会带来更加安全经济的风荷载规定。然而，在过去几十年间对于压力系数的研究工作量，与目前在地貌影响方面所做的最小努力的研究相比是不成比例的。然而，需要说明的是逆风地貌影响更难研究，很难按照设计的目的去编撰。此外，在不同的风荷载设计标准和规范中，关于逆风地形地貌的定义有明显的差异和矛盾，详见表 9.3。一个典型的例子是，描述最经常遇到的郊区/城区地貌需要的最小逆风风区，在英国规范（BSI 6399－2 1997）中为最小的 100m，在加拿大规范（NBCC 2010）中为最大的 1000m。

表9.3　z_o 的值和典型实际风荷载标准与规范的最小风区长度

地形种类	—	NBCC（2010）	ASCE 7-10（2010）	AS/NZS 1170.2（2002）	BS 6399-2（1997）
海岸线	z_o/m 最小风区	根据 α 而定	0.005 最大 （1524m，20H）	0.002 变量①， 取决于 H	0.003 1000m
旷野	z_o/m 最小风区	根据 α 而定 最大（1000m，20H）	0.02 —	0.02 变量①，取决于 H	0.03 —
郊区/城区	z_o/m 最小风区	根据 α 而定 最大（1000m，20H）	0.3 最大（792m，20H）；如果 H_o < 9.1m 为 457m	0.2 变量①，取决于 H	0.3 100m（$H_o \geqslant 5$m）
大城市中心	z_o/m 最小风区	— —	2 —	2 变量①，取决于 H	— —

注：H 为建筑高度，H_o 为平均屋顶高度。

① 1000m（$H<50$m）；2000m（50m$\leqslant H<$100m）；3000m（100m$\leqslant H<$200m）；4000m（$H\geqslant$200m）。

需要注意的是，在规范和标准中，包括加拿大2005年国家建筑规范（NBCC 2005），当前几条风压系数规定均是基于保守的旷野地貌，而不管真实的情况和普遍的风向。美国标准（ASCE 7-98 1998）继续使用类似于加拿大使用的系数——但是方向系数使用0.85取代0.8——以及如果真实的建筑物实际上是在与郊区地貌相应的粗糙度地区时取郊区地貌的速度曲线。这反映了低层建筑的大多数情况。St. Pierre（2002）已经将郊区地表粗糙度中三角形屋顶低层建筑上的实验测量的垂直上升和水平推力系数，和加拿大——NBCC（1995）、美国——ASCE 7-98（1998）和欧洲——ENV（CEN 1995）相关的规定做了比较。结果显示美国规定明显比其他规定低估了测量数据。图9.7展示了从该研究中得到的典型结果。实际上，当建筑设计实际位于一个所有风向均为郊区型逆风地貌时，似乎ASCE 7-98系数比保证的降低了更多。此外，城市地貌（地貌A）在ASCE 7标准中被去除，因为它被认为适合估算设计压力值，通过进行风洞研究来解释在这种情况下通常非常显著的类似效果。有关该领域当前努力的结果提出了地貌特征描述的必要粗糙度风区要求，并给出了传递方程，旨在为逆风地表粗糙度变化的情况提供合适的地貌风压高度变化系数。目的是为了实现地面粗糙度变化区域附近的地貌过度区域的添加，ESDU是此规定主要的来源。

9.2.2　风速和湍流模型

最近，在经过大量的风洞试验之后，一个用于估计粗糙度变化的风区之上设计风荷载的新的风速模型，以及一个处理均匀和不均匀地形情况下各种各样的逆风地貌结构的数值研究被推荐，如图9.8所示。该模型使用逆风地形中位于地点4km的范围内，与 N 种不同粗糙度风区相对应的 N 个分区，以及风区类型和风区粗糙度信息（z_o 和 α）的识别，可用于粗糙度分类，参见Davenpor等人文献。速度模型的重要性、相关性和有效性在Wang和Stathopoulos（2005）的文献中有详细论述。

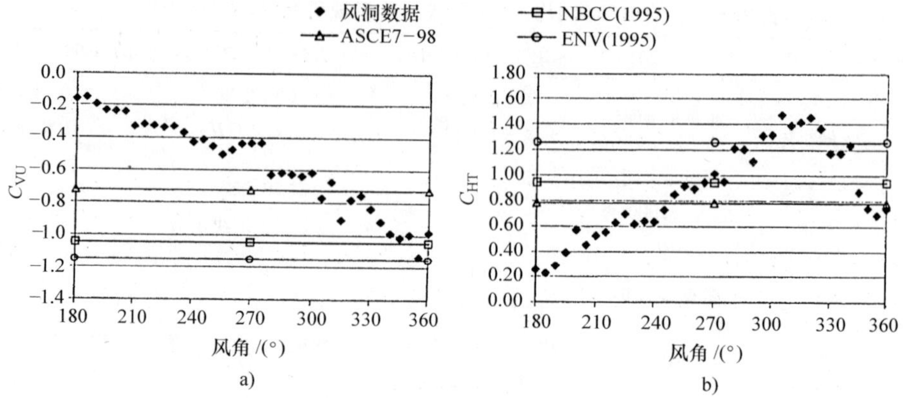

图 9.7　郊区地形地貌中三角屋顶建筑单边架间的最小垂直上升力和最大水平推力系数（St. Pierre 2002）

a）檐口高度：9.75m；屋顶坡度：3∶12　b）檐口高度：7.32m；屋顶坡度：1∶12

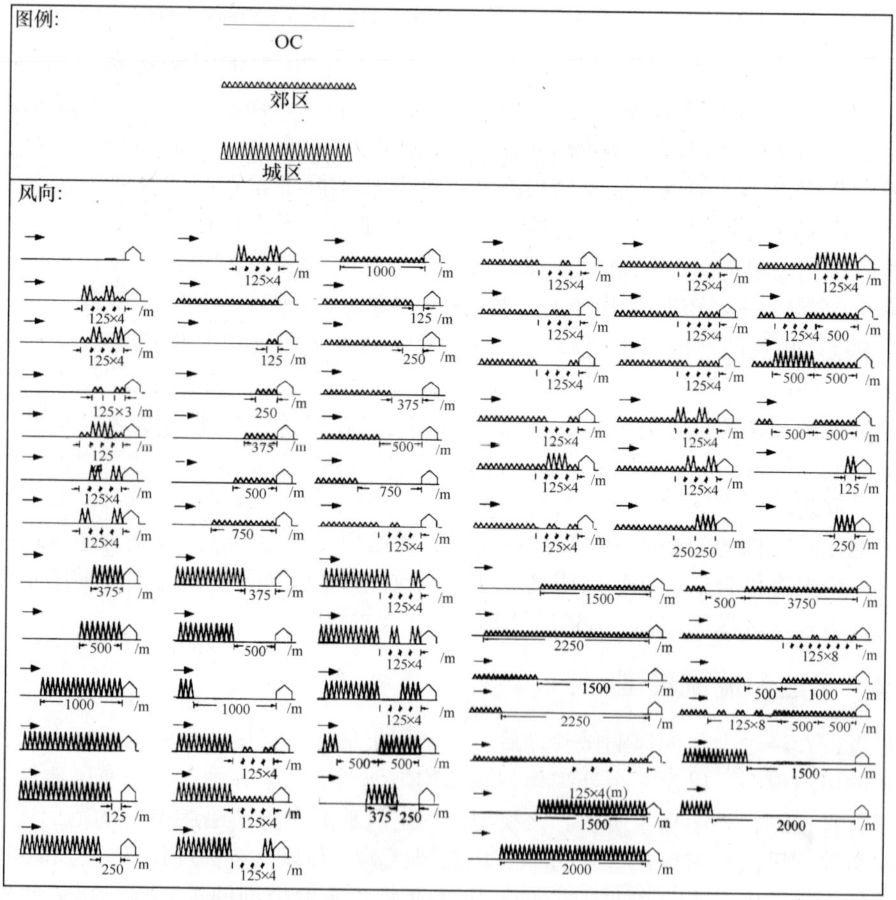

图 9.8　实验研究中使用的风区的多样性（Wang 和 Stathopoulos 2005）

此风洞研究还建立了一个用来估计不同地貌之上的湍流强度（I_u）的模型，其中 I_u 的定义为

$$I_u = \sigma / V_z \tag{9.4}$$

式中，V_z 为海拔 z 的平均风速；σ 为波动速度的标准偏差值。

需要注意的是，对于均匀的地形，之前的研究已经提供了测量 I_u 数据，一些文献（即 ESDU 80226；Simiu 和 Scanlan 1996；AIJ 1996；ASCE 7－02 2003；Zhou 和 Kareem 2002）也提出了建议的模型，然而对于不均匀的地形，仅仅有很少的研究，在这中间 Deaves（1981）完成的数值结果，被制定为了 ESDU（84030）中的典型不均匀风区的数据集。

9.2.2.1 风湍流

图 9.9 展示了 15min 周期内一个典型的风速变化。风的不稳定性清晰可见。这种风速随时间变化的重要特征可被总结如下：

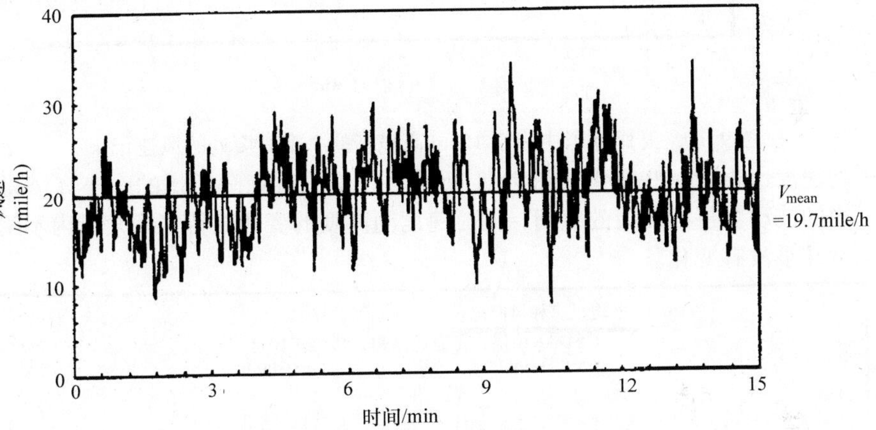

图 9.9　典型的风速随时间的变化

- 风速可被看作由两部分组成：平均风速和脉动成分。
- 脉动成分（湍流）是由对流运动（气象的）与/或地面粗糙度（机械湍流）引起的。
- 在高风速的边界层气流中，假设机械湍流占主导地位，工程师会对此感兴趣。
- 地表粗糙度越高的区域，湍流（机械的）越强，例如城市中心区域与平坦开阔场地。
- 湍流（机械的）随着海拔的提高而降低。
- 湍流（阵风）的重要参数如下：

—湍流强度，如式（9.4）所定义；

—阵风尺度（瞬态风），指的是整体尺度；

—阵风频率。

9.2.2.2 风结构

图9.10展示了在桅杆3个不同高度处测量得到的风速变化的典型记录。值得注意的是，平均风速在10min~1h的周期内保持稳定（平稳性），这构成了风洞试验的基本理念。稳定的原因基于一个事实，即产生平均气流过程的时间尺度大于1h。然而，平均速度确实随时间变化，大的波动会持续几天的时间。

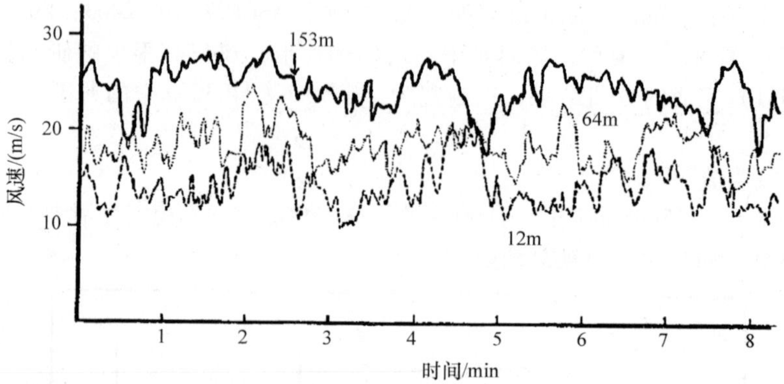

图9.10　开阔地形中一个153m高桅杆的3个高度处的风速记录

平均速度出现的一些变化如图9.11所示，这是从得克萨斯州的一座高塔得到的风记录。大的波动会持续几天的时间，同时速度随高度的变化在特定的几天内不明显。风向随高度几乎没有变化。

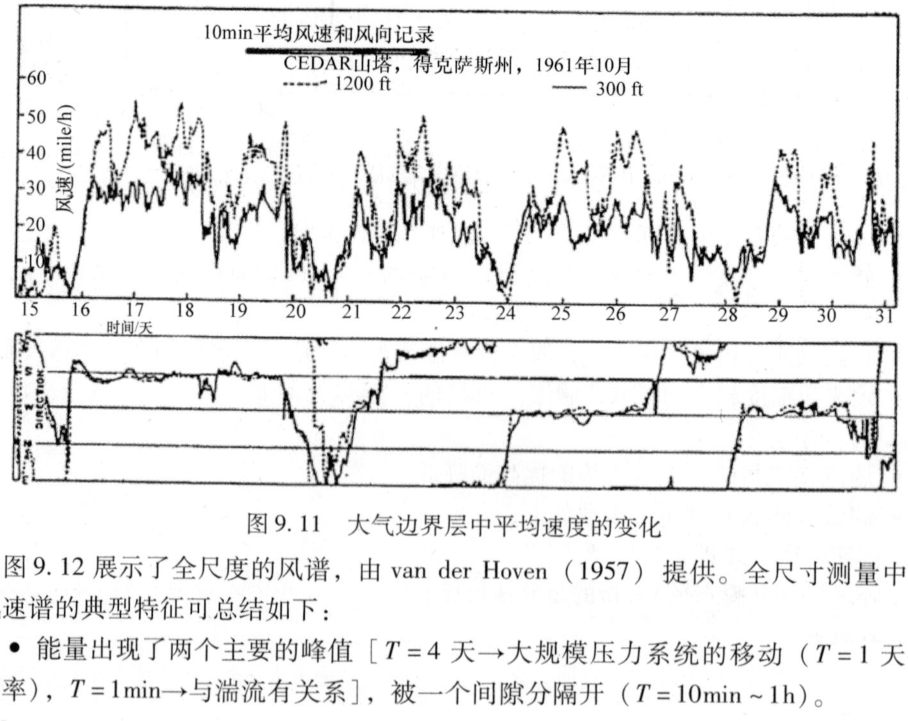

图9.11　大气边界层中平均速度的变化

图9.12展示了全尺度的风谱，由van der Hoven（1957）提供。全尺寸测量中发现的风速谱的典型特征可总结如下：

- 能量出现了两个主要的峰值［$T=4$天→大规模压力系统的移动（$T=1$天→每日频率），$T=1\text{min}$→与湍流有关系］，被一个间隙分隔开（$T=10\text{min}\sim1\text{h}$）。

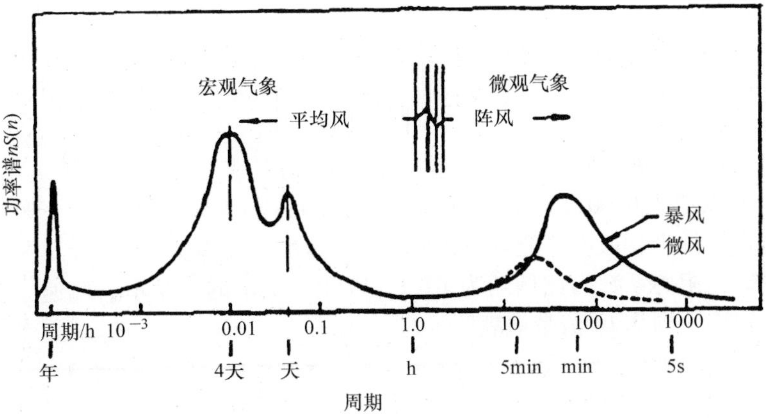

图 9.12　风谱（van der Hoven 1957）

- 高频率峰值的大小取决于平均气流的速度。
- 间隙明显的区分开了“平均风”和“阵风”。
- 选择 10min ~ 1h 作为平均风的平均周期得到了稳定平均值（雷暴可能除外）。

此外，对于所有的频率，风速波动的随机性显而易见（Hz = 周期/s）。如图 9.12 所示：

- 纵轴代表每个频率的能量（相对数）。
- 峰值在 $n = 0.01$ 周围（100s 的周期）。
- 在超过 1Hz 后能量急剧下降。
- 如果建筑或结构的基础频率大于 1Hz，阵风会引起轻微的动态共振（抖振）响应。

频谱的微气象部分，可以采用如式（9.5）等这种平滑的形式描绘出来，与几个地点得到的一系列的全尺寸数据吻合较好，如图 9.13 所示：

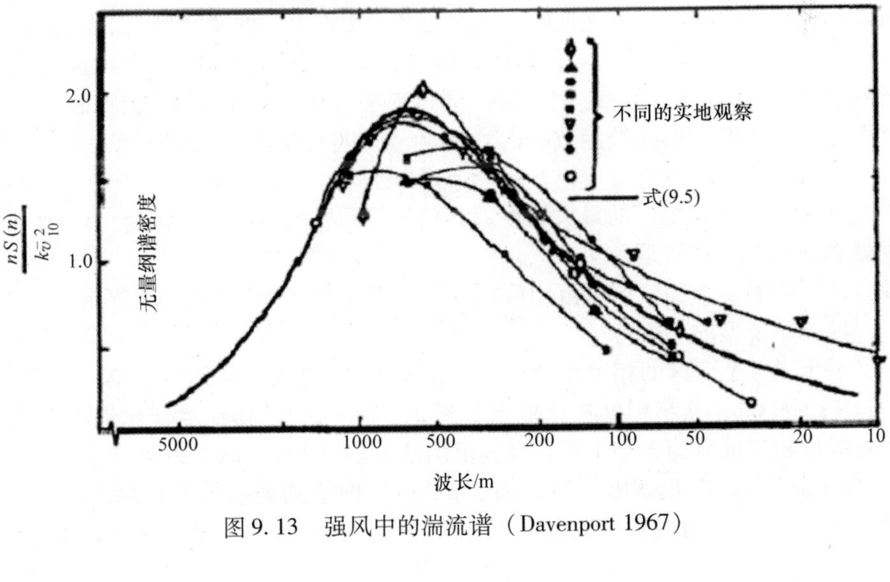

图 9.13　强风中的湍流谱（Davenport 1967）

$$\frac{nS(n)}{k\,\overline{v}_{10}}=\frac{4.0\left(\frac{nL}{\overline{V}_{10}}\right)^2}{\left[1+\left(\frac{nL}{\overline{V}_{10}}\right)^2\right]^{4/3}} \tag{9.5}$$

式中，$L\cong1200\text{m}$；k 为表面阻力系数，取决于地形的粗糙度，对应地形分类1 ~4或 D－C－B－A 分别取值为0.001、0.005、0.015 和0.04；$\overline{V}_{10}$为高度 10m 处的平均速度。

尽管城市中的平均速度可能较低，但是阵风速度要高很多。实际上，粗糙的城区和开阔地区的表面阻力系数的比例约为 10:1。因此在城市的环境下，风速中湍流的百分比可能会大很多。图 9.14 清楚地表明了这一点。

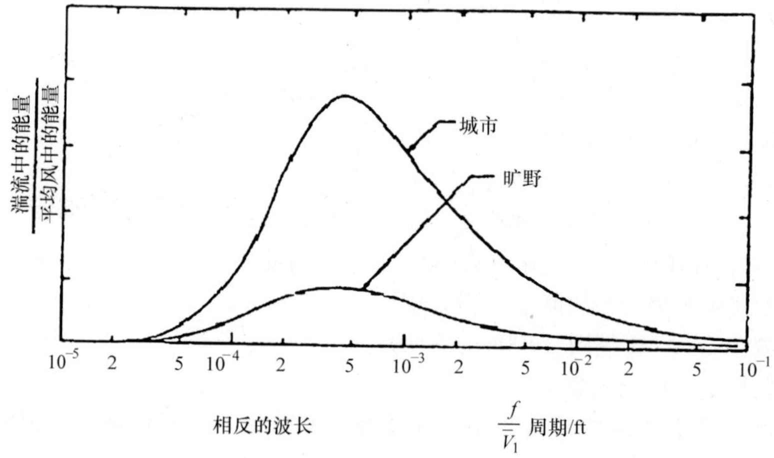

图 9.14　城市和旷野中湍流的比较

9.2.2.3　风速模型

近期的风洞研究表明，小规模的湍流变化在观测点上空的速度变化中扮演重要的角色（Schmid 和 Bunzli 1995；Zhang 和 Zhang 2001）。在一个定义明确的相关风区之上，风区会将边界层分为外部子层或一组相应的内部边界层（IBL’s）。IBL 的深度增长函数 $g(x)$ 可模拟为一个 0.8 的指数函数，由 Grarratt（1990）提出，如下所示：

$$g(x)\propto z_{o,r}^{0.2}x^{0.8} \tag{9.6}$$

式中，$z_{o,r}$为逆风风区粗糙度的最大长度或其相邻的顺风风区粗糙度长度；x 为粗糙度变化位置处和观测点之间的距离。

速度曲线中的每个部分均可由相应风区的指数定律表示。图 9.15 展示了一个说明示例，以便概述模型的一般特征。

示例展示了 3 个分区的相关划分方法：分区 0，从逆风 4km 地点至第一个粗糙度变化的地点 1；分区 1，从粗糙度变化地点 1 到 2；分区 2，从粗糙度变化地点 2 到现场。将整个边界层相应地分为 3 个子层：高度范围从 G 向下到 $g_1(x)$ 的外部子层（0），从 $g_1(x)$ 向下到 $g_2(x)$ 的 IBL（1），和从 $g_2(x)$ 向下到地面的 IBL（2）。$g_1(x)$ 和 $g_2(x)$ 均可通过 0.8 的指数函数模拟。层深 $g_1(x)$ 和 $g_2(x)$ 将现场的速度曲线分割

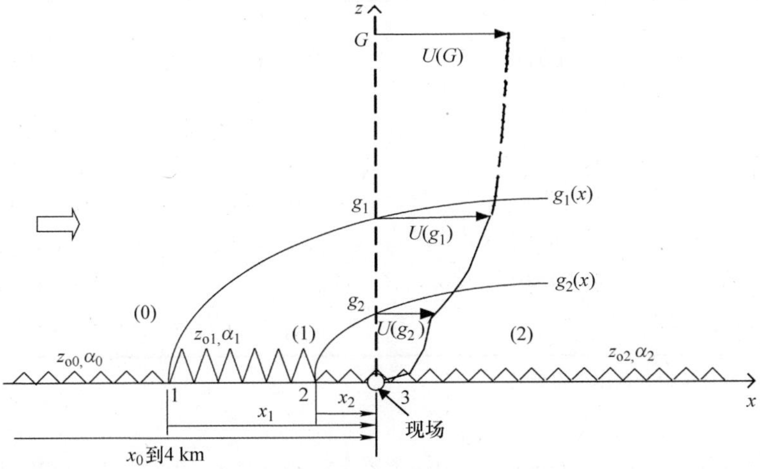

图 9.15　在两次粗糙度变化的风区之上形成了两个 IBL 的边界层的图解

为三部分，每一部分均可通过幂指数分别为每个风区相应的 a_0、a_1 和 a_2 的指数函数来模拟。

推荐的速度模型的格式如下：

梯度风高度：

$$g_n(x)=G(n=0) \tag{9.7}$$

IBL 深度：

$$g_n(x)=0.5z_{o,(n,n-1)}^{0.2}x_n^{0.8}(n=1,2,\cdots,N) \tag{9.8}$$

速度曲线分割：

$$U(z)=U(g_n(x))\left(\frac{z}{z_{g_n}}\right)^{\alpha_n}(g_{n+1}\leqslant g_n;n=0,1,\cdots,N) \tag{9.9}$$

式中，下标 n 表示风区数，也就是，风区 N 为现场的点；g_0（x）表示梯度风高度；g_n（x）表示第 n 个 IBL 的深度；x_n 为第 n 次粗糙度变换位置到现场的距离；$z_{o,n}$和 α_n 为风区 n 的粗糙度特征值；$z_{o,(n,n-1)}=z_{o,n-1}$或 $z_{o,n}$中任意一个较大的值。

对于没有粗糙度变化的均匀地形，$N=0$，式（9.8）不适用，式（9.9）可将其归纳为普通的指数定律。

为了使用式（9.7）~式(9.9)，需要为相关的风区长度、风区信息（x_n、$z_{o,n}$、α_n）、梯度风高度 G 和梯度风速 U（G）规定边界条件。在这项研究中，假设相关的风区长度为不变的 4km。相关风区的风区粗糙度信息（x_n、$z_{o,n}$、α_n）和梯度风高度 G 见 Davenport 等人（2000）和 ASCE（1999）给出的表 9.4。

原始分类（Davenport 等人 2000）的最高粗糙度等级（等级 8，混乱的，$z_o>2$m）与符合 ASCE 7-02 的城区相结合。在实际的风荷载标准和规范中，U（G)的值总是有效的。

表 9.4　根据 ASCE（1999）的指数定律 α 值 Davenport 等人（2000）给出的粗糙度等级

粗糙度等级	z_o/m	α	G/m
1. 海洋	0.0002	*0.09*	213
2. 光滑	0.005	*0.125*	213
3. 旷野（OC）	0.03	0.15	274
4. 崎岖的野外	0.1	*0.2*	274
5. 郊区（崎岖）	0.25	0.25	366
6. 非常崎岖	0.5	*0.3*	366
7. 城区（封闭的）	1	0.33	366

注：斜体数值是从拟合数据中得到的。

讨论

Wang 和 Stathopoulos（2005）深入探讨了这种新速度模型的应用和有效性。本章试图通过举例来证明，在不均匀逆风地形的情况下，这种推荐的模型是如何适合真实的 ESDU（82026）值的。ESDU 文件给出的案例被认为是最适合的检验案例。ESDU（82026）示例要求在表面粗糙度两次变化的顺风现场找到平均速度曲线，得出参考速度 U（10）=22m/s，风区包含 3 个分区，如图 9.16 所示。ESDU（82026）在速度曲线计算方面似乎比推荐模型更近了一步。值得注意的是，原始的 ESDU（82026）数据考虑的概率因数毫无意义，在图 9.16 的比较中去除了。图 9.16 显示了推荐模型和 ESDU（82026）之间达成的一致性是合理的，尤其对于 20m 以下和 80m 以上。对于中间高度，ESDU 倾向于比推荐模型提供更高的值，因此看起来推荐模型比 ESDU（82026）更加保守。然而，在飓风环境下，推荐模型与 Letchford 等人（2001）在几何外形类似的风区结构上所做的全尺寸调查更为一致。有趣的是注意到 Letchford 等人（2001）发现 ESDU（82026）过度速度模型可能倾向于高估，对由一个 R－S（粗糙到光滑）逆风地形变化引起的 10m 高度处的速度增加会高估 20% 左右。还值得注意的是，这种特殊的情况确保了高风速下中间大气稳定的状态。

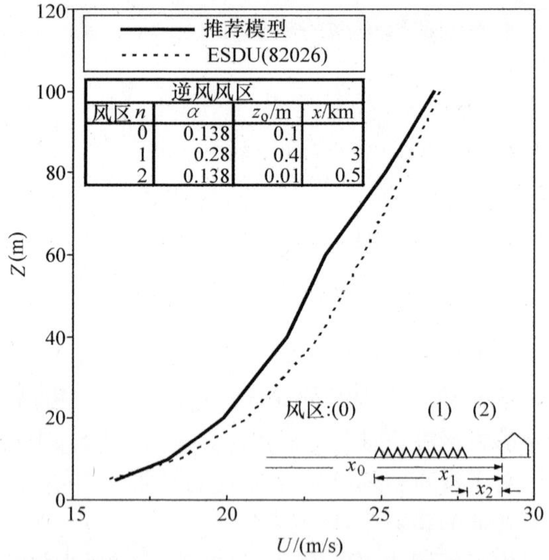

图 9.16　推荐的速度模型和针对 ESDU（82026）案例（所示的地形条件）的 ESDU（82026）模型（Wang 和 Stathopoulos 2005）

9.2.2.4 湍流模型

尽管本章并没有提出湍流模型详细的来历，但是可在 Wang 和 Stathopoulos（2005）中获取。然而，图 9.17 展示了与单粗糙度变化风区（从旷野到郊区）的实验数据的比较。推荐模型与实验数据吻合较好，而 ESDU 数据高估了更高高度处的湍流强度。然而，对于高度低于 30m，即大多数低层建筑的高度区间，在数据、ESDU 模型、当前的研究结果以及 ESDU 数据之间出现了极为出色的一致性。

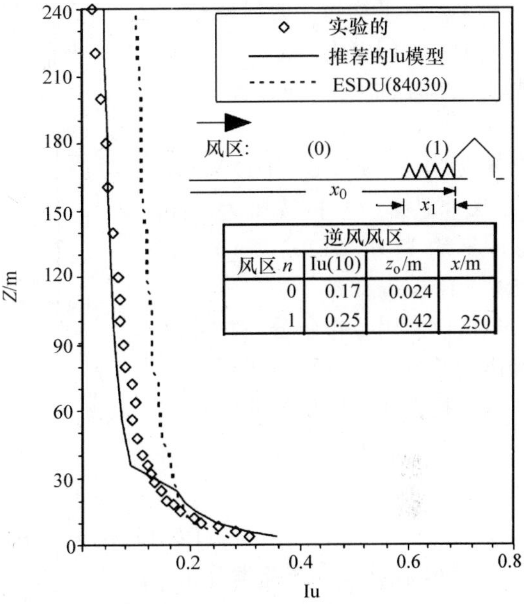

图 9.17 单粗糙度变化风区的 Iu 模型和风洞数据，以及一个极为类似风区的 ESDU（84030）数据（Wang 和 Stathopoulos 2005）

9.2.3 地形影响

面对距离 $100H$ 之内，高度 H 的逆风地形特征，设计师需要考虑地形引起的风速变化。就这一点而言，需要提及以下内容：

- 局部陡峭地形影响近地表面风场。
- 地形特征使风加速。
- 风的加速取决于山的形状、建筑物的位置和离地面的高度。

图 9.18 展示了遇到悬崖时的典型加速情况。

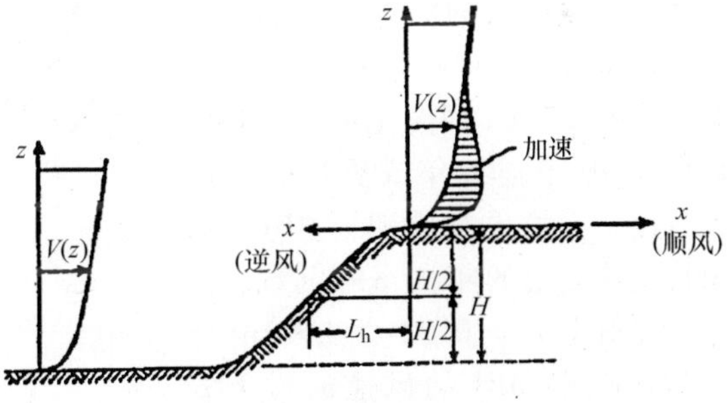

图 9.18 悬崖顶端出现的加速

9.2.4 风气候

风气候学原理最重要的应用是建立用于设计目的确定强风预报的统计基础。对于进行分析来说，项目地点一系列的风记录是必要的。

以下内容来自一个例子：

- 1h 平均约为 60 节（1 节 = 1.15mile/h）；
- 10min 平均约为 65 节；
- 2min 平均约为 75 节；
- 1min 持续值为 80 节；
- 峰值（3s）为 85 节；
- 知道平均时间很重要；

- 对于最快风速（1mile 距离）平均时间 $t=3600/V_{fm}$；
- V_t = 平均时间 t s 内的风速；
- V_{3600} = 平均每小时风速；
- Durst（1960）提出的非飓风阵风历时曲线——如图 9.19 所示；
- 如果持续风速为 120mile/h，3s 风速是多少？持续风为 1min 或 60s 平均 V_3 =（120）（1.53/1.25）=147mile/h。

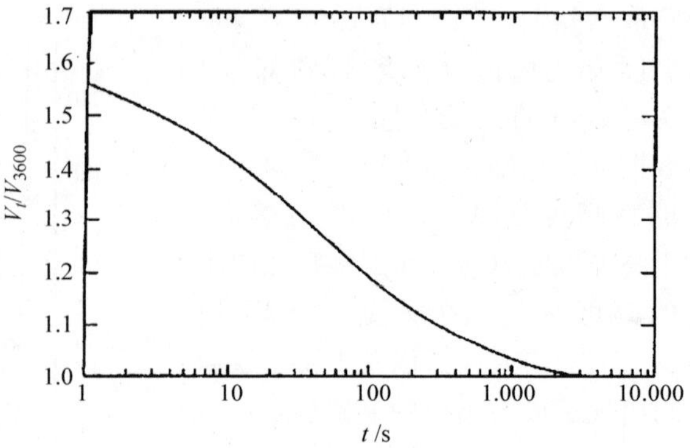

图 9.19　任意时间内平均风速与超 1h 平均风速的关系（Durst，1960）

也可以使用威布尔分布描述风速和风向的分布。分析收集的气象学数据，按照 16 个方向进行威布尔函数拟合。这种方向性分布可以表述为

$$P(>V,\theta)=A(\theta)\mathrm{e}^{\left[-\left(\frac{V}{C(\theta)}\right)^{k(\theta)}\right]} \tag{9.10}$$

图 9.20 展示了一个此类分布，图 9.21 展示了威布尔分布适合不同的地点，基于产生不同常数（k 和 c）分布值的风速数据（不论风向）的最关心区。

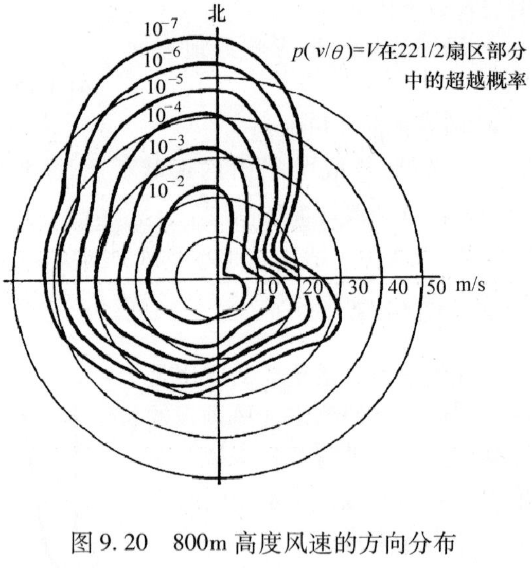

图 9.20　800m 高度风速的方向分布

超过特定风速的每年概率通过使用 Fisher - Tippett I 型极值分布给出。可用于获取编撰目的的年最大参考风速。Simiu 和 Scanlan（1996）给出了一个 Fisher - Tippett I 型简化步骤。要求的数据为 10 个连续年或更长的年度最大风速。平均重复周期（MRI）为超出特定速度值的年概率的倒数。例如，年度概率 $P_a=0.02$ 意味着 50 年的 MRI。特定 MRI 的风速通过下式给出：

$$V_{MRI}\cong U+\frac{1}{\alpha}\ln(MRI) \tag{9.11}$$

式中，U 和 $1/\alpha$ 分别是类型 I 分布的模型和散度。

在结构寿命内超出参考风速的概率（P）可通过下式计算：

$$P=1-(1-P_a)^n \tag{9.12}$$

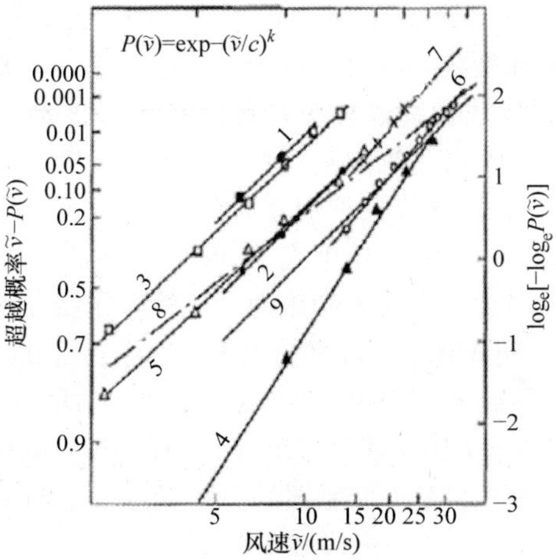

	C/(m/s)	k
1.代顿(俄亥俄州)表面	3.9	1.7
2.代顿(俄亥俄州)(300m)	7.1	1.7
3.卡萨布兰卡	4.2	1.5
4.福兰克群岛	14.8	2.5
5.Lido da罗马	6.8	1.5
6.纽约(F.J.K机场-500m)	11.4	1.87
7.西雅图机场(300m)	8.5	1.9
8.悉尼(梯度)	7.8	1.39
9.墨尔本(梯度)	10.5	1.64

图 9.21 不同地点风速的威布尔分布

式中，P_a 为超出参考风速（MRI 的倒数）的年度概率；n 为设计寿命或参考周期（年）。

表 9.5 提供了结构的不同设计寿命和 MRI 下，超出设计风速的概率。例如：

- 如果 MRI 为 50 年，结构的设计寿命为 50 年，则在建筑物寿命内有 64% 的概率会超过参考风速。
- 如果 MRI 为 50 年，寿命 $n=10$ 年，则超过数的概率为 18%。

可以显示出：

$$\text{MRI}=\frac{\text{结构寿命}}{\text{风险}}(\text{对于小风险}) \tag{9.13}$$

表 9.5 超出设计风速的概率 *P*

年超越概率 P	结构的设计寿命/年					
	1	5	10	25	50	100
0.04	0.04	0.18	0.34	0.64	0.87	0.98
0.02	0.02	0.10	0.18	0.40	0.64	0.87
0.01	0.01	0.05	0.10	0.22	0.40	0.64
0.005	0.005	0.02	0.05	0.10	0.22	0.39

9.3 风压系数

在设计标准和规范中低于 20m 的建筑被定义为低层建筑。包括居民建筑，建筑物较低（或低层）的概率可能超过 90%。20 世纪 80 年代的早期，加拿大出版的关于低层建筑的风荷载规定获得了享誉国际的声望，研究者和实践者对这一创新和先驱工作表示赞赏并传播至全球。就这一点而言，这些规定对不同国家和国际风荷载标准的发展产生了影响，包括现行的 ASCE 7 版本，对之前的版本也有不少的影响。

实际上，加拿大关于低层建筑的风荷载规定在《加拿大国家建筑规范 NBCC 1980》

中发生了重大变化。该变化是基于西安大略大学（Stathopoulos 1979）的研究，该研究清楚地证明了从属面积是建筑物风压估计的关键参数。然而，尽管有了这些修订，关于低层建筑的风荷载规范和标准还是忽略了压力随建筑物表面关键位置动态（波动）特征的变化。图 9.22 展示了 1975 年版本的加拿大国家建筑规范（NBCC 1975）第 4 部分评注中，规定的三角屋顶建筑物的压力系数。这些系数根据屋顶坡度的不同而有所不同：对于屋顶角度低于 22°，吸力占支配地位；对于屋顶角度高于 39°，压力占支配地位。对于角度在 22°～39°的屋顶，设计时需要同时考虑吸力和压力。尽管对作用在屋顶边缘和拐角处的风吸力上升值有一些规定，对中间或高屋顶坡度的边缘或边缘拐角处的高吸力却没有识别。有意思的是，这些规定与美国商务部 1948 年出版的文件（Whittemore 等人 1948）多少有些不同。比较起来，2010 年加拿大国家建筑规范（NBCC 2010）的用户指南（结构注释，第 4 部分）中包括的中间和高坡度三角形屋顶的典型设计规定与 1975 年的数据相比较，展示出了从属面积（尤其是屋顶拐角、边缘和中间坡度的屋脊）和不同屋顶坡度范围和特定屋顶区域的临界吸力值的显性效应——如图 9.23 所示。

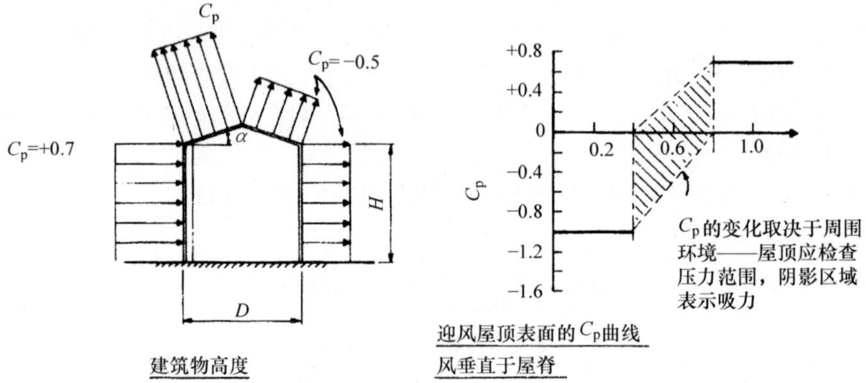

图 9.22　三角形屋顶设计压力系数（NBCC 1975）

9.3.1　面积平均压力

Stathopoulos（1995）和 Surry（1999）提供了关于低层建筑风荷载的历史回顾。尽管建筑物上的风压在 Jensen 的“自然风现象中的模型定律”（1958）之前被报道出来，但是并不具有代表性，一些早期的理念迄今仍然有效。早在 1884 年，Benjamin Baker 先生在不同尺寸的船上进行了一系列的风荷载测量实验之后得出，因为“高速移动的流线会先后撞击障碍物，而不是同时”，所以大面积上的平均风压肯定比小面积上的平均风压要小。Davenport（1975）论述了 Baker 的实验，Led Stanton（1924）发明并改进了风压记录仪，它是一个平均压力的机械式传感器，用来捕捉风的阵风效应。

图 9.24 左侧所展示的装置由一系列的膛室组成，每个都包含一个柔韧的皱纹膜片，会因两侧空气压力的差别而引起位移，随后是一个导杆带动一个轻的滑轮。将一根细的铂丝固定在一端，然后穿过所示的滑轮，自由端连接着一支笔并与由时钟驱动的鼓相连。笔的运动结合了膜片的单独运动，于是便获得了膛室内平均压力差异的记录。正是

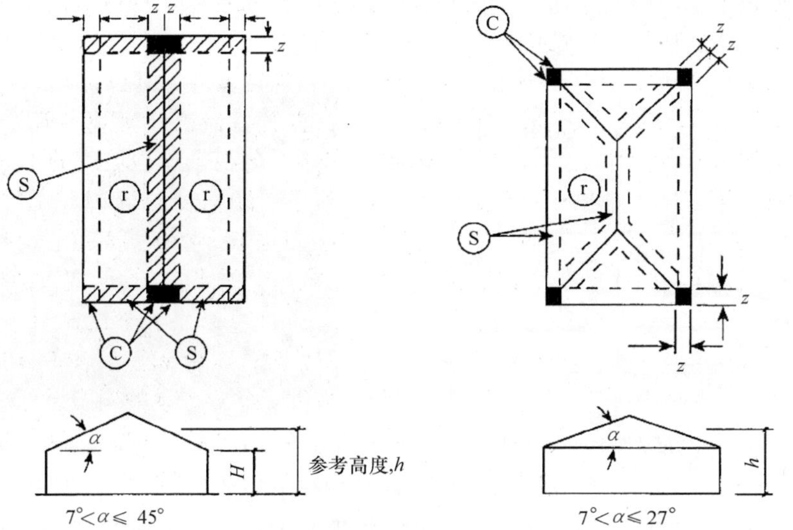

z=最小水平尺寸的10%的高度的40%的较小值。而且z≥1m，z≥最小水平尺寸的4%

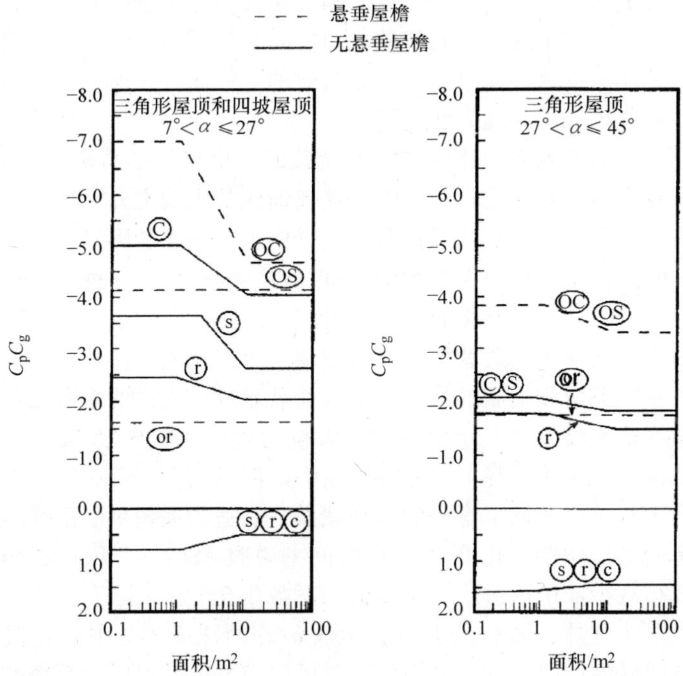

图 9.23　三角形屋顶设计压力系数（NBCC 2010）

这一概念导致了集合管的使用（见图 9.24 的右侧），以及 Surry 和 Stathopoulos（1978）对著名的气动平均技术的开发。

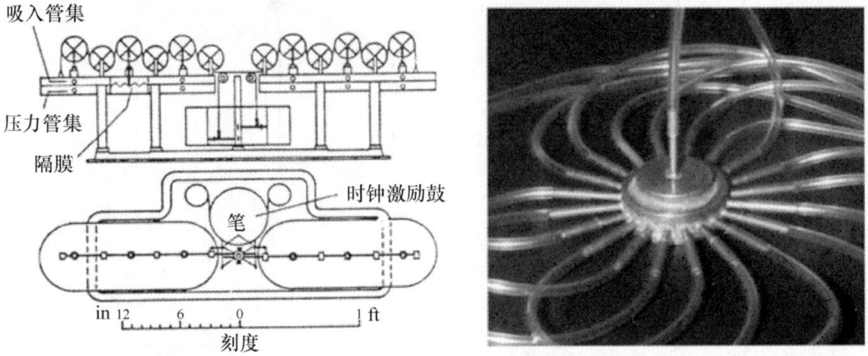

风压记录仪(Stanton 1924)　　气动平均(Surry和Stathopoulos 1978)

图 9.24　面积平均压力测量设备

正如 Surry（1999）所言，在 20 世纪 70 年代由 Alan Davenport 进行的关于低层建筑的研究中，必要性是发明之母。在缺少电子压力扫描阀的情况下，为了测量面积平均压力，开发了用于测量风洞喉咙处静压力的常见的多头管系统。尽管在最初阶段，集合管似乎会提供非线性压力平均数，长管的精细设计和使用会增强系统中的层流和线性压力降低，开发一个强大的工具用于测量随时间变化的空间平均压力。然而，花费了很长一段时间才使得风工程团体确信这种简单的方法是有效的。然而，在那之后一些实验室开始将这种气动平均技术作为一种常规方法使用。

然而，当考虑到具有多个表面的建筑物的风荷载时，更增加了从属面积的重要性。一个典型的例子是低层金属建筑物的框架。除了从属面积的影响之外，作用在不同建筑物表面风压相关的不足，在结构的真实风荷载的估计中也是重要的因素，因此在设计中予以采用。尽管在那时存在实验局限性带来的困难，在实验期间，这种结构荷载取值中相当复杂的部分，即间接负载的具有多种影响线的主要结构系统的不同点处的总上升力、水平剪切和弯曲力矩实现了实时获取。经常使用一个优化的软件程序来开发拟压力系数集合，用以产生考虑风向和地貌的最大抗力的荷载条件。提供的系数集合代表了虚构的荷载条件，其适当地包裹了独立于风向的最大抗力成分。图 9.25 展示了最终的结果，同样取自用户指南——结构注释 I——加拿大国家建筑规范（2010）。

提供的峰值压力系数集合代表了虚构的荷载状态，其适当地包裹了不受风向支配的最大抗力成分。有趣的是，花费了几乎 20 年的时间来说服 ASCE - 7 风荷载协会接受这种方法，并在美国风荷载标准中引进了一个类似的系数集合。

除了取得的这些进步之外，尤其是 Jensen 指数 h/z_0 的建立，其中 h 是低层建筑的高度，z_0 是逆风地形的粗糙长度，是一个为了复制风洞中测量平均压力系数的重要模拟参数，Tieleman 等人（1999）所做的更多近期的实验为模拟作用在低层建筑上峰值压力建立附加的标准。尤其还发现，小规模湍流的复制需要在大规模湍流的复制之前进行，剪切层分离前沿的小规模湍流的模拟和湍流强度的模拟最为重要。峰值吸力，可通过水

载荷情况A:风普遍垂直于屋脊

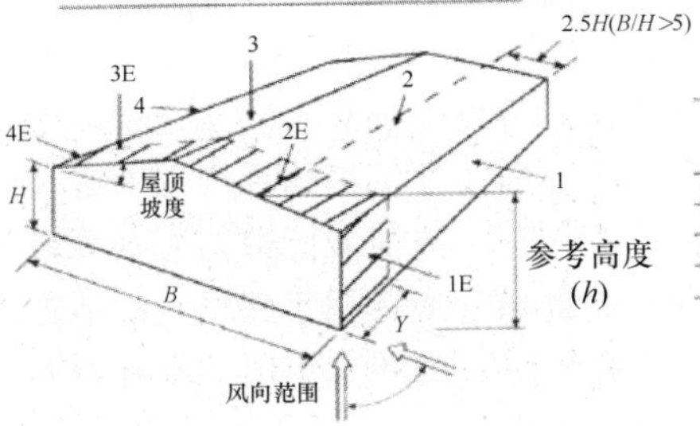

屋顶坡度	建筑物表面							
	1	1E	2	2E	3	3E	4	4E
0°～5°	0.75	1.15	−1.3	−2.0	−0.7	−1.0	−0.55	−0.8
20°	1.0	1.5	−1.3	−2.0	−0.9	−1.3	−0.8	−1.2
30°～45°	1.05	1.3	0.4	0.5	−0.8	−1.0	−0.7	−0.9
90°	1.05	1.3	1.05	1.3	−0.7	−0.9	−0.7	−0.9

载荷情况B:风普遍平行于屋脊

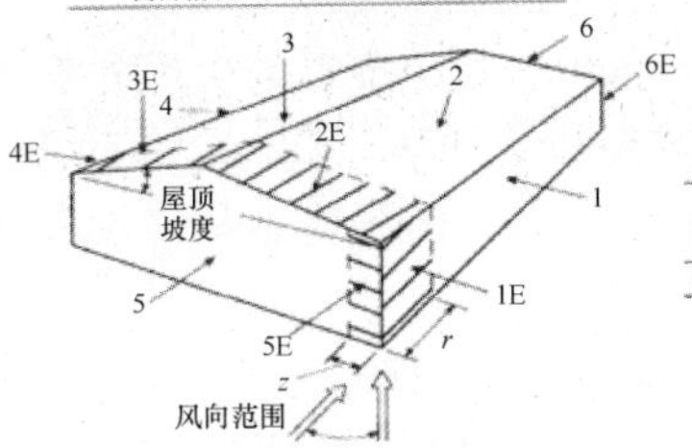

屋顶坡度	建筑物表面											
	1	1E	2	2E	3	3E	4	4E	5	5E	6	6E
0°～90°	−0.95	−0.9	−1.3	−2.0	−0.7	−1.0	−0.85	−0.9	0.75	1.15	−0.55	−0.8

端部区域宽度“*y*”应当为6m或2*z*的较大值，其中“*z*”定义为B类情况的端部的全墙，对于带框架的建筑，端部区宽度“*y*”可以为终端和第一内部框架之间的距离。

端部区域宽度“*z*”比最小水平尺寸的10%或高度*H*的40%要小，除此之外“*z*”必须至少为水平尺寸的4%，最少为1m。

图9.25 同时作用在所有表面的风荷载引起的主要结构的外部峰值压力系数，$C_p C_g$（NBCC 2010）

平湍流强度及其各自小规模湍流容量的详细风洞模拟，实现最佳复制。

西安大略大学关于低层建筑风力的研究以及一些后续研究，研究了屋顶荷载上的护墙效应、同时整合上表面和下表面荷载形成的挑檐上的风压、风致压力的分布概率和不同建筑表面多孔性和墙洞内部压力的重要影响。在后续工作的过程中，补充了Vickery的早期研究（1976）和Holmes的对比实验及理论工作（1979），清晰地建立了风致压力的空间均匀性。最后，Zisis和Stathopoulos（2009）所做的近期工作，在编撰作用在附属庭院屋盖上风荷载的工作中迈出了第一步。

9.3.2 规范化过程中的折减系数

显然，是Alan Davenport引入了众所周知的0.8系数这一理念，以便在编撰过程中解释各种各样的环节效应，如地表粗糙度和风向的影响。旷野地形地貌通常会提供最大的压力，但是大多数的低层建筑是在郊区地形地貌中，并且因为用于设计的阵风压力系数（$C_p C_g$）没有考虑风向，所以对于特定的建筑物朝向，就很难期待最不利的速度源自最不利的风向。因此，编撰成文的风压系数是通过取最不利的测量值系数为0.8来制定的。有趣的是，该系数的引入引起了风工程历史上的一个主要的争论。然而随后的广泛研究，如Ho（1992）已经证明了Davenport的原创方法不仅仅包括系数的选择，还包括基本原理和进行的可靠性分析——见Davenport等人（1985）的研究——除了风动态速度压力之外，还有地貌系数、压力系数和阵风系数需要的统计数据。

除了众所周知的0.8系数之外，还有另一个系数——同样源自Davenport对风相关事件的独创性和直觉——出现在了加拿大风力设计规范中，但是却是相当静悄悄通过的！众所周知，作用在不同结构和非结构建筑组件和构件上的风，要么是直接的，要么是间接的。例如，屋顶覆盖层是直接承受风荷载，然而主要的结构系统则通过其他结构构件，如大梁或桁条，间接承受风荷载。因此，存在一个风荷载函数的衰减等级，取决于抵达建筑系统特定组件的风荷载路径。很明显，此概念最适用于建筑物的地基。加拿大国家建筑规范（2010）的结构注释I“风荷载和效应”为同时作用在所有表面的风荷载引起的主要结构荷载指定了一个注解，即图9.25：

对于地基的设计，除了锚在框架上，仅需考虑70%的有效荷载。

只有很少一部分人知道此条注解仅仅源自Davenport一人。最近的全尺寸现场研究在检查了几个真实的风荷载记录之后，估计此衰减至少为17%（Zisis和Stathopoulos 2010；Zisis等人2011）。尽管这个0.7系数只是实验的结果，但是作者从来没有怀疑过这个值的合理性，后续的研究结果一定会证明它的正确性。

9.3.3 低层建筑中的附加风荷载

西安大略大学在Alan Davenport的指导下于20世纪70年代进行的研究发现，屋顶坡度和建筑高度的影响非常显著，但是通过引入屋檐和中间屋顶高度处的速度压力，荷载系数对高度的依赖性被显著降低；长度对风荷载的影响不再那么重要；从属面积的作用被看做是不同屋顶和墙壁组件风荷载评估的重要参数。所有荷载效应的动态部分在整个平均部分中占支配地位，对于局部压力尤其如此，对于分布式荷载效应也大约如此。动态部分还随由湍流值引起的地表粗糙度的上升而上升。然而，截至目前，对地貌影响还没有进行充分调查。内部压力的重要性得到了前所未有的关注。在过去几年里，做了许多研究努力，来评估不同环境下低层建筑上风荷载的变化性，以及估计不同结构的建筑物屋顶上的风荷载，还研究了外部突出物（即露台、屋檐、护墙）对不同几何尺寸低层建筑上风压分布的影响。

关于中间屋顶角（10°~30°）屋顶单列成组规定的合适性提出了问题。在这个屋顶角度范围内，与定义明确的低和高屋顶坡度范围相比，经过建筑物屋顶的风气流会出现剧烈的变化。例如，取决于屋顶坡度的精确值，一个特定的屋顶范围会承受正压或负压。此外，当前规定对中间范围的屋顶仅仅源自一个屋顶坡度的广泛实验，即4:12，相当于屋顶角度为18.4°，因此对于整个范围可能就不合适了。取自Stathopoulos等人（2000）的图9.26，展示了在屋脊拐角附近的5个开孔处测量的最小局部压力系数，可以发现中间屋顶坡度极易受到高吸力的攻击。10°~25°屋顶的压力系数显示出了类似的趋势，其最大峰值出现在20°屋顶。然而，压力系数在30°屋顶上的情况似乎与其他中间坡度范围有很大的不同。研究发现，10°屋顶角度数据更适合中间屋顶坡度规定，然而30°~45°范围更高地代表了30°的屋顶角度。图9.23所示是一个与其非常类似的图解，被包括在了ASCE 7-02（2003）——以及后续版本中——同样适用于相同的屋顶坡度范围，这一结论同样基于上述研究的结果（Stathopoulos等人2001）。

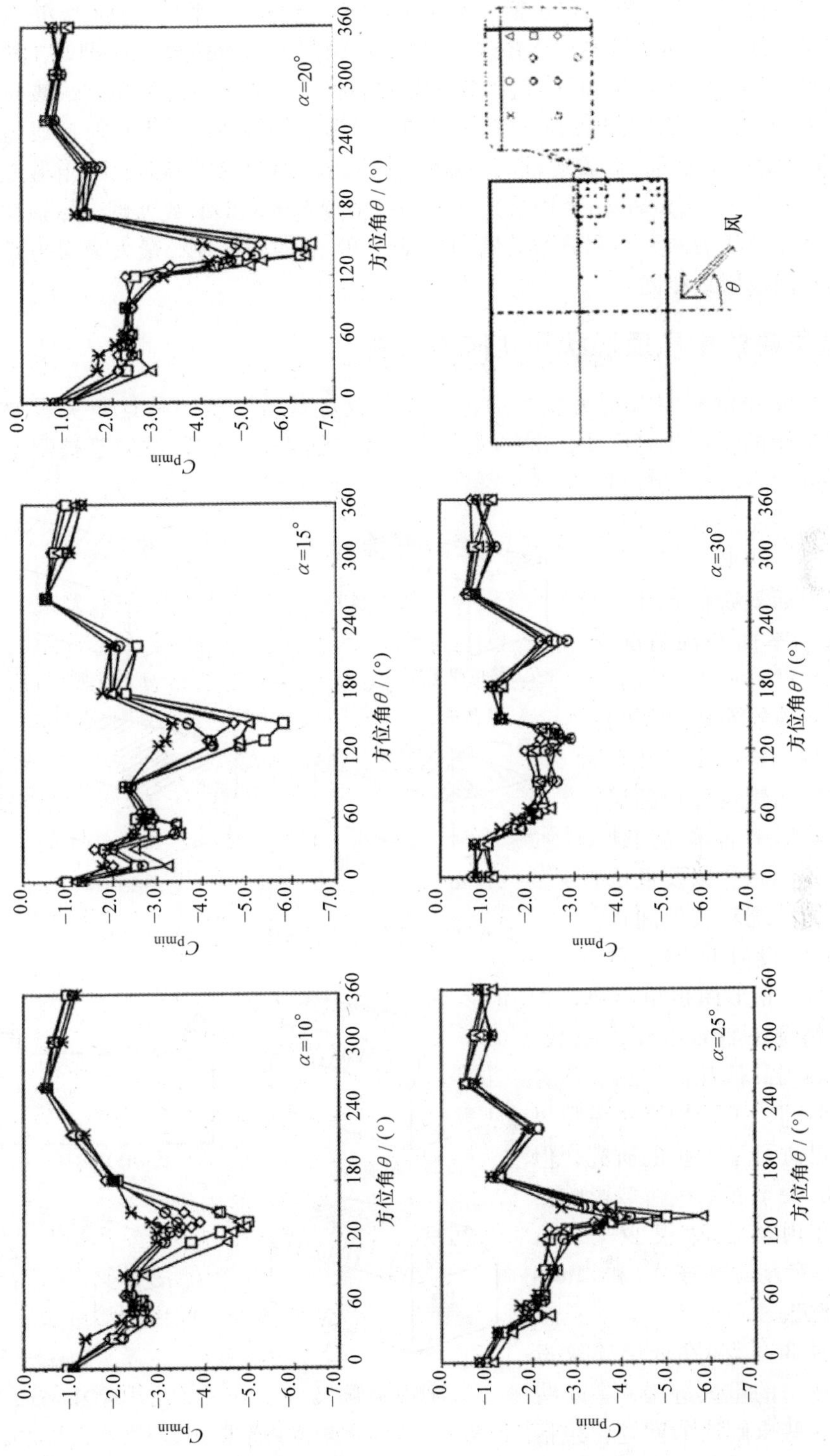

图 9.26　屋顶拐角压力（Stathopoulos 等人 2000）

同时期的风荷载规范和标准中包括关于局部和面积平均压力系数的估计，适合平面式、三角式、阶梯式、多三角式（折叠式）、单坡式和锯齿式屋顶外形的设计，然而规定却是针对10°~30°的四坡屋顶。后者基于 Meecham 等人（1991）的研究，该研究发现四坡屋顶上的最不利峰值压力与三角形屋顶相比减少了50%，但是研究却是基于18.4°的单屋顶坡度。然而，该发现证明了在严重的飓风中，四坡屋顶比三角形屋顶的表现更好。此外，Xu 和 Reardon（1998）进行的一个近期的风洞研究发现，屋顶坡度确实会影响四坡屋顶压力的大小和分布。例如，对于30°的四坡屋顶，最大吸引力系数几乎与三角形和四坡屋顶相同。

9.3.4 低层建筑中屋顶形状和几何的影响

基于之前的评论和空气动力学考虑，屋顶形状对屋顶风压的估计至关重要。图9.27展示了简单的屋顶几何尺寸，这些尺寸已经过广泛研究，且其结果已被用于编撰规范。另一方面，对于设计师来说，还有一些屋顶没有任何信息可用。图9.28展示了一个典型示例，包括复杂但是非常现实的非矩形平面布局情况。到目前为止，没有详细的调查低层建筑平面布局对设计压力系数值的影响。这产生了几个关于矩形屋顶和建筑外形的压力系数对非矩形平面布局的建筑物适用性的问题。以及低层建筑主要结构系统和其他间接负荷面的抗风设计问题。目前，仅仅针对三角形屋顶矩形建筑物提供了这种情况下特定的压力系数，但是很难扩展到其他几何结构。尽管在过去一段时间，关于护墙对屋顶风荷载的影响已进行了大量的研究，但是直到目前，关于展示风荷载影响护墙本身的可用信息却很少——见 Stathopoulos 等人（2002）和 Mans（2001）的研究。

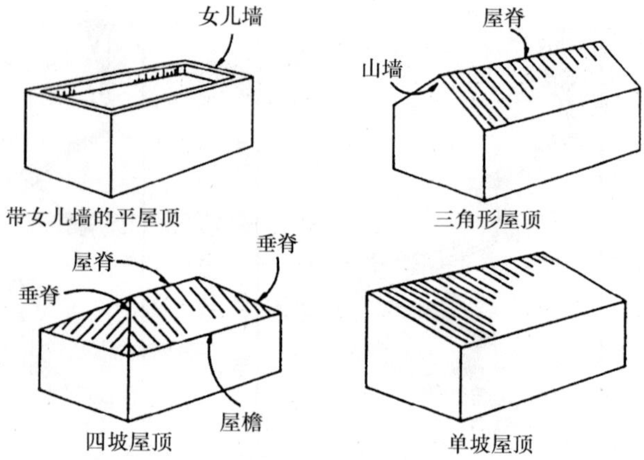

图9.27 风荷载规范和标准中表述的屋顶类型

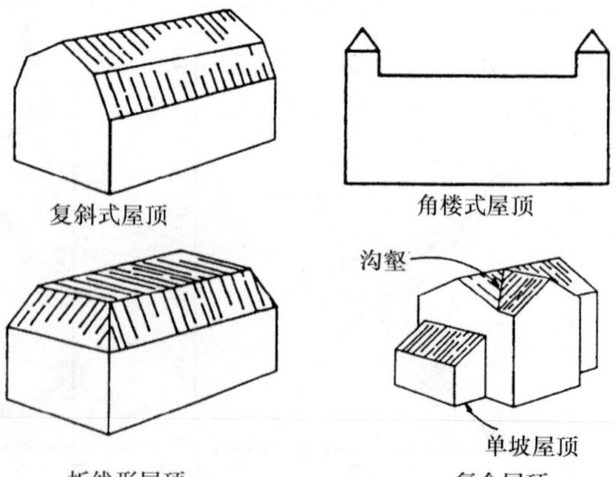

图9.28 风荷载规范和标准中没有收录的屋顶类型

除了过去30年间在低层建筑设计规定方面取得的重大进展，在一些方面仍然有一些未解决的问题。包括但不仅限于不同形状建筑设计压力系数的估计、内部压力的估计、地貌特征的影响及其设计压力的估计、贯穿低层建筑结构系统的荷载路径的估计以及屋顶上高吸力的衰减机制的开发，如特定形式护墙的利用（Baskaran 1992）和减缓屋顶涡流的特殊装置（Richardson 和 Surry 1994；Surry 和 Lin 1995）。

9.4　内部压力

因为建筑物很少是密闭的，所以设计中所选用的风荷载是取作用在建筑物围护结构外部和内部的荷载差。建筑内部风致压力会显著影响建筑物围护结构的净压力。封闭建筑内部压力与外部压力相比相对较小，但是对于部分封闭结构，内部压力的大小比得上外部压力。在过去几年里，人们对于风致内部压力又重新燃起了兴趣，导致了大量出版物的出版和相关建筑规范和标准的版本更新。

内部压力荷载取决于外部压力的分布以及建筑物维护结构开口（如果有）的位置、大小和开口的分布情况。如图 9.29 所示，取自 Whittemore 等人（1948）的研究，展示了半个世纪之前规定的内部压力系数。很明显，对于墙表面有 30% 甚至更多开孔的建筑，或者被打开或被破开的建筑，上风或下风/平行墙开孔的内部压力系数分别大约为 +0.8 或 -0.6。

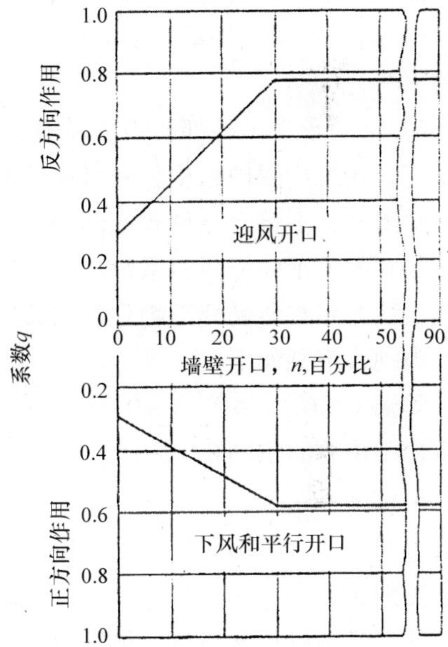

图 9.29　内部压力系数，来源于美国商务部（Whittemore 等人 1948）

基于近期的研究（Stathopoulos 等人 1979；Beste 和 Cermak 1996；Vickery 和 Bloxham 1992；Irwin 和 Dunn 1994），关于内部压力的当前规定更加详细，正如其在 ASCE 7-10（2010）中所出现的那样，尽管其保留了增压和减压现象的物理现实。表 9.6（ASCE 2010）规定了 3 种不同建筑的 3 组内部压力系数，如下所示：

开放式：建筑物的每面墙都至少有 80% 的开口。此情况下每面墙可通过公式 $A_o \geqslant 0.8A_g$ 表达，其中：

表 9.6　内部压力系数，来源于 ASCE 7-10（2010）

开孔等级	GC_{pi}
开放式建筑	0.00
部分封闭式建筑	+0.55

（续）

开孔等级	GC_{pi}
部分封闭式建筑	-0.55
封闭式建筑	+0.18 -0.18

注：1. 正负号分别表示作用在内部表面和作用在内部表面的反方向。

2. 对于适当的情况，确定临界荷载要求时应当考虑两个情况：

1）作用在所有内部表面的 GC_{pi} 为正值；

2）作用在所有内部表面的 GC_{pi} 为负值。

A_g = 墙壁上正面承受外部压力区的开口总面积；

A_g = 所在墙壁的总面积。

部分封闭式：具备以下两个条件的建筑：

1）墙壁承受正外部压力的总开口面积超过建筑物围护结构（包括墙和屋顶）总面积的10%；

2）墙壁承受正外部压力的总开口面积超过 $4ft^2$（$0.37m^2$）和该墙面积1%两者的较小值，建筑物围护结构的开口比例不超过20%。

封闭式：不符合开放式或部分封闭式要求的建筑。

加拿大关于内部压力系数的规定还注意到，由于建筑物开口尺寸和分布的变化性和不确定性，系数会受到影响且范围较广。然而，加拿大方法有一些不同。存在3种建筑设计类别，定义如下：

类别1（$C_{pi}=-0.15\sim0$；$C_g=1.0$）：建筑物没有大的开口，但是具有均匀分布的开口，小于总面积的0.1%；

类别2（$C_{pi}=-0.45\sim0.3$；$C_g=1.0$）：建筑物具有明显的开口且会在风暴中关闭及具有非均匀分布的开口，设计应当覆盖 C_{pi} 规定的整个范围；

类别3（$C_{pi}=-0.7\sim0.7$；$C_g=2.0$）：建筑物具有大的开口，会使阵风进入内部，灾后的临时房屋包含在这个类别内。

尽管这些规定的内容是合理的，但是其在实践中的解释和应用还是会为设计师产生并继续产生问题。例如，当涉及 ASCE-7 规定时，建筑物的内部压力由平稳（封闭式）逐渐变高（部分封闭式），然后再变得平稳（部分开放），再变得可忽略不计（开放）。然而，很难理解如果建筑物不满足封闭式或部分封闭式的要求，内部压力回到平稳水平——这些规范的使用者倾向于直接定义为开放式分类。增加建筑（部分开放）的第四个分类的建议带来了额外的问题，因为将知识转化为实践的部分困难是与使用的术语联系在一起。例如，“封闭式”一词甚至可用于每面墙70%开口的建筑！这一非常敏感的问题需要更多额外的工作去寻求满意的解决方案。因此，在弄清问题和更好的组织规定方面还有许多努力需要做。

9.5 数据库辅助设计（DAD）

数据库辅助设计的概念由 Simiu 和 Stathopoulos（1997）以及 Whalen 等人（1998）提出，它是指为低层建筑设计提供可直接使用压力时程的进一步规范选择。此概念实际上并不新颖，但是基于电子扫描压力测量系统的开发以及信息存储和计算能力的提高，这一概念成为可能。在典型风暴持续时间的时间间隔内，压力的时程可以记录下来，并且可以同时按照覆盖整个低层建筑围护结构的大量测点位置存储。Simiu 及其同事们还提出，使用包含压力随时间变化的空气动力数据库和包含风速数据的气象数据库的规定，风险相同，因此，关于承受风作用的低层建筑的设计比那些基于传统标准规定的设计更加经济。

第一个此类数据库由西安大略大学的 Alan G. Davenport 风工程小组首先创建。此数据库覆盖了 3 个建筑设计尺寸（40ft×62.5ft、80ft×125ft 以及 160ft×250ft），屋檐高度范围为 12～40ft。80ft×125ft 建筑的 3 个屋顶坡度（1/4:12、1:12 和 3:12）以及其他两个建筑尺寸的一个单屋顶坡度（1:12）已经被测试。研究了每种建筑物结构每个地形的（旷野和郊区）37 个风向角。约 700 个覆盖每栋建筑围护结构的测压孔风压时程按照一个标准格式存储并记录在了 CD-ROM 中，并可公开发布。

此外，生成的数据库由局部压力组成，计算任意结构从属面积的空间平均荷载可能会很重要，或者将其与任意涉及的结构影响线相结合，以便使间接承受风荷载的各种结构系统实现荷载的“真实可见”。因此，设计师便可以得出特定类型建筑（几何尺寸、外形等）和包括方向效应的任何风暴类型的风荷载，便可进行更加经济的定制设计，而不是作为一般类型的建筑，通过应用当前的标准和规范来实现。更多关于新一代标准及其优点的潜在发展的讨论见 Simiu 和 Stathopoulos（1997）以及 Whalen 等人（1998）的文献。

9.6 风荷载的计算估计

计算风工程学（CWE）应用计算流体动力学（CFD）方法，通过使用合适的湍流模型获取 N-S 方程的典型数值解，解决风工程问题。湍流处理的方法可被分为 3 组，即带湍流模型的 Reynolds 平均 N-S 方程、大涡模拟和直接的数值模拟。Murakami（1997）评论了这些方法。

目前，CFD 在风工程中应用的局限性，主要是因为将大气边界层特定特征与风荷载敏感结构相联系的困难性，如高湍流、高 Reynolds 数、3D 流场、阻流体及相关的气流分离和涡旋脱落。尽管有巨大的可能性，但 CWE 仍然处在初期，在设计实践中发挥作用还有很长的一段路需要走。然而，对于平均风气流和压力作为设计重点的工程，CWE 可以使用，至少用于初步设计阶段，利用其节约时间和成本的优势。图 9.30 比较了立方体表面测量的平均压力系数的实验和计算结果。计算中使用简单的 $k-\varepsilon$ 模型。立方体上风面的结果完美符合实验数据，但是屋顶的数值结果似乎有问题。标准 $k-\varepsilon$

模型无法预测上风屋顶边缘的吸力。标准 $k-\varepsilon$ 模型近期修改后的版本缩小了屋顶实验和数值数据之间的差距，但是此类调整是特别自然的，扩展了在特定情况下的使用范围。从总体看，通过使用湍流模型所有的类型和修订，使得数值压力系数的范围比得上在之前的研究中得到的实验数据的范围，图 9.30 突出显示了这一点。Stathopoulos (2002) 对 CWE 进行了复杂的修订。

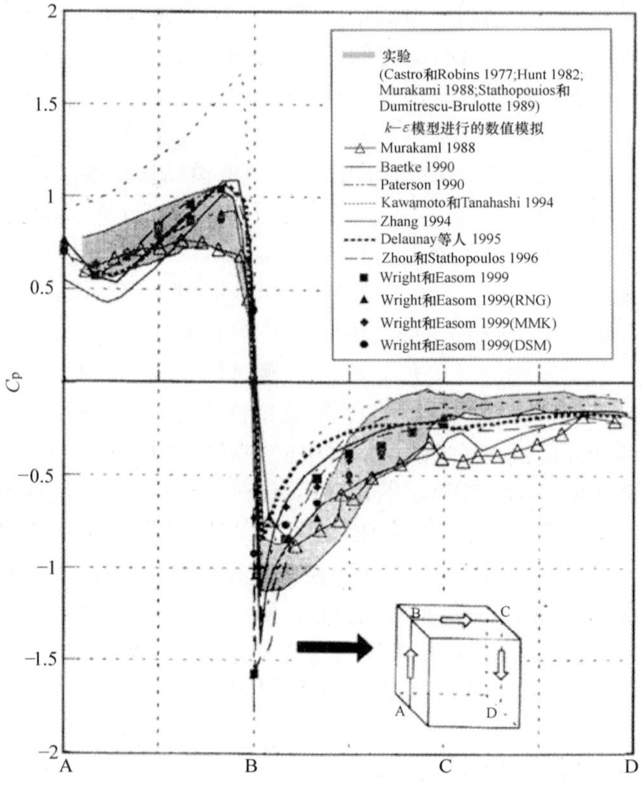

图 9.30　平均风压系数的比较：通过使用几个湍流模型进行的实验测量和数值模拟（Stathopoulos 2002）

9.6.1　计算机辅助风工程

9.6.1.1　计算机仿真

风洞试验和现场试验是调查风致压力脉动和时间变化曲线的传统方法。然而，收集风速和压力随时间长时间变化的数据费时费力，考虑到受建筑几何形状、测量位置、环境和其他因素的影响，固有变异性随着时间的变化而变化的情况。在另一方面来说，这一点可以通过计算机仿真使用概率统计模型来进行。模拟高斯和非高斯时间关系曲线的技术可以大致分为①FFT（快速傅里叶变换）和②ARMA（自回归滑动平均）。Seong 和 Peterka (1993) 通过结合傅里叶变换、非高斯输入处理的自回归模型以及在傅里叶时间序列中对傅里叶系数进行相位变换，提出了一种新的技术。

然而，为了将这种仿真和其他的仿真方法应用到工程中，需要付出更多的研究努力。足够多的模型已经在不同的建筑区域和流动特性获得应用，仿真过程以及参数估计过程得到了简化。为了规范化描述，至少是为了清晰的设计描述的概念得到了提升。Kumar 和 Stathopoulos（1997）通过解决这些问题改进了高斯和非高斯风力压力的仿真。他们还将此方法论用于围护结构疲劳分析。综合模拟方法的完整细节可以在 Kumar 和 Stathopoulos（2001）中获得。小波分析已经被用于模拟（Hajj 和 Tieleman 1996）。在具有一定的数学背景和风工程知识的前提下，为了获得更多关于风作用的随机模拟技术的基本信息，见 Kareem（1993）的研究。

计算机模拟在生成、存储和分析数据方面取得的成功，为设计专业人员提供了一个新的挑战和潜在的利益。来源于直接的风洞测量或通过计算机模拟的压力系数时间变化曲线，可以为实际风速组合成实际压力时间变化曲线。更进一步，这个计算机仿真可以与风洞试验得到的压力系数数据资料结合，用于不同建筑几何形状和尺寸之间的插值。毫无疑问，未来的规范方法似乎比过去的方法更加具有挑战性，更加令人兴奋！

9.6.1.2 人工智能

虽然风工程研究已经大大得益于计算机辅助，但是在将研究成果带到工程实践的过程中，计算机发挥了更重要的作用。在这方面，本书讨论了更为有效的计算机工具，如基于知识的专家系统、神经网络系统以及它们对风工程应用的影响，与风荷载对低矮建筑影响的联系。

基于知识的专家系统（KBES）是交互式计算机程序，它将人类的经验、判断能力、经验直觉和其他专门技术混合，在一系列广泛的话题上为人们提供有见识的建议。由于许多与风相关的设计和分析问题结构不善，以知识为基础的系统在20世纪90年代，在风工程方面发挥了重要的作用（Reed 1990）。

低矮房屋风荷载的规范解释已经成为KBES应用的一个部分。在澳大利亚（Sharpe等人 1990）、加拿大（Stathopoulos 和 Wu 1994）、美国（Schechter 等人 1995）以及其他国家，已经通过KBES更准确、更精确地解释了规范进行努力尝试。其他应用有：Mehta 等人（1993）将其用于估算建筑的风致损伤（WIND - RITE™），Minson 等人（1996）用详细的当地风速数据估算建筑附属装置的风荷载，Cheng 和 Shang（1997）使用GIS对地面风场建模。Alan G. Davenport 风工程小组尝试使用KBES将所测量的压力系数时间序列（见9.5节）插值到所测试的建筑边界范围内其他几何形状中。

KBES的优点总结如下：①运行系统不需要特殊的知识，并且对于复杂的领域知识普通用户也可以通过用户友好界面来使用；②一个普通的耗时协商过程可以在很短的时间内执行；③这样一个节省时间的特性也使得在早期设计阶段对不同的设计备选方案进行评估变得可行；④随着更多的信息可用，系统变得容易扩展，因为在KBES里面，领域知识变得更加清晰明确，并且与系统的推理机制分离开来。

尽管KBES的使用已经被很好地演示、应用和接受，但是神经网络系统（NN）对于风工程来说仍然比较陌生。类似于生物神经功能，NN技术能够从培训的样本资料中获悉复杂关系，这可能不完整或者不一致。

Sandri 和 Mehta（1995）使用反向传播神经网络来预测建筑物的风致损伤。为了验证人工神经网络技术在破坏预测方面的使用和适应性，模拟仿真建筑及其相应损伤的数据库，而不是从真正的损坏记录中获取。这个数据库接着被分成两个部分进行训练和测试。在训练过程中，网络反复对样本的输入和输出对进行加工，并在神经元之间逐步调整一系列数值的权重，直到网络误差减少到最小值。最后，测试数据库被用来评估研究的有效性。

English 和 Fricke（1999）也采用类似的方法，根据减少分隔距离、纵横比和幂律指数对两个完全相同的矩形建筑的屏蔽效应进行量化；Khanduri 等人（1996）对不同规模建筑在阻力、提升和倾覆力矩方面的干扰效应进行建模。在这两种情况下，通过各个作者和文献中得到的风洞结果形成了训练和测试的数据库。应该指出在后一种情况下，一种拥有 NN 知识采集和 KBES 知识展示的混合计算机系统已经研发出来，因为 NN 解释能力的缺乏可以通过 KBES 的逻辑推理和推断来补偿。这种方法的泛化已经在 Khanduri 等人（2000）的文献中进行了描述，对于编纂而言可能是适合的。

在所有的这些问题中，变量之间的互动对分析解法来说过于复杂。一般来说，在问题领域没有达成足够的了解。它是 NN 的部分识别能力，这在对建筑进行风效应的评估时是有用的。与 KBES 相比，NN 能够持续地通过从一个适当的训练中所获得的重要特性和复杂关系来预测新的输出、预先未知的输入。当风洞试验太费时费力时，它们在扩展已有的知识和执行参数研究方面十分有效。

9.7 结论和小结

本章回顾了在当前风荷载标准和行业规范的规定背后的基本原理，以及评价作用在建筑物上的风荷载的最新进展和进度。它指的是一些最近的研究导致或者将导致北美和其他国家风荷载规范和标准的更新。此类更新与中间屋脊角（10°~30°）的低矮平房人字形屋顶上的风致压力的复查、四坡屋顶上压力系数规定的引入、通过考虑减轻内部压力和外部波动的关联来测试内部压力的真实大小等因素有关。需要进一步研究的领域主要有，整合上游地表粗糙度的影响、评估不同屋顶形状的主要建筑结构系统上的风荷载、护墙上风荷载的评估、为车库和其他特色建筑构想制定新条款。

本章讨论了在评估建筑结构风荷载方面计算风工程领域的进展和人工智能（基于知识的专家系统、神经网络）创新技术的应用。最后，描述了通过创建作用在围护结构上的风压时间记录数据库面向未来编纂的新方法。这种方法将导致更加精确和节约的建筑物设计，因为荷载将根据每一个感兴趣的具体情况来指定，而不是现行的使用一个通用类型的建筑荷载。

致谢

感谢 3 个博士后学生在提交这些讲义方面的帮助，该讲义就是本章的来源，这 3 个人一个是 P. Karava 博士，目前是美国普渡大学的助理教授，另一个是 I. Zisis 博士，目前是美国佛罗里达国际大学的助理教授，最后一个是 B. Hajra 博士，目前是肯高迪亚大学博士后研究员，在这里对这 3 个人致以最崇高的敬意和感谢。

参考文献

American Society of Civil Engineers ASCE (1998) ASCE 7-98. Minimum design loads for buildings and other structures. ASCE, New York

American Society of Civil Engineers ASCE (1999) Wind tunnel studies of buildings and structures. ASCE manuals and reports on engineering practice no. 67, Aerospace Division of the American Society of Civil Engineers

American Society of Civil Engineers ASCE (2003) ASCE 7-02. Minimum design loads for buildings and other structures. ASCE, New York

American Society of Civil Engineers ASCE (2010) ASCE 7-10. Minimum design loads for buildings and other structures. ASCE, Reston

Architectural Institute of Japan (AIJ) (1996) Recommendation for loads on buildings. Architectural Institute of Japan, 26-30, Shiba 5-chome, Minato-ku, Tokyo 108-8414

Baskaran A (1992) Design of roofs with parapets. Construct Can 34:19–21

Beste F, Cermak JE (1996) Correlation of internal and area-averaged wind pressures on low-rise buildings. In: Third international colloquium on bluff body aerodynamics and applications, Blacksburg

British Standards Institution (BSI) (1997) BS 6399-2. Loading for buildings. Code of practice for wind loads

Cheng E, Shang J (1997) Complex terrain surface wind field modeling. J Wind Eng Ind Aerodyn 67:94–105

Davenport AD (1967) Gust loading factors. J Struct Div Proc ASCE 93(ST3):11–34

Davenport AG (1975) Perspectives on the full-scale measurement of wind effects. J Wind Eng Ind Aerodyn 41:15–22

Davenport AG, Stathopoulos T, Surry D (1985) Reliability of wind loading specifications for low buildings. In: Fourth international conference on structural safety and reliability (ICOSSAR '85), Kobe, 27–29 May 1985

Davenport AG, Grimmond S, Oke T, Wieringa J (2000) The revised Davenport roughness classification for cities and sheltered country. In: Third symposium on the urban environment. Davis, 14–18 August 2000, pp 7–8

Deaves DM (1981) Terrain-dependence of longitudinal r.m.s. velocities in the neutral atmosphere. J Wind Eng Ind Aerodyn 8:259–274

Durst CS (1960) Wind speeds over short periods of time. Meteorol Mag 89:181–186

Engineering Sciences Data Unit, ESDU. Data Item 82026. Strong winds in the atmospheric boundary layer. Part 1: hourly-mean wind speeds. Engineering Sciences Data Unit

Engineering Sciences Data Unit. ESDU. Data Item 84030. Longitudinal turbulence intensities over terrain with roughness changes. Engineering Sciences Data Unit

English EC, Fricke FR (1999) The interference index and its application using neural network analysis of wind-tunnel data. J Wind Eng Ind Aerodynamics 83(1–3):567–575

European Committee for Standardization, C.E.N (1995) (ENV). Eurocode 1: basis of design and actions of structures. Part 2–4: wind actions. ENV-1991-2-4, C.E.N., Brussels

Garratt JR (1990) The internal boundary layer – a review. Boundary Layer Meteorol 50:171–203

Hajj M, Tieleman H (1996) Application of wavelet analysis to incident wind in relevance to wind loads on low-rise structures. Trans ASME 118:874–876

Ho TCE (1992) Variability of low building wind loads. PhD Thesis, The University of Western Ontario, London
Holmes JD (1979) Mean and fluctuating internal pressures induced by wind. Wind engineering. In: Proceedings of the 5th ICWE, Fort Collins, July 1979, pp 435–450
Irwin PA, Dunn GE (1994) Review of internal pressures on low-rise buildings. RWDI Report 93-270 for Canadian Sheet Building Institute
Jensen M (1958) The model law for phenomena in the natural wind. Ingenioren (Internationl Edition) 2:121–128
Khanduri AC, Bedard C, Stathopoulos T (1996) Modelling wind-induced effects-integrating experimental and computerized approaches. In: Proceedings annual conference of Canadian Society of Civil Engineering, Edmonton
Khanduri AC, Stathopoulos T, Bedard C (2000) Generalization of wind-induced interference effects for two buildings. Wind Struct 3:255–266
Kareem A (1993) Simulation of stochastic wind effects. In: Proceedings of the 7th U.S. national conference on wind engineering, Los Angeles, 27–30 June 1993
Kumar SK, Stathopoulos T (1997) Computer simulation of fluctuating wind pressures on low building roofs. J Wind Eng Ind Aerodyn 69–71:485–495
Kumar SK, Stathopoulos T (2001) Generation of local wind pressure coefficients for the design of low building roofs. Wind Struct 4:455–468
Letchford C, Gardner A, Howard R, Schroeder J (2001) A comparison of wind prediction models for transitional flow regimes using full-scale hurricane data. J Wind Eng Ind Aerodyn 89:925–945
Mans C (2001) Wind loads on parapets. Master of Engineering Science Thesis, The University of Western Ontario, London
Meecham D, Surry D, Davenport AG (1991) The magnitude and distribution of wind-induced pressures on hip and gable roofs. J Wind Eng Ind Aerodyn 38:257–272
Mehta K, Smith D, Cheshier R (1993) A knowledge-based system for wind damage to buildings: Hurricanes of 1992. Andrew and Iniki One Year Later, ASCE, Miami
Minson A, Harries R, Wood C (1996) Towards an expert system for estimating wind loads on building attachments using detailed local velocity data. J Wind Eng Ind Aerodyn 62:11–36
Murakami S (1997) Overview of turbulence models applied in CWE-1997. Keynote Lecture. In: Proceedings of the 2nd European and African conference on wind engineering, Genova, 22–26 June 1997
NBCC (1975) National building code user's guide – commentaries on part 4 including requirements for plain and reinforced masonry. Canadian Commission on Building and Fire Codes, National Research Council of Canada, Ottawa
NBCC (1995) National building code user's guide – structural commentaries (part 4). Canadian Commission on Building and Fire Codes, National Research Council of Canada, Ottawa
NBCC (2005) National building code user's guide – structural commentaries (part 4). Canadian Commission on Building and Fire Codes, National Research Council of Canada, Ottawa
NBCC (2010) National building code user's guide – structural commentaries (part 4). Canadian Commission on Building and Fire Codes, National Research Council of Canada, Ottawa
Reed D (1990) Expert systems in wind engineering. J Wind Eng Ind Aerodyn 33:487–494
Richardson GM, Surry D (1994) The Silsoe structures building: comparison between full-scale and wind-tunnel data. J Wind Eng Ind Aerodyn 51:157–176
Schmid HP, Bunzli B (1995) The influence of surface texture on the effective roughness length. Q J R Meteorol Soc 121:1–21
Simiu E, Scanlan RH (1996) Wind effects on structures – fundamentals and applications to design, 3rd edn. Wiley, New York
Sandri P, Mehta KC (1995) Using back-propagation neural network for predicting wind-induced damage to buildings. In: Proceedings of the ninth international conference on wind engineering, New Delhi, 1989–1999
Schechter M, Schechter E, Simiu E (1995) Development of computer-based version of ASCE 7-95 standard provisions for wind loads. NIST technical note 1415, National Institute of Standards

and Technology, Gaithersburg
Seong SH, Peterka JA (1993) Computer simulation of non-Gaussian wind pressure fluctuations. In: Proceedings of the 7th U.S. national conference on wind engineering, Los Angeles, 27–30 June 1993
Sharpe R, Marksjo B, Holmes J, Fitchett R, Ho F (1990) Wind loads on buildings: expert system-WINDLOADER. J Wind Eng Ind Aerodyn 36:1269–1277
Simiu E, Stathopoulos T (1997) Codification of wind loads on buildings using bluff body aerodynamics and climatological databases. J Wind Eng Ind Aerodyn 69–71:497–506
Standards Australia (2002) AS/NZS 1170.2:2002 – Australian/New Zealand standard, Structural design actions, part 2: wind actions. Standards, Australia
Stanton TE (1924) Report on the measurement of the pressure of wind on structures. In: Minutes of the proceedings of the institute of civil engineers, 16 December 1924
Stathopoulos T (1979) Turbulent wind action on low-rise buildings. PhD Thesis, The University of Western Ontario, London
Stathopoulos T, Surry D, Davenport AG (1979) Wind-induced internal pressures in low buildings. In: Proceedings of the 5th international conference on wind engineering, Fort Collins
Stathopoulos T, Wu H (1994) Knowledge-based wind loading for envelope design: beyond building codes. J Wind Eng Ind Aerodyn 53:177–188
Stathopoulos T (1995) Evaluation of wind loads on low buildings – a brief historical review, a state-of-the-art in wind engineering. International Association for Wind Engineering, Wiley Eastern Limited, New Delhi 110002
Stathopoulos T, Wang K, Wu H (2000) Proposed new Canadian wind provisions for the design of gable roofs. Can J Civil Eng 27:1059–1072
Stathopoulos T, Wang K, Wu H (2001) Wind pressure provisions for gable roofs of intermediate roof slope. Wind Struct 4(2):119–130
Stathopoulos T (2002) The numerical wind tunnel for industrial aerodynamics: real or virtual in the new millennium? Wind Struct 5(2–4):193–208
Stathopoulos T, Saathoff P, Bedair R (2002) Wind pressures on parapets of flat roofs. J Archit Eng ASCE 8(6):49–54
St. Pierre LM (2002) Evaluation of wind load provisions for low buildings. Master of Engineering Science Thesis, The University of Western Ontario, London
Surry D, Stathopoulos T (1978) An experimental approach to the economical measurement of spatially averaged wind loads. J Wind Eng Ind Aerodyn 2:22–25
Surry D (1999) Wind loads on low-rise buildings: past, present and future. In: Proceedings of the 10th international conference on wind engineering, Copenhagen, 20–24 June 1999
Surry D, Lin JX (1995) The effect of surroundings and roof corner geometric modifications on roof pressures on low-rise buildings. J Wind Eng Ind Aerodyn 58:113–138
Tieleman HW, Hajj MR, Rainhold TA (1999) Pressure characteristics for separated flows. In: Larsen, Larose, Livesey (eds) Wind engineering into the 21st century. Balkema, Rotterdam
Van der Hoven I (1957) Power spectrum of wind velocities fluctuations in the frequency range from 0.0007 to 900 cycles per hour. J Meteorol 14:1254–1255
Vickery BJ (1976) Wind loads on low-rise buildings. In: Proceedings of the D.R.C. Seminar, Darwin
Vickery BJ, Bloxham C (1992) Internal pressure dynamics with a dominant opening. J Wind Eng
Whalen T, Simiu E, Harris G, Lin J, Surry D (1998) The use of aerodynamic databases for the effective estimation of wind effects in main wind-force resisting systems: application to low buildings. J Wind Eng Ind Aerodyn 77(78):685–693
Wang K, Stathopoulos T (2005) Exposure model for wind loading of buildings. In: Proceedings of the 4th European-African conference on wind engineering, Prague, 11–15 July 2005
Whittemore HL, Cotter JB, Stang AH, Phelan VB (1948) Strength of houses: application of engineering principles to structural design. Building materials and structures report BMS109, US Department of Commerce, National Bureau of Standards
Xu YL, Reardon GF (1998) Variation of wind pressure on hip roofs with roof pitch. J Wind Eng Ind Aerodyn 73:267–284

Zhang X, Zhang RR (2001) Actual ground-exposure determination and its influences in structural analysis and design. J Wind Eng Ind Aerodyn 89:973–985
Zhou YS, Kareem A (2002) Definition of wind profile in ASCE 7. J Struct Eng ASCE 128:1082–1086
Zisis I, Stathopoulos T (2009) Wind-induced cladding and structural loads on a low wooden building. J Struct Eng ASCE 135:437–447
Zisis I, Stathopoulos T (2010) Wind-induced pressures on patio covers. J Struct Eng ASCE 136 (9):1172–1181
Zisis I, Stathopoulos T, Smith I, Doudak G (2011) Cladding pressures and primary structural system forces of a wood building exposed to strong winds. Can J Civil Eng 38(9):963–973

第 10 章　风效应的数值模拟

Ahsan Kareem 和 Megan C. McCullough

摘要　随着现代结构系统的日益复杂，受此影响的潜在荷载的数值模拟将对结构安全性和可靠性的分析、设计和优化产生至关重要的影响。蒙特卡罗分析方法经常用于结构模型的荷载的输入和结果反馈的输出。除了必要的数值分析，数字模拟数据对于驱动计算机控制的测试设备也十分有必要。这两种数据分析方法都需要一个信号输入系统，它能够精确代表该结构模型在其运算过程中所有可能经历的分析。因此，模拟风速、压力和力的波动的时间历程是必要的，除了模拟结构的结果反馈之外，它还能分别对附带的功能以及设计负荷下各项功能的安全性功能进行评估。为了简单起见，仿真分析的随机过程通常假设为高斯平稳过程。然而很多风现象的特征却是非平稳、非高斯的。因此，在单变量和多变量进程，单维和多维空间、高斯和非高斯数据、稳态和非稳态的工序以及有条件和无条件的情况下，模拟方法的选择十分必要。为了实现该分析目标，基于时间、频率和时间 - 频率三方领域的方法被开发应用。本章分析了数值模拟的历史总结、研究进展和未来挑战。同时，本章也包含了对应用于数据和结果分析的计算机工具的讨论。本章通过案例研究说明探讨的相关主题。

关键词　频率 · 高斯 · 蒙特卡罗 · 非高斯 · 非平稳 · 模拟 · 稳态 · 时间 · 时间 - 频率域 · 瞬态事件

10.1　简介

对风相关因素（如风速、压力和压力波动等）的过程模拟对于大跨度桥梁、海上构筑物或高层建筑结构的风荷载的时域数值分析是必不可少的。除了数值分析外，数字模拟数据对于驱动计算机控制的测试设备也是十分必要的，如多风扇组合的风洞或减缓运动的阻尼控制系统。典型模拟方案是基于精确的理论模型、现象学或者经验学模型或是被模拟过程的观测数据。该方案大致可分为两类：①基于三角函数求和的方法（波叠加）；②基于带有核函数的白噪声的卷积方法或者由白噪声（数字滤波）驱动的差分方程的积分方法。这些技术在适应程度、复杂程度以及计算机存储需求和计算时间中也不相同。

在模拟中主要遇到以下 4 个关键问题：

- 模拟仿真必须基于大量的数据点，例如对于大跨度桥梁，需要建立合适的模型，能够包容涵盖不完善的相关的随机过程；

- 一般模型综合了时间和频率两方面，例如存在于下击暴流的非平稳的瞬时风场；
- 模型中也涵盖了非高斯特征，例如分流区域压力的波动；
- 由于测量条件的有限性以及测量数据的丢失，首先需要对数据进行环境模拟。

在很多情况下，所有这些问题都可能影响到单个模拟过程。例如，飓风中各因素间的相关性极端不完善，并且可能在结构上导致非高斯荷载。此外，被应用的观测经常会是有限的。

仿真方案可以适当应用于下列进程中：

- 条件或非条件；
- 高斯或非高斯；
- 稳态/均匀或非稳态/非均匀；
- 单因素/单维或多因素/多维。

最初，实用的仿真技术集中应用在单变量和一维过程的产生中。模拟多变量或多维处理这种更困难的问题最先是由 Borgman（1969）、Shinozuka（1971）、Shinozuka 和 Jan（1972）提出的。此外，条件模拟或随机插值等方案也已经被大量研究，这些方案可以用于模拟或内插观测位置间的数据。

这些方案都将在下面详细讨论。

10.2 基于波叠加（谱）的方案

10.2.1 谱方法

进行仿真最传统的、最常用的方法是利用带随机相位角的三角函数的叠加（Shinozuka 和 Jan 1972）。总结大量结果表明，由于其结构的离散性，连续的目标能量谱是相似的。模拟数据的高斯性是借助于中心极限定理建立的。这个方法适用于多变量和多维进程，但由于变量的数目增加导致该方法的计算效率不断降低。通过对计算效率的努力研究，提出三角函数的总和可以利用快速傅里叶变换（FFT）获得（Wittig 和 Sinha 1975）。然而 FFT 的利用却需要增加计算机存储，这个问题尤其是对于涉及长时间、多元或多维过程模拟提出了很大的挑战（Chen 和 Kareem 2002；Lee 和 Kareem 1993b；Samaras 等人，1985）。在过去的几十年，工作效率的研究已经取得了显著提高，延长了单因素和多因素、单维和多维、条件和非条件进程模拟的波叠加方案，例如 Shinozuka 和 Deodatis（1991）、Shinozuka 等人（1990）、Li 和 Kareem（1991，1993b，1997）、Grigoriu（1993）、Mann（1998）、Chen 和 Kareem（2005）、Carassale 和 Solari（2006）。

由于使用 FFT 方法存在的计算机存储器所施加的限制，Li 和 Kareem（1993b）介绍了一种结合波叠加技术和数字滤波的优点，以此模拟连续长时间段多元随机过程的数值模拟方案。这种方法提供了基于传统 FFT 模拟方案的操作简便性。这并没有受到计算机存储器容量的限制，然而在过去这一点阻碍了持续时间长的时间序列的生成发展。运用 FFT 算法涉及大量时间序列分段的数值模拟。这些分段随后由数字滤波器手段合成，以提供模拟过程所需的持续时间。该方法提高了计算的简单高效性、方便稳定性，并具有直接的应用程序进行实时模拟的功能。其他措施可以减少为大量模拟位置而产生的计算工作量，例如对有限的频率位置以及较多的时间步骤进行分解。此外，必须考虑到交叉功率谱密度矩阵（XPSD）的分解方法中可能会为了减少计算量产生额外的方法。

该 XPSD 的 Cholesky 分解已被广泛应用在多元和多维方案的数字仿真中（Shinozuka 和 Jan 1972）。Li 和 Kareem（1990b，1993b，1995）提出了关于 XPSD 矩阵平稳随机过程模拟的"随机分解"概念，这一概念被进一步扩大到非平稳过程的模拟中（li 和 Kareem 1991，1997）。随机分解的中心是相互关联的矢量值的随机过程被分解成一组矢量值的子过程。这种分解的发生必须使同一子过程的任何两个组件流程在统计上是完全一致的，而来自不同子过程的任何两个组件流程是非相干的。因此，母进程的仿真就是通过非相干的子过程的仿真简化而来。由于 Schur 分解允许利用相对较少数量的模式进行模拟，其往往比 Cholesky 分解更有吸引力（Di Paola 和 Gullo 2001；Li 和 Kareem 1993b；Shinozuka 等人 1990）。通过某些条件的改变，Cholesky 分解模式也可能获得类似的收益（Li 和 Kareem 1995）。

为了便于在设计办公室使用随机模拟，NatHaz 模拟实验室开发了一种基于网络的模拟协议，这样可以使多元高斯随机过程与规定的光谱特性进行模拟。该 NatHaz 线上风模拟器（NOWS），可在该网址 http：//windsim. ce. nd. edu 下载，用户能够通过一个直观、友好的用户界面对平稳随机风场进行模拟，并能超越时间和地域的界限。如图 10. 1 所示，该 NOWS 支持公制（SI）和英制单位的输入/输出，并提供了一个在线单位换算。类似的概念已经被用于 NatHaz 气动荷载数据库，网址为 http：// aerodata. ce. nd. edu（Kwon 等人，2008），为多元风模拟提供 3 个输入选项方便多个地点的观测：垂直坐标位置格式（例如高层建筑或烟囱）；横向坐标位置格式（如大跨度桥梁桥面）；任意的二维坐标位置格式（如大跨度桥梁桥面和塔）。至于平均风速，NOWS 已采用 ASCE7 –98 概念，即 3s 阵风速度和 4 个地貌条件（ASCE7 –98），来计算在给定的高度的 1h 平均风速。为保证选择的灵活性，NOWS 还提供了 4 种不同的模拟方案：

- 传统的频谱表示法（Shinozuka 和 Deodatis 1991）；
- Cholesky 分解和 FFT 的离散频率函数（Wittig 和 Sinha，1975）；
- 用 Cholesky 分解和 FFT 遍历频谱表示（Deodatis 1996；Ding 等人 2006）；
- 应用 AR 模型多项式近似值的 Schur 分解（Di Paola 1998；Di Paola 和 Gullo 2001）。

对于这 4 个方案的更多详细信息，请参阅在 http：//windsim. ce. nd. edu 网址提供的文档和附带的引文。结果界面如图 10. 2 所示，除了 3 个模拟风速案例之外，所选的模拟方案和用户的输入参数也会显示出来。NOWS 允许用户在任何地点下载包含时间和风速波动的 ASCII 文件，这使用户能够进行更深入的线下分析，例如在时域空间风荷载的结构动力分析。

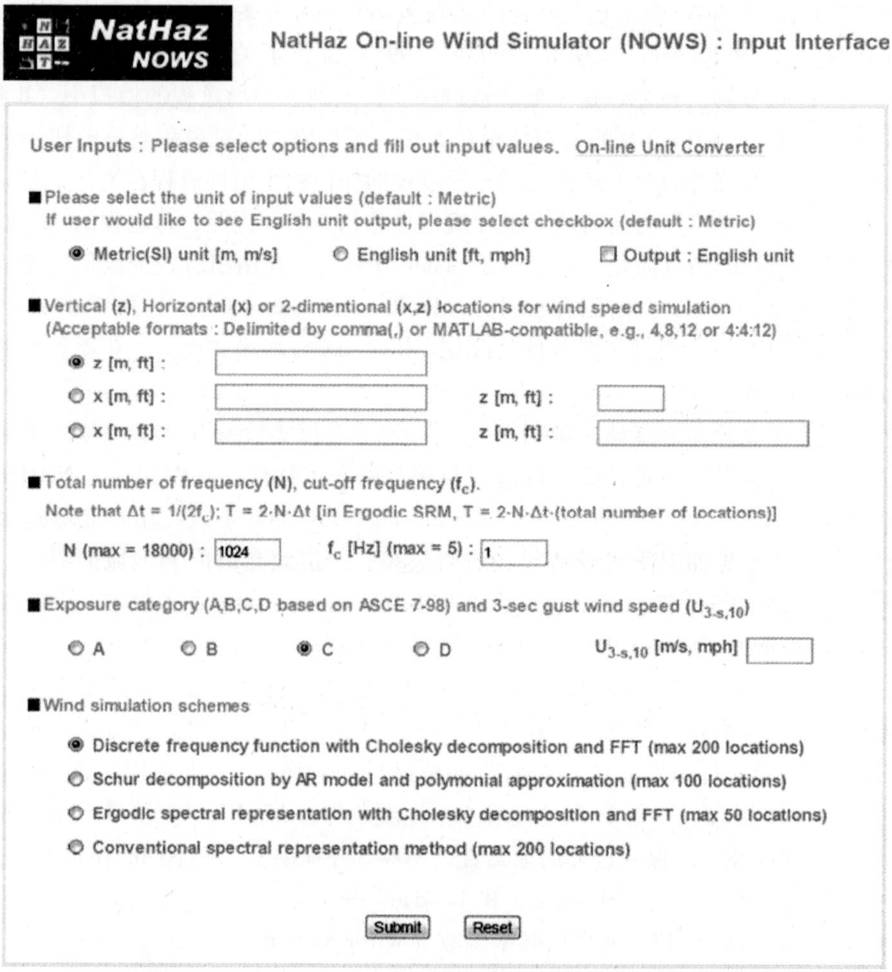

图 10.1　NatHaz NOWS 基于网络的模拟协议

NatHaz NOWS

NatHaz On-line Wind Simulator (NOWS) : Result interface

Message:

Ergodic spectral representation method with Cholesky decomposition and FFT was used for wind simulation

■ Input parameters by user

Number of Locations	Vertical 3 points	
Exposure category	Exposure C	
Total number of frequency	N	1024
Cut-off frequency [Hz]	f_c	1
3-sec gust wind speed [m/s]	$U_{3\text{-}s,10}$	40
Input unit	Metric(SI)	
Output unit	Metric(SI)	

■ Fluctuating wind speed at Location 1, 2 and 3

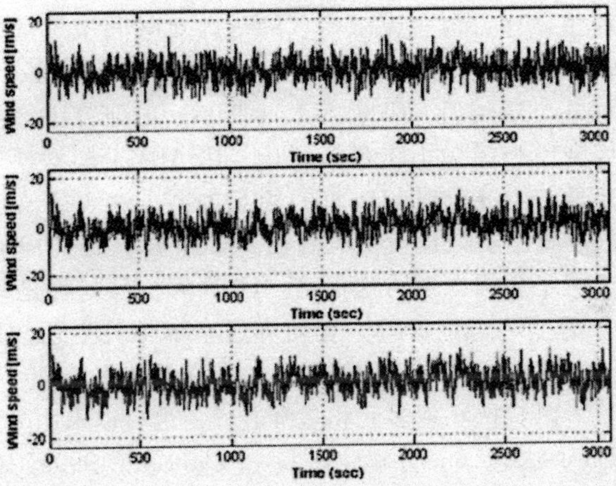

■ Download data file including all wind force components : w_out_all_mi00167.mat

(MATLAB variables: t_scale = time steps [sec]; mean_speed = mean wind speed(s) [m/s];

Y_speed = fluctuating wind speed(s) [m/s])

Back to the Input Interface

图 10. 2　NatHaz NOWS 基于网络的仿真结果

10.3 基于数字滤波（时间序列方法）的方案

10.3.1 参数时间序列方法

基于数字滤波的方案为模拟随机过程提供了有效的方法，其中的典型方案是自回归（AR）模型、移动平均（MA）模型以及它们的组合，自回归滑动平均（ARMA）模型（Li 和 Kareem 1990a，1991，1993b；Mignolet 和 Spanos 1992；Samaras 等人 1985；Spanos 和 Mignolet，1992）。

ARMA 方法需要通过连续时间增量可以模拟连接随机量的加权递推关系。与基于 FFT 理念不同的是，这种方案并不需要大的计算机存储器，只是需要少量的信息（例如系数矩阵）存储，持续时间长的时间序列可以通过连续的时间增量进行模拟。在某些应用中选择适合的模型可能并不简单，尤其是对于那些将滤波白噪声作为光谱描述的过程。由于在选择合适的模型中存在的潜在困难，Aas - Jakobsen 和 Strommen（2001）研究出了一种使用光谱方法的技术（Chen 和 Kareem，2002）。

除了选择合适的模型秩序，优化模型参数的估计对时间增量选择也非常敏感（Li 和 Kareem 1990a，1993b；Mignolet 和 Spanos 1992）。基于系统的动态特性，时间积分方案要求时间增量不超过某个规定值。Chay 等人（2006）的研究中已经充分关注到了这一点，他提出了一个综合模型模拟下击暴流风场。用 ARMA 模型模拟湍流波动，线性内插被用来解释不稳定性与不充分时间步长的相互关系。然而插值也存在其自身的问题。为了在规定的时间增量下有效地模拟风荷载，Li 和 Kareem（1990a）提出了两种方法：第一种方法是基于一个 3 级匹配方法的 ARMA 计算；另一种是基于 ARMA 与数字内插滤波器相结合的方案。Wang（2007）曾研究过本章相关主题，其中介绍了一种改进的内插滤波器，并演示了在实践使用中线性内插存在的缺点。

数字滤波模拟方法可以直接实现多元和多维进程，也可以采用分解方法结合单变量过程进行模拟，如 Cholesky 或 Schur 分解。在 Li 和 Kareem（1990a）研究中，提出了使用递归模型对随机激励结构系统的动态响应分析。该方法允许在随机多重输入相关过程下的平稳、非平稳或瞬态的结构响应分析，例如风荷载。对于非稳态或瞬态激励，所述分析包括从输入的非平稳相关结构到输出协方差的直接计算。根据静态激励的 ARMA 描述中获得 ARMA 结果反馈。递归方法的有效性对非线性系统而言同样突出。

时间序列方法允许通过操作对常用数值计算评价，例如离散卷积模型可以用于在给定的历史时间进行线性变换、离散微分模型可以用来获得导数、离散内插模型可以用于中间时间步骤中的时间序列内插。这些模型的混合动力组合可以提供特别高效的模拟方案（Li 和 Kareem，1993a）。例如，离散的卷积和微分模型的结果在模拟方案的混合组合，带来了通过位移反馈有效估计结构响应的模拟机制。即暴露于海浪和风力的大型浮式平台的响应需要评估在其瞬时位移中的荷载（Li 和 Kareem，1993a）。

10.3.2 状态空间模型

在最现代的控制和动力学研究中，状态空间表示通常用于系统建模。在一种状态空间形式下，首先必须确定模型的荷载，进而该模型可以通过研究扩充为整体动态响应分析的结构状态空间。遗憾的是，由于有大量与规定的频谱特性相关联的风进程，研究人员已经很难找到一个风的状态空间（Gobmann 和 Waller 1983；Kareem 1999）。然而模型的特殊应用中满足重点问题的需求已被量身定制。例如，Kareem 和 Mei（2000）用随机分解和 AR 模型相结合，制定出风效应的状态空间。与风相关的过程的 XPSD 矩阵通过利用正交分解（POD）方法进行分解。各组成部分的进程都被建模为 AR 模型，随后在状态空间格式下表现出来。通过堆叠这些组件模型，可以以简单的方式来获得对整个系统的总体模型。

Chen 和 Kareem（2001）研究提出了状态空间模型中最完善的应用，解决了在多重相关风作用下的桥的空气动力分析，提出了通过对一个具有矢量值的白噪声输入的多输入、多输出系统的状态空间集成模型模拟桥的动态反馈。如图 10.3 所示，白噪声的矢量首先被转化为多相关风力波动，然后转化为不稳定的冲击和空气动力，最后通过连续的状态空间模型转化为结构运动形式。这两种运动形式不论在全秩序的物理坐标中还是在降阶的广义模型方程坐标中都可以利用这种方法。状态空间格式的使用允许利用基于线性系统理论的工具作出反馈分析和结构控制设计（Chen 和 Kareem 2001）。集成的线性不变的状态空间反馈模型允许使用 Lyapunov 方程对协方差矩阵的反馈作出直接评估。这种方法比传统的频谱分析方法具有更高的计算效率。这种方法还允许进行多相关风力波动的时域仿真，并能利用蒙特卡罗模拟的对冲击和相关的空气动力做出结果反馈。图 10.4a 显示一个在大跨度桥梁的主跨的中点模拟顺风向和横风向风速波动的实例。图 10.4b 和 c 显示了风致振动和自激力的阻力、升力和力矩分量，图 10.4d 显示了横向、纵向和扭转方向的风振响应结果。需要注意的是，状态空间模型更准确地表示出，相对于通常采用直接的、稳定方式研究时域的桥梁空气动力学而言，空气动力的频率依赖其不稳定的特性。此外，这种方法允许在结构模式中结构和空气动力产生耦合效应，这对于桥梁的复杂模型响应至关重要，自动包含在计算中。分析框架也可以通过使

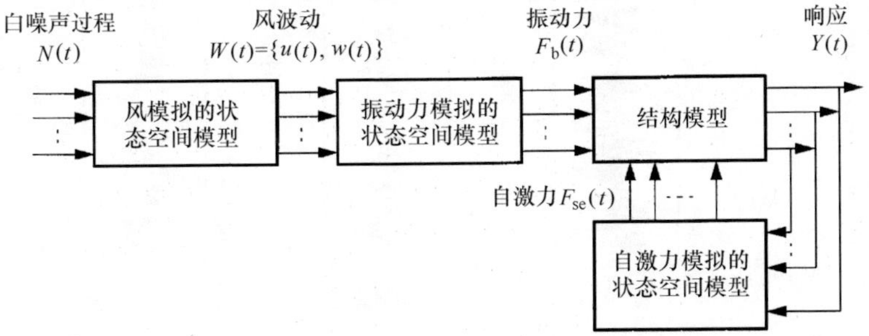

图 10.3 风致结构动态响应的集成模型（Chen 和 Kareem 2001），暴露于海浪风力的大型浮式平台的响应需要评估在其瞬时位移中的荷载（Li 和 Kareem 1993a）

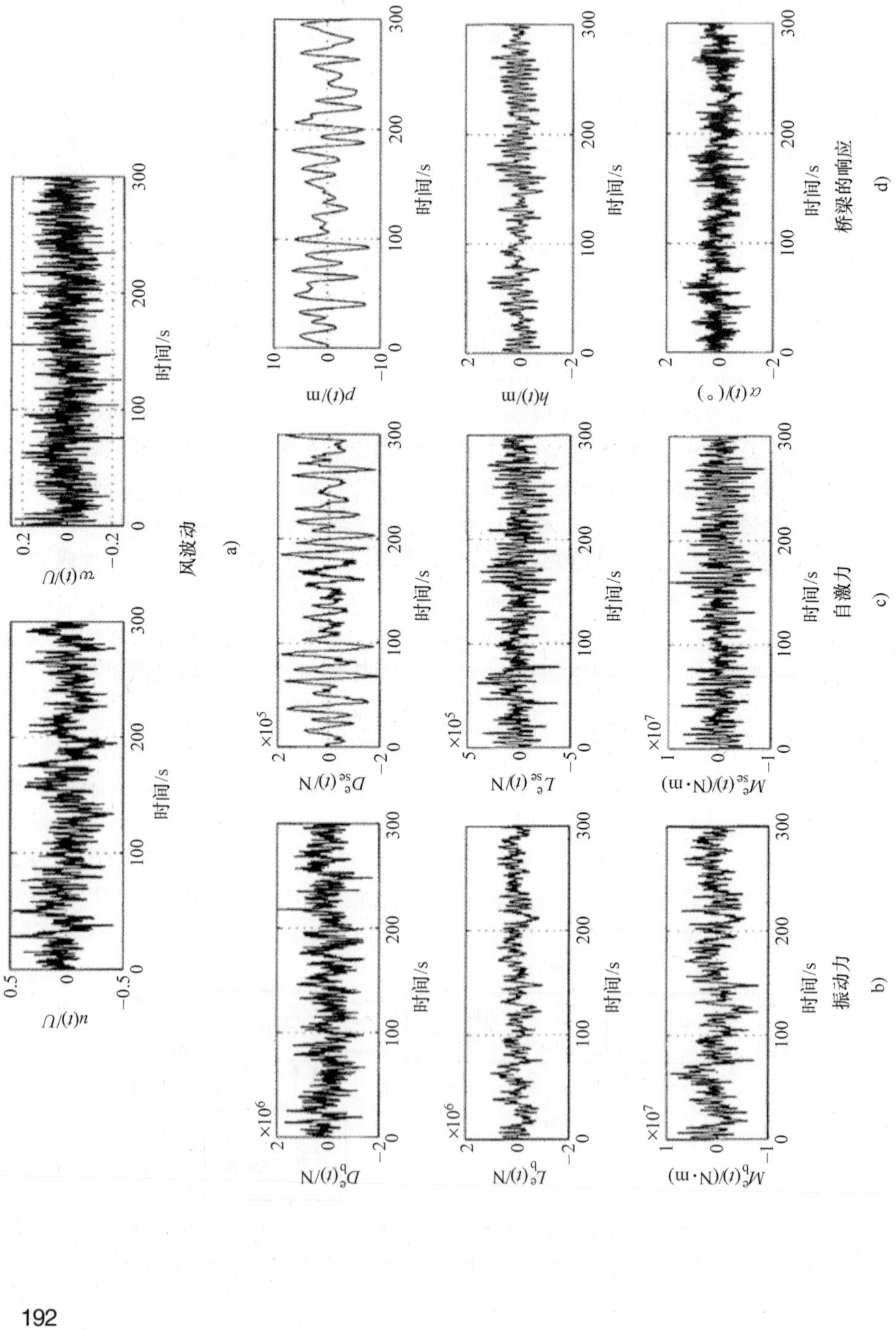

图 10.4 风波动（a）、振动和自激力（b、c）、桥的响应（d）的模拟（$U=60$m/s，在主跨的中间点）（Chen 和 Kareem 2001）

用随时间变化的系统模型迅速、简单地延伸到带有结构和气动非线性的桥梁/结构分析中。Chen 和 Kareem（2001）研究中分析了将这种方法应用到一个大跨度斜拉桥上的一个案例。

10.4　入流条件的模拟

尖角绕流对计算流体动力学（CFD）的应用提出了实质性的挑战。停滞、分离、过渡、弯曲剪切层、再附着以及不稳定性表现出联锁效应，并增加了有效的湍流模型的复杂性。这些流动的特性比缺少尖角分离特性的流动特性对入流条件更加敏感。因此，对于合适的湍流模型和使用 CFD 估计风荷载来说入流条件非常关键（Murakami 1997；Spalart 和 Rumsey 2007）。在早期的研究中就已经对平稳均匀入流条件进行了介绍，并结合了周期性边界条件，以避免入流和出流条件的模拟困难。在某些湍流强度小或对象被假定为雷诺数不敏感的情况下，平稳均匀入流的使用是可以接受的。然而，大多数的结构位于大气边界层，其湍流水平一般较高。因此，平稳均匀入流的使用不再是可接受，即使是尖角形状也被认为雷诺数不敏感（Haan 和 Kareem 2009）。与实验结果直接比较来讲，执行 CFD 模拟的入流条件最好与那些在实验中实施的条件类似。这种方法是为了利用随机模拟方法产生入流的波动，正如同前面所讨论的内容。例如，Kondo 等人（1997）应用结合 FFT 的波叠加法为大涡模拟（LES）模拟速度波动。这些模拟被 Tamura 和 Ono（2003）用于研究湍流对棱柱的空气动力学的影响。为了改善 LES 计算的收敛性，所产生的入流湍流需要进行修改以满足无散度形式的连续性方程要求。迭代方法也许需要并且也应该考虑将湍流的衰变作为流体移动考虑到计算域。在这个框架中也可使用条件模拟，以此模拟许多格点的流动。在风洞中得到的入流湍流的测量结果可以用作输入到一个合适的条件模拟方案以模拟入流湍流在多个位置的不同情况，以此改善在计算域流动的仿真结果。条件模拟将在下面讨论。

除了湍流波动，考虑边界层剖面还额外增加了入流条件模拟的复杂性。一种方法是通过在风洞底部放置粗糙元使生成的流动更符合入流条件，粗糙元的大小基于风洞的建造条件决定。风的基本参数，如湍流强度、湍流积分尺度、湍流黏度等可以在风洞进行测量，实施到对风的影响进行估计（Tamura 等人，2002）的计算域。虽然这种方法可以与 LES 模拟结合使用，但它可能导致 Reynolds – averaged Navier Stokes（RANS）模拟（Spalart 和 Rumsey，2007）中误导和不正确的行为。大多数 RANS 模型无法对入流的湍流特性和低湍流水平需求进行适当的建模。因此，使用 RANS 模型时必须考虑入流的具体要求，以促进收敛并确保准确性。

CFD 仿真成为了一种广泛使用的和值得信赖的工具，用于钝体绕流特性的研究，建立典型建筑形状的计算准确、数据可验证的 CFD 设置参数的数据库非常必要。目前大多数 CFD 研究是关于针对特定问题的湍流的模拟，缺乏全面的验证。数据可验证的

CFD 设置参数数据库和大量形状参数的结果将帮助用户为他们的特定目的确定最合适的湍流模型、入流特性、网格划分等。

10.5 非稳态/非均匀过程

相较于大气边界层风的稳态性，暴风如飓风和雷暴/下击暴流的特点是，风速和湍流强度随着经过位置的变化而不断变化。近来，随着极端风对结构破坏力度的加大，风致结构的非平稳分析也逐渐引起学者的兴趣。从美国和世界各地的飓风和风暴数据库的分析中可以很容易地推测出瞬时风事件的意义和它们的荷载效应，如佛罗里达州海岸监测方案（FCMP）（FCMP 2011）、联合机场天气状况研究（JAWS）项目（Fujita 1981；McCarthy 等人 1982），以及北伊利诺伊下击暴流气象研究（NIMROD）项目（Fujita 1985）。观察表明，与这些瞬态事件相关的阵风的力学特性明显不同于传统的湍流，无论是在运动学还是动力学方面，比如，它们的速度对比剖面和瞬时性。结构的极限荷载可能对瞬时流动的影响很敏感。例如，荷载系数可以基于阵风形式增强，且导致周围流体局部快速变化。此外，这些流动结构的特征表明所得到的荷载效果很可能与以往流量相比而言更大的范围相关。这些空气动力学的结果表明，与根据目前的法规和标准来预测的情况相比，结构将面临更大的荷载。为了准确地评估飓风经过时结构的性能和安全性，建立更合适的模型和模拟程序对于研究非平稳风荷载事件是十分必要的。风荷载时间中的非平稳性可能揭示本身平均值的变化，振幅调制（AM），或方差的变化，频率调制（FM），或这些的任何组合，如图 10.5 所示。因此，必须建立一个能准确反映极端风事件的演化行为的模型。适合的模型可以为非稳态/非均质过程建立一个更有效的模拟方案。

非平稳过程模拟的许多方法已经被地震社区开发研究出来，并用于生成地震地面运动的记录。其中一些非平稳随机模型利用演变功率谱密度（EPSD）的概念（Priestley 1965；Shinozuka 和 Jan 1972）。这些模型包括调制过滤泊松过程（Amin 和 Ang 1968；Shinozuka 和 Sato 1967）、调制平稳过程（Narayana Iyengar 和 Sundara Raja Iyengar 1969）和滤波调制平稳过程（Levy 等人，1971）。尽管他们的理论较成熟，但是大部分的非平稳模型在模拟真实的自然现象时有实际困难。在许多情况下，模拟像地震地表运动或风暴下击暴流那样复杂的现象是具有挑战性/不太可能的，特别是需要考虑到捕获瞬变的幅度和频率特性的重要性。

平稳过程的自回归滑动平均（ARMA）模型（Li 和 Kareem 1990；Mignolet 和 Spanos 1992；Samaras 等人 1985；Spanos 和 Mignolet 1992）的发展促使参数时间序列模型应用于非平稳随机过程。有几种方法将非平稳引入 ARMA 模型，包括分段平稳（Chang 等人 1979）、方差稳定转换（Cakmak 等人 1985）以及在迭代卡尔曼滤波方案中依赖于时间的 ARMA 模型（Conte 1992）。Deodatis 和 Shinozuka（1988）提出了一种高效的仿真过程，包含依赖于时间的 AR 模型。这些参数模型的计算效率，导致他们在随机过程模拟

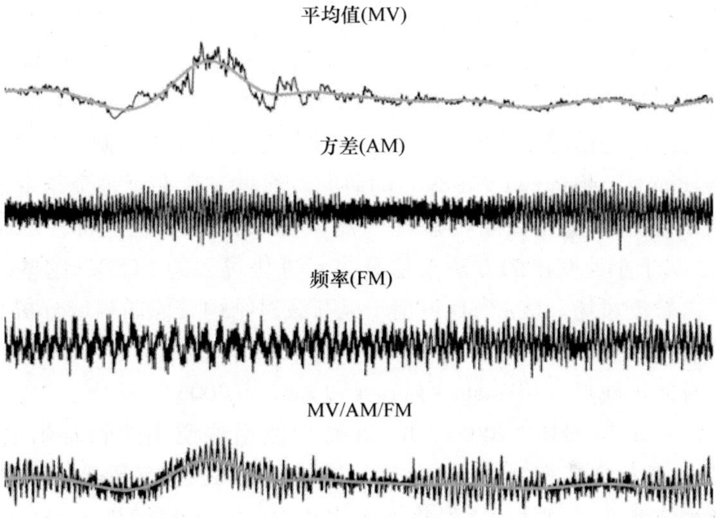

图 10. 5　不同类型的非平稳性的描述（McCullough 和 Kareem 2013）

中的频繁应用。然而由于对时间变化的相关函数和/或频谱函数定义难以捉摸，AR / ARMA 模型在发展过程中的应用变得更加困难。此外，选择适当的 AR/ ARMA 模型阶也存在一定的困难。

相较于参数模型，为提高计算效率，Li 和 Kareem（1991，1997）推出了基于 FFT 的多元非平稳过程的模拟方案。通过作者阐述和本书前面所做的讨论，随机分解应用使 FFT 的利用成为可能。在这个方案中，一个分解光谱矩阵被扩展成基本功能和基于 FFT 的算法模拟随时间变化的加权合计。所提出的技术的有效性可以通过地面运动记录证实，这些记录可以被分离成时域和频域元件以及 AM、FM 调制器。这种方法要求描述目标进化光谱特性，可能需要规定一个封闭的形式或一组离散频率的数值。

除了地震地面运动，对于飓风和雷暴/下击暴流，由于数据的缺乏，描述物理过程的理论模型的建立十分困难。因此，模型的构建必须基于现有的数据。在极端事件的情况下，该数据可能是非常有限的，并且提供该事件的样本往往只有一个。地震界一直在寻求基于非平稳随机过程的单个实现的 EPSD 估计（Der Kiureghian 和 Crempien 1989：Kameda 1975；Saragoni 和 Hart 1974；Scherer 等人 1982；Spanos 等人 1987）。这可以被看作时间 - 频率分析和瞬态信号的建模的开始。随着快速多窗口（STMW）谱估计的发展，Conte 和 Peng（1997）提出了一种非平稳解析随机模型，通过使用最小二乘拟合方法分析进化功率谱来估计功率谱，模拟真实的地震加速度图。据观察，这种分析模型能够捕获幅度和实际地震地面运动的频率成分的时间变动。从时频整合分析和建模可以看出，基于这些进步，模拟方法的发展迈出了一大步。但是，由于海森堡不确定性原理的限制，最佳分辨率不论在时间还是频率上都是无法实现的。

小波转换已经成为获得非平稳信号下多分辨率时频信息的方便工具（Daubechies 1992；Morlet 等人 1982），并已被纳入非稳态模拟方案（Iyama 和 Kuwamura 1999；Kwon 等人 2007；Liang 等人 2007；Spanos 和 Failla 2004）。例如，Gurley 和 Kareem（1999）使用小波变换对地面运动的记录建模，将集中在窄带状频率作为调制平稳过程的总和，类似于 Der Kiureghian 和 Crempien（1989）的研究。通过对存在于每个频带的小波系数的能量进行调制，模拟保留目标随机过程的能量分布的非平稳的特性。Huang 和 Chen（2009）采用了基于小波变换的方法来估算多元进化过程的 EPSD，这些过程包括地震地面运动和下击暴流风场。该 EPSD 可用于风荷载对结构效应的频域分析和多变量非平稳过程的时域模拟。经验模式分解提供了一种替代基于小波转换技术的方法，与小波转换相比有其自身的优缺点（Kijewski - Correa 和 Kareem 2006）。

Wang 和 Kareem（2004b，2005a，b，2006）使用涉及小波和希尔伯特（Hilbert）变换（HT）的时频框架考察测量地震地面运动、飓风以及雷暴风暴/下击暴流事件的演化行为。平稳小波变换（SWT）首先将一个多组分、非平稳随机过程分解为一组单组分信号。这些信号随后通过 HT 被转换为产生瞬时振幅和频率的分析信号。通过对每个频带的瞬时频率的观测，观测结果符合高斯分布的规律，这奠定了基于测得记录的非平稳过程的模拟方法的基础。这种模拟方法不依赖于分段平稳的习惯假设或参数模型的假设。该方法被扩展到利用适当的正交分解对多元随机过程进行模拟。基层随机过程的统计特性的解析表达式被配制出来，并且可以在 Wang 和 Kareem 的研究中找到（2004a，2005a，b，2006）。

通过位于 263m 以上相距 10m 的高度的 3 个不同塔的下击暴流数据记录显示 SWT/HT 程序的效率，如图 10.6a 所示。这些数据是通过得克萨斯理工大学大气科学系进行的 2002 年暴风雨实验（Orwig 和 Schroeder 2007）所提供。图 10.6b 显示了每次使用 SWT 提取的时间变化的装置。图 10.6c 显示了利用多元模拟方案对结果的模拟。据观察，模拟显示出非平稳振幅特性与所测量的记录相近。为每个测量和模拟信号进行了希尔伯特谱的比较，如图 10.7 所示。通过希尔伯特谱的明显等价展示了合理模拟与测量的相关性。对于多变量过程的仿真，捕获组件之间的瞬时相关结构同样很重要。图 10.8 呈现了三塔不同的测量结果。测量和那些模拟的结果之间的相似性表明，该模拟很好地捕获了每个组件之间的相关性。与下击暴流风场数据和地震表面运动相关的更多实例可参见 Wang 和 Kareem 的研究（2004b，2005a，b，2006）。

下击暴流型非平稳风建模的替代方法已经商业化，可以从 CFD 软件包获得，例如 FLUENT（Chay 等人 2006；Kim 等人 2005）。基于可分离时间和频率特性，利用小波收缩和调幅波动可以捕获随时间变化的平均值（Chen 和 Letchford 2005，2007）。其他的方法依赖于利用时间变化的 ARMA 模型，通过使用 CFD 添加湍流，以此产生非湍流的下击暴流风（Chay 等人 2006）。

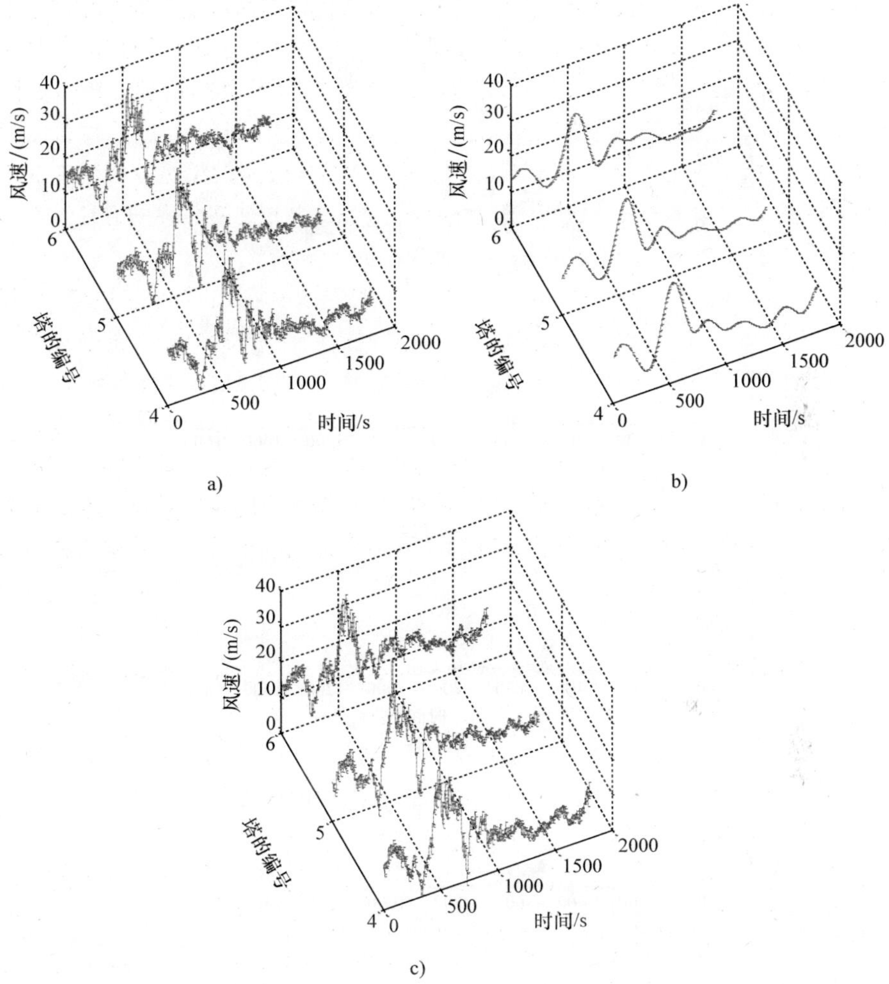

图 10.6 下击暴流数据的多因素模拟（Wang 和 Kareem 2005a）

a）通过水平分布塔同时测量下击暴流的数据 b）使用 SWT 提取的随时间变化的平均值 c）多元模拟方案的模拟结果

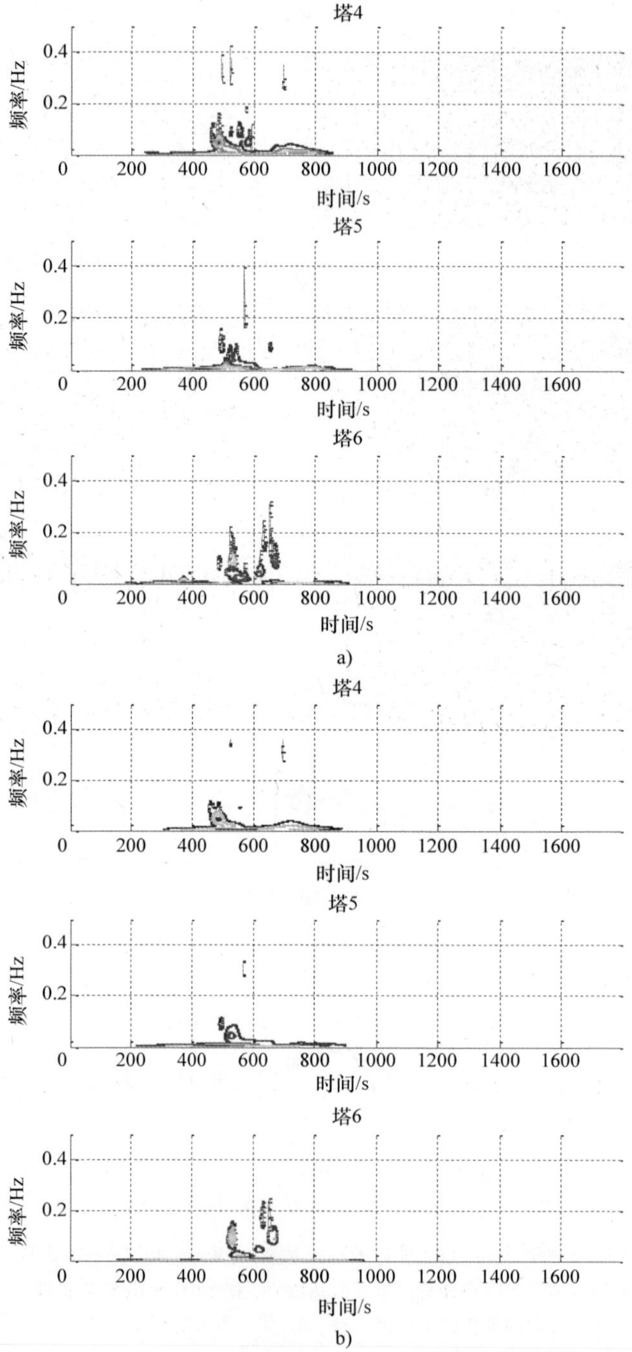

图 10.7　使用希尔伯特等值谱的下击暴流作用时频域测量结果与模拟结果的风场数据的比较图

a）测量结果　b）模拟结果

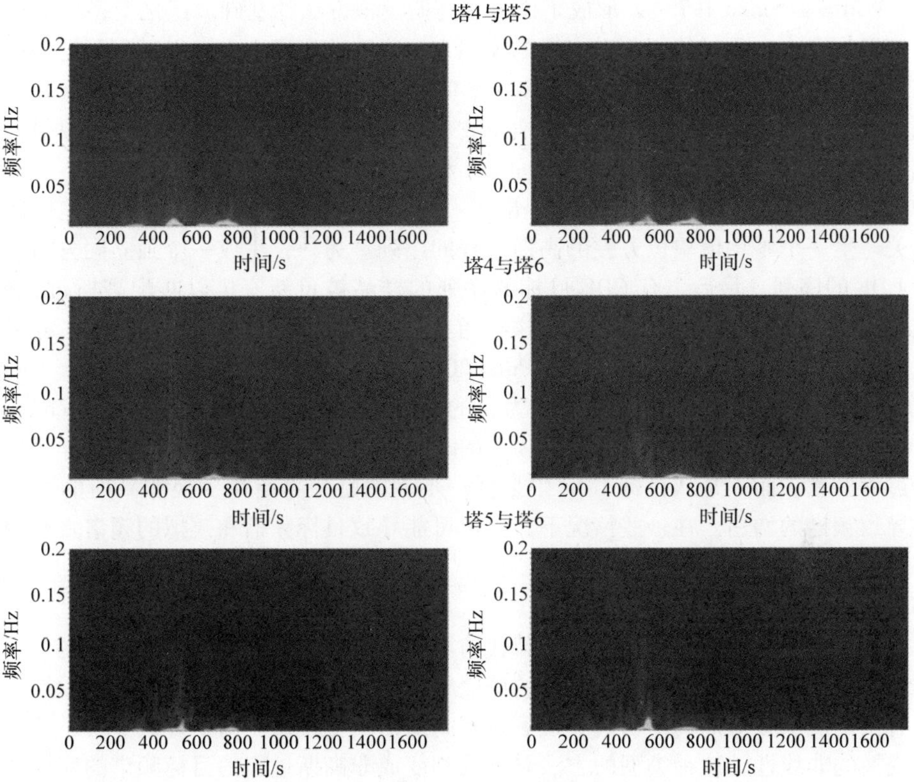

a)　　b)

图 10.8　应用跨尺度的多变量 RFD 风场时域信号间的相关性比较

a）测量信号　b）模拟信号

10.6　非高斯模拟

过去几十年里，非高斯模拟以及前面讨论的单变量和多变量、有条件和无条件的高斯随机过程的建模和仿真已经取得了重大进展。然而，大多数自然灾害的特征在于非高斯。例如，湍流风的速度，可能是也可能不是非高斯本身的速度，其往往与结构上产生的压力存在非线性关系，导致压力分布下的非高斯特征，尤其是在分离的流动区域这种现象更为明显。这些非高斯荷载可能以意想不到的方式影响结构，特别是设计荷载被假定为高斯的情况下。极端负压力可能在非高斯分布的压力下表现出来，目前已经了解到它会造成建筑围护结构的局部破坏。因此，必须在模拟中充分考虑到概率内容和频谱内容，正确估计结构响应结果。

10.6.1　基于谱表示法的方案

在 10.2.1 节中讨论了平稳、高斯过程的模拟中的谱表示方法（Shinozuka 和 Jan

1972；Wittig 和 Sinha 1975），形成了许多非高斯模拟方法的基础。记忆变换可以应用到高斯模拟仿真中，通过使用频谱表示的模拟方法来修改概率内容，以匹配预定的概率密度函数（PDF）（Deodatis 和 Micaletti 2001；Grigoriu 1984；Gurley 等人 1996）。几种不同的无记忆变换可以被用于此目的，包括滤波分析或累积分布函数（CDF）的映射，但是无记忆转换的应用可能需要目标 CDF（Liu 和 Munson 1982）的倒数的知识。为了适应这一限制，Filho 和 Yacoub（2008）提出了一种非高斯序列着色的方法。首先用适当的自相关产生一个零均值单位方差的高斯过程的序列。另外，生成一个独立同分布且具有目标 CDF 的序列。最后，有 CDF 目标的序列的样品被重新安排以匹配高斯过程的秩。在此过程中，可以使用 CDF 目标的倒数，但它不是必需的。相反，拒绝方法可用于生成相匹配的 CDF 目标值（Papoulis 和 Pillai 2002）。类似的方法，被称为调幅傅里叶变换（AAFT）替代方法，还在以假设检验为目的的物理学理论中获得了发展（Schreiber 和 Schmitz 1996，2000；Theiler 等人 1992）。在该方法中，原始数据集通过重新排序来匹配高斯过程的秩，而不是从目标 CDF 中采样。不幸的是，高斯在变换非高斯的每个步骤都会导致频谱的增白。在一些情况下，白化可能导致目标频谱和模拟的频谱之间偏差的显著增大。

10.6.1.1 相关失真

可能会更真实地代表目标频谱的替代仿真方法被称为相关失真方案。这些方法始于从非高斯过程的目标频谱到高斯过程的底层频谱的变换。频谱表示的方法随后被用于产生具有指定底层频谱的高斯仿真。最后，将高斯仿真变换回非高斯过程。由于高斯到非高斯变换的非线性，这种类型的方法寻求找到变成非高斯过程的目标频谱的底层高斯频谱（Conner 和 Hammond 1979；Deutsch 1962；Johnson 1994）。Yamazaki 和 Shinozuka（1988）使用迭代过程来查找变换高斯过程的正确的底层频谱。在每次迭代中，对模拟的和变换的非高斯过程的频谱与目标非高斯频谱进行比较，如果差异无法接受，底层高斯频谱将被更新，并且高斯模拟和非高斯变换的迭代会再次开始（Gurley 等人 1996）。Grigoriu（1998）开发了一种类似的方法，用一种分析方法来确定底层高斯频谱，不需要迭代。Deodatis 和 Micaletti（2001）介绍了一种算法，它结合了前两个算法，只有很小的变化，如 CDF 映射的利用，而不是非线性高斯至非高斯的变换或是高斯频谱校正步骤的更新。对于高度非高斯系统或窄道频谱，这些方法可能不会产生可接受的结果，不是整合频谱或者 CDF 中的一个，也不是两者的结合（Masters 和 Gurley 2003）。

10.6.1.2 直接变换

直接变换方案开始于一个非高斯时程的样品，而不是它的频谱，其被用于相关失真的方法中（Gurley 等人 1996，1997）。非高斯时程可以通过直接变换方法变换成高斯时程。随后频谱表示方法被用来模拟一个新的高斯时程。最后，使用非线性变换的方法将得到的高斯模拟结果变换回到非高斯过程。利用 Hermite 多项式和迭代校正的参数直接变换的方法比相关失真方案能更好地匹配所测量过程的非高斯特征（Gurley 等人 1996）。如果目标频谱和非高斯特征是可获得的，而不是原来的信号，则可能无法利用这种直接变换方法。

10.6.1.3 频谱校正

为了弥补相关失真和直接变换方案的局限性，频谱校正方案被研究介绍出来（Gurley 和 Kareem 1997；Gurley 等人 1996）。此方案要求非高斯统计特性中的前 4 个时刻的规范性，其中包括目标偏度和峰度的规范性，以及在频谱的形式下的频率内容的规范性。这些目标值可以通过使用的示例过程来确定，或者通过其他手段获得，如 PDF 或频谱的分析。目标频谱首先用于以与频谱表示方法相同的方式生成高斯过程。高斯过程经由方案的时刻校对利用反变换产生高斯过程，然后向前变换产生一个具有所指定的期望的时刻过程。这个过程起因于该方案的时刻修正。但是目标频谱不再匹配。因此，频谱校正被用于产生一个修改的过程，方便目标频谱再次匹配。不幸的是，该频谱校正歪曲了目标时刻，使得所得到的过程中可能需要发送回该方案的时刻校正。这个过程继续发生，直到频谱校正与时刻匹配之后产生的进程。因此，所得到的模拟数据将与目标频谱完全匹配，并且目标值近似。然而不幸的是，这种方法只利用前 4 个时刻定义所需的 PDF，总是产生一个三阶 Hermite 多项式的 PDF。因此，对于用于模拟的所有类型的 CDF 都存在显著限制（Masters 和 Gurley 2003）。

在工程和物理学文献中，几种方法已经被研究出来克服这种限制，但仍维持以迭代修正概率和频谱内容的能力。Masters 和 Gurley（2003）介绍了基于映射的 CDF 频谱校正方法，使用 CDF 映射对方案进行时刻校正，而不是向后或向前的 Hermite 多项式修正。如果所述的方法是可行的，CDF 可以凭经验通过样本数据来确定或分析。该算法允许以多种方式来定义 CDF，比传统频谱校正方法更具灵活性。迭代调幅傅里叶变换（IAAFT）替代方法是对 AAFT 替代方法的重要改进，通过并入迭代更好地接近频谱，同时仍然匹配 CDF（Schreiber 和 Schmitz 1996，2000）。该方案采用秩匹配作为时刻校正步骤，而不是 CDF 映射或 Hermite 多项式。

频谱校正方案可以通过风速进行比较，数据来源于均一、开敞地貌条件下山墙屋顶型房屋，屋顶坡度为 4:12（见图 10.9）。本书是从西安大略大学风工程边界层风洞实验室 Alan G. Davenport 风工程小组获得的数据。风向垂直于屋脊和墙壁。图 10.9 显示出了测量的位置和所测量的数据的一部分，也显示了利用基于频谱校正方案的 CDF 映射模拟的一部分。图 10.10 所示是 100 个模拟所得的 PDF、PSD 的平均值与原始数据值的比较图。很明显，所有的方法都很好地与目标的 PSD 相匹配，但是只有基于频谱校正的 CDF 映射和 IAAFT 方法情况下才能匹配 PDF。PDF 频谱校正方法必须匹配 Hermite 多项式 PDF 模型。

所有这 3 个频谱校正方法可以以直接的方式扩展到多变量过程。多元模拟对于多个部件或为精确确定结构相关响应而确定的空间分布的相关荷载模拟十分重要。例如，相关的不同空间的风压测量是必要的，以充分体现边界层气压场特性。除了非高斯统计特性之外，多元非高斯模拟方案必须能够与交叉和自动频谱相匹配。多元频谱校正方法和基于频谱校正方法的 CDF 映射可以扩展为包括每个迭代内的相关校正步骤，以考虑测量值之间的相关性（Gurley 和 Kareem 1998b）。同样，IAAFT 方法被扩展为包含阶段更新（Schreiber 和 Schmitz 2000）的步骤。所述 IAAFT 算法利用了反映两个变量的傅里叶

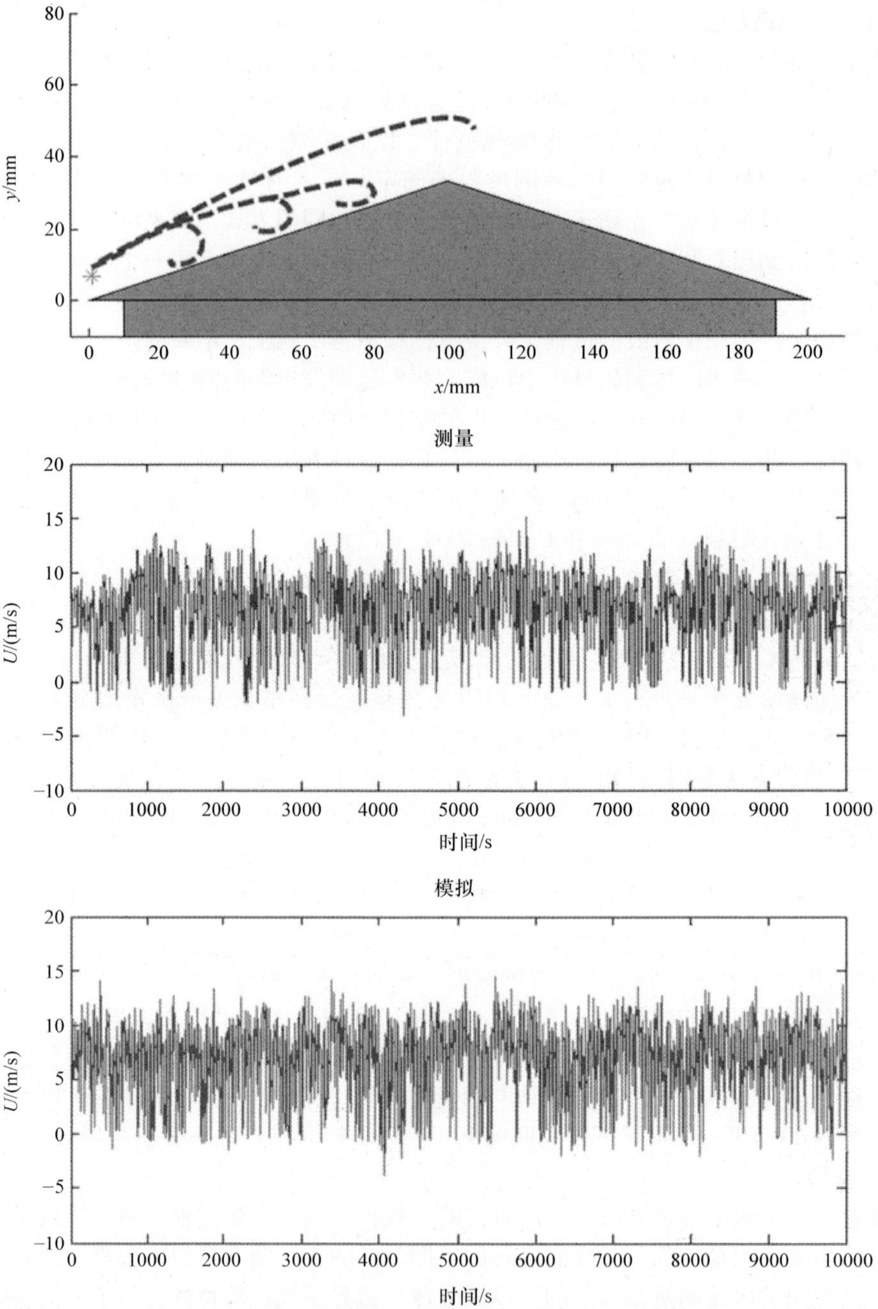

图 10.9　非高斯风速的时间序列图：实测位置（上图）；部分测量结果（中图）；基于频谱校正利用 CDF 映射的部分模拟信号（下图）

振幅的交叉谱的优点，但仅对于相对相位。因此，为了保持各个频谱以及交叉谱，傅里叶振幅以及对于每对变量中的相位差都需要一个固定值。因此，多元 IAAFT 包括校正

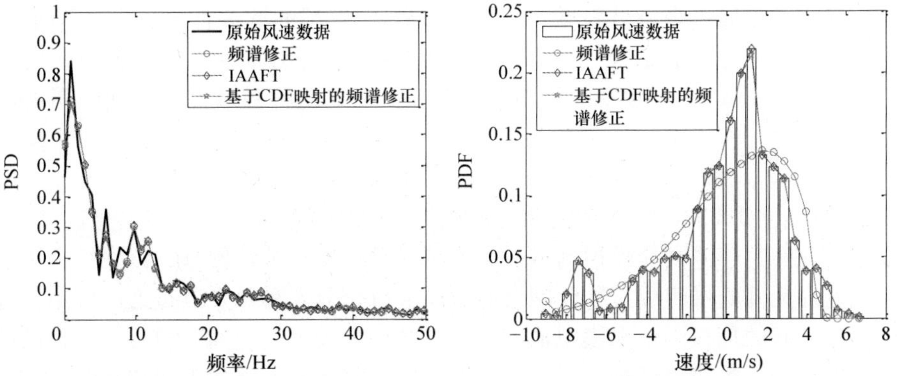

图 10.10 原始数据和频谱校正方法的 PSD（左）和 PDF（右）的比较

每对变量之间的相位差的步骤。

不幸的是，多元频谱校正方法只与临界 PDF 文件匹配，没有考虑联合 PDF（JPDF），这也可能表现出显著的非高斯性。极端联合的产生非常重要，需要 JPDF 在模拟中精确表示。作者研究了一种新方法，结合了基于 CDF 映射的频谱校正方法和 IAAFT 方法，并采用了 JPDF 校正步骤。在每次迭代中，JPDF 校正步骤包括模拟数据与原始数据的记录。通过使用连贯的点漂移可以最有效地实现非刚性点设置的记录（Myronenko 和 Song 2010）。连贯的点漂移把记录作为跟约束类似的关于速度连贯性的最大似然估计问题。因此，该方法找到了在模拟数据和原始数据转换的并实现目标 JPDF 的最佳模型。换言之，一个不同的目标数据集可以从目标 JPDF 中模拟获得。迭代过程继续进行，直到频谱和 PDF 被匹配到可接受的程度。

10.6.2 有记忆的变换方案

当唯一可用的信息是最后需要被模拟的样品时，所述基于频谱表示的方案被认为是高效、有效的。如果有更多的信息是可用的，如逆风风速，则最好建立一个系统识别模型模拟所需的过程。存储变换方案允许应用于所有的信息（Gurley 等人 1996，1997）。涉及高斯输入到非高斯输出的模型可以很容易地应用于将通过使用模型高斯输入的模拟的输出过程的模拟。通过存储变换，重要的相位特性被保留在输出结果中。虽然在这个研究方向进展有限，但仍有几种方法引起学者讨论。

对于可用的或可估计的 Volterra 的内核，基于 Volterra 系列的方案会引起非高斯的相关风荷载过程进行模拟（Gurley 等人 1996，1997；kareem 等人 1998）。在 Volterra 系列配方中，输入/输出关系可以通过线性、二次或者高阶传递函数的层次或脉冲响应函数表现出来（Kareem 和 Li 1988；Schetzen 1980；Spanos 和 Donley 1991）。这些传递函数或内核，可以从实验数据或者理论方面来确定。通过使用更高阶的传输函数促进模拟过程的保留存储，不仅可以与频谱和 PDF 相匹配，还可以很好地匹配高阶频谱。例如，二次传递函数（QTF）的利用可以使模拟中的双频谱匹配。不幸的是，由于需要很多参数描述，从测量数据中获得的高阶内核的确定变得极其困难（Gurley 等人，1996）。

另一种方法是通过带有外源输入（NARMAX）模型的非线性自回归滑动平均模型所提供的离散差分方程的系统（Gurley 等人 1996）来表示。一些定义多项式模型简便算法都可以通过输入/输出数据的使用来获得。多项式的阶和最大的时间间隔由用户指定，该算法决定与所指定的特定结构相关联的参数。NARMAX 提供了一种非线性系统的更灵活的表示方法，并且比 Volterra 模型需要的参数更少。在 Chen 等人（1989）与 Billings 和 Tsang（1989）的研究中可以获得有关 NARMAX 模型的更多信息。

最新研究的关于非高斯模拟的另一个方法是利用人工神经网络，该网络由相互连接的节点或处理元件的层组成。神经网络通过调节每个节点和每个节点上的应用多方面的非线性方程之间的加权因子来模拟输入和输出之间的关系（Kung 1993）。一种模拟过程的实现可以用于训练或测试神经网络。神经网络仅需要输入参数就可以模拟输出。Gurley 等人（1996）利用神经网络来模拟非高斯情况下海面状况。它表明，神经网络模型比分离存储器的方法能够更好地匹配原始样品的双频谱的形状和大小。

10.6.3 相位调整

单点类非高斯过程，例如一个位置压力的波动，也可以通过相位的操纵被模拟（Seong 和 Peterka 1998）。基于频谱表示方法的高斯模拟的假设是相位谱不包含任何相关信息，然而近期更多研究揭示了非高斯信号下相位耦合的结果（Gurley 等人 1997）。在 Seong 和 Peterka（1998）的研究中，相位是从一个产生峰值模型中得到的时间序列获得的。高阶频谱分析，如双频谱和三频谱，可用于识别非高斯数据的鲜明相位特性（Gurley 等人 1997）。

10.7 条件模拟

在非观测位置对速度和压力的时程进行仿真，这对于风荷载相关的研究往往是必要的。例如，由于传感器数量有限，测量仪器可能造成数据或信息的缺失。条件模拟的概念与实验或数值模拟下的条件采样类似。两种主要的方法已经被研发出来：第一个是基于线性估计或者插值的模拟；第二个是基于一个条件概率密度函数的模拟（Borgman 1990；Kameda 和 Morikawa 1992；Krige 1966）。该方法相当于一元、单维的过程（Shinozuka 和 Zhang 1996）。除了便于生成新位置的时间序列，在时间序列被限制为小的子区间的情况下，这两种方法也可以将现有的记录延伸至超出采样时间。Gurley 等人（1997）在基于其他全尺寸塔 3 个点的记录可获得情况下利用条件 PDF 的方法来模拟所测量速度的记录。图 10.11 显示了这些数据以及条件模拟记录（Gurley 等人 1997）。图 10.12 所示是对目标、观测和条件模拟的同相频谱和 PSD 的比较。在同相频谱表面的参差度是各个条件固有的变化结果。利用总体平均值将产生一个位于目标频谱顶部的平滑频谱，PSD 也表现出良好的一致性。条件模拟方法的另一个应用如图 10.13 所示，在上图所示的 2500s 的记录被假定为只有 980s 的记录可以被利用，用此数据来揭示记录的另一部分。基于先前的 980s 记录衍生的信息，模拟了 980 ~ 2500s 的剩余的记录，如下图较浅的颜色所示。这两个例子表明了高斯过程条件模拟的有效性和实用性。值得注意的是，这种方法的一个有趣的应用是为测量湍流 CFD 研究开发入流条件，通过条件模拟在有限的地点扩展到整个网格（Maruyama 和 Morikawa 1995）。

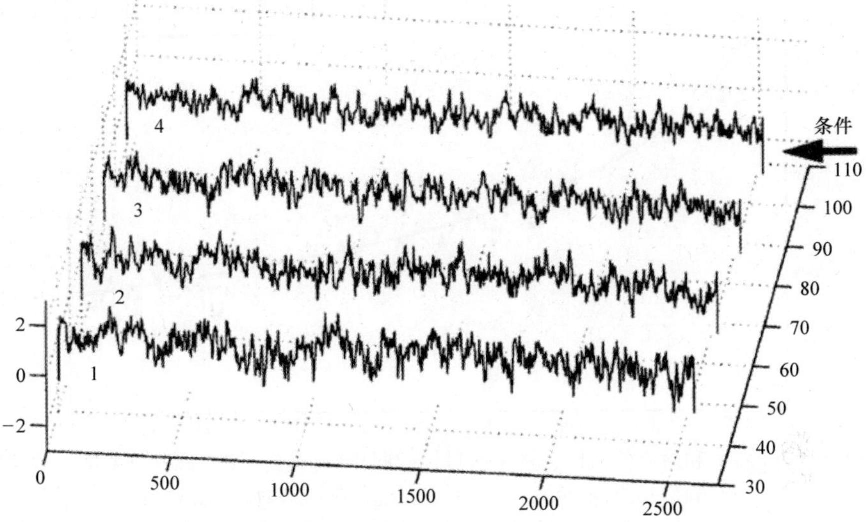

图 10.11　条件模拟时程的案例（Gurley 等人 1997）

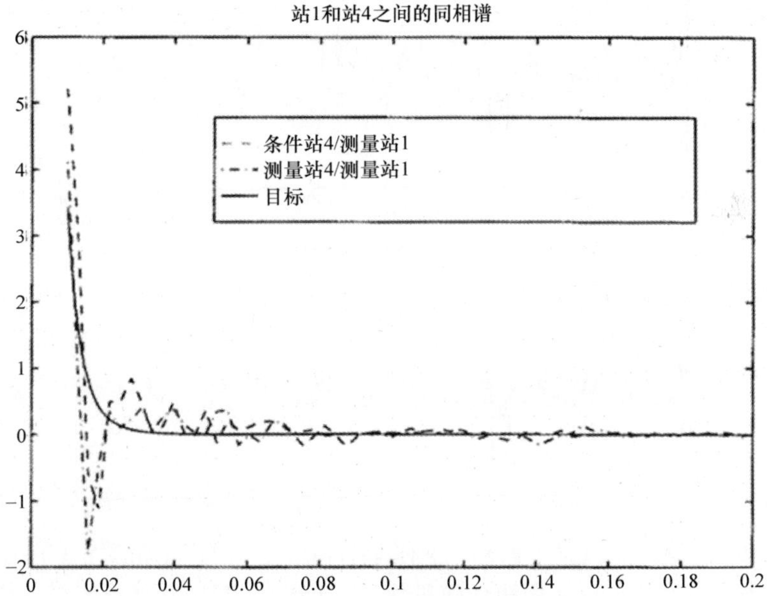

图 10.12　站 1 和站 4 的条件、测量和目标的同相频谱（上图）以及站 4 的条件、测量和目标 PSD（下图）（Gurley 等人 1997）

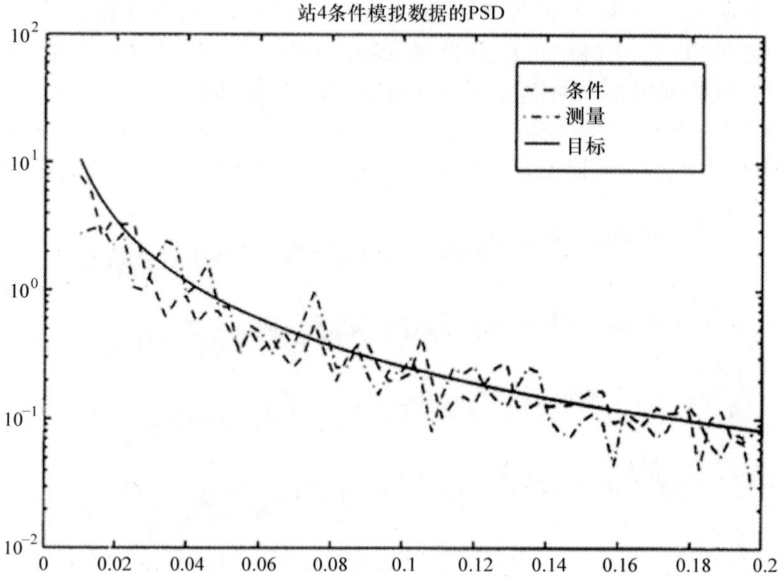

图 10.12　站 1 和站 4 的条件、测量和目标的同相频谱（上图）以及站 4 的条件、测量和目标 PSD（下图）（Gurley 等人 1997）（续）

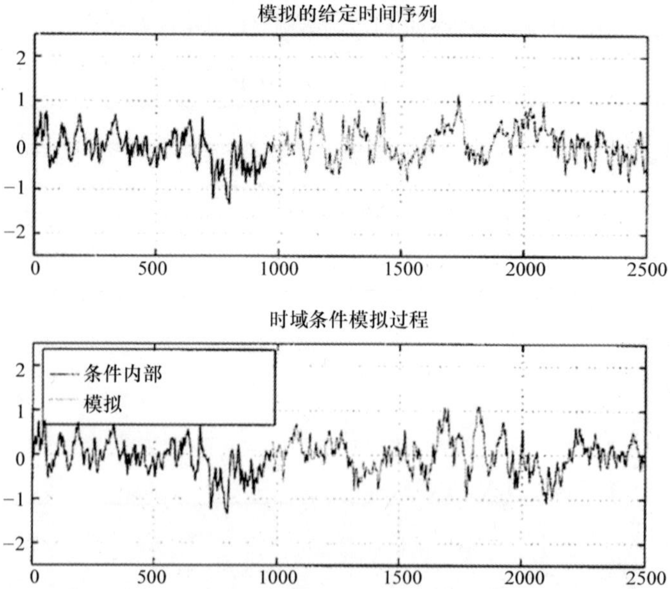

图 10.13　测量的风速（上图）和时域条件模拟（下图）（Gurley 等人 1997）

与此类似的方案也可以使用线性随机估计（LSE），利用基准点的条件信息估计整个流域的信息（Adrian 1994）。在这种方法中，在参考的位置和时间条件下，测量点流量的估计值通过泰勒级数展开的条款表现出来。通过将交叉相关的平均值的二次误差最小化并保持第一阶项，得到评估值。从本质上讲，LSE 通过一些已知参考变量的线性组合估计随机变量。LSE 具有通过使用一些随之相关的联合参考变量来重建整个随机领域的能力。这种方法也可用于实验和 CFD 的耦合。在本应用中，实验时程、有限的位置测量，与一个发展中的空间流动的随时间变化的数值模拟的入口部分相联系（Deville 等人 2000）。Chen 等人（2003）对风的工程应用进行了探讨，为分析低建筑物屋顶结构荷载，LSE 被用于从所述协方差矩阵中重建风致压力的时间序列。值得注意的是，它表明这种方法有助于减少大规模的数据库的数据存储。其中一个方法可基于存储协方差矩阵和几个参考测量的压力重建数据。应当指出的是，作者无法真实地再现个体时间系列，但是几个时间历程导致的面荷载产生的集成效果被成功再现。在匹配个体时间历程时的困难可能导致数据的非高斯性质。因此，与非高斯数据兼容的条件模拟方法是必要的，在接下来的部分会进行讨论。

10.7.1　非高斯过程

风工程中，对于条件模拟的概念可以扩展到非高斯案例中，如分离流区域的压力波动和极端气流条件的速度波动。Elishakoff 等人（1994）给出的非高斯条件模拟中讨论了有关宽带过程中的问题。在这个方案中，非高斯随机过程首先被映射到高斯过程，它允许使用传统的高斯条件模拟。在进行条件模拟之后又映射回非高斯过程。在 Gurley 和 Kareem（1998a）的研究中，多变量非高斯条件模拟方案被提出，它是对前面的部分中所讨论的频谱校正非高斯模拟方案的扩展。Hermite 变换及其逆变换允许高斯和非高斯进程之间方便的进行映射。此方法利用条件 PDF 的方法，同时适用于窄带和宽带过程。所述的条件模拟的细节可以在 Gurley 和 Kareem（1998a）的研究中找到。文中给出的一个条件模拟的案例，涉及给定的 3 个位置和第 4 位置的条件模拟下的压力波动。图 10.14 的左侧显示出了 3 个记录和模拟的第 4 个记录。图的右侧显示出位置 1 和 4、2 和 4 以及 3 和 4 之间的目标和测量的一致性。图 10.14 的最右边的顶端是缺少的记录和更换的数据的 PDF 比较。类似于图 10.13 中的条件模拟，图 10.15 是缺失的记录的显示，是一个从观测数据到模拟数据位置的过渡的特写，为了解释中间的缺失。这些例子表明，Gurley 和 Kareem（1998a）提出的条件模拟方案确保了目标和模拟的边缘分布以及频谱描述的完美吻合。

10.7.2　非平稳过程

在前两节中，集中研究了高斯和非高斯矢量值过程的条件模拟。非平稳随机过程的条件模拟一直难以琢磨，且其文献研究成果非常有限，尤其是对风相关的研究。非平稳行为的地面运动记录的条件模拟的应用标志着非平稳过程可以通过文献查阅到，例如 Vanmarcke 和 Fenton（1991）、Hoshiya（1995）、Shinozuka 和 Zhang（1996）、Kameda 和 Morikawa（1992）以及 Heredia – Zavoni 和 Santa – Cruz（2000）。这些技术是基于插值、条件 PDF 的方法，或者两者的组合。Heredia – Zavoni 和 Santa – Cruz（2000）首次绘制了非平稳数据域，通过域可以很好的进行平稳过程的条件模拟。非平稳特征被应用于使用幅度和频率调制函数的平稳过程。Morikawa 和 Kameda（2001）利用群延迟时间谱将

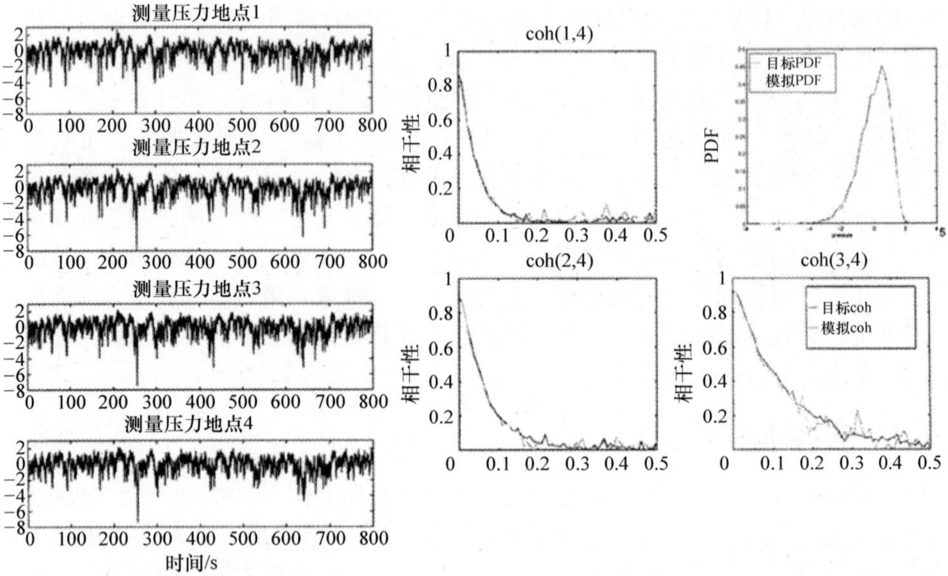

图 10.14　3 条实测压力记录和 1 条条件模拟记录（左图）以及目标和模拟的相干函数和 PDF 的比较（右图）（Gurley 和 Kareem 1998a）

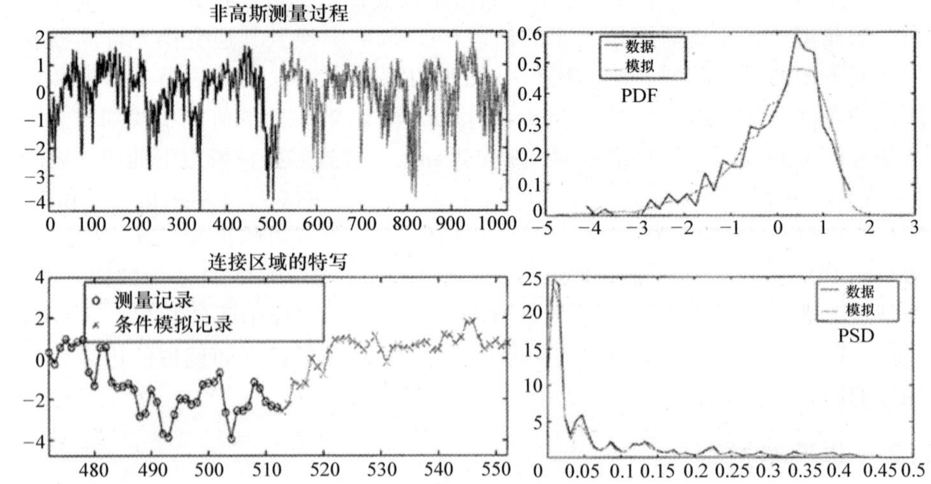

图 10.15　扩展数据记录和扩展区域特写的实例（左图）以及观测与扩展压力记录的 PDF 和 PSD 的比较（右图）（Gurley 和 Kareem 1998a）

非平稳性质包含在模拟中。时间历程和它们的相位谱之间的关系可以用来开发傅里叶振幅和相位的频域的 PDF，以便正确地表示非平稳特性。

Wang（2007）开发了一种利用时间 - 频率分析工具进行非稳态条件模拟的新方法。此方案根据小波系数利用相关交叉进化，其允许插值法扩展到时间 - 频率域。两种方案分别为利用修改后的 Hermite 变换的基于映射的条件模拟方案和基于局部小波系数的插值系数的非映射条件模拟方案。非映射方案能够减少所造成的非线性映射的仿真错误。

一个数值实例，下击暴流风速的条件模拟如图 10. 16 与图 10. 17 所示。这些数据是由得克萨斯理工大学的大气科学系（Orwig - Gast 和 Schroeder 2005）在 2002 年 6 月 15 日的一个不同高度的现场实验数值记录提供的。方案输入的数据是 4m 和 15m 高度（见图 10. 16）的实测数据和 10m 高度的模拟数据（见图 10. 17）。模拟保留的实际测量的时间波动的比较，正如图 10. 17 所示。为了简捷起见，随时间变化的相关结构未显示，只是显示了在多个位置之间保持的相关性的模拟结果。

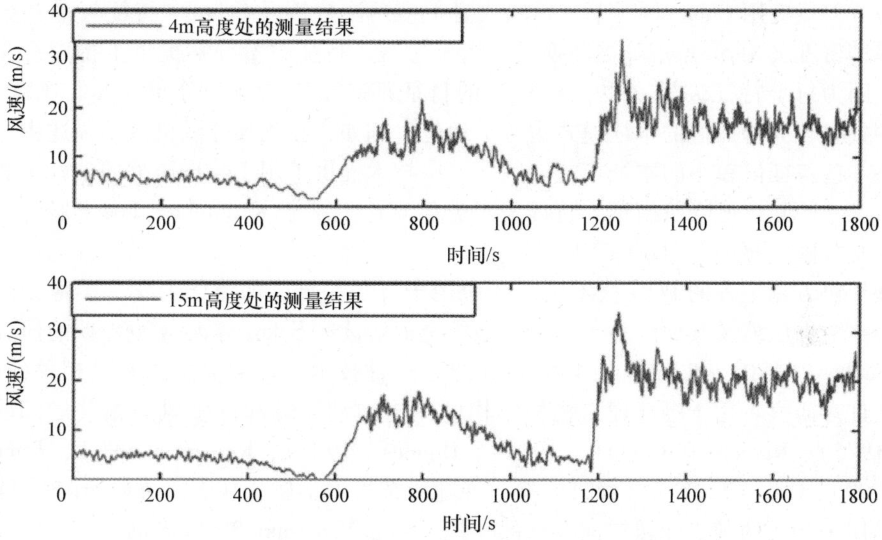

图 10. 16　4m 和 15m 高度的测量结果（Wang 2007）

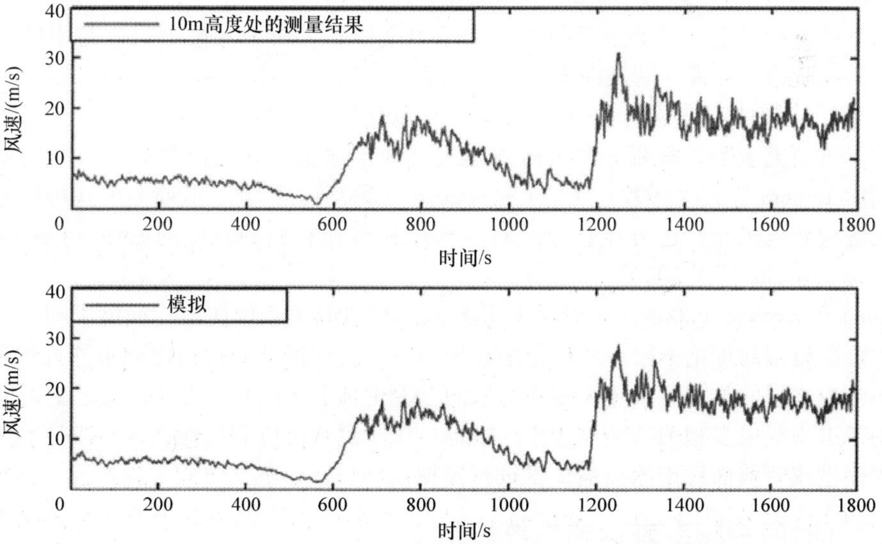

图 10. 17　10m 高度的测量结果和模拟结果（Wang 2007）

10.8 计算建模工具

10.8.1 适当的正交分解

多相关的平稳随机过程/域，如那些与风速和压力的波动相关的过程，可以通过对角化协方差或应用 Cholesky（下三角法或者上三角法）以及 Schur（特征矢量）分解交叉功率谱密度（XPSD）矩阵被转换成一组子过程。特征矢量分解提供了物理意义上的洞察，因为每个特征矢量（本征模式）的特征都基于它的空间分布。人们还认识到，只有少数有较大特征值的本征模式占主导地位。例如，在大尺寸随机域的描述中，可能会忽略一些特征值较小的本征模式。因此，该技术提供了用于数据压缩的独特工具，并促成大尺寸的随机域降阶模型。特征矢量分解理论上基于 Karhunen - Loeve 展开，也被称为正交分解（POD）（Loeve 1963）。

基于协方差矩阵的 POD 技术已广泛应用于许多领域，如流体力学、图像处理、信号分析、数据压缩及其他。关于这个问题的全面解读在 Solari 等人（2005）的研究中查阅。Lumley（1970）和 Armitt（1968）介绍了这种技术，以解决湍流和风相关的问题，随后被许多研究者用于描述建筑物和结构的压力波动问题和许多风力相关的问题，如 Lee（1975）、Kareem 和 Cennak（1984）、Holmes（1992）、Kareem（1999）、Tamura 等人（1999）、Carassale 等人（2001）等。在随机结构力学里，基于协方差矩阵的 POD 技术已被用于相关的随机变量空间变化的模拟，例如 Yamazaki 和 Shinozuka（1990），随机有限元分析的模拟，例如 Ghanem 和 Spanos（1991），以及随机动力学的模拟，例如 Li 和 Kareem（1990b，1995）、Vasta 和 Schueller（2000）。

POD 技术数量上的优势，类似于结构动力学模态分析，依赖于通过与小的特征值相关联的高阶的本征模式的截断降阶表示。这种降阶表示必须保留随机域的重要特征，并确保相关量保持不变或者其改变结果在可以接受的范围内。对基于协方差矩阵的 POD 技术的研究表明，截断更高风荷载模式有助于加快全球风荷载的计算和它们的影响，例如 Tamura 等人（1999）、Chen 和 Kareem（2005）。然而，截断高模式可能在某些地区无法有效地工作，这可能会导致对局部风荷载和它们的效应的低估（Chen 和 Kareem 2005；Rocha 等人 2000）。

Chen 和 Kareem（2005）应用基于所述协方差 POD 和 XPSD 矩阵提出了随机矢量值过程的降阶模型的理论框架。利用这个框架，可以发现风荷载和随之而来的背景和结构的共振响应之间的物理意义上的链接。基于 XPSD 矩阵的 POD 技术，通过生成降阶矢量值的子进程促成多相关的随机过程的模拟。该子过程可以利用频谱表示方法、参数时间序列模型或者前面讨论的其他技术进行模拟。

10.8.2 时间 - 频率表达和系统识别

像许多有趣的物理过程一样，风的影响往往体现出非平稳和非线性的特征。如果这些特点都存在，由于瞬时性或依赖于时间的分量散布在整个频率范围内，因此假定出现在整个时间序列的长度，在频域中的表示可能无法准确地表示数据。由于能量在时间和频率两者的定位，时间–频率表示法能够更真实地代表非稳态的或非线性的时间序列。多分辨率小波变换的能力在土木工程应用中具有特别的吸引力。小波变换具有识别非平稳过程的瞬变分量与在地震、风、海洋工程应用的能力（Gurley 和 Kareem 1999；Kijewski 和 Kareem 2003）。小波分析也被用于大量的模拟中，其中傅里叶变换（用于频率域分析）或希尔伯特变换（用于时域系统识别）一般用于定义感兴趣的量。

小波变换涉及开始期间的缩放和平移，母小波则延长了信号的持续时间。规模缩放过程涉及母小波压缩和延伸的对比，以此确定最匹配原始信号的比例和位置。以这种方式，时间和频率的分辨率可基于频率的信号的特定位置的分析进行调整。小波系数的二次方值的映射被称为一个尺度图，并能够揭示在该信号能量含量最强时间的频率（Kijewski 和 Kareem 2003）。尺度图的概念也可以被用来识别信号之间的相关性。在该进程中，二次方系数置换为两个不同的进程的小波系数的乘积（Gurley 和 Kareem 1999；Gurley 等人 2003）。它揭示相关频率随时间变化的结果。

在频域中的相干概念也可以利用频谱扩展到时间–频率域。基于小波的相干映射由通过小波互谱和两个信号的小波自频谱的结果的比率决定（Gurley 等人，2003）。生成的映射提供相对于时间和频率的本地化视角。

为了证明基于小波的连贯性映射的效用，Gurley 等人（2003）对高斯风速信号及压力记录进行模拟，并且它们只在所选择的范围和特定的时间内相关。他们在 512 ~ 768s 内 0.0625 ~ 0.25Hz 相关、1.536 ~ 1.792s 内 0.19 ~ 0.37Hz 相关。所得相关图表示在图 10.18 中的左上角。为减少双相干性映射的虚假的一致性，几种不同的方法被研究讨论。“智能”脊线提取方法，如图 10.18 所示，能有效过滤小波相干映射，消除噪声，并进一步确定相关的信号位置（Gurley 等人 2003；Kareem 和 Kijewski 2002）。一个类似的方法，在 Gurley 等人（2003）、Kareem 和 Kijewski（2002）的研究中可以找到案例，可利用小波双相干性识别两个信号之间的二次相互作用。进一步被确立了所提供的阈值技术的鲁棒性，它被视为减轻错误，高阶相干性的存在。即使在这种情况下，方差和漏损依然普遍。尽管相对密集，这种方法可以很明显地降低所有变量的噪声源水平。

基于小波变换的系统识别和瞬时频谱分析提供了非常有价值的工具，允许在结构频率和阻尼中对非线性特性跟踪。这些随时间变化的频率内容的跟踪通常是通过监视信号的瞬时频率以及从小波尺度谱到形成 Kareem 和 Kijewski（2002）、Kijewski 和 Kareem（2003）中讨论的小波瞬时频率谱提取的凸脊完成的。与这些凸脊相关联的复杂系数，可直接用于基于解析信号理论的传统系统识别方法来确定瞬时频率，以及自由振动衰减或随机减量标志、阻尼的情况。小波系数的频域的观点也非常有见地，作为小波瞬时频率和带宽可以分别追踪并监控平均频率及其它们时间演变的偏差。这个基本分析框架加上类似 SVD 和 PCA 的分析方案，将有助于促成对空气动力学、气动弹性或结构参数的定义。

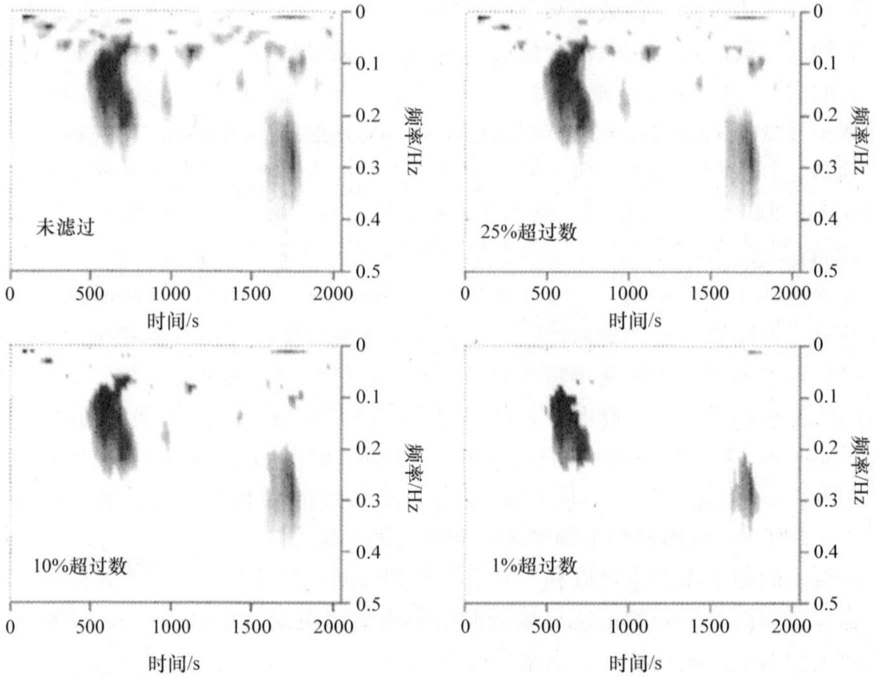

图 10.18　噪声超标水平变化下的小波过滤映射（Gurley 等人 2003）

10.9　小结

本章概述了风荷载效应的计算随机模型的发展情况，首先总结了一些历史的观点，讨论了最新的事态发展、改进和挑战。讨论的主题包括：单变量和多变量随机过程的模拟，高斯、非高斯的模拟，以及非平稳数据、条件模拟和计算建模工具。风致结构作用分析中揭露了伴随脉动效应的大范围的荷载，这些方法变得越来越重要。除了时间 - 频率方案，学者也对时频域方法进行了探讨，这对非平稳和非均质过程/域的研究特别重要。这些计算技术在建筑和桥梁的分析的应用中十分突出，包括在为 CFD 风工程研究提供入流条件的随机模拟中。

致谢

本章中的研究工作得到了美国国家科学基金会项目 CMMI03 - 24331、CMMI06 - 01143、CMMI09 - 28282，以及数年前其他项目和多年来其他赞助商的支持。作者非常感谢早期的学生和博士后研究员对本章研究内容的贡献。

参考文献

Aas-Jakobsen K, Strommen E (2001) Time domain buffeting response calculations of slender structures. J Wind Eng Ind Aerodyn 89:341–364

Adrian RJ (1994) Stochastic estimation of conditional structure: a review. Appl Sci Res 53:291–303

Amin M, Ang AHS (1968) Nonstationary stochastic model of earthquake motions. J Eng Mech, ASCE 94:559–583

Armitt J (1968) Eigenvector analysis of pressure fluctuations on the west instrumented cooling tower. Central Electricity Research Laboratories, UK

Billings SA, Tsang KM (1989) Spectral analysis for non-linear systems, part I: parametric non-linear spectral analysis. Mech Sys Sig Process 3:319–339

Borgman LE (1969) Ocean wave simulation for engineering design. J Waterways Harbors Div, ASCE 95:557–583

Borgman LE (1990) Irregular ocean waves: kinematics and forces. In: Le Mehaute B, Hanes DM (eds) Ocean engineering science, part A. Wiley, New York

Cakmak AS, Sherif RI, Ellis G (1985) Modelling earthquake ground motions in California using parametric time series methods. Int J Soil Dyn Earthquake Eng 4:124–131

Carassale L, Solari G (2006) Monte Carlo simulation of wind velocity fields on complex structures. J Wind Eng Ind Aerodyn 94:323–339

Carassale L, Piccardo G, Solari G (2001) Double modal transformation and wind engineering applications. J Eng Mech, ASCE 127:432–439

Chang MK, Kwiatkowski JW, Nau RF, Oliver RM, Pister KS (1979) ARMA models for earthquake ground motions. University of California, Berkeley

Chay MT, Albermani F, Wilson R (2006) Numerical and analytical simulation of downburst wind loads. Eng Struct 28:240–254

Chen X, Kareem A (2001) Aeroelastic analysis of bridges under multicorrelated winds: integrated state-space approach. J Eng Mech, ASCE 127:1124–1134

Chen X, Kareem A (2002) Discussion on 'time domain buffeting response calculations of slender structures' by K. Aas-Jakobsen, E. Strommen. J Wind Eng Ind Aerodyn 90:639–642

Chen X, Kareem A (2005) Proper orthogonal decomposition-based modeling, analysis, and simulation of dynamic wind load effects of structures. J Eng Mech, ASCE 131:325–339

Chen L, Letchford CW (2005) Proper orthogonal decomposition of two vertical profiles of full-scale nonstationary downburst wind speeds. J Wind Eng Ind Aerodyn 93:187–216

Chen L, Letchford CW (2007) Numerical simulation of extreme winds from thunderstorm downbursts. J Wind Eng Ind Aerodyn 95:977–990

Chen S, Billings SA, Luo W (1989) Orthogonal least squares methods and their application to non-linear system identification. Int J Control 50:1873–1896

Chen X, Matsumoto M, Kareem A (2000) Time domain flutter and buffeting response analysis of bridges. J Eng Mech, ASCE 126:7–16

Chen Y, Kopp GA, Surry D (2003) The use of linear stochastic estimation for the reduction of data in the NIST aerodynamic database. Wind Struct 6:107–126

Conner DA, Hammond JL (1979) Modelling of stochastic system inputs having prescribed distribution and covariance functions. Appl Math Model 3:67–69

Conte JP (1992) Effects of earthquake frequency nonstationarity on inelastic structural response. In: Proceedings of the 10th world conference on earthquake engineering, A. A. Balkema

Conte JP, Peng BF (1997) Fully nonstationary analytical earthquake ground-motion model. J Eng Mech, ASCE 123:15–24

Daubechies I (1992) Ten lectures on wavelets. Society for industrial and applied mathematics. Capital City Press, Montpelier, VT

Deodatis G (1996) Simulation of ergodic multivariate stochastic processes. J Eng Mech, ASCE 122:778–787
Deodatis G, Micaletti RC (2001) Simulation of highly skewed non-Gaussian stochastic processes. J Eng Mech, ASCE 127:1284–1295
Deodatis G, Shinozuka M (1988) Auto-regressive model for nonstationary stochastic processes. J Eng Mech ASCE 114:1995–2012
Der Kiureghian A, Crempien J (1989) An evolutionary model for earthquake ground motion. Struct Safety 6:235–246
Deutsch R (1962) Nonlinear transformations of random processes. Prentice-Hall, Englewood Cliffs
Deville J, Lamballais E, Bonnet JP (2000) POD, LODS and LSE: their links to control and simulations of mixing layers. ERCOFTAC Bull 46:29–44
Di Paola M (1998) Digital simulation of wind field velocity. J Wind Eng Ind Aerodyn 74–76:91–109
Di Paola M, Gullo I (2001) Digital generation of multivariate wind field processes. Probabilistic Eng Mech 16:1–10
Ding Q, Zhu L, Xiang H (2006) Simulation of stationary Gaussian stochastic wind velocity field. Wind Struct 9:231–243
Elishakoff I, Ren YJ, Shinozuka M (1994) Conditional simulation of non-Gaussian random fields. Eng Struct 16:558–563
FCMP (2011) Florida coastal monitoring program. http://fcmp.ce.ufl.edu
Filho JCSS, Yacoub MD (2008) Coloring non-Gaussian sequences. IEEE Trans Sig Process 56:5817–5822
Fujita TT (1981) Tornadoes and downbursts in the context of generalized planetary scales. J Atmospheric Sci 38:1511–1534
Fujita TT (1985) The downburst: microburst and macroburst. Report of projects NIMROD and JAWS, Satellite and Mesometeorology Research Project. University of Chicago Department of the Geophysical Sciences, Chicago
Ghanem R, Spanos PD (1991) Stochastic finite elements: a spectral approach. Springer, New York
Goβmann E, Waller H (1983) Analysis of multi-correlated wind-excited vibrations of structures using the covariance method. Eng Struct 5:264–272
Grigoriu M (1984) Crossings of non-Gaussian translation processes. J Eng Mech ASCE 110:610–620
Grigoriu M (1993) On the spectral representation method in simulation. Probabilistic Eng Mech 8:75–90
Grigoriu M (1998) Simulation of stationary non-Gaussian translation processes. J Eng Mech ASCE 124:121–126
Gurley KR, Kareem A (1997) Analysis interpretation modeling and simulation of unsteady wind and pressure data. J Wind Eng Ind Aerodyn 69–71:657–669
Gurley KR, Kareem A (1998a) A conditional simulation of non-normal velocity/pressure fields. J Wind Eng Ind Aerodyn 77&78:39–51
Gurley KR, Kareem A (1998b) Simulation of correlated non-Gaussian pressure fields. Meccanica 33:309–317
Gurley KR, Kareem A (1999) Applications of wavelet transforms in earthquake, wind and ocean engineering. Eng Struct 21:149–167
Gurley KR, Kareem A, Tognarelli MA (1996) Simulation of a class of non-normal random processes. Int J Non-Linear Mech 31:601–617
Gurley KR, Tognarelli MA, Kareem A (1997) Analysis and simulation tools for wind engineering. Probabilistic Eng Mech 12:9–31
Gurley KR, Kijewski T, Kareem A (2003) First- and higher-order correlation detection using wavelet transforms. J Eng Mech ASCE 129:188–201
Haan FL, Kareem A (2009) Anatomy of turbulence effects on the aerodynamics of an oscillating prism. J Eng Mech ASCE 135:987–999
Heredia-Zavoni E, Santa-Cruz S (2000) Conditional simulation of a class of nonstationary space-time random fields. J Eng Mech ASCE 126:398–404

Holmes JD (1992) Optimized peak load distributions. J Wind Eng Ind Aerodyn 41–44:267–276
Hoshiya M (1995) Kriging and conditional simulation of a Gaussian field. J Eng Mech ASCE 121:181–186
Huang G, Chen X (2009) Wavelets-based estimation of multivariate evolutionary spectra and its application to nonstationary downburst winds. Eng Struct 31:976–989
Iyama J, Kuwamura H (1999) Application of wavelets to analysis and simulation of earthquake motions. Earthquake Eng Struct Dyn 28:255–272
Johnson GE (1994) Constructions of particular random process. Proc IEEE 282(2):270–285
Kameda H (1975) Evolutionary spectra of seismogram by multifilter. J Eng Mech Div ASCE 101:787–801
Kameda H, Morikawa H (1992) An interpolating stochastic process for simulation of conditional random fields. Probabilistic Eng Mech 7:243–254
Kareem A (1999) Analysis and modeling of wind effects:numerical techniques. In: Larsen, A, Larose GL, Livesey FM (eds) Wind engineering into the 21st century: Proceedings of the tenth international conference on wind engineering, Copenhagen, 21–24 June 1999. A A Balkema, Rotterdam
Kareem A, Cermak JE (1984) Pressure fluctuations on a square building model in boundary-layer flows. J Wind Eng Ind Aerodyn 16:17–41
Kareem A, Kijewski T (2002) Time-frequency analysis of wind effects on structures. J Wind Eng Ind Aerodyn 90:1435–1452
Kareem A, Li Y (1988) On modelling the nonlinear relationship between random fields by means of high-order spectra. In: Spanos PD (ed) Probabilistic methods in civil engineering. ASCE, New York, pp 384–387
Kareem A, Mei G (2000) Stochastic decomposition for simulation and modal space reduction in wind induced dynamics of structures. In: Stewart MG, Melchers RE (eds) Applications of statistics and probability. A A Balkema, Rotterdam, pp 757–764
Kareem A, Tognarelli MA, Gurley KR (1998) Modeling and analysis of quadratic term in the wind effects on structures. J Wind Eng Ind Aerodyn 74–76:1101–1110
Kijewski T, Kareem A (2003) Wavelet transforms for system identification in civil engineering. Comput-Aided Civil Infrastruct Eng 18:339–355
Kijewski-Correa T, Kareem A (2006) Efficacy of Hilbert and wavelet transforms for time-frequency analysis. J Eng Mech ASCE 132:1037–1049
Kim J, Ho TCE, Hangan H (2005) Downburst induced dynamic responses of a tall building. In: 10th Americas conference on wind engineering, Baton Rouge
Kondo K, Murakami S, Mochida A (1997) Generation of velocity fluctuations for inflow boundary condition of LES. J Wind Eng Ind Aerodyn 67–68:51–64
Krige DG (1966) Two-dimensional weighted moving average trend surfaces for ore-evaluation. J South Afr Inst Min Metall 66:13–38
Kung SY (1993) Digital neural networks. Prentice-Hall, Englewood Cliffs
Kwon H-H, Lall U, Khalil A (2007) Stochastic simulation model for nonstationary time series using an autoregressive wavelet decomposition: applications to rainfall and temperature. Water Resour Res 43(W05407):1–15
Kwon DK, Kijewski-Correa T, Kareem A (2008) e-Analysis of high-rise buildings subjected to wind loads. J Struct Eng ASCE 134:1139–1153
Lee BE (1975) The effect of turbulence on the surface pressure field of a square prism. J Fluid Mech 69:263–282
Levy R, Kozin F, Moorman RBB (1971) Random processes for earthquake simulation. J Eng Mech ASCE 97:495–517
Li Y, Kareem A (1990a) ARMA systems in wind engineering. Probabilistic Eng Mech 5:50–59
Li Y, Kareem A (1990b) On stochastic decomposition and its application in probabilistic dynamics. In: Proceedings of the 5th international conference on structural safety and reliability (ICOSSAR). The Society
Li Y, Kareem A (1991) Simulation of multivariate nonstationary random processes by FFT. J Eng Mech ASCE 117:1037–1058
Li Y, Kareem A (1993a) Parametric modelling of stochastic wave effects on offshore platforms.

Appl Ocean Res 15:63–83
Li Y, Kareem A (1993b) Simulation of multivariate random processes: hybrid DFT and digital filtering approach. J Eng Mech ASCE 119:1078–1098
Li Y, Kareem A (1995) Stochastic decomposition and application to probabilistic dynamics. J Eng Mech ASCE 121:162–174
Li Y, Kareem A (1997) Simulation of multivariate nonstationary random processes: hybrid DFT and digital filtering approach. J Eng Mech ASCE 123:1302–1310
Liang J, Chaudhuri SR, Shinozuka M (2007) Simulation of nonstationary stochastic processes by spectral representation. J Eng Mech 133:616–627
Liu B, Munson Jr. DC (1982) Generation of a random sequence having a jointly specified marginal distribution and autocovariance. IEEE Trans Acoust, Speech, Sig Process ASSP-30:973–983
Loeve M (1963) Probability theory I. Van Nostrand, Princeton
Lumley JL (1970) Stochastic tools in turbulence. Academic, New York
Mann J (1998) Wind field simulation. Probabilistic Eng Mech 13:269–282
Maruyama T, Morikawa H (1995) Digital simulation of wind fluctuation in a turbulent boundary layer using experimental data. In: Proceedings of the 9th international conference on wind engineering, pp 659–670
Masters F, Gurley KR (2003) Non-Gaussian simulation: cumulative distribution function map-based spectral correction. J Eng Mech 129:1418–1428
McCarthy J, Wilson JW, Fujita TT (1982) The joint airport weather studies project. Bull Am Meteorological Soc 63:15–22
McCullough M, Kareem A (2013) Testing stationarity with wavelet-based surrogates. J Eng Mech ASCE 139(2):200–209
Mignolet MP, Spanos P (1992) Simulation of homogeneous two-dimensional random fields Part I. AR and ARMA models. J Appl Mech 59:260–269
Morikawa H, Kameda H (2001) Conditional random fields containing non-stationary stochastic processes. Probabilistic Eng Mech 16:341–347
Morlet J, Arens G, Fourgeau E, Giard D (1982) Wave propagation and sampling theory; Part I, Complex signal and scattering in multilayered media. Geophysics 47:203–221
Murakami S (1997) Current status and future trends in computational wind engineering. J Wind Eng Ind Aerodyn 67&68:3–34
Myronenko A, Song X (2010) Point-set registration: coherent point drift. IEEE Trans Pattern Anal Mach Intell 32:2262–2275
Narayana Iyengar R, Sundara Raja Iyengar KT (1969) A nonstationary random process model for earthquake accelerograms. Bull Seismologic Soc Am 59:1163–1188
Orwig KD, Schroeder JL (2007) Near-surface wind characteristics of extreme thunderstorm outflows. J Wind Eng Ind Aerodyn 95:565–584
Orwig-Gast KD, Schroeder JL (2005) Extreme wind events observed in the 2002 thunderstorm outflow experiment. In: Proceedings of the tenth Americas conference on wind engineering, Baton Rouge, LA
Papoulis A, Pillai SU (2002) Probability, random variables, and stochastic processes. McGraw-Hill, New York
Priestley MB (1965) Evolutionary spectra and non-stationary processes. J R Stat Soc Ser B (Methodologic) 27
Rocha MM, Cabral SVS, Riera JD (2000) A comparison of proper orthogonal decomposition and Monte Carlo simulation of wind pressure data. J Wind Eng Ind Aerodyn 84:329–344
Samaras E, Shinozuka M, Tsurui A (1985) ARMA representation of random processes. J Eng Mech ASCE 111:449–461
Saragoni GR, Hart GC (1974) Simulation of artificial earthquakes. Earthquake Eng Struct Dyn 2:249–267
Scherer RJ, Riera JD, Schueller GI (1982) Estimation of the time-dependent frequency content of earthquake accelerations. Nucl Eng Des 71:301–310
Schetzen M (1980) The Volterra and Wiener theories of nonlinear systems. Wiley, New York
Schreiber T, Schmitz A (1996) Improved surrogate data for nonlinearity tests. Phys Rev Lett

77:635–638
Schreiber T, Schmitz A (2000) Surrogate time series. Physica D 142:346–382
Seong SH, Peterka JA (1998) Digital generation of surface-pressure fluctuations with spikey features. J Wind Eng Ind Aerodyn 73:181–192
Shinozuka M (1971) Simulation of multivariate and multidimensional random processes. J Acoust Soc Am 49:357–367
Shinozuka M, Deodatis G (1991) Simulation of stochastic processes by spectral representation. Appl Mech Rev 44:191–203
Shinozuka M, Jan CM (1972) Digital simulation of random processes and its applications. J Sound Vib 25:111–128
Shinozuka M, Sato Y (1967) Simulation of nonstationary random process. J Eng Mech ASCE 93:11–40
Shinozuka M, Zhang R (1996) Equivalence between Kriging and CPDF methods for conditional simulation. J Eng Mech ASCE 122:530–538
Shinozuka M, Yun C-B, Seya H (1990) Stochastic methods in wind engineering. J Wind Eng Ind Aerodyn 36:829–843
Solari G, Carassale L, Tubino F (2005) POD methods and applications in wind engineering. In: Proceedings of the 6th Asia-Pacific conference on wind engineering (APCWE-VI), Seoul, Korea
Spalart PR, Rumsey CL (2007) Effective inflow conditions for turbulence models in aerodynamic calculations. Am Ins Aeronautics Astronautics J 45:2544–2553
Spanos PD, Donley MG (1991) Equivalent statistical quadratization for nonlinear systems. J Eng Mech ASCE 117:1289–1309
Spanos P, Failla G (2004) Evolutionary spectra estimation using wavelets. J Eng Mech ASCE 130:952–960
Spanos P, Mignolet MP (1992) Simulation of homogeneous two-dimensional random fields. Part II. MA and ARMA models. J Appl Mech 59:270–277
Spanos P, Roesset J, Donley M (1987) Evolutionary power spectrum estimation of September 19, 1995 Mexico earthquake accelerograms. In: Proceedings of the stochastic approaches in earthquake engineering: U.S.-Japan joint seminar, Springer, New York
Tamura T, Ono Y (2003) LES analysis on aeroelastic instability of prisms in turbulent flow. J Wind Eng Ind Aerodyn 91:1827–1846
Tamura T, Suganuma S, Kikuchi H, Hibi K (1999) Proper orthogonal decomposition of random wind pressure field. J Fluids Struct 13:1069–1095
Tamura T, Okuda Y, Okada H (2002) LES estimation of wind characteristics in the surface layer over various grounds - urban roughness effects and terrain effects. In: Proceedings of the UJNR panel on wind and seismic effects (Task Committee D)
Theiler J, Eubank S, Longtin A, Galdrikian B, Doyne Farmer J (1992) Testing for nonlinearity in time series: the method of surrogate data. Physica D 58:77–94
Vanmarcke EH, Fenton GA (1991) Conditioned simulation of local fields of earthquake ground motion. Struct Safety 10:247–264
Vasta M, Schueller GI (2000) Phase space reduction in stochastic dynamics. J Eng Mech ASCE 126:626–632
Wang L (2007) Stochastic modeling and simulation of transient events, civil engineering and geological sciences. University of Notre Dame, Notre Dame
Wang L, Kareem A (2004a) Modeling of non-stationary winds in gust-fronts. In: Proceedings of the 9th ASCE joint specialty conference on probabilistic mechanics and structural reliability, PMC, Albuquerque, NM
Wang L, Kareem A (2004b) Simulation of earthquake ground motion based on wavelet and hilbert transforms. In: Proceedings of the 9th ASCE joint specialty conference on probabilistic mechanics and structural reliability, PMC, Albuquerque, NM
Wang L, Kareem A (2005a) Modeling and simulation of transient winds in downbursts/hurricanes. In: Proceedings of the 10th Americas conference on wind engineering, Baton Rouge, LA
Wang L, Kareem A (2005b) Simulation of multi-variate non-stationary random processes based on wavelet and Hilbert transforms. In: Proceedings of the 9th international conference on structural safety and reliability (ICOSSAR), Rome, Italy

Wang L, Kareem A (2006) Description and simulation of gust front wind field. In: Proceedings of the 4th international symposium on computational wind engineering, Yokohama, Japan
Wittig LE, Sinha AK (1975) Simulation of multicorrelated random processes using the FFT algorithm. J Acoust Soc Am 58:630–634
Yamazaki F, Shinozuka M (1988) Digital geneartion of non-Gaussian stochastic fields. J Eng Mech 114:1183–1197
Yamazaki F, Shinozuka M (1990) Simulation of stochastic fields by statistical preconditioning. J Eng Mech ASCE 116:268–287

第 11 章　CFD 在结构风工程中的应用

Shuyang Cao

摘要　计算流体动力学（CFD）是用一个数值方法来模拟或预测流动现象和对流体运动方程的一组离散点的量的求解。最近 CFD 的功能得到了很大的提升，已成为解决风工程问题的应用工具。本章首先阐述了 NS 方程的特点，然后详细介绍了离散格式、湍流模型、入流湍流和数值程序。最后，通过使用大涡模拟（LES），提供了丘陵地区大风计算实例。

关键词　CFD · 计算风工程（CWE）· LES · 湍流模型 · 风荷载 · 抗风设计

11.1　简介

CFD 基本上是用一个数值方法来模拟或预测流动现象和对流体运动方程的一组离散点的量的求解。它在与流体相关的工程领域如航空、机械和土木建筑领域应用广泛。应用它解决这些领域的特定问题是不同的。CWE 主要指 CFD 方法在风工程问题中的应用。CWE 的结构部分通常是钝体空气动力学问题与湍流、尾流湍流、网格生成和高雷诺数（最多到 $10^7 \sim 10^8$）等的结合。在数值模拟过程中这些问题需要特别注意。

日本计算风工程学会主席东京工业大学教授 T. Tamura 所写的“建筑结构风荷载的数值预报指南”（AIJ 2005）指出，计算风工程上升到了一个新的阶段：

1）在适当的时候考虑入流湍流的影响；

2）湍流模型的改进，使人们能够了解如何对待复杂分离流和强涡非定常流；

3）采用广义曲线坐标系统的计算技术的改进，使它能够用来计算复杂形状结构的气体动力，提高了仿真精度。

这些改进能够模拟风压、风荷载和结构的风致响应，包括那些外形复杂、容易与边界层自然风发生共振的建筑。当这些技术适当利用时，CFD 可应用于实际的风工程问题。

目前的风荷载规范/标准指定的抗风设计过程是对基本风速、设计风速、结构框架风荷载、围护结构风荷载、气动不稳定性评价和居住建筑振动，有时还包括评价噪声风环境的一个连续估计。考虑大风发生概率的基本风速，可以通过分析风气候数据，采用蒙特卡罗方法进行仿真来估计台风等方法得到。但它还没通过 CFD 的预测。设计风速在一定的位置或区域范围内，受局部地形、风速廓线、粗糙度条件和其他条件影响。CFD 已被证明在高密度的高层建筑领域（Tamura 和 Nozu 2003）和不同坡度地形区（Ishihara 和 Hibi 2002；Cao 和 Tamura 2005）的风廓线预测是非常强大的。CFD 实现了在低层建筑（Nozawa 和 Tamura 2002）和在粗糙壁湍流边界层高层建筑（Nozawa 和 Tamura 2003）模拟压力分布的可行性。完成了三维方柱绕流不稳定的振荡的数值模拟研究（Tamura 和 Itoh 1997）。这些模拟结果表明，CFD 可以用来解决一些实用抗风设计问题。然而，当利用 CFD 作为预测结构风荷载的一般工具时，必须意识到，由于离散化方法、边界条件、湍流模型和数值程序的不同，仿真结果的不同是不可避免的。因此，为了使仿真可靠和可信，了解数值模拟的基本原理是有必要的。现实是，虽然 CFD 得到了广泛的应用，其应用已经在解决如行人风、空气污染和其他方面风环境等问题上得到了认同，但它用于抗风设计仍然只是一个试验，因为直到现在它还没有方法被充分验证。

虽然实验和数值模拟的方法都是用于调查流动现象，在研究流动时的性能是不同的。实验工具如风洞和水槽是传统的利用缩比模型来研究真实流动现象的方法。流体动力学的大部分知识来源于实验和分析研究。随着计算机技术的开发，数值方法得到了很大进步。它用于研究在一个从实验或理论分析得到的方程离散点集的求解。因此，实验结果比计算结果更接近真实现象。即使采用合适的数值方法得到的数值结果，并不能认为能完全模拟控制方程的特征。然而，一个实验通常采用缩尺模型，因此实验有一些限制条件。例如在设置压力开关模型时经常会遇到困难，然而 CFD 解决了无量纲方程规模化问题，并且可以处理特殊情况如高压或高温，因为它是虚拟的。CFD 技术可以提供的时间和空间的信息量，使对数字流的理解成为可视化信息，在一个实验中，这通常是很困难的。此外，CFD 可节省模型和实验的时间和精力。很长一段时间以来，CFD 已作为风洞实用抗风设计的一种预期的替代品。然而不幸的是，CFD 还没有像试验那样得到很好的建立。在结构风工程领域，所有国家的风荷载规范/标准是在风洞实验室模拟得到的结构风荷载的前提下制定的。风速剖面被均匀分为几类，以便于可以进行风洞实验。随着 CFD 方法的改进，它可以预测在施工现场的风速廓线、数值模拟风荷载对结构的作用。可以预计，提高 CFD 的性能会带来抗风设计规范的革命。

11.2 CFD 基础

11.2.1 控制方程的特征

流体的控制方程如下：

质量守恒方程：

$$\frac{\partial u_i}{\partial x_i}=0 \tag{11.1}$$

Navier - Stokes（NS）方程：

$$\frac{\partial u_i}{\partial t}+u_j\frac{\partial u_i}{\partial x_j}=-\frac{1}{\rho}\frac{\partial p}{\partial x_i}+\frac{1}{Re}\frac{\partial^2 u_i}{\partial x_j \partial x_j}+f_i \tag{11.2}$$

式中，u、p、t 和 Re 分别表示速度、压力、时间和雷诺数。

在式（11.2）左边的第二项是平流项，是非线性的。NS 方程的求解主要因这一项而变得困难。右边第二项是扩散项，用来稳定和平滑地模拟速度场。右边第一项是压力项，这是确定质量守恒方程的耦合，因为质量守恒方程不包含变量 t。

NS 方程的性能可以很容易学习，如果简化为一维方程（Burgers 方程），如下：

$$\frac{\partial u}{\partial t}+u\frac{\partial u}{\partial x}=\nu\frac{\partial^2 u}{\partial x^2} \tag{11.3}$$

Burgers 方程拥有精确解，因此它经常被用来检查数值方法。式（11.3）可以通过假设对流速度和扩散常数，进一步使方程平流和扩散线性化，如式（11.4）一样：

$$\frac{\partial u}{\partial t}+c\frac{\partial u}{\partial x}=\alpha\frac{\partial^2 u}{\partial x^2} \tag{11.4}$$

平流扩散方程的性能可以通过 3 个简单的方程学习，每个只包含式（11.4）两项：

$$\frac{\partial u}{\partial t}+c\frac{\partial u}{\partial x}=0 \tag{11.5}$$

$$\frac{\partial u}{\partial t}=\alpha\frac{\partial^2 u}{\partial x^2} \tag{11.6}$$

$$c\frac{\partial u}{\partial x}=\alpha\frac{\partial^2 u}{\partial x^2} \tag{11.7}$$

式（11.5）是一个平流方程，这是双曲线型。它有一个精确解：

$$u=u(x,t)=\varphi(x-ct) \tag{11.8}$$

可恰当的表述为

$$u(x+c,t+1)=u(x,t) \tag{11.9}$$

这意味着流量以恒定的速度 c 向下游移动，与初始值始终保持一个固定的波形，如图 11.1 所示。

式（11.6）是一个扩散方程，这是抛物线型。它的一个解析解为

$$u=u(x,t)=\frac{1}{2\sqrt{\pi t}}\mathrm{e}^{-x^2/4t} \tag{11.10}$$

当$\partial^2 u/\partial x^2<0$时$\partial u/\partial t<0$，当$\partial^2 u/\partial x^2>0$时$\partial u/\partial t>0$，有解。这意味着速度场总是平滑，用其他的话来说就是稳定。初始值影响范围在远离初始值处，$t=0$ 的影响值在远离原点处。图 11.2 显示了这个扩散方程的重要特征。

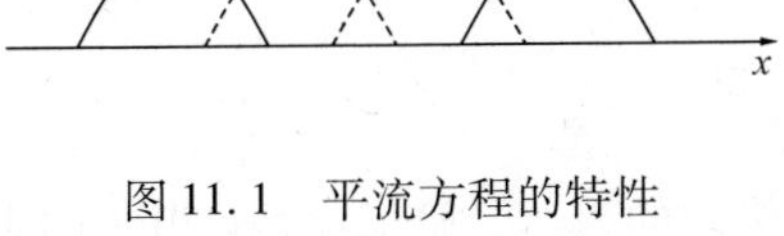

图 11.1　平流方程的特性

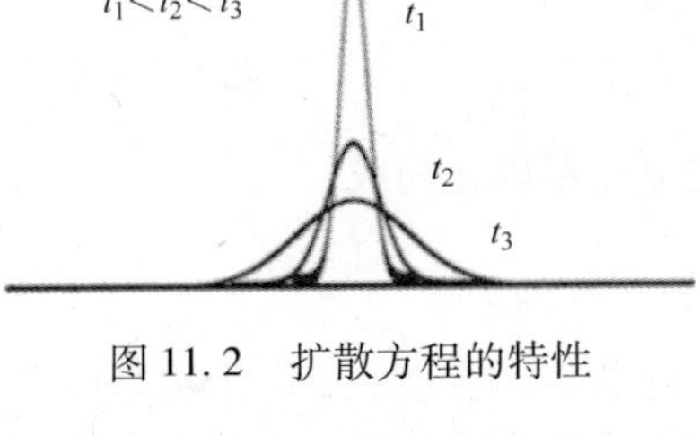

图 11.2　扩散方程的特性

式（11.7）是平流方程的稳态方程，椭圆形，分别受对流项和扩散项的影响。如

何选取取决于哪一项为主导地位。

11.2.2 差分格式

CFD 求解离散点集的 NS 方程。一般而言，差分造成的错误取决于网格尺寸。一个更精细的网格系统或高阶精度方案导致的误差较小。一个偏微分方程，有很多可能的方法进行差分计算。考虑不同的误差时，要注意两个重要的问题，（Kajishima 1999）。首先是误差性能。如果误差扩大，数值计算的结果要比真实现象光滑。否则，由误差引起的非物理波动会放大，若误差分散会导致计算失败。另一个是必须保持偏微分方程的基本特征。如果不能保持原有的微分关系，则差分表达不能被接受，尽管差分表达使用高阶精度。

中心有限差分和迎风有限差分是在 CFD 广泛使用的两种差分格式。如式（11.11）和式（11.12）所示中心差分截断误差主项是奇数（第三）项，这意味着中央有限差分带来的误差分散。反过来想，对迎风差分格式的截断误差主项即使是二阶微分项，仍可带来误差扩散。

中心差分：

$$u'_i = \frac{-u_{i-1} + u_{i+1}}{2h} - \frac{h^2}{6}u_i^{(3)} + o(h^4) \tag{11.11}$$

迎风差分：

$$u'_i = \frac{-u_i + u_{i+1}}{h} - \frac{h}{2}u_i^{(2)} + o(h^2) \tag{11.12}$$

图 11.3 说明了求解平流方程的差分时，中心差分和迎风差分在发生错误时的不同。如上所述，精确解是保持原来的分布向下游移动。在图 11.3 中可以看出，当向下游移动时，在中央差分情况下的分布发生了不规则，意味着不稳定的计算，而迎风差分情况下的分布是光滑的。

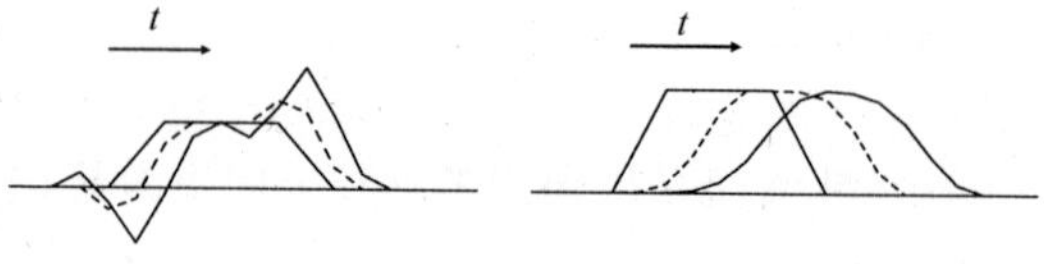

图 11.3 中心和迎风差分格式的不同表达

a）中心差分 b）迎风差分

以迎风差分格式的性能为例。如果用一阶迎风格式求解平流扩散方程，平流项可以表示为

$$\text{如果} \quad u>0 \quad u\frac{\partial f}{\partial x} = u\frac{f_1 - f_{i-1}}{\Delta x} \tag{11.13}$$

$$\text{如果} \quad u>0 \quad u\frac{\partial f}{\partial x} = u\frac{f_{i+1} - f_i}{\Delta x} \tag{11.14}$$

这些方程可以化简成

$$u\frac{\partial f}{\partial x} = u\frac{f_{i+1} - f_{i-1}}{2\Delta x} - \frac{|u|}{2}\frac{f_{i-1} - 2f_i + f_{i+1}}{\Delta x} \tag{11.15}$$

可以注意到，右边的第一个项是中心差分格式的表达，第二项是扩散项的表达。因此，与中心差分格式相比，迎风格式实际上是求解对流扩散方程：

$$\frac{\partial f}{\partial t}+u\frac{\partial f}{\partial x}-\left(a+\frac{u\Delta x}{2}\right)\frac{\partial^2 f}{\partial x^2}=0 \tag{11.16}$$

与式（11.4）比较，很容易看到，有一个额外项$\left(\frac{u\Delta x}{2}\right)$，以类似于分子黏度的定义，这被称为数值黏度。数值黏度与 Δx 成正比。为了能很好地模拟雷诺数，划分的网格必须满足$\frac{u\Delta x}{2} << \alpha$。否则，实际上得到对应雷诺数流量的结果远远小于预期。在流体动力学的研究基础上，有必要避免数值黏度。然而，对于实际工程问题的数值模拟，有时加入黏度是不可避免的。商业软件采用迎风格式以便使软件适用于很多场合。当使用软件解决实际风工程问题时，有必要对仿真结果仔细探讨（Kajishima 1999）。

11.2.3　湍流模型

面向结构而来的气流一直是湍流，这是因为它们一直都处于湍流大气边界层，因此结构的雷诺数通常是非常高的。旋涡形成的流动现象、来流的湍动、分离剪力层与动态尾流之间相互作用都属于湍流条件。在湍流能量耗散的过程中，产生于低频区域的湍流能量逐渐转移到高频区域，即首先在能量耗散区再到惯性区。在模拟过程中高频波动因其在能源梯级下降过程的作用而不容忽视。

对于真实流动现象而言，在湍流能量耗散过程中起作用的主要是分子黏度。在数值模拟高雷诺数风工程问题时，为了确定湍流耗散对分子黏度的影响，一个极其精细的网格系统是必要的。此外，如果不采取稳定措施，高雷诺数的计算通常会失败。为了克服这些困难，数值黏性或湍流黏度通常会被添加到模拟中。在计算机能力不足时，迎风方案曾被广泛应用在计算钝体流动、大尺度涡脱落流控制等现象中。随着计算机容量和 CFD 技术的改进，湍流模型有望解决高雷诺数问题，因为它们是从物理的流动特性发展而来的。

湍流模型是用来通过除分子黏度外的湍流黏度消散在高频的湍流能量。一般来说，有两种湍流模型：Reynolds Averaged Navier – Stokes（RANS）方程和大涡模拟（LES）。RANS 通过求解湍流统计补充方程解决 NS 方程估计湍流效应（湍流黏度）。结果是使用平均时间，对反映湍流效应是合适的。对于非常复杂的形式，有时需要使用。如果只是求解流体的平均值或方差值，实际上 RANS 是一种非常有效的方法。另一方面，LES 使用小尺度（亚格子）模型组件直接求解大尺度（网格尺度）的组件。这依赖于时间的计算，LES 非常耗时，因为为了实现可靠的分析，它通常进行三维计算，而且需要流体的大量时程数据。LES 公式比 RANS 简单，是因为流动现象少且需要确定的计算参数少。对于 LES，在得到所有网格点的流量的时间序列数据，允许所有点上平均值、峰值以及功率谱的波动。因此，LES 比 RANS 更有利于抗风设计。然而，LES 滤波器实际上是在空间上的一个平均过程。需要注意的是，LES 的峰值一直受到过滤操作。

在实际的数值模拟计算中需要选择合适的湍流模型。

由于结构和大气湍流的相互作用，在风工程中普遍存在多尺度湍流。然而由于其对全程时间的平均，在 RANS 中如何平均计算不同的湍流尺度仍不清楚。在 LES 里可区分哪些频率范围是可以进行数值操作的。通过 LES 数值模拟得到的结果比通过 RANS 得到的结果可以解释更多。

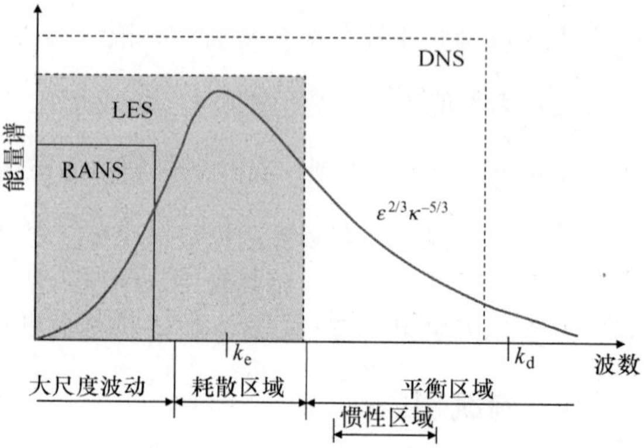

图 11.4　湍流频谱

图 11.4 说明了湍流的功率谱分布。DNS 方法可解决到平衡区域的湍流。它几乎是对湍流完美的模拟。然而，它通常需要的网格数是 $Re^{9/4}$ 的量级，使得实际的风工程问题不可能模拟。RANS 只模拟大尺度波动的湍流。LES 的频率范围比 DNS 要小，而且需要对高频（亚格子）组件进行建模。从图 11.4 可以看出，RANS 湍流模型是比较难的，因为它需要根据流动现象选择频率范围很宽的各种各样的湍流模型。

标准的 Smagorinsky 模型是一种广泛使用的 LES 模型，基于湍流的生成和消耗之间局部平衡这一假设。湍流黏度可由下式估计：

$$\nu_e = (C_s\Delta)^2 |\overline{D}| \tag{11.17}$$

式中，$|\overline{D}|$ 是网格尺度速度张量；C_s 是 Smagorinsky 常数，对剪切流动而言，通常取为 1.5。

由于其鲁棒性，Smagorinsky 模型有着广泛的应用。它不能表达后续的能量梯级。对于边界层流动，van Dires 函数通常需要满足下面的边界条件：

$$\nu_e = (C_s f_s \Delta)^2 |\overline{D}| \tag{11.18}$$

$$f_s = 1 - \exp\frac{-y^+}{A^+}$$

$$y^+ = yu_\tau/\nu, A^+ = 25.0$$

LES 的计算比 RANS 的计算需要更少的参数，LES 的模拟结果受 RANS 相关参数影响不太大，因为网格尺度湍流可直接解决。研究最佳阻尼方程对墙壁或转角边界条件的意义不是太大（Kajishima 1999）。

动态 Smagorinsky 模型由 Germano 等人（1991）提出。他们认为 Smagorinsky 动态系数可以通过引入滤波器来测试湍流场确定。测试过滤器对所述电网滤波器的尺寸比优化到2.0，是在程序中的唯一参数。通常掺入 Lilly 的最小二乘技术（1992）来估计 Smagorinsky 系数。为了避免数值不稳定，SGS 涡黏度的负值通常截止到零。应用动态 Smagorinsky 模型的大涡模拟因成本低廉且易于使用而被广泛使用来模拟分离流动等复杂的流程（Kravchenko 和 Moin 2000）。估计 SGS 涡黏性的步骤如下所示：

$$\tau_{ij} - \frac{1}{3}\delta_{ij}\tau_{kk} = -2C\overline{\Delta}^2 |\overline{S}| \overline{S_{ij}} \tag{11.19}$$

$$L_i^k = \overline{u}_i \tilde{\overline{U}}^k - \tilde{\overline{u}}_i \tilde{\overline{U}}^k \tag{11.20}$$

$$M_{ij}=\bar{\Delta}^2(\alpha^2|\tilde{\bar{S}}|\tilde{\bar{S}}_i^k-|\bar{S}|\tilde{\bar{S}}_i^k) \tag{11.21}$$

$$C=-\frac{1}{2}\frac{\langle L_{ij}M_{ij}\rangle_z}{\langle M_{ij}M_{ij}\rangle_z} \tag{11.22}$$

比例相似模型是基于这样的假设：SGS 湍流的最大尺度的组件类似于 GS 湍流的最小尺度的组件。它是一个非黏性湍流模型，所以它比标准和动态的 Smagorinsky 模型范围在湍流范围内应用更广泛。然而，在风工程问题上有很少的应用。

11.2.4 入流湍流

LES 是一种时间推进计算方法，有必要在每个时间步长对计算域的入口边界入流施加湍流。在流向方向上的周期性边界条件，用来模拟槽道湍流，不能用于实际的风工程问题。通过考虑功率谱建成随机信号的矩阵，湍流统计分布和风速的空间相关性是可能的，但它不满足流体控制方程。当在入口边界施加分析生成的数据时，湍流特性在下游发生重大变化。因此在计算域里面一定的位置很难控制湍流统计。

可以在光滑或粗糙的平板（半通道流动）上生成模拟湍流层并使用它作为湍流。然而，对于风工程问题，希望得到长时间的压力/速度数据来评估风荷载。这需要维持对边界层特性入口的状态，这是很难通过半通道流动的方法实现的。

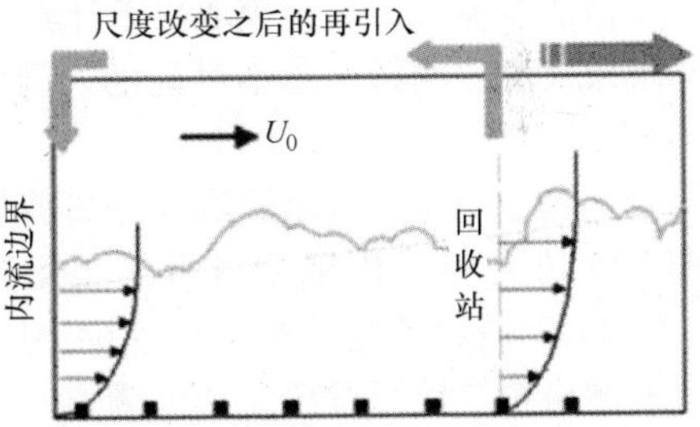

图 11.5 模拟的空间发展边界层的伪周期边界条件

拟周期边界条件是可以产生湍流的最佳方法。理想的大气边界层是开阔的一个空间，需要一个很长的计算域模拟空间发展湍流边界层。由 Lund 等人（1998）提出的方法是在下游站改变速度场，再让它满足入口边界条件，允许在伪周期性边界条件下，将空间发展的边界层的计算结果应用到流向方向上，如图 11.5 所示。Lund 的方法被扩展到由 Nozawa 和 Tamura（2002）提出的粗糙表面条件和由韩国的研究人员发现的热分层条件。

11.2.5 数值细节

11.2.5.1 二维或三维计算

当然，在三维结构中进行三维计算是有必要的。然而，由于计算机容量的限制，往往是用二维模拟桥梁或圆筒部分。虽然二维和三维模拟的统计差异有时不明显，但必须认识到，所有的圆柱背后的涡和尾迹结构都是三维的。因此，如果期望“模拟”流动，则有必要进行三维计算，而不是简单地证明一些流动特性。图 11.6 说明了随着雷诺数的增大三维尾迹结构的模式变化，这在二维模拟中未被发现。

11.2.5.2 边界条件

有必要人工施加边界条件，因为计算域不能是无限的。一个不恰当的边界层会产生非物理的数值结果，甚至导致计算故障。对流边界条件是在风工程领域被广泛接受的出

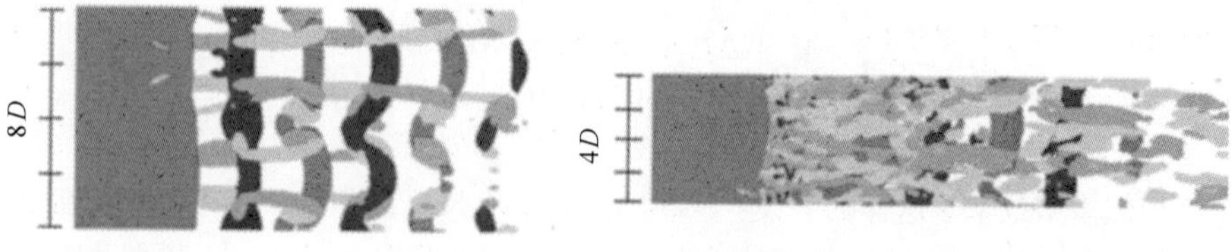

图 11.6　随着雷诺数的增大三维尾迹结构模式的变化

a）模式 A（$RE=200$）　b）模式 B（$RE=500$）

口边界条件，它让结构后面的涡流平缓顺利地流出出口边界。可以通过检查出口处的边界条件对比两种计算方法（Yoshida 等人 1995）：一个有长的计算域；而另一个在有边界条件的情况下有一个很短的计算域。通过比较在计算域内相同点的压力时间序列，它可以判断边界条件对内部的压力的影响程度，并判断是否是适当的边界条件。

11.2.5.3　分辨率

模拟的湍流的最大规模取决于计算域的大小，而最小的规模取决于网格规模。获得流动现象尺度比网格小是不可能的。网格系统最大允许波形数与网格尺寸 Δ 有关，且 $k_C=\pi/\Delta$。

研究涡激响应，入流湍流和分离剪切流的交互仿真和结构尾流漩涡是很重要的。图 11.7 展示了通过 $64\times64\times64$ 网格划分的网格系统模拟得湍流功率频谱。被用作入流湍流的高频分量模拟得不够好。增加高频率的湍流能量，一个密集的网格系统是必要的。Kaneda（2003）表明，模拟 $2000\times2000\times2000$ 网格的惯性面积是可实现的。

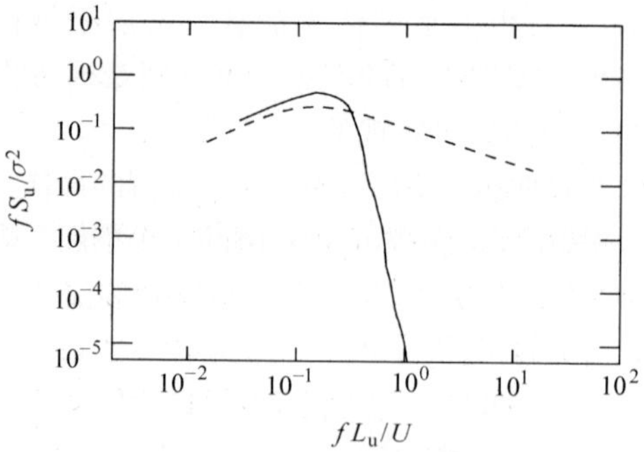

图 11.7　模拟湍流的功率谱

11.2.5.4　高雷诺数流动的测量

对于高雷诺数流动而言，通过部分添加数值黏性，可以时间计算的稳定性表达式如下：

$$u=\frac{\partial u}{\partial x}=u_i\frac{-u_{i+2}+8(u_{i+1}+u_{i-1})+u_{i-2}}{12\Delta x}+\alpha\frac{|u_i|(\Delta x)^3}{12}\frac{u_{i+2}-4u_{i+1}+6u_i-4u_{i-1}+u_{i-2}}{(\Delta x)^4} \tag{11.23}$$

式中，$0\leqslant\alpha\leqslant1.0$，$\alpha=0$ 对应于中心差分格式，$\alpha=1$ 对应于三阶迎风格式。

11.2.6　验证

验证过程是确定一个模型从其用途的角度来反应对现实世界的一个准确的表示的过程。

CFD 的基本原理和风工程问题的验证数据来源包括 ERCOFTAC（European Res.

Com. on Flow, Turb. & Comb.，欧洲流体、涡流和燃烧研究同体）开发的数据库、TTU 现场实测数据（得克萨斯州理工大学，美国）、AIJ（日本建筑研究所）数值预报工作组和 TPU（东京工艺大学）气动数据库。

许多杂志拒绝发表不符合 CFD 不确定性量化最低要求的文章。ASME 流体工程杂志编辑政策如下：

描述了数值方法和截断误差；

在空间上至少是二阶精度；

人工黏性必须评估和最小化；

网格独立或收敛；

必须解决迭代收敛的问题；

计算瞬态相位误差必须最小化；

正确解释边界和初始条件现有的代码；

必须标注引用的参考文献；

基准的解决方案可用于验证。

11.3 地形绕流的计算实例

随着对地形区风能风荷载问题的关注，利用数值方法研究在一个孤立的或波状丘陵的复杂湍流边界层的流式已进行了几年。虽然基于 RANS 方程的数值方法还被广泛应用（例如，Ishihara 和 Hibi 2002；Lun 等人 2003；Ying 和 Canuto 1997），大涡模拟（LES）已经成为一个预测湍流结构和统计的常用方法，因为它包括随时间变化的包含大尺度涡旋的非定常流动计算，这通常是在一个陡峭的山坡后成立的。有几个 LES 的研究报道，旨在研究在平缓流动条件下山坡上部湍流的某些方面。Gong 等人（1996）进行了丘陵地区分离湍流的 LES 模拟来探讨不稳定的研究。Tamura 等人（2002）使用简化的入流湍流生成技术进行了丘陵地区 LES 的研究。Allen 和 Brown（2002）将 Brown 等人（2001）提出的 LES 模型的数值结果与实验数据做了对比。然而，系统的数值研究一个孤立的两维的山的形状和粗糙度对湍流边界层流动的影响是很少的。

已知有许多因素，如入流湍流、山表面的边界条件和边界层的深度与山的高度比，对湍流的结构及其对在山体上部流动的湍流统计有很大的影响。这是因为，例如，山坡上部分离剪切层和漩涡运动的行为受来流的湍流影响较大，山体表面的粗糙元影响分离和再附着的位置。为了研究山的形状和表面粗糙度的作用，有必要将流场的数值模拟做好。在这项研究中，进行了大涡模拟研究二维有无表面粗糙元的陡峭低山丘陵的湍流边界层的湍流特性，如通过光滑表面的陡峭的山体的气流、光滑表面的低矮的山体的气流、粗糙表面的陡峭的山体的气流和粗糙表面的低矮的山体的气流。数值模拟结果通过与拥有相同的雷诺数的实验数据对比进行证实。同时，得到不同的山的形状和表面的条件的湍流的统计比较明确了山的形状和表面粗糙度的影响。模拟工作中，应用由 Lund 等人（1998）提出，Nozawa 和 Tamura（2002）提出其扩展版本的方法模拟了分别在光滑和粗糙表面单独生成入流湍流发展形成的边界层。模拟的另一个特点是，粗糙壁面的条件是在计算域中放置长方形小圆柱模型而不是设置粗糙长度。虽然后者对粗糙壁面建模方法获得的统计结果可接受，但本书认为，前一种方法更接近真正的粗糙的状态，因为树木和建筑就是天然粗糙度块，与 Nikusadse 假设的密集排列是不一样的。

11.3.1 数值细节

山的正弦几何形状的定义如下：

$$y = H\cos^2\left(\frac{\pi x}{L}\right) \tag{11.24}$$

式中，H 是山的高度；L 为长度，如图 11.8 所示。两种山的形状，$L=2.5\text{h}$ 和 $L=7.5\text{h}$，分别考虑了有 32°和 12°的最大坡角。此时建立的稳定分离临界角大约是 16°（Finnigan 1988），所以这两座山的形状产生了两种完全不同的流动模式。在粗糙的山形条件下，用边长为 0.125H 的立方体圆柱体交错的放置，粗糙度密度为 4.1%，其中粗糙度密度定义为单位地表面积的总粗糙度面积。在这项研究中用 u、v、w 表示流向、法向和展向速度分量，对应的坐标为 x、y、z。

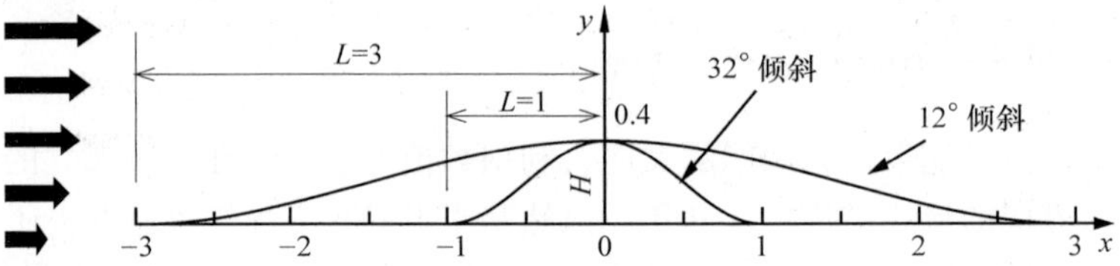

图 11.8　山的形状

仿真实际上包括两部分：对山上的湍流流动进行了主要仿真；而辅助仿真是入流湍流的产生。两部分仿真同步进行，在每一个时间步，辅助仿真得到的数据都施加在主要仿真的入流边界。分别采用广义曲线坐标系统和笛卡尔坐标系统制定这两种仿真的数值模型。控制方程，滤波不可压缩 Navier - Stokes 和连续性方程，在主要仿真里采用 Maliska 型交错网格有限差分格式离散化，在辅助仿真里采用传统的交错网格。式（11.25）和式（11.26）显示了山上湍流流动的主要仿真的过滤连续性和 Navier - Stokes 方程，其中 u、p、t 和 Re，分别表示速度、压力、时间和雷诺数。J 是雅可比矩阵，U_m 表示广义坐标系统的逆变速度分量，G^{mn} 是网格偏张量。在等式的右边最后一项式（11.26）是外力，展开为式（11.27），表示体表面其余的流量：

$$\frac{\partial \bar{u}_i}{\partial x_i} = J\frac{\partial \bar{U}_m}{\partial \xi_m} = 0 \tag{11.25}$$

$$\frac{1}{J}\frac{\partial \bar{u}_i}{\partial t} + \frac{\partial}{\partial \xi_m}(\bar{U}_m \bar{u}_i) = -\frac{\partial}{\partial \xi_m}\left(\frac{1}{J}\frac{\partial \xi_m}{\partial x_i}\bar{p}\right) + \frac{\partial}{\partial \xi_m}\left(\nu G^{mn}\frac{\partial \bar{u}_i}{\partial \xi_n}\right) - \frac{\partial}{\partial \xi_m} \times \left(\frac{1}{J}\frac{\partial \xi_m}{\partial x_j}\tau_{ij}\right) + \delta(s)\frac{1}{J}f_i \tag{11.26}$$

$$f_i(x_s,t) = a\int_0^t \overline{U}(x_s,t')\,\mathrm{d}t' + \beta\overline{U}_i(x_s,t) \tag{11.27}$$

基于 Smagorinsky 模型的动态过程通常用来确定主要计算域的模型系数，SGS 的各向异性可由下式确定：

$$\tau_{ij} - \frac{\delta_{ij}}{3}\tau_{kk} = -2\nu_\tau \overline{S_{ij}} \tag{11.28}$$

式中，$\nu_\tau = C\overline{\Delta}^2|\overline{S}| = CJ^{2/3}|\overline{S}|$；$\overline{S_{ij}} = \frac{1}{2}\left(\frac{\partial\xi_m}{\partial x_j}\frac{\partial\overline{u}_i}{\partial\xi_m} + \frac{\partial\xi_m}{\partial x_i}\frac{\partial\overline{u}_j}{\partial\xi_m}\right)$。

在确定黏度系数的动态过程中，黏度系数的平均值在各个弧度中平均分布，与 Lily 的最小二乘法相结合。该试验规模的网格尺度比为一个定值 2。平均和测试过滤器的操作只有在展向方向的流动是均匀进行的。二阶中心差分格式用于对流项和扩散项。随着时间推进，显式的 Adams – Bashforth 差分格式应用于对流项，半显式 Crank – Nicolson 方法用于扩散项。

计算域在流向、法向和展向方向分别为 40H、15H 和 8H。网格系统，有 240、129、81 个节点，与山的形状相互贴合，并且在山体的表面正则化。网格尺寸变化范围：$x^+ = 5.5 \sim 66$；$y^+ = 0.81 \sim 70$（边界层高度）~ 170；$z^+ = 30$（常数）。初始流场是在低雷诺数条件下计算。

风洞的研究为验证仿真结果提供实验数据。对于粗糙的山形，尺寸为每侧 5mm，或 0.125H 的小立方体，覆盖在风洞的地板和山表面，物理模拟粗糙的状态。实验是在雷诺数 $Re = 5000$ 时进行的，接近目前的数值研究。

11.3.2 入流湍流

光滑和粗糙的墙壁上方的空间发展的湍流边界层模拟入流湍流的产生，Lund（1991）以及 Nozawa 和 Tamura（2002）分别应用于光滑和粗糙的表面。图 11.9 给出了实验模拟数据得到的平均速度和湍流强度的竖向分布的比较。总体而言，生成的入流湍流统计结果与实验数据是不一致的，可能由于其计算时间短。对于粗糙表面，匹配得到

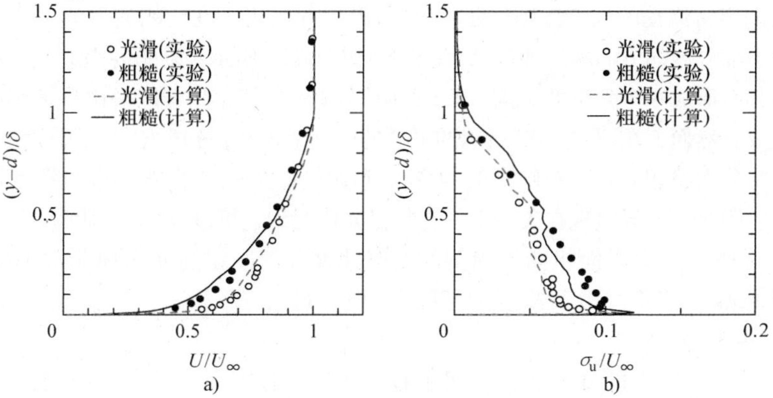

图 11.9 生成的入流湍流的统计结果

a）平均流速 b）湍流强度

的符合对数定律的平均速度给出了 $z_0/H=0.0043$。粗糙表面的雷诺数 Re_s（$=\overline{u}_\tau z_0/\nu$，$\nu$ 是运动黏度）是 1.18，小于完全粗糙墙壁的临界值，传统上认为至少超过 2，可能达到 5，黏性的影响都是微不足道的。然而，最近的报道称这个临界值可以被认为是 $Re^*=1$，此时矩形作为粗糙元（Snyder 和 Castro 2002）。所以毫无疑问，这项研究中雷诺数影响的结果，被认为是不太重要的。此外，这种粗糙的表面条件可以分为 k 型粗糙面。

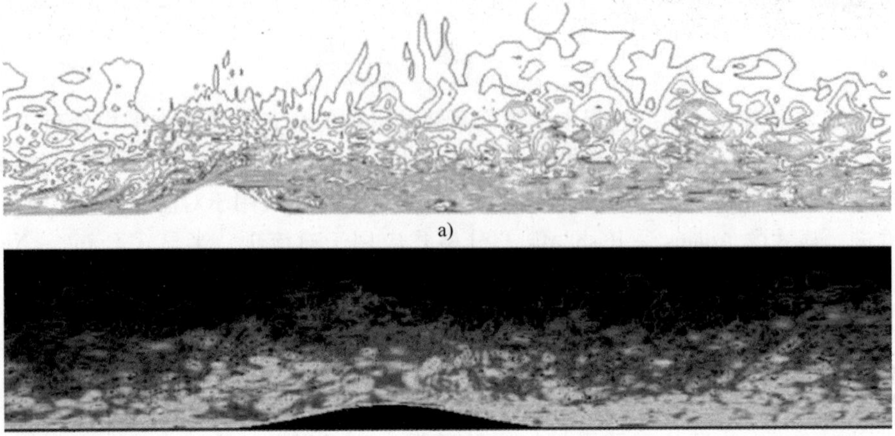

a)

b)

图 11.10　瞬时速度梯度的云图
a）陡峭光滑的山　b）平缓光滑的山

当产生的这一湍流用于山上气流的主要仿真时，基于山顶和山高处风速的雷诺数对于光滑和粗糙的山分别为 4865 和 4175。

11.3.3　小结及讨论

11.3.3.1　非定常流动特性

首先看非定常流动的湍流流场特征。图 11.10a、b 给出了在陡峭光滑的山和平缓光滑的山情况下中央部分展向方向瞬时速度梯度云图。图 11.10a 所示为陡峭的山坡上，有一个明显的剪切层卷起而形成一个大型的结构。剪切层不连续地延伸，附着区是由许多小的分离、高强度漩涡组成。然而，在图 11.10b 所示的平缓的山坡上没有找到类似的大尺度结构。它们都为粗糙状态，分离剪切流可以看到类似的行为（图中未显示），但在那些光滑的情况下没有公认的差异。明显的差异出现在表面上，在粗糙元位置附近可以发现小尺度涡。

图 11.11 所示为山表面粗糙元周围的瞬时速度矢量。粗糙元内部非常小的速度意味着强迫方法的成功应用。山顶速度也可以在图 11.11 中看到。

11.3.3.2　分离泡

基于分离和再附着的基本认识，风工程应用对山体背风面的附着点或回流区的长度产生了兴趣。在这项研究中，调查与表面状态相关的平均附着位置的变化。平均再附着位置被确定在展向平均速度 $u=0$ 最近网格点的地方。图 11.12 比较了陡峭的山坡不同

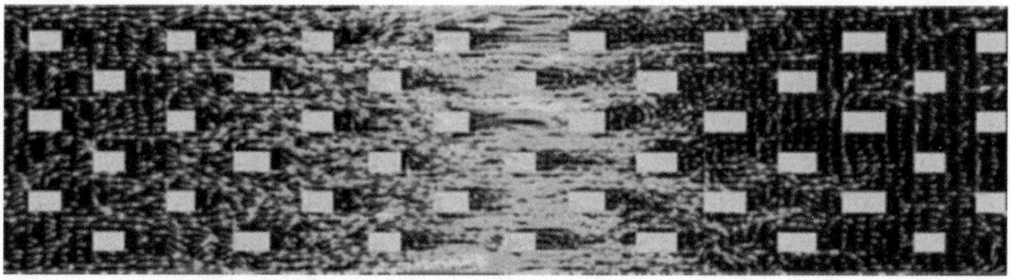

图 11.11　在粗糙元周围的瞬时速度矢量

表面粗糙度的时间平均流线。大的分离泡在陡峭的山坡上形成。在粗糙表面的情况下，分离剪切层延伸较长，并且顺风向的再附着点比光滑表面更远。模拟结果与实验结果一致。图 11.13 说明了在低矮山丘上的时间平均流线，那里没有发生明显的分离泡。然而，陡峭的山在背风面有更明显的反转形态趋势。

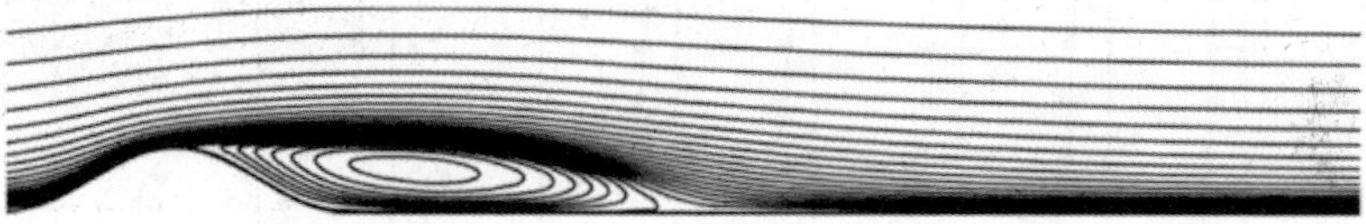

a)

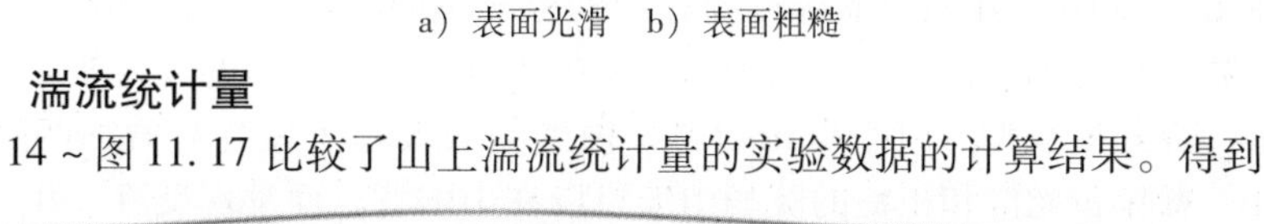

b)

图 11.12　在陡峭山上的时间平均流线

a）表面光滑　b）表面粗糙

11.3.3.3　湍流统计量

图 11.14 ~ 图 11.17 比较了山上湍流统计量的实验数据的计算结果。得到的结果是

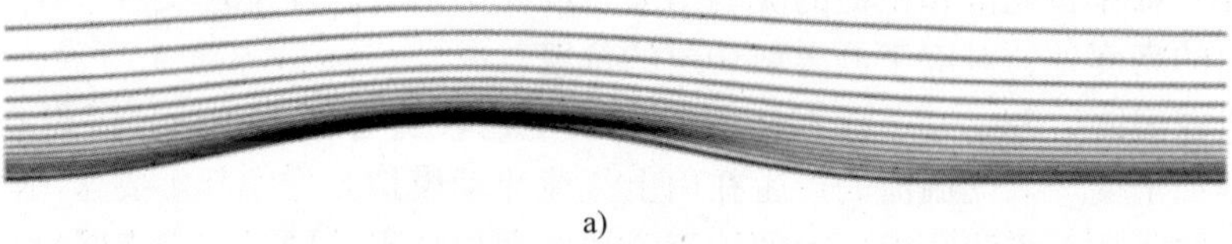

a)

b)

图 11.13　在平缓山上的时间平均流线

a）表面光滑　b）表面粗糙

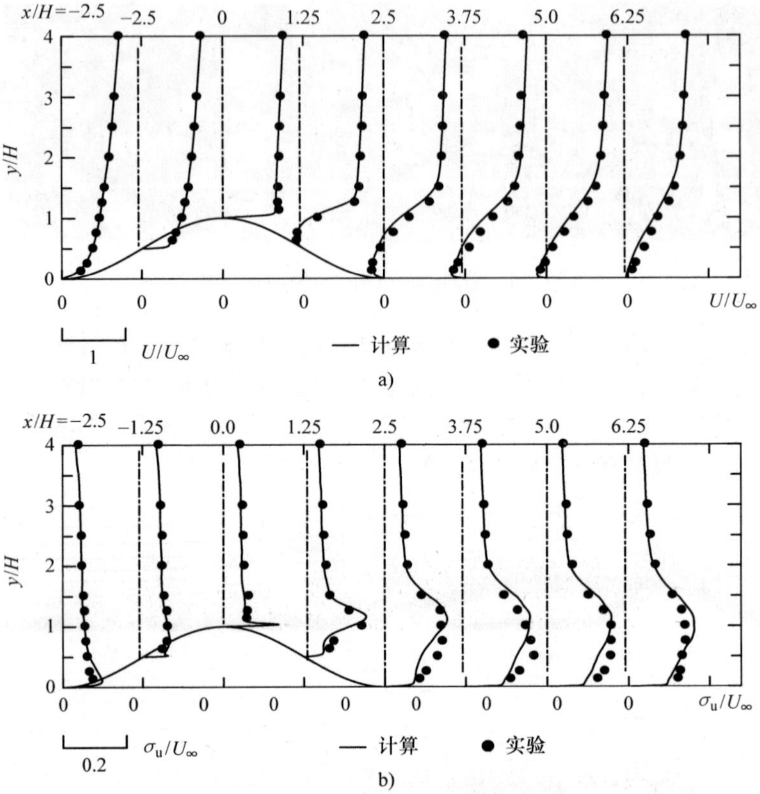

图 11.14　陡峭光滑山上的湍流数据

a）平均速度　b）湍流强度

客观的。在图 11.14b 中陡峭山上湍流统计量的差异是明显的。在平缓山上得到的实验数据与仿真数据相差不大，也许是因为与陡峭的山脉相比，较弱的分离剪切层更适合于 Smagorinsky 边界黏度模型，对平缓山而言，模型是假设基于损耗与增加的平衡。通过湍流的统计，意味着光滑和粗糙的陡峭山坡可以在山的背风面发现反流，并且湍流强度最大值在山的高度处，对应于分离剪切层的位置。

这项研究表明，Smagorinsky 型边界黏度模型比较适合低山丘陵，假设在某种程度上损耗与增加平衡。入流湍流的产生在山上气流流动模拟工作中起重要作用。没有入流的湍流模拟的成功，无法获得山上的湍流流场的理想结果。同时，它表明大尺度分离泡产生在陡峭山的背风面。如果山体粗糙，附着点延伸至下游更远。稳定分离气泡不能在平缓山上发现。

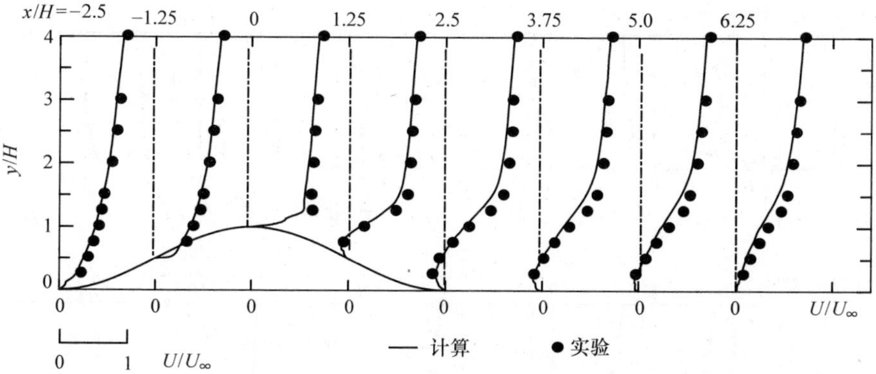

a)

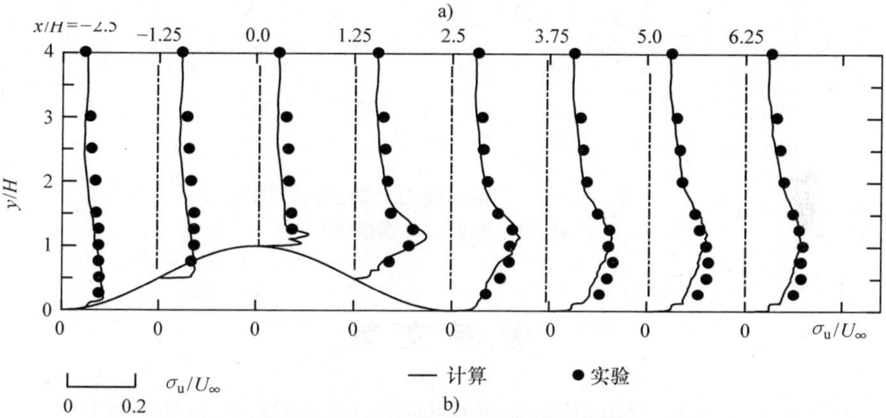

b)

图 11.15 陡峭粗糙山上的湍流数据

a）平均速度 b）湍流强度

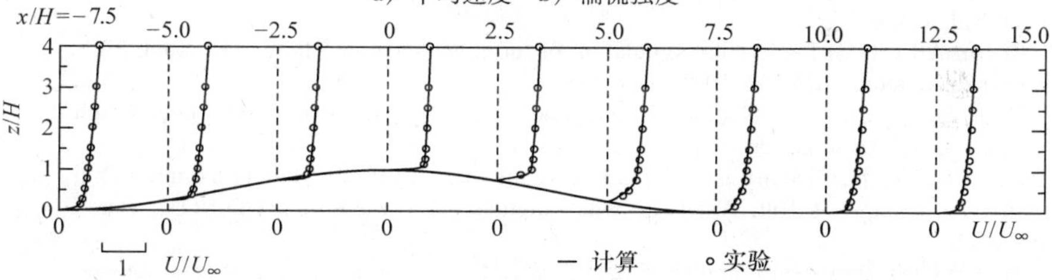

a)

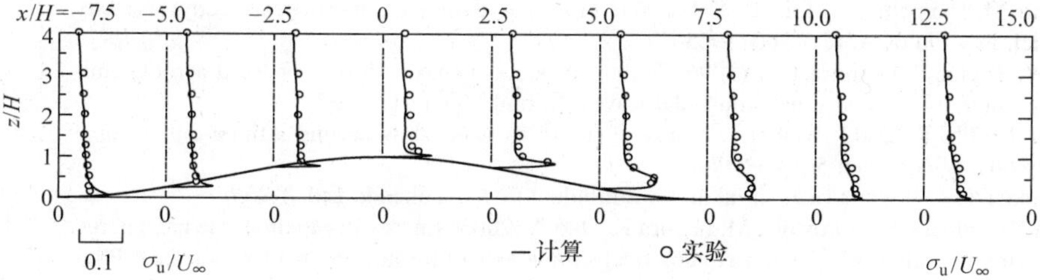

b)

图 11.16 平缓光滑山上的湍流数据

a）平均速度 b）湍流强度

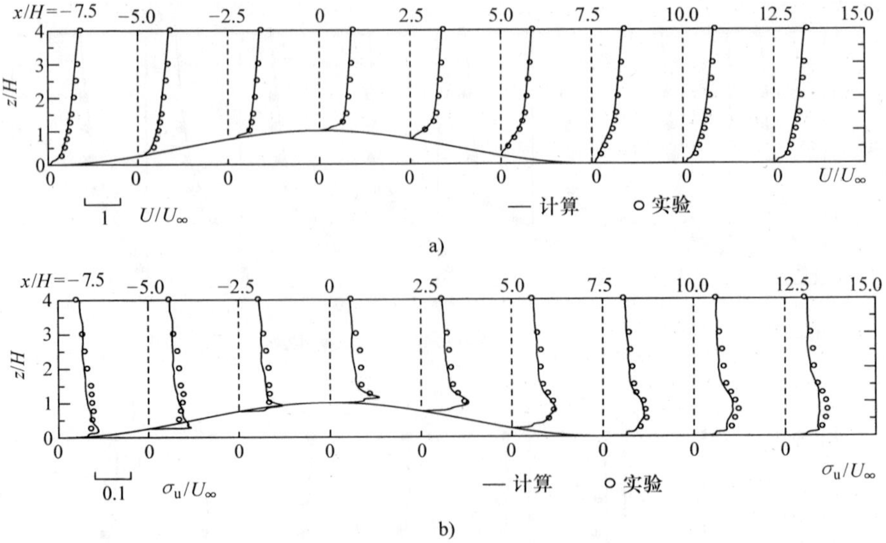

图 11.17　平缓粗糙山上的湍流数据

a）平均速度　b）湍流强度

参 考 文 献

Architectural Institute of Japan (2004) AIJ recommendations for loads on buildings, Maruzen Ltd, Tokyo

Architectural Institute of Japan (2005) Guide for numerical prediction of wind loads on buildings, Maruzen Ltd, Tokyo

Allen T, Brown AR (2002) Large-eddy simulation of turbulent separated flow over rough hills. Bound Layer Meteorol 102:177–198

Brown AR, Hobson JM, Wood N (2001) Large eddy simulation of neutral flow over rough sinusoidal ridges. Bound Layer Meteorol 98:411–441

Cao S, Tamura T (2005) LES analysis of the turbulent boundary layer flow over two dimensional hills. In: Proceedings of 10th Americas wind engineering conferences, CD-ROM, Baton Rouge, USA

Finnigan JJ (1988) Air flow over complex terrain, flow and transport in the natural environment. Springer, Heidelberg, pp 183–229

Germano M, Piomelli U, Moin P, Cabot WH (1991) A dynamic subgrid-scale eddy viscosity model. Phy Fluids A3(7):1760–1965

Gong W, Taylor P, Dornbrack A (1996) Turbulent boundary-layer flow over fixed aerodynamically rough two-dimensional sinusoidal waves. J Fluid Mech 312:1–37

Ishihara T, Hibi K (2002) Numerical study of turbulent wake flow around a three-dimensional steep hill. Wind Struct 5(2–4):317–328

Kajishima T (1999) Numerical simulation of turbulent flows. Yokendo Ltd, Tokyo

Kaneda Y, Ishihara T, Yokokawa M, Itakura K, Uno A (2003) Energy dissipation rate and energy spectrum in high resolution direct numerical simulations of turbulence in a periodic box. Phys Fluids 15:L21–L24

Kravchenko AG, Moin P (2000) Numerical studies of flow over a circular cylinder at Re = 3900. Phys Fluids 12(2):403–417

Lilly DK (1992) A proposed modification of the Germano subgrid-scale closure model. Phys Fluids A 4(4):633–635

Lun YF, Mochida A, Murakami S, Yoshino H, Shirasawa T (2003) Numerical simulation of flow over topographic features by revised k- models. J Wind Eng Ind Aerodyn 91:231–245

Lund TS, Wu X, Squires KD (1998) Generation of turbulent inflow data for spatially- developing boundary layer simulations. J Comput Phys 140:233–258

Nozawa K, Tamura T (2002) Large eddy simulation of the flow around a low rise building immersed in a rough-wall turbulent boundary layer. J Wind Eng Ind Aerodyn 90:1151–1162

Nozawa K, Tamura T (2003) Feasibility study of the LES study on predicting wind loads on high-rise building. In: Proceeding of the 11th international conference on wind engineering, Lubbock, USA

Snyder WH, Castro IP (2002) The critical Reynolds Number for rough-wall boundary layers. J Wind Eng Ind Aerodyn 90:41–54

Tamura T, Itoh Y (1997) Three dimensional vertical flows around a rectangular cylinder in unstable oscillations. J Wind Eng Ind Aerodyn 67/68:141–154

Tamura T, Kido R, Ono Y (2002) LES analysis of the turbulent boundary layer over an insolated three dimensional hill. Summaries of technical papers of annual meeting, AIJ, 95–96

Tamura T, Nozu T (2003) LES analysis of the strong wind turbulence in high-rise building area. J Struct Construction Eng 571:29–38

Ying R, Canuto VM (1997) Numerical simulation of flow over two-dimensional hills using a second-order turbulence closure model. Bound Layer Meteorol 85:447–474

Yoshida M, Watanabe S, Nakamura Y (1995) Numerical study of the outlet boundary of the unsteady incompressible flow. J JSME (B) 61(588):2887–2895

第 12 章　风致建筑运动的人类感知度和忍受度

Kenny C. S. Kwok

摘要　建筑结构风致响应可能会对建筑物居住者的日常生活和一般幸福感造成困扰。然而，人类对运动的感知和对风致高层建筑物振动的忍受度本质上是一种主观评价。目前还没有一个国际公认的居住舒适性适用准则可以为高层建筑风致振动的满意度提供设计标准。本章回顾了过去高层建筑风致振动对人类舒适度和容忍临界值的影响的研究。其中，建筑振动可接受性、居住者舒适适用准则和评估方法已经被普遍采纳并用于高建筑风激励居住舒适度的评估，本章对此做了概述。居住舒适度评估是利用运动模拟器为建筑开发商、业主居民以及设计人员提供不同等级的模拟风致振动体验，从而促进建筑振动的可接受性的评估和采取减振措施的必要性。对建筑风致振动响应的两个晕动病理论（感觉冲突理论和姿势不稳定理论）的相关性做了讨论，之所以被讨论是因为这两个理论可以指导设计方法。建筑振动对居住者舒适度和幸福感以及人类工作和认知能力有降低的潜在可能性，而这个设计方法的目的就在于使这种不利影响最小化。

关键词　建筑运动感知 · 晕动病 · 运动模拟器 · 居民舒适度 · 风致响应

12.1　简介

在高层建筑设计中，设计不仅需要符合强度和安全要求，使用可靠性标准同样重要并常用于指导设计。风致建筑运动可引起恐慌并且会干扰居住者的日常活动。长期接触可引起不适，影响幸福感和工作状态，在极端情况下引起晕动病症状，包括头痛、眩晕和恶心。因此居民舒适度是一个重要的设计考虑因素。尤其对于在大风多发区域的又轻又柔的高层建筑，如东亚、南海的沿海地区和墨西哥湾等台风多发地区。

在过去的几十年里人们已经对振动的反应进行了许多研究。许多实验都使用运动模拟器来模拟运动对人体的影响。大多数的这些实验是在单自由度正弦运动的基础上进行的，例如确定运动感知的临界值。然而人类对运动，尤其是风致建筑运动的反应，是一个包含心理和生理因素的复杂的组合，包括触觉、错觉、动觉、视觉和听觉线索以及错觉的相互作用。因此，人们对正弦运动响应的反应可能与对高层建筑风致运动的典型运动即窄带随机运动反应截然不同。而且，几乎没有有效的信息能确定低频窄带随机运动对人类认知效率和心理反应方面的影响。对于居住在高层或高度在 1000m 以上的超高层居民来说，由于缺乏能够清楚地展示生活在典型的现代高层建筑（这些高楼都有着非常低的固有频率）中的居民的生理和心理反应的信息，评估他们的运动知觉、舒适度、幸福感、工作和认知能力存在重大挑战。

本章回顾了过去高层建筑风致振动对人类舒适度和容忍临界值的影响的研究。建筑振动可接受性、居住者舒适适用准则和评估方法已经被普遍采纳并用于高层建筑风激励居住舒适度的评估，本章对此做了概述。居住舒适度评估是利用运动模拟器为建筑开发商、业主居民以及设计人员提供不同等级的模拟风致振动体验，从而促进建筑振动的可接受性的评估和采取减振措施的必要性。对建筑风致振动响应的两个晕动病理论的相关性做了讨论。

12.2　人对运动的感知和对风致建筑运动的忍耐阈值

在已发表的文献里有大量处理运动和宽频运动的数据，这些数据包括船舶、车辆和其他运输相关的振动以及工业和制造业相关的振动，还有这些振动对乘客和机器操作员的影响。这些类型的振动主要是大振幅振动，而且频率范围都在与建筑运动相关的频率范围之外。Kwok 等人（2009）回顾了以往的研究，聚焦于人类感知运动和关注风致建筑运动忍受临界点。这些研究普遍分为 3 类：基于在高层建筑风致振动情况下的居住者研究的现场试验和调查；运动模拟器和振动台模拟实验测试人类实验对象；人工激发建筑振动的实验。

在风暴期间对受高层风致建筑运动影响的居民进行的实验和调查（Hansen 等人 1973；Goto 1983；Lee 1983；Isyumov 等人 1988；Isyumov 和 Kilpatrick 1996 和其他人）提供了各级加速度水平和不同的频率时的运动感知和可接受信息。一些调查是在建筑物遭受风暴之后或期间进行的，调查结果仅与预估反应（通常基于风洞试验结果和在风暴期间风速的评估）有关联。更高质量和更有用的结果来自对测试建筑的实验和调查，这类建筑因为经历过超负荷运动和/或有受影响的记录而被选择，测试建筑要恰当地、正确地检测记录所产生的风速和由此产生的加速度。与单一的事件调查数据相比较，在多个风暴事件中对测试建筑的重复实验和调查也产生了更可靠的数据。不幸的是，尽管现代经济适用仪器的可用性以及研究者和设计专业人士获得了在自然的建筑环境中受到自然发生的风事件时的居民反应的理解的普遍意愿，现场实验正确地检测出具有不可接受的运动的测试建筑还是罕见的。这种研究方法缺乏进展主要是由于业主和公司租户（潜在的受益者）不情愿，由于一系列金融、商业和法律的原因，他们不愿意积极支持这样的研究意图。此外，这些高质量数据的公布不可避免地受到了即将或正在进行的诉讼的阻碍。

利用许多运动模拟器和振动台实验（例如 Khan 和 Parmelee 1971；Chen 和 Robertson 1972；Irwin 1981，1983，1984，1985，1988；Kanda 等人 1988，1990；Goto 等人 1990；Shioya 等人 1992；Shioya 和 Kanda 1993，Noguchi 等人 1993；Denoon 等人 1999；Denoon 2000；Burton 等人 2004，2005，2006；Tamura 等人 2006；Burton 2006；Burton 等人 2011；Denoon 和 Kwok 2011；Michaels 等人 2013 和其他人），在严格控制实验条件下对人类进行测试，克服通过现场试验和建筑物居民调查所带来的不确定性。在这些运动模拟器实验中，在受控条件下通过改变频率、幅值和持续时间生成运动，并且对人类测试对象进行不同姿势的测试。这些实验中使用的测试信号包括单向、双向以及偏心（扭转）运动，但绝大多数的实验是基于正弦信号，只有有限数量的信号是产生于风致建筑运动中遇到的窄带随机信号。显示表明，人类感知的临界值对于可预测的正弦运动与那些不可预测的随机运动十分不同。此外，大部分实验被设计的都只专注于运动知觉而没有测试在工作或家庭环境下一般会受到干扰的情况，受试者在做好他们即将体验振动的思想准备的情况下有一个预想的期望值，运动模拟器实验可能降低感知临界值。

研究者（Morris 等人 1979；Bouncer 等人 1980 和其他人）已经在人工激励的建筑中进行过运动知觉实验。这些实验是在有回转质量的实际建筑里进行的，这些回转质量是由不同频率和重量的变速器驱动。这些测试属于参数研究，主要调查变量有往返、横向和扭转运动，测试居民的姿势，和人工作业。尽管在实际的建筑环境进行的测试无法用运动模拟器复制和实际建筑运动测试来复制居住者恐惧的感觉，前面所讨论的只产生于正弦运动建筑的激励方法，与在风致建筑运动中通常遇到的窄带随机建筑有很大的不同。

视觉线索实验由 Goto 等人（1996）、Goto 和 Shindo（1999）提出，利用运动模拟器对人类进行了测试。受试者在没有模拟振动、没有干扰的情况下，利用图像投影来模拟一个移动的遥远或近的视觉场景。因此，实验传递了不涉及其他物理因素的纯粹的视觉刺激。虽然已经有一些关于运动知觉的其他报告通过外部视觉线索（集中于扭转运动），建筑居民只有在位于建筑的扭转中心时才能经历纯扭转或偏心运动，扭转中心可能远离窗户而在建筑的服务部分之中（如电梯、消防楼梯、洗手间）。在大楼里的其他位置大多数居民进行着正常的活动，特别是远离旋转的中心，扭转运动主要是感觉像平移运动。值得注意的是，在1981～1987 年的强风至超强风中，高度风敏感的悉尼塔遭受了水平加速度高达50milli－g的风激运动（Kwok 和 Macdonald 1990），1milli－g ＝0.001 个重力加速度。虽然站着，但是整个身体随着塔运动而摆动。并且从视觉上看，通过观察窗参照高层建筑的背景，塔似乎在移动。然而，一旦塔的顶部被固定的结构构件加固，对于远处的参考对象来说就检测不到偏转或运动。这表明，通过身体组件对建筑移动的生物动态反应，放大头部运动可能与创造的高层建筑风致运动中相对物体运动的视觉视差之间有潜在联系。在最近的研究里支持这一理论的结果已经被证明（Burton 等人 2006）。

最近 Denoon（2000）、Denoon 和 Kwok（2011）、Denoon 等人（1999）和 Denoon 等人（2000）通过利用振动台试验、现场实验和调查的组合测试了人类运动知觉和宽容临界点。现场实验和调查在 3 个装有风速计和加速度计的风敏感塔内进行。悉尼机场控制塔的固有频率为 0.94Hz 并装有运动排名按钮实验。塔内工作的空中交通管制人员在运动知觉实验（一个长期的调查问卷实验）中被作为测试对象。布里斯班机场控制塔（0.54Hz）仅用于运动排名按钮实验，与此同时有限重复测试对象的调查问卷在悉尼港口操作控制中心（POCC）进行着（0.39Hz）。人类运动感知被发现与频率相关，并且在峰值加速度的基础上作比较，相关的感知临界点加速度与 ISO 6897:1984（国际标准化组织 1984）密切吻合。而以前经历过振动影响的居民更敏感，那些只有执行一个首要措施才会被干扰的人的运动知觉阈值比那些唯一的目的就是检测振动的人的运动知觉阈值要高。显然，基于悉尼机场控制塔工作人员的长期调查问卷的结果，随着时间的推移运动的容忍度呈习惯化和增长趋势。

有趣的是，虽然在悉尼和布里斯班机场控制塔居住者的舒适的表现根据 ISO 6897:

1984（国际标准化组织1984）是可以接受的，但悉尼塔接到了更多的抱怨。相信主要原因是持续可感知的运动频率与会吹几个小时的气候风有关系。相比之下，布里斯班塔的反应的特点是罕见的峰值加速度和高峰值因子运动的短脉冲，很大程度上是由于零星的短期的严重的雷暴天气气候，这种气候通常持续不超过10min。这表明，持续时间和运动波形在评估人类感知运动和宽容的阈值中发挥重要作用。由持续运动中直接测量得到的峰值加速度和加速度标准偏差引发的运动知觉和运动恐惧，更适合评估乘员舒适。此外，计算评估高层建筑风致振动引发的居民舒适度，验收标准应根据居住者舒适和幸福指数确定，而不是居民运动感知。

通过风敏感塔POCC和单向运动振动台，Denoon（2000）、Denoon等人（1999）以及Denoon和Kwok（2011）也进行了人类运动知觉和宽容阈值的运动模拟和现场实验。POCC提供了测试平台使用的真实的塔的风致运动固有频率0.39Hz和在频率0.39Hz时在现场实验中收集的选定的运动数据，一个标准偏差加速度8.15milli-g的大振幅和一个小振幅（接近于零），用于激励振动台的单向模拟运动。在现场实验和振动台测试实验中，进行了重复测量实验和持续测试实验的认知能力实验。这些实验结果表明，高层建筑风致运动对认知能力的影响甚微。这似乎支持了这个理由，即没有必要使用可靠性加速度来评估居住者的认知能力，但是这绝非结论性结果。显然，在现场试验中，测量认知能力是很困难的，并且可能更适合进行运动模拟实验。

最近，Burton等人（2003，2006）使用了一个特制的3m×3m的双轴高层建筑运动模拟器并以人类为实验对象进行了一系列的运动模拟测试。如图12.1所示，它能够模拟振幅调制正弦波和两自由度高层建筑窄带随机运动，主导频率介于0.1~1.2Hz。研究人类对双轴水平（前后和左右）正弦运动范围的低频率（0.15Hz、0.25Hz、0.5Hz和1Hz）和一个峰值加速度为13.5milli-g常数，头部加速度的放大因子（定义为加速度运动模拟器头部的加速度）被发现随着振荡频率的增加而不断增加：大约从0.15Hz时的2增加到1Hz时的4。头部加速度显然依赖于频率的振荡。因为头部耳蜗还有前庭器官，身体的主要运动传感器检测横向振动。运动结果表明，人类运动感知也依赖于频率的振荡。

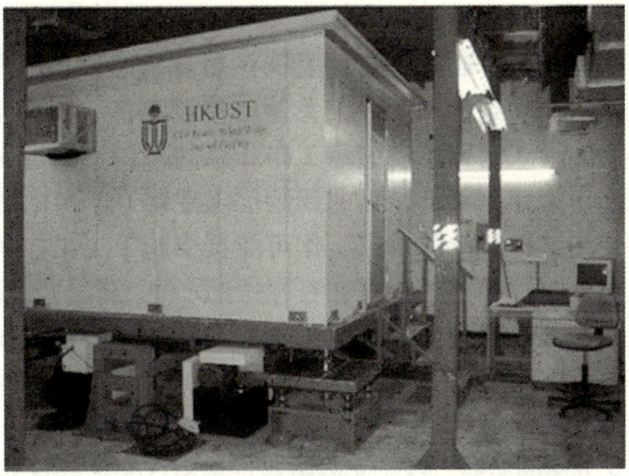

图12.1 3m×3m双轴高层建筑运动模拟器

在模拟峰值加速度为常数13.5milli-g的情况下，当测试频率为0.15Hz、0.25Hz、0.5Hz和1Hz时对应的运动模拟器的峰值位移为198mm、108mm、26mm和6.8mm。测试者头部运动的视频图像分析的结果显示了一个相当稳定的平均水平在20~40mm的位移。在风致建筑运动中，居民可以接收来自前庭器官的线索，相信自己相对于建筑物是固定可接受性提供了指导方针。指导方针的重要特征是为建筑运动的可接受性提供了基准：独立频率、在标准偏差之内的可接受加速度等级、在脉冲间隔（返回周期）不可接受的加速度发生频率、短时间暴雨和建筑结构类型。尽管 ISO 6897: 1984（国际标准化组织 1984）在接近 30 年前被首次发表，但是它仍然是目前所使用的最复杂和最流行的指导书之一。这个指导方针是依据 5 年一遇的最强的持续 10min 的风暴建立的。依照这些标准，在图 12.3 中，循环周期为 1 年对应的转换因子是 0.72。

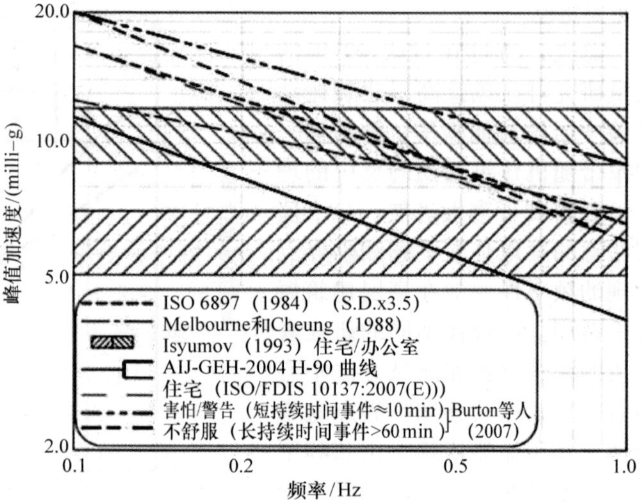

图 12.3　一年重现期风暴的居住者舒适适用性标准的比较（Kwok 等人 2009）

Melbourne 和 Cheung（1988）依据峰值加速度取值提出了一个居民舒适度标准。这个限制的加速度取值按照 ISO 6897: 1984（国际标准化组织 1984），对 ISO 6897: 1984（国际标准化组织 1984）建议的标准偏差加速度考虑频率和持续独立的峰值因素的影响。Melbourne 和 Cheung（1992）以复发时间间隔作为变量提出来有效的精化。他们建议把可接受峰值加速度值独立频率设为间隔时间 1 年，如图 12.3 所示。

Isyumov（1993）提出了基于复发时间间隔为 1 ~ 10 年的峰值加速度的验收标准。对 1 年重现期而言，两个峰值加速度的范围被指定：住宅建筑为 5 ~ 7milli - g和办公建筑为 9 ~ 12milli - g。与其他标准相比，最明显的区别是提议中的两种建筑类型的无频变的可接受加速度值。虽然大多数高层建筑通常遇到适用频率范围在 0.15 ~ 0.30Hz，这些无频变的可接受的加速度值可能不合适那些有异常高或低的固有振动频率的建筑。

日本建筑学院适居性评价指南 AIJ - GEH - 2004（日本建筑研究所建议 2004）提供了评估风致建筑振动的基于感知临界值的独立频率指导方针。基本评价曲线指定 1 年重现期的峰值加速度为感知的 5 个等级，概率为 10% ~90%。日本建筑研究所建议与其他居民舒适使用可靠性准则不同的是不指定一个可居住性的可接受的加速度。相反，建筑开发商/业主和设计专业人士需要确定建筑设计时的运动知觉的等级和居住的舒适性，通常依据因素包括拟建建筑使用/功能、目标客户/租户和建筑声望。90% 感知概率曲线 H - 90，如图 12.3 所示。

最近公布的 ISO/FDSI 10137: 2007（国际组织标准化 2007）强调基于一年重现期的建筑物风致振动的可用性设计用两条频变验收曲线：一个用于住宅；另一个用于办公楼。住宅的接受曲线类似于 H - 90 日本建筑学院适居性评价指南AIJ - GEH - 2004 中给出（日本的建筑学院建议 2004）的 90% 的感知概率曲线。办公室的验收曲线考虑为 0.7。因为 AIJ－GEH－2004（建筑学院的日本建议 2004）和 ISO/FDSI 10137：2007（国际标准化组织 2007）都是基于概率感知临界值而不是直接强调居民舒适性，加速度值，正如预期的那样，明显低于其他标准建议中可接受的加速度等级。

Burton 等人（2007）依据建筑振动可接受性标准，提出了风事件/持续时间，如图 12.3 所示，可以看到它在导致明显风致建筑振动的风事件中建筑设计解决居民恐惧和警惕以及居民舒适性的重要性。很明显，恐惧和惊慌主要是由于罕见的极端风事件（如台风、雷暴）的风致振动引起的，而不适的结果与长持续时间发生的风运动（如大风和季风）的持续和/或频繁发生的振动有关。这进一步证明居民受到长时间的建筑振动更有可能体验到不适，因此抱怨比受到较短时间的同样振动幅度的影响的居民要多。拟议的长持续时间的风事件/持续时间的标准的峰值加速度值在大小上与 IS06897：1984（国际标准化组织 1984）指导方针的建议值相似。短持续时间的风事件/持续时间的恐惧和惊慌被设置成一个较高的加速度等级。

与目前正在使用的评估方法不同的风致高层建筑运动中居民舒适度评估的复杂性的识别方法和最近发表的澳大利亚和新西兰风荷载手册 AWES－HB－001－2012（Holmes 等人 2012）[作为 AS/NZS 1170.2：2011（澳大利亚标准/新西兰标准 2011）风作用（Holmes 等人 2012）的注释] 中可接受的加速度等级的变化水平提供了一个简单的指导方针。手册指出，一般的风致振动峰值加速度大于 10milli－g 的建筑不可能被大多数人接受，因为大多数人会察觉到峰值加速度大约在 10milli－g 周围的运动，如图 12.2 所示。

除了确定性方法被大多数居民舒适使用可靠性准则所采用，包括上面所描述的那样，更全面的概率方法被 Kanda 等人（1993）、Tamura 等人（2006）、Basher 和 Kareem（2007）和其他考虑到一系列控制参数（除了人类对风致建筑运动的反应包括感知临界点和居民舒适度数据统计，还有包括设计风速、建筑动力特性和空气动力特性以及响应预测过程等）的不确定性的一些人提了出来。这些概率评估方法提供了更先进和成熟的平台来评估居民舒适度和评估建筑可居住性，并且是一种实用的选择，一种在高层建筑设计过程通常被采用的确定性方法。

总之，回顾当前所提出的居民舒适服务标准和评估方法，着重强调了基于固有频率、建筑类型（住宅和办公楼）、评估方法（确定和概率）的目前正在使用的各种标准/准则和特定的建筑居住者可接受的加速度水平（感知、舒适、恐惧/惊慌）之间的主要差异。虽然确定的方法主导着当前居民舒适度和建筑可居住性价值的评估，但是很可能是由于易于应用和解释，以及在评估过程中被建筑开发商/业主和设计专业人员普遍接受，概率评估方法为评估居民舒适性和评估建筑可居住性提供了一个更高级和复杂的平台。用适当的选择，控制参数和评估协议的简化和泛化，概率评价方法是在风致高层建筑居民舒适度的设计中一种实用的替换方法。虽然有相对较少的关于居民舒适度的对风作用下建筑性能的投诉，这些主要分歧是仍然对评估的过程的准确性和结果的真正价值保持怀疑和不确定，以及强调发展实用的国际适用的、可以放心地被建筑开发商/业主和设计专业人士使用的居住者舒适使用可靠性准则的必要性。

12.4 使用运动模拟器进行居住者舒适测试

先前的研究已经表明，达到80%甚至更多的大多数人口，包括负责所有高层建筑结构的设计和施工的建筑开发商/业主和设计的专业人士，在工作中或在家里从未经历过风致建筑振动。除了本章和其他地方报道的关于风致建筑运动中对人类运动感知和居民舒适性评估进行的研究，高层建筑运动模拟器（比如特制的HKUST双重轴高楼运动模拟器，见图12.1）可以实现为建筑开发者/所有者和设计的专业人士进行特别设计的居住舒适性测试，使他们模拟经历一系列在风敏感的高层建筑中的双向窄带随机高楼风致振动。改良的航班/船舶模拟器，比如加拿大纽芬兰纪念大学海洋模拟中心的测试设备，也被用作演示道具。

尽管进行居民舒适性测试的目标可能各有不同，但他们的目标通常包括下列一个或多个：

- 依据建筑固有频率和结构阻尼值的假设设计值，在不同频率和振幅下体验不同等级的模拟的高楼风致振动；
- 依据舒适度等级和/或发生的频率来评估这些振动的可接受性；
- 评估采用振动缓解措施的必要性；
- 试验和评估在所选择振动减轻措施被采用的情况下，在建筑振动中预期减少的潜在效益。

此外，在研究工作和以展示/教育为目的而进行的居民舒适度测试之间，试验设计和预期结果有很大的不同。不像那些为了研究目的在高楼运动模拟器中自愿进行测试的实验对象那样，这个利益集团参与居民舒适性测试只是为了评估特设建筑预测加速度的可接受性。因此，参与者先适应了，并提高了对运动的预期。这样的测试也可以有一个额外的目的：超过特定的居住者舒适使用可靠性准则的建筑性能，从而需要考虑在内引进振动减轻措施，改善建筑性能，从而满足居民舒服的要求。一些参与者，尤其是开发商/业主，首先是以成本效益分析为中心，主要考虑市场驱动和利益驱动。因此开发商/业主很可能评估采用昂贵的振动缓解措施，这与办公室职员和/或高层建筑居民不同，因为他们通常期望一般舒适的工作和生活环境，而开发商/业主在销售和/或租赁活动时会故意这样说。这个利益集团也总是怀着紧张的心情进行测试，因此为了证明这种特殊关系以及达到实验目的，必须构建特别的实验和特别的实验程序。

在测试人居舒适感期间，以包含一个固定运动要素的6个可变运动要素为典型，一系列实验运动条件随机施加于参与者。按照常规，每一个实验运动要素条件施加时间为3～4min，这样测试6个不同运动要素条件，整个测试持续时间应少于30min。在测试过程中适当分散参与者注意力，从而导致参与者并没有感知运动。针对测试中每一种运动要素条件，每一位参与者填写“舒适感调查问卷”，并根据“无感知运动”到“让人无法接受”不同范围比率，比较每个不同运动要素条件下的舒适感。这个问卷的主要目的在于对参与者在每个运动要素条件下的舒适感进行评估。在居住者舒适感测试报告会的结束阶段，所有参与者就舒适感问卷结果做了相应评估、讨论。

基于 Kwork 和 Hitchcock（2008）在 HKUST 做的大量关于居住的舒适感的测试结果，会发现随着测试中施加加速振动频率的减弱，参与者中对测试运动条件表现不适的在所有参与整体中所占比例通常也会减少，这显然如所预想的一样。显然，想要获取目标的建设性经验，必须在有限的加速等级中，通过体验加速在第一时间内作出最明智的感知决定，例如研究表明，90% 的参与者在峰值加速度为 25milli - g 特定振动频率时表现出不适，只有约一半的参与者在 18milli - g 的振动峰值频率下表现出不适，而对于低等级加速振动频率（ < 15milli - g），超过一半的参与者并没反应出不适，甚至并没有感知到振动运动的存在。

根据 Burton（2006）的研究，居住者可能会容忍足够大振幅但非经常发生的建筑振动运动。相反，经常发生的建筑振动，哪怕是不易被发现的低频运动，都会引起居住者的不适反应。根据风洞测试实验结果，模拟不同风速引起的建筑风致振动，也使得居住者有可能发现舒适与持续时间和建筑发生明显振动的频率之间的关系。

通过复制特定总阻尼值的理想风致建筑振动（结构阻尼加上潜在振动缓和测量提供的额外阻尼），基于风洞实验结果，参与者会随着振动振幅的减少而体验到以此带来增强的舒适感。采用不同类型，不同尺寸的振动控制设备和策略也达到以下效果：增加阻尼值的范围和相应的风致振动。尽管通过进行居住舒适感测试很难获得统计上显而易见的结果，像居住舒适感测试等运动模拟器研究都启示着建筑开发商、业主以及专业设计人员对建筑振动采用的缓解措施进行评估，对可用的振动缓解策略进行适当的成本效益分析。

12.5 晕动病因学：两个理论

晕动病困扰了旅行者近几千年（Reason 和 Brand 1975），同时也在多种环境下一直存在问题，诸如娱乐设施、运动模拟器、现代电子游戏，也存在于风致高层建筑运动中。晕动病的典型症状包括头疼、恶心、脸色苍白，最终到呕吐症状。不被人知的初级晕动病症状就是疲劳。手、眼之间的协调表现出疲劳和减弱，通常被称为 Sopite 综合征（Graybiel 和 Knepton 1976）。尽管长期以来人们对晕动症有所关注，但在解释晕动症病因方面并没有统一的理论。目前占主导地位和被广泛接受的理论是感觉冲突理论（Reason 和 Brand 1975；Reason 1978；Oman 1982）和姿势不稳定理论（Stoffregrn 和 Riccio 1991）。

Kwok 等人（2010）和 Walton 等人（2011）最近重新评估了这两个理论，并且通过居住者对风致建筑运动中的表现反映检验这些理论。目前也存在大量的变体感觉冲突理论，其中众所周知的感官混乱冲突导致晕动病。感知冲突理论所涉及主要感知系统有视觉系统（眼睛和枕叶皮质区）、前庭系统（内耳中的耳石器，负责感觉重力和直线加速度）和本体感受器（肌肉中的感觉器官，向个体提供四肢位置感知）（Reason 和 Brand 1975；Reason 1978；Oman 1982）。感知冲突理论表明，如果这些感知系统是多样性的，那么当感知反应仅仅是单一系统在综合比较所有感知输入信号后做出的反应时，个体就会产生晕动病症状。所经历晕动病反应程度取决于平衡感知的冲突程度。

of 10th Americas conference on wind engineering, Baton Rouge, Louisiana, 31 May–4 June 2005, pp 286–287 (Full paper on CD-ROM)

Burton MD, Kwok KCS, Hitchcock PA, Denoon RO (2006) Frequency dependence of human response to wind-induced building motion. J Struct Eng ASCE 132(2):296–303

Burton MD, Kwok KCS, Hitchcock PA (2007) Occupant comfort criteria for wind-excited buildings: based on motion duration. In: Proceedings of 12th international conference on wind engineering, vol 1, Cairns, July 2007, pp 1207–1214

Burton MD, Kwok KCS, Hitchcock PA (November 2011) Effect of low frequency motion on the performance of a dynamic manual tracking task. Wind Struct 14(6):517–536

Chen PW, Robertson LE (1972) Human perception threshold of horizontal motion. J Struct Div ASCE 98(8):1681–1695

Denoon RO (2000) Designing for wind-induced serviceability accelerations in buildings. PhD thesis, The University of Queensland, Australia

Denoon RO, Letchford CW, Kwok KCS, Morrison DL (1999) Field measurements of human reaction to wind-induced building motion. In: Proceedings of 10th international conference on wind engineering, Copenhagen, pp 637–644

Denoon RO, Roberts RD, Letchford CW, Kwok KCS (2000) Field experiments to investigate occupant perception and tolerance of wind-induced building motion, Research Report No. R803. Department of Civil Engineering, University of Sydney, Australia

Denoon RO, Kwok KCS (November 2011) Implications of full-scale motion experience for acceleration design guidelines. Wind Struct 14(6):537–557

Goto T (1983) Studies on wind-induced motion of tall buildings based on occupants' reactions. J Wind Eng Ind Aerodyn 13:241–252

Goto T, Iwasa Y, Tsurumaki H (1990) An experimental study on the relationship between motion and habitability in a tall residential building. In: Proceedings of tall buildings: 2000 and beyond, fourth world congress, Hong Kong, pp 817–829

Goto T, Tsurumaki H, Inoue J (July 1996) Effects of visual views on the perception threshold of building motion. Jap Informal Group Hum Response Vib Shiraoi 13–14:1–15

Goto T, Shindo S (1999) Effect of window view on the human perception of tall building motion. In: Proceedings of the ICTB, Kuala Lumpur

Graybiel A, Knepton J (1976) Sopite syndrome: a sometimes sole manifestation of motion sickness. Aviat Space Environ Med 47:873–882

Hansen RJ, Reed JW, Vanmarcke EH (1973) Human response to wind-induced motion of buildings. J Struct Div ASCE 99(ST7):1589–1605

Holmes JD, Kwok KCS, Ginger JD (2012) wind loading handbook for Australia and New Zealand background to AS/NZS1170.2 wind actions. AWES-HB-001-2012. Australasian Wind Engineering Society, 109 pp

International Organization for Standardization (1984) Guidelines for the evaluation of the response of occupants of fixed structures, especially buildings and offshore structures, to low-frequency horizontal motion (0.063 to 1.0 Hz), ISO 6897. International Organization for Standardization, Geneva

International Organization for Standardization (2007) Bases for design of structures—serviceability of buildings and walkways against vibration. Final Draft International Standard ISO/FDIS 10137:2007(E). International Organization for Standardization, Geneva

Irwin AW (1978) Human response to dynamic motion of structures. Struct Eng 56A(9):237–243

Irwin AW (1981) Perception, comfort and performance criteria for human beings exposed to whole body pure yaw vibration and vibration containing yaw and translational components. J Sound Vib 76(4):481–497

Irwin AW (1983) Relative influence of noise and whole-body vibration on the response of humans, Internoise 83. In: Proceedings of international conference on noise control engineering, vol II, Edinburgh, 13–15 July 1983, pp 921–924

Irwin AW (1984) Human perception, task performance and simulator sickness in single and multi-axis low-frequency horizontal linear and rotational vibration, United Kingdom informal group meeting on human response to vibration, Edinburgh, 21–22 September 1984, pp 289–313

Irwin AW (1985) Assessment methods and case studies on human response to combined influences of noise and mechanical vibration, United Kingdom informal group meeting on human response to vibration, Derby, 17–19 September 1985
Irwin AW (1988) Human response to vibration of structures—criteria and assessment, seminar on vibration control, Eger, 29 September–1 October 1988
Irwin AW, Goto T (1984) Human perception, task performance and simulator sickness in single and multi-axis low-frequency horizontal linear and rotational vibration, United Kingdom informal group meeting on human response to vibration, Edinburgh, 21–22 September 1984, pp 289–313
Isyumov N (1993) Criteria for acceptable wind-induced motions of tall buildings. In: Proceedings of international conference on tall buildings, CTBUH, Rio De Janeiro, 17–19 May 1993
Isyumov N, Mascantonio A, Davenport AG (1988) Measured building motions of tall buildings in wind and their evaluation. In: Proceedings of symposium/workshop on serviceability of buildings (movements, deformations, vibrations), Ottawa, May 1988, pp 181–199
Isyumov N, Kilpatrick J (1996) Full-scale experience with wind-induced motions of tall buildings. In: Proceedings of 67th regional conference council on tall buildings and urban habitat, Chicago, 15–18 April 1996, pp 401–411
Jeary AP, Morris RG, Tomlinson RW (1988) Perception of vibration—tests in a tall building. J Wind Eng Ind Aerodyn 29:361–370
Kanda J, Tamura Y, Fujii K (1988) Probabilistic criteria for human perception of low-frequency horizontal motions. In: Proceedings of symposium/workshop on serviceability of buildings, Ottawa, pp 260–269
Kanda J, Tamura Y, Nakamura O, Uesu K (1993) Probabilistic criteria for serviceability limit of wind response. In: Proceedings of international colloquium, structural serviceability of buildings, IABSE Reports, vol 69, Goteborg, pp 59–66
Kanda J, Tamura Y, Fujii K (1990) Probabilistic perception limits of low-frequency horizontal motions, conference with international participation, serviceability of steel and composite structures proceedings, Pardubice, pp 61–72
Khan FR, Parmelee RA (1971) Service criteria for tall buildings for wind loading. In: Proceedings of 3rd international conference on wind effects on buildings and structures, Tokyo, pp 401–407
Kijewski-Correa T, Pirnia D (2009) "Pseudo-full-scale" evaluation of occupant comfort in tall buildings. In: Proceedings of 11th Americas conference on wind engineering, San Juan, Puerto Rico, June 2009
Kwok KCS, Macdonald PA (1990) Wind-induced response of Sydney Tower. Eng Struct 12(3):153–162
Kwok KCS, Hitchcock PA (2008) Occupant comfort test using a tall building motion simulator. In: Proceedings of 4th international conference on advances in wind and structures, Jeju, 28–30 May 2008 (Full paper on CD-ROM)
Kwok KCS, Hitchcock PA, Burton MD (2009) Perception of vibration and occupant comfort in wind-excited tall buildings. J Wind Eng Ind Aerodyn 97:368–380
Kwok KCS, Michaels MN, Lamb S (2010) Human perception and tolerance of wind-induced building motion. In: Proceedings of 6th international symposium on environmental effects on buildings and people: actions, influences, interactions, discomfort, Krakow, 11–13 October 2010, pp 27–40
Kwok KCS, Wong KS (2012) A dual-axis tall building motion simulator to investigate effects of wind-induced building motions on human. In: Proceedings of 15th Australasian wind engineering society workshop, Sydney, February 2012, pp 77–80
Lamb S, Kwok KCS, Walton D, Carpenter P (2010) A longitudinal approach to measuring occupant comfort and productivity in wind-excited tall buildings. In: Proceedings of 14th Australasian wind engineering society workshop, Canberra, 5–6 August 2010, pp 9–12
Lamb S, Kwok KCS, Walton D (2012) Experience with wind-induced building motion in Wellington, New Zealand: motion sickness, compensatory behaviours and work location preferences". In: Proceedings of 15th Australasian wind engineering society workshop, Sydney, February 2012, pp 73–76

Lamb S, Walton D, Kwok KCS (2012) The effects of exposure to wind-induced tall building motion on occupant comfort in Wellington, New Zealand. In: Proceedings of 1st international conference on performance-based and life-cycle structural engineering, Hong Kong, 5–7 December 2012

Lee BE (1983) The perception of the Wind-induced vibration of a tall building—a personal viewpoint. J Wind Eng Ind Aerodyn 12:379–384

McLeod RW, Griffin MJ (1989) A review of the effects of translational whole-body vibration on continuous manual control performance. J Sound Vib 133(1):55–115

Melbourne WH, Cheung JCK (1988) Designing for serviceable accelerations in tall buildings. In: Proceedings of 4th international conference on tall buildings, Hong Kong and Shanghai, pp 148–155

Melbourne WH, Palmer TR (1992) Accelerations and comfort criteria for buildings undergoing complex motions. J Wind Eng Ind Aerodyn 41–44:105–116

Michaels MN, Kwok KCS, Tung YK (2013) Exploratory analyses and modelling of parameters influencing occupant behaviour due to low frequency random building motion. J Wind Eng Ind Aerodyn 115:82–92

Morris RC, Dennis I, Tomlinson RW, Clarke A (1979) Vibration in tall buildings: performance tests, B.R.E. Contract Report. Plymouth Polytechnic, UK

Noguchi K, Hiwatashi A, Kobayashi A, Tsujita O, Goto T (1993) Human response to horizontal motion of tall buildings. In: Proceedings of international colloquium, structural serviceability of buildings, IABSE Reports, Goteborg, vol 69, Sweden, pp 53–58

Oman CM (1982) A heuristic mathematical model for the dynamics of sensory conflict and motion sickness. ACTA Oto-laryngologica Suppl 392:1–44

Reason JT (1978) Motion sickness adaptation: a neural mismatch model. J R Soc Med 71:819–828

Reason JT, Brand JJ (1975) Motion sickness. Academic, London

Riccio GE, Stoffregen TA (1991) An ecological theory of motion sickness and postural instability. Ecol Psychol 3:195–240

Selvakumar K, Kwok KCS, Lamb S (2012) Assessment of occupant response in wind-excited tall buildings. In: Proceedings of 15th Australasian wind engineering society workshop, Sydney, February 2012, pp 69–72

Shioya K, Kanda J, Tamura Y, Fujii K (1992) Human perception thresholds of two-dimensional horizontal motion. In: Proceedings of the ASCE structures congress, San Antonio, 13–15 April 1992, pp 480–483

Shioya K, Kanda J (1993) Human perception thresholds of horizontal motion. In: Proceedings of international colloquium goteborg, structural serviceability of buildings, IABSE Reports, vol 69, 1993, pp 45–52

Standards Australia/Standards New Zealand (2011) Structural design actions Part 2: wind actions AS/NZS 1170.2:2011, Sydney

Stoffregen TA, Riccio GE (1991) An ecological critique of the Sensory Conflict theory of motion sickness. Ecol Psychol 3:159–194

Tamura Y (1998) Application of damping devices to suppress wind-induced responses of buildings. J Wind Eng Ind Aerodyn 74–76:49–72

Tamura Y, Kawana S, Nakamura O, Kanda J, Nakada S (2006) Evaluation perception of wind-induced vibration in buildings. In: Proceedings of institution of civil engineers, structures & buildings, vol 159(SB5) October 2006, pp 283–293

Walton D, Lamb S, Kwok KCS (2011) Low dose motion sickness and wind-excited tall buildings. Wind Struct 14(6):499–515

Walton D, Burton MD, Kwok KCS, Lamb S, Merwood Y (2012) Motion sickness sensitivity and its relationship to occupant comfort due to tall building motion sway. In Proceedings of 1st international conference on performance-based and life-cycle structural engineering, 5–7 December 2012, Hong Kong

第 13 章　建筑物的阻尼和估算技术

Yukio Tamura

摘要　本章首先讨论了建筑物阻尼的物理成因和建筑物的动态属性，特别是阻尼的幅值依赖。强调指出除非次要构件或覆层有损伤，没有证据能表明阻尼比在主框架的弹性范围内有很大的幅度范围的增加。然后，基于日本阻尼数据库介绍了阻尼预测，给出了阻尼比参考设计值。接下来又介绍了阻尼估算技术并讨论了其需要注意的问题，讨论了两种简单易学同时又很精确的阻尼估算技术的可行性和有效性：一种是频域分解技术，它利用多个输出的功率谱密度矩阵的奇异值分解；另一种是多模式随机减量技术。这两种方法都可以应用于比如微颤等环境激励，使密集甚至重复模式易于处理。一些全范围实例验证也显示出这两种阻尼估算技术的高效性。

关键词　环境振动 · 振幅依赖 · 阻尼比 · 频域分解（FDD） · 随机减量（RD）技术

13.1　简介

为了求取建筑物的响应值，其动态特性，比如固有频率、振型和阻尼比应准确知道。众所周知，建筑物阻尼可用不同的内部和外部机理表示：原子/分子或不同的部分之间的摩擦、冲击、空气/流体阻力等。不同现象的组合导致了多种类型的阻尼形式。振动能量最终以热能消耗，或辐射于系统的边界之外。建筑物的阻尼能减少风或地震引起的振动，但同时也增加了气动弹性失稳的初始速度。一般来说，他们的数学描述是相当复杂的，而不适用于复杂建筑结构的振动分析。在结构动力学中，用黏性、滞后、库仑或速度二次方模型描述阻尼。阻尼力与速度成正比时黏性阻尼出现，因为对工程建筑结构来说它是一个二阶线性微分方程，所以黏性阻尼的数学形式表述很方便。黏性欠阻尼系统的瞬态衰减系数是指数形式的。幸运的是，即使没有黏性材料，建筑结构的阻尼也可以通过黏性阻尼公式近似表达。

由于没有估计建筑结构阻尼的理论方法，所以应该从有明显意义的全范围数据进行估计（Haviland 1976）。阻尼是最重要但最不确定的影响建筑物动力响应的参数。这种不确定性可以显著降低建筑结构动态影响设计的可靠性。有很多潜在因素影响阻尼的全范围数据的离差，包括：

- 土壤类型；
- 地基类型；
- 结构材料；

- 节点类型；
- 建筑物框架系统；
- 外墙；
- 内墙；
- 包层；
- 其他非建筑结构构件；
- 振动振幅。

以上这些可以作为确定阻尼值的参数。正如 Tamura 等人所述（2000），这样做很困难，但如果将全范围阻尼数据基于这些参数进行适当的分类，可以最小化离差。因此，这些参数不是产生离散的必要原因。

产生全范围数据的离散的一个主要原因是阻尼估算技术的不当使用。如果方法不合适，计算出的阻尼比将完全不同于真实值（Tamura 2012）。然而，测量和估算技术不能作为阻尼值的参数值，但如果适当选择测量和估算技术并将建筑和振动条件有效地分类，如在 13.5 节所讨论的，全范围的阻尼数据的离散将被最小化。

13.2 建筑物阻尼的物理成因

建筑结构的阻尼产生的原因各种各样，如下（AIJ 2000）：

- 内部摩擦阻尼

固体材料的内部摩擦产生的能量耗散。

- 塑性阻尼

固体材料塑性变形产生的能量耗散。

- 外部摩擦阻尼

固体间摩擦的能量耗散（节点、接触表面、摩擦阻尼器）。

- 辐射阻尼

土壤 - 结构的相互作用产生的能量转移和辐射。

- 外部黏性阻尼

液体黏性产生的能量耗散，如油阻尼器。

- 气动阻尼

建筑结构和空气的空气动力相互作用。

- 其他

阻尼装置、振动控制。

通常没有任何阻尼装置的建筑结构，通过土壤结构相互作用（SSI）和比如框架、次要结构、外覆物等元素接触面摩擦的外部摩擦阻尼（EFD），将其大多数总阻尼辐射。

13.3 建筑动态属性的振幅依赖

13.3.1 总体趋势

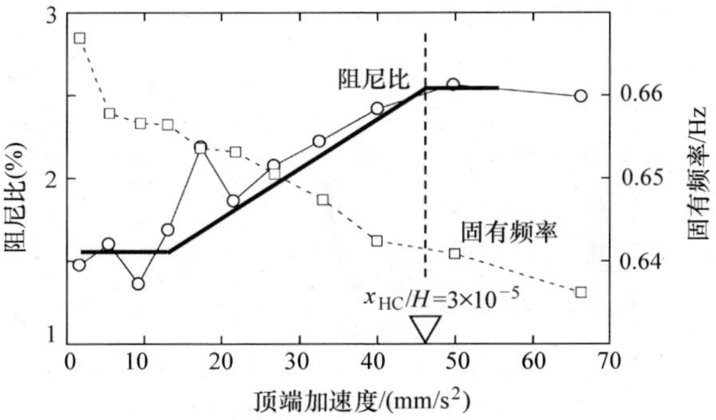

图 13.1 塔高 99m 的钢架观测台动态特性（Tamura 等人 2000；Tamura 2012）

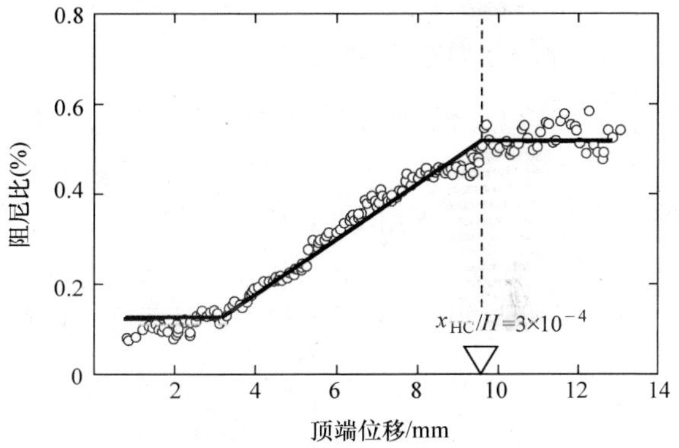

图 13.2 通过 RD 技术得到的 100m 高的钢结构建筑的动态特性（Jeary 1998）

图 13.1 和图 13.2 显示了通过随机减量（RD）技术得到的典型的动态属性的振幅依赖。图 13.1 所示是一个塔高 99m 的钢架观测台。下 1/3 部分是 16.5m 的正方形截面，中间 1/3 部分是 12.1m 的正方形截面，上 1/3 部分是一个八角形的部分。钢筋混凝土地基通过沉箱式桩基支撑。外墙是用玻璃纤维增强混凝土面板制成（Tamura 和 Suganuma 1996）。这显然证明了基本固有频率降低，阻尼比随加速度振幅增加（Tamura 等人 2000）。上升趋势在 $a_H=36\text{mm/s}^2$ 结束。考虑到固有频率 $f_1=0.66\text{Hz}$，顶端位移可通过 $x_H\approx a_H\ (2\pi f_1)^2$ 估算为 3mm。因此顶部漂移率 $x_H=/H$ 只有 3×10^{-5}，这是非常小的。图 13.2 所示的另一个例子是一个 100m 高的钢建筑（Jeary 1998）。仔细观察，图 13.2 也显示和图 13.1 同样的趋势。Jeary（1998）指出以下 3 个部分：一个低振幅稳定水平、中等振幅的斜坡和高振幅稳定水平。应该注意到，阻尼比随振幅的中等振幅斜坡结束在一个相对较小的振幅水平，顶部位移 x_H 约为 11m。建筑物高度 H 为 100m，顶部漂移率 x_H/H 大约只有 10^{-4}。图 13.2 表明，阻尼比未必会在图所示振幅范围之外的更高振幅水平增加。

阻尼增长趋势结束处的顶端位移比被 Tamura（2012）定义为“临界漂移比，x_{HC}/H”。还应该指出的是，在图 13.1 和图 13.2 高幅值稳定水平阻尼比开始降低。在幅值处于临界顶端位移比之上时，阻尼比不会再变大。

在到达临界顶端位移比之前，滑动接触表面数量随幅值增加，所以阻尼比由于摩擦阻尼随着固有频率的下降而增加，如图 13.1 所示。Hill - Carrill 和 Davenport（1986）用术语将这表达为“Stick_ Slip”（黏滑运动）。这最初由 Wyatt（1977）对建成建筑物用术语“STICTION”（黏滞作用）来表达的最现实物理 EFD 机制模型演变而来。STICTION 代表一个静态摩擦（STuck frICTION）元件，其组件的接触表面间在非常低的振幅范围内不会移动，但在特定振幅时开始滑动，从而失去其刚度，如图 13.3 所示。

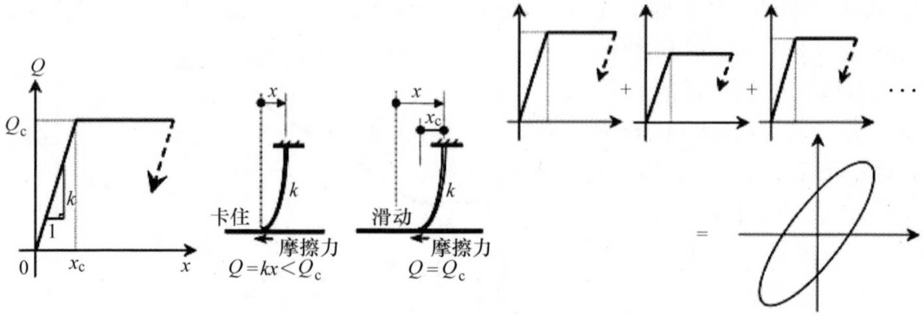

图 13.3　建筑阻尼黏滑运动模型和黏性阻尼模型（Tamura 2012）

黏滑运动接触表面随机分布振幅，且很多不同的摩擦阻尼元素的综合影响会导致建筑反应像一个线性黏滞阻尼系统。因此，从实用的角度来看，以建筑结构系统的阻尼特性为黏性的模型的等效黏滞阻尼，通常是被结构动力学采用并认为是适当的。

13.3.2　高振幅水平的阻尼比

关于高振幅水平的阻尼比没有足够的数据，很难显示很高幅值的动态属性的一般特征。

然而，图 13.4 显示了在一个非常高的振幅水平动态特性的一个例子（Fukuwa 等人 1996），其趋势类似于图 13.1 和图 13.2 中验证过的固有频率和阻尼比。建筑是一个 3 层钢框架实验用房，热压处理过的轻质混凝土板（ALC）面板、ALC 板外墙和灰泥板分区。ALC 板外墙，100mm 的厚度，设计为在横向荷载下不产生剪切刚度。

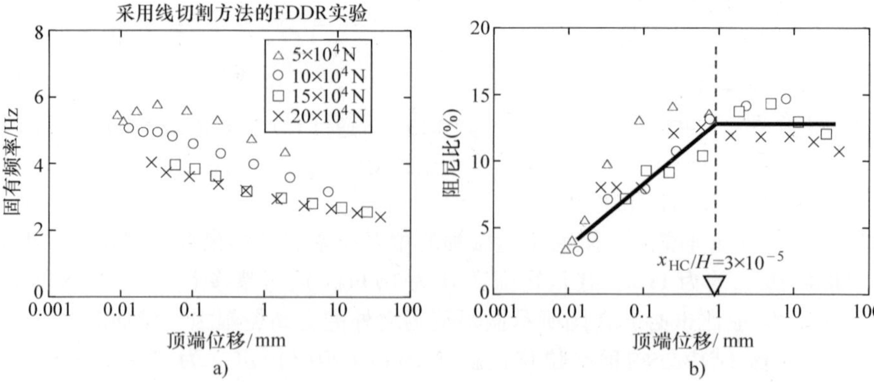

图 13.4　3 层建筑动态属性的变化（不同振幅）（Fukuwa 等人 1996；Tamura 2012）

a）固有频率　b）阻尼比

即使硅酮密封化合物填充板之间的缝隙，但它们在顶部连接到一起的框架只允许一种摇摆运动形式。这个外墙系统很大程度上有助于结构阻尼，因此不能说结果表明了一般建筑的典型动态特征。由于建筑物高度只有10m，所以SSI的影响是非常显著的。此外，激励用顶端漂移率表示，接近4×10^{-3}，最大加速度几乎是1000 milli－g。最大振幅能大到足以破坏灰泥板分区，且裂缝不仅出现在ALC板，还在ALC外墙出现。在上述条件下，估计的阻尼比较大。然而，它达到了最大值约为0.3mm的顶端位移。因此，"临界漂移比"估计值为3×10^{-5}（见图13.4 b），这与先前图13.1和图13.2的结果一致。

图13.5a～c显示了另一个非常有趣的结果，这是通过在200m高的钢结构办公楼顶部安装的混合质量阻尼器（HMD）获得的。在大楼使用之前，HMD用作激励器，进行了相对较大的振幅振动测试（Okada等人1993）。图13.5a显示了HMD突然停止激发的一个自由衰减的阻尼响应（FDDR）的例子。从这个无阻尼振荡记录中，一步一步评估了阻尼比和固有频率（Okada等人1993）。获得的基本固有频率和阻尼比如图13.5b、c所示（Okada等人1993）。基本固有频率$f_1\approx0.26$Hz，随速度振幅降低，并稳定在30mm/s左右。在低振幅下阻尼比增加，达到最大的响应速度$v_H=6$mm/s。因此，顶端位移$x_H\approx v_H/(2\pi f_1)$大致估算为4mm。临界顶端位移比估算$x_{HC}/H=2\times10^{-5}$，这也是很小的。在高振幅下大于临界顶端位移比，阻尼比明显随振幅衰减。

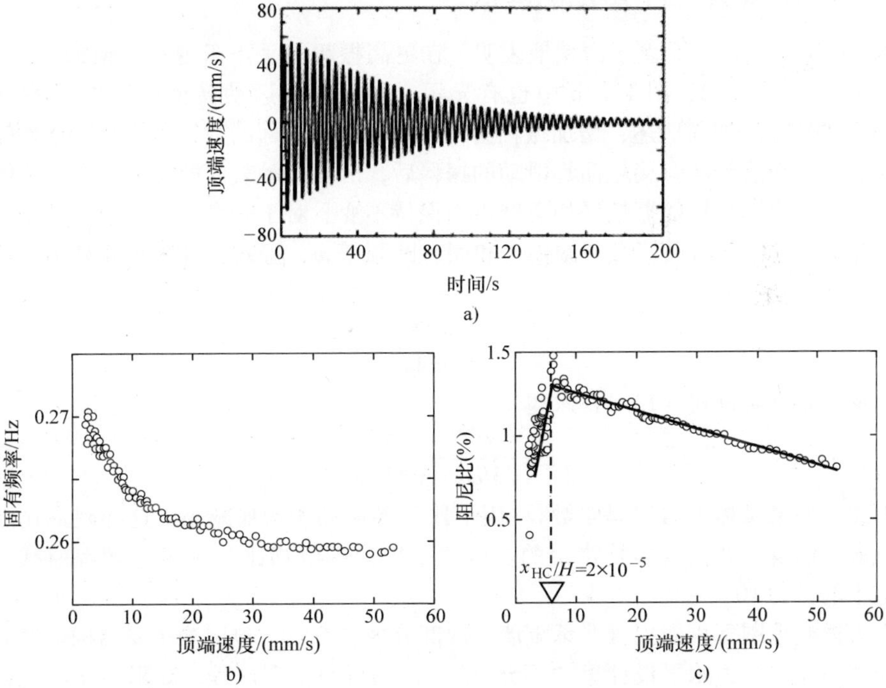

图13.5　200m高的钢结构办公楼基本固有频率和阻尼比的变化

（从FDDR一步一步评价；基于Okada等人1993）

a）FDDR　b）基本固有频率　c）阻尼比

甚至在阻尼比随着振幅增加达到最大值之后，固有频率仍然下降，如图 13.1、图 13.4a 和图 13.5b 所示。这也是合理的，如果振幅的增加率比滑动接触表面的数量更显著，甚至当滑动接触表面的数量增加时阻尼比减少，从而减少刚度。

13.3.3 临界顶端位移比

在非损坏状态下顶端位移比的临界值代表的最大阻尼比，这被 Tamura（2012）定义为“临界顶端位移比”。表 13.1 总结了图 13.1、图 13.2、图 13.4、图 13.5 的 4 个建筑物的临界顶端漂移率 x_{HC}/H，非常有趣的是，10 ~ 200m 高度的建筑物的比率都为 $2\times10^{-5}\sim1\times10^{-4}$。尽管这样就得出一般性的结论是危险的，但应该注意到，筑物的阻尼比不一定随振幅不断增加，但其在非常低的振幅水平下达到最大值。

表 13.1 临界顶端位移比

建筑物	框架材质	高度：H/m	临界顶端位移比：x_{HC}/H
观测台	钢	99	3×10^{-5}
办公楼	钢	100	1×10^{-4}
办公楼	钢	200	2×10^{-5}
居民楼	钢	10	3×10^{-5}

13.3.4 高振幅水平下阻尼的降低

图 13.5c 所示的一个例子清楚地表明，在更高振幅水平下阻尼有“衰减趋势”，同时在图 13.1、图 13.2、图 13.4b 中也有显示。基于黏滑运动模型的原因并不难理解（Tamura，2012）。如前所述，增加振幅会增加滑动接触表面的数量，并且阻尼比随振幅增加。然而，在达到所有接触面都滑动的振幅后，滑动接触表面的总摩擦力造成摩擦阻尼不再随振幅增加，即随振幅增加总摩擦力保持不变。对于一个简单受迫振动系统，阻尼力常量 F，即库仑阻尼、稳态振幅 A 和固有圆频率 ω，等效黏性阻尼系数 C，可以简单表示为式（13.1）：

$$C=\frac{4F}{\pi A\omega} \tag{13.1}$$

等效阻尼比 ζ 可通过式（13.2）求得：

$$\zeta=\frac{C}{2M\omega_0}=\frac{2F}{\pi AM\omega\omega_0} \tag{13.2}$$

因此，如果摩擦阻力 F 是常数，“阻尼比”随振幅 A 增加减小。这样阻尼比随振幅增加就成了误解。然而这样是错误的。从“临界顶端位移比”来说它随幅值减小，这是非常小的，为 $10^{-5}\sim10^{-4}$。

在大振幅范围下可能损害非承重墙、内部分区、石板、包层等次要结构。然而如果这些损害在允许应力水平设计里“不允许”，正如目前很多规程，高阻尼比不允许，甚至在框架的弹性极限内也不可以。

13.4　阻尼数据库和设计值的建议

13.4.1　基于日本阻尼数据库的建筑动态属性

由日本建筑学会组织的阻尼数据委员会已在 1993 年收集了包括阻尼比在内的建筑物的动态属性数据（Tamura 等人 2000；AIJ 2000）。各种条件下可靠高质量的全范围建筑阻尼数据的积累来自约 40 个组织。附加的阻尼数据主要是从 1970 年之后发表的许多期刊和论文集收集的。然后，委员会通过邮件进行了问卷调查研究，向文章作者、设计师和业主确认了测量值，并获得额外的重要信息，尤其是测量和评价技术和振动振幅以及建筑的详细信息。如果他们的振幅不清楚或不能通过测量方法推导，数据就被排除在外。因此，收集了许多原始的非公布数据并且向已发布的数据添加了额外的信息。

表 13.2 总结了日本阻尼数据库中包含的信息（Tamura 等人 2000；AIJ 2000）。数据库包括了 137 个钢结构建筑物（Steel）、43 个钢骨钢筋混凝土建筑物（SRC）、25 个钢筋混凝土建筑物（RC）和 80 个塔式构筑物，共 285 座建筑和结构的建筑信息与动态属性。

表 13.2　1999 年日本阻尼数据库内容

<table>
<tr><td colspan="4">建筑和结构数量</td></tr>
<tr><td colspan="4">285</td></tr>
<tr><td>钢结构建筑（钢）</td><td>SRC 建筑</td><td>钢筋混凝土建筑（RC）</td><td>塔状构筑物结构</td></tr>
<tr><td>137</td><td>43</td><td>25</td><td>80</td></tr>
<tr><td>15.5m≤H≤282.3m
（平均 101m）</td><td colspan="2">11.6m≤H≤167.4m（平均 60m）
10.8m≤H≤129.8m</td><td>9.1m≤H≤226.0m
（平均 124m）</td></tr>
<tr><td>办公楼：99
旅馆：25
其他：13</td><td colspan="2">公寓楼：35
其他：20
学校：4
其他：9</td><td>烟囱：26
格构塔：24
塔：23
其他：7</td></tr>
<tr><td colspan="4">包含信息</td></tr>
<tr><td>建筑物信息</td><td colspan="2">位置
建成时间
建筑物用途
形状
高度
尺度
层数</td><td>结构类型
外包物类型
地基类型
埋置深度
基桩长度
土壤条件
参考</td></tr>
<tr><td>动态属性</td><td colspan="2">阻尼比（至 6 阶模式）
固有频率（至 6 阶模式）
测量时长</td><td>激励类型
实验和测量方法
估算技术
振幅
其他</td></tr>
</table>

顶端位移比 x_H/H 大约在以下范围：

钢筋混凝土建筑：$5\times10^{-7}\sim2\times10^{-5}$；

钢骨钢筋混凝土建筑：$10^{-7}\sim10^{-2}$；

钢结构建筑：$10^{-7}\sim10^{-4}$。

虽然钢骨钢筋混凝土建筑的振幅上限是相当大的，但是大多数的顶端位移比数据都不少于2×10^{-5}。

图 13.6 显示了基础固有周期 T_1（s）$=1/f_1$和建筑物高度 H（m）的关系（Sasaki 等人 1997；Satake 等人 2003）。图 13.6a 和 b 显示的基础固有周期 T_1与建筑物高度 H 的比值如下：

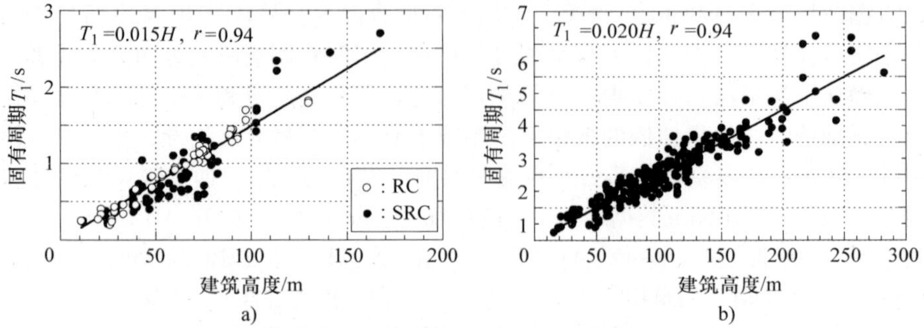

图 13.6　日本阻尼数据库中基础固有周期和建筑物高度数据

（Sasaki 等人 1997；Satake 等人 2003）

a）RC/SRC 建筑　b）钢结构建筑

$$T_1=0.015H\text{ 对于 RC/SRC 建筑} \tag{13.3a}$$

$$T_1=0.020H\text{ 对于钢结构建筑} \tag{13.3b}$$

众所周知，Ellis（1980）提出了一种简单的近似计算基础固有频率的方法：$f_1=46/H$，因此，固有周期 $T_1=0.022H$ 可用于所有结构类型的建筑，这比式（13.3a）和式（13.3b）计算的周期要长一些。

对钢建筑，如图 13.7a、b 所示，高阶模式固有周期与 1 阶模式固有周期成正比

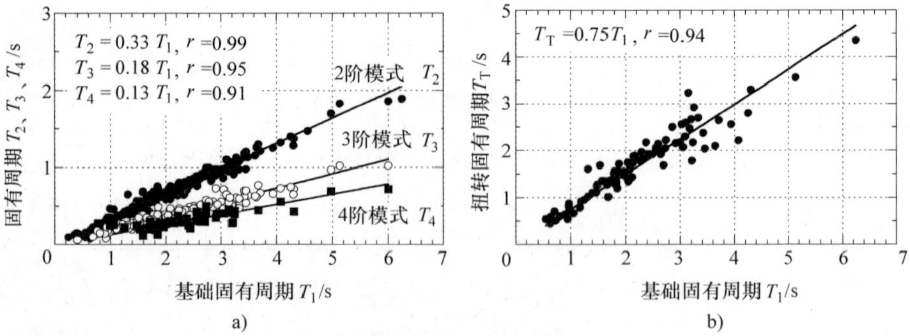

图 13.7　日本阻尼数据库钢结构建筑固有周期的高阶模式和扭转模式与基本固有周期的关系

（Sasaki 等人 1997；Satake 等人 2003）

a）高阶模式　b）扭转模式

(Sasaki 等人 1997；Satake 等人 2003)。因此，钢建筑的高阶模式和扭转模式的固有频率可由最基本的固有频率f_1表达，见表 13.3。

Satake 等人（1997）报告钢建筑在低振幅条件下测量出的基本固有周期通常小于设计值 20%，如图 13.8 所示。Shioya 等人（1993）对高度在 60.05~113.6m 的 13 个钢筋混凝土公寓大楼报告过几乎相同的结果。测量基本上是在低振幅条件下，在这条件下几乎所有的接触面滞留并且次要结构使其坚挺。另一方面，设计值的估计是基于有限元法（FEM）模型，其只考虑主要框架，并且很难包括次要结构的贡献。在低振幅下固有周期设计值和试验值之间的差异可归因于次要结构的作用，如贴条、钉、分区和包层。

表 13.3　高阶模式固有频率

模式	2 阶模式	3 阶模式	4 阶模式	扭转
钢结构建筑	$f_2=3.05f_1$	$f_3=5.46f_1$	$f_4=7.69f_1$	$f_T=1.34f_1$
RC 建筑	—	—	—	$f_T=1.36f_1$

因此，设计固有周期值高出的测量值 20%，如图 13.8 所示。因此，通过式（13.3a）和式（13.3b）近似求取的固有周期应视为低振幅下的值。

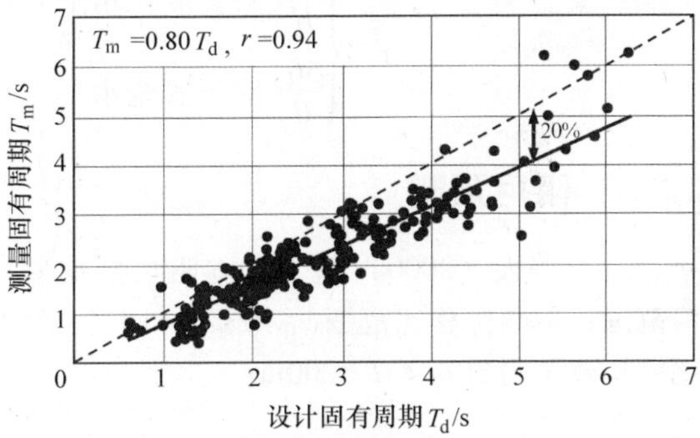

图 13.8　基于日本阻尼数据库固有周期测量值和设计值的不同（Tamura 等人 2000；Satake 等人 2003）

13.4.2　基于日本阻尼数据库提出的固有频率

基于上述结果如图 13.6 和图 13.8 所示，Tamura 等人（2000）提出了低振幅可居住性设计水平和大振幅安全设计水平的基本的固有频率，如下：

$$f_1=\begin{cases}\dfrac{1}{0.015H}=\dfrac{67}{H}(\text{对于居住水平})(a)\\[2mm]\dfrac{1}{0.018H}=\dfrac{56}{H}(\text{对于安全水平})\quad(b)\end{cases}\quad \text{RC 建筑} \tag{13.4}$$

$$f_1=\begin{cases}\dfrac{1}{0.020H}=\dfrac{50}{H}(\text{对于居住水平})(a)\\[2mm]\dfrac{1}{0.024H}=\dfrac{42}{H}(\text{对于安全水平})\quad(b)\end{cases}\quad \text{钢结构建筑} \tag{13.5}$$

对大振幅的安全水平设计，假定几乎所有接触表面滑动，并且固有频率基于有限元模型，这样，不考虑二次非承载刚度结构的作用下几乎低于测量低振幅值 20%。

根据表 13.3 以及式（13.5）和式（13.5 b），钢结构建筑高阶模式固有频率由以下方程给出：

$$f_2=\begin{cases}\dfrac{150}{H}(\text{对于居住水平})(a)\\ \dfrac{130}{H}(\text{对于安全水平})\quad(b)\end{cases}$$

$$f_3=\begin{cases}\dfrac{270}{H}(\text{对于居住水平})\\ \dfrac{230}{H}(\text{对于安全水平})\end{cases}\quad(c)$$

钢结构建筑 (13.6)

$$f_4=\begin{cases}\dfrac{380}{H}(\text{对于居住水平})\\ \dfrac{320}{H}(\text{对于安全水平})\end{cases}\quad(d)$$

$$f_T=\begin{cases}\dfrac{67}{H}(\text{对于居住水平})(e)\\ \dfrac{56}{H}(\text{对于安全水平})(f)\end{cases}$$

13.4.3 阻尼预测

Tamura 等人（2000）基于日本阻尼数据库提出了下面的阻尼预测经验回归方程，取值范围：顶端位移比范围 $x_H/H\leqslant 2\times10^{-5}$，对 RC 建筑物高度范围为 $10m<H<100m$，对钢结构建筑为 $30m<H<200m$：

$$\zeta_1=0.014f_1+470\frac{x_H}{H}-0.0018\text{:RC 建筑} \tag{13.7a}$$

$$\zeta_1=0.013f_1+400\frac{x_H}{H}+0.0029\text{：钢结构建筑} \tag{13.7b}$$

应该注意到，依赖于式（13.7a）和式（13.7 b）的频率实际上并不是受固有频率的影响。没有明确原因表明频率影响。这可能归因于 SSI 的效果。低层建筑的固有频率高，显示出了 SSI 效应明显的作用。因此，它往往有较高的总阻尼。因此，更换频率相关术语与高度相关术语会更好一些，基于式（13.4a）、式（13.5a）、式（13.7a）和式（13.7 b）（Tamura 2012）如下：

$$\zeta_1=\frac{0.93}{H}+470\frac{x_H}{H}-0.0018\text{:RC 建筑} \tag{13.8a}$$

$$\zeta_1=\frac{0.65}{H}+400\frac{x_H}{H}+0.0029\text{:钢结构建筑} \tag{13.8b}$$

由方程（13.8a）预测的阻尼值的相关系数和全范围振幅值是已知的，例如，如图 13.9 所示，为 88%。有几种建议的阻尼预测方法，比如 Jeary（1986）和 Lagomarsino（1993）的方法，但预测式（13.7a）和式（13.7 b），或式（13.8a）和式（13.8 b）被认为是可靠的。

13.4.4 固有频率和阻尼系数设计建议值

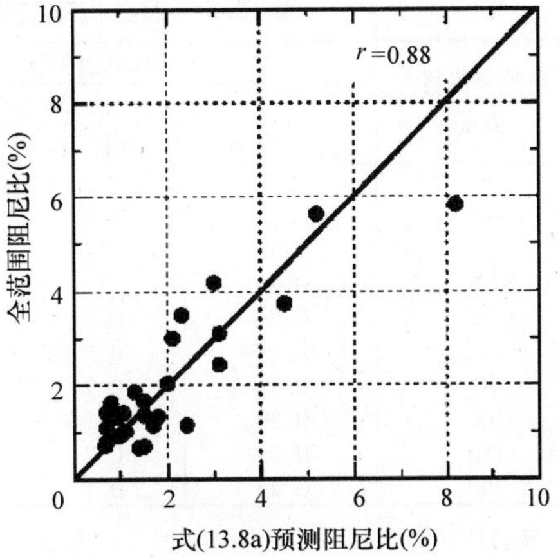

图 13.9 已知振幅全范围阻尼数据与式(13.8a)预测数据比较（Tamura 等人 2000）

通常，不同国家用于一般建筑的阻尼设计值表现出明显的离散：钢结构建筑范围为0.3%～5%，钢筋混凝土建筑为0.5%～5%（Tamura 等人 2000）。EUROCODE（1994）和AIJ（2000）提出了依赖于阻尼比的频率和振幅，ONORM B4014（1993）根据材料、建筑类型、基础类型采用了一些复杂阻尼公式。不过多数采用简单、明确的值，忽略建筑高度、幅度或频率（Tamura 等人 2000）。

基于提出的预测式（13.4a）、式（13.4b）、式（13.5a）、式（13.5b）、式（13.8a）和式（13.8 b）以及对振幅水平的讨论，Tamura 等人（2000）提出了表 13.4 和表 13.5 中分别在 RC 建筑和钢结构建筑使用的建议设计值。用于低振幅下建筑可居住性能的评估，如人类感知阈值，为大振幅下结构安全评估的阻尼比给出了建议。然而，安全评价水平并不意味着在极限状态框架将部分受损，这在弹性范围之内。还没有阐述清楚极强风条件下，与地震引起的动作相比强风有稳态部分和相当长的持续时间，在无弹性区的建筑如何表现。塑性行为倾向于降低固有频率，这表明会有更多的风激励。因为这些原因，建筑的抗风设计通常是在主框架弹性的范围内。虽然主框架在弹性范围内，建筑物的动态行为取决于 13.3 节所示的振幅。然而，风致响应分析中给出的依赖振幅的阻尼模型太过复杂。建筑响应分析中通常以恒定的黏滞阻尼给出阻尼比。

表 13.4 钢筋混凝土建筑设计阻尼比（Tamura 等人 2000）

建筑物高度 H/m	可居住性			安全性（弹性范围）		
	固有频率/Hz	阻尼比 ζ_1（%）		固有频率/Hz	阻尼比 ζ_1（%）	
	$f_1=67/H$	建议值	标准值	$f_1=56/H$	建议值	标准值
30	2.2	2.5	3	1.9	3	3.5
40	1.7	1.5	2	1.4	2	2.5
50	1.3	1.2	1.5	1.1	2	2.5
60	1.1	1.2	1.5	0.93	1.5	2
70	0.95	0.8	1	0.79	1.5	2
80	0.83	0.8	1	0.69	1.2	1.5
90	0.74	0.8	1	0.62	1.2	1.5
100	0.67	0.8	1	0.56	1.2	1.5

注：1. 标准值或更大值（最大值×1.2）可以用于有许多内墙的建筑物，如酒店和公寓。

2. 低于推荐值应用于内墙不多的建筑。

3. $H=30$ m 值应该用于低于 30m 的建筑物。

4. 列表值代表了包括 SSI 效应的阻尼比。因此，它们不应该只用于上部结构的结构阻尼。

表 13.5　钢结构建筑设计阻尼比（Tamura 等人 2000）

建筑物高度 H/m	可居住性			安全性（弹性范围）		
	固有频率/Hz	阻尼比 ζ_1（%）		固有频率/Hz	阻尼比 ζ_1（%）	
	$f_1=50/H$	建议值	标准值	$f_1=42/H$	建议值	标准值
30	1.7	1.8	2.5	1.4	2	3
40	1.3	1.5	2	1.0	1.8	2.5
50	1.0	1	1.5	0.83	1.5	2
60	0.83	1	1.5	0.69	1.5	2
70	0.71	0.7	1	0.60	1.5	2
80	0，63	0.7	1	0.52	1	1.5
90	0.56	0.7	1	0.46	1	1.5
100	0.50	0.7	1	0.42	1	1.5
150	0.33	0.7	1	0.28	1	1.5
200	0.25	0.7	1	0.21	1	1.5

注：注释同表 13.4。

表 13.4 和表 13.5 建议的阻尼比用于振幅水平低于弹性极限的主要框架的风致响应分析，且假设次要结构和包层没有受损。然而，即使在一个非常高的振幅范围超过弹性极限的主要框架，随着塑料滞后阻尼的贡献变得重要，建议使用这些值作为结构阻尼比。然而，即使在一个超过主框架弹性极限的非常高的振幅范围，随着塑性滞后阻尼的作用变得显著，建议使用这些值作为结构阻尼比。

对高阶模式阻尼，该模式阻尼值的比率如 ζ_2/ζ_1 和 ζ_3/ζ_2 基于日本阻尼数据库进行检查（Tamura 等人 2000），平均值可由下式得到：

$$\frac{\zeta_{n+1}}{\zeta_n}=1.4\text{:RC 建筑} \tag{13.9a}$$

$$\frac{\zeta_{n+1}}{\zeta_n}=1.3\text{:钢结构建筑} \tag{13.9b}$$

$n=1$ 和 2，平均而言，更高的模式下阻尼比大 30%～40%。

然而值得注意的是，上面这些关系并不意味着刚度比例阻尼特性，但通常在结构设计中这样假设。同样重要的是，一些数据显示，对中层和低层建筑高阶模式减少阻尼比，所以式（13.9a）和式（13.9b）的应用范围应该局限于高楼层建筑。

13.5　阻尼估算技术

表 13.6 总结了模态识别技术和阻尼估算技术。这里对阻尼估算的质量、阻尼评估需要注意的问题、两个用户友好的阻尼估算技术的效率进行了讨论。

13.5.1　估算结果的质量

一个足尺的建筑结构的动态特性可以通过传统实验模态分析技术来获得，然而这些技术有以下限制因素。为了获得后续模态参数测量 FRF 或 IRF，人工激励或输入的信息很有必要。在野外环境下或对于大型结构这些响应函数很难获得。用一些组件取代完整的系统，可以在实验室的环境中进行测试，但是极不容易对边界条件进行模拟。

表 13.6 模态识别方法（Maia 和 Silva 1997；He 和 Fu 2001；Tamura 等人 2005）

时域法		
最小二乘法	LS	—FDDR —MDOF 曲线拟合法
复指数法	CE	—在 SISO 中的 MDOF 法 —IRF、复杂极点和余数 —对噪声的敏感度
最小二乘复指数法	LSCE	—在 SIMO 中的 MDOF 法 —IRF
多参考点复指数法	PRCE	—在 MIMO 中的 MDOF 法 —IRF
Ibrahim 时域	ITD	—在 SIMO 中的 MDOF 法 —从 IRF 数据特征值问题
特征系统实现算法	ERA	—在 MIMO 中的 MDOF 法 —马尔科夫参数矩阵的奇异值分解
自回归滑动平均模型法	ARMA	—在 SISO 中的 MDOF 法 —最佳阶数选择
直接系统参数识别法	DSPI	—在 MIMO 中的 MDOF 法 —CE、PRCE 和 ITD 的概括
随机减量法	RD	—ACF —追踪 FDDR 的 SDOF 法
多模随机减量法	MRD	—ACF —追踪 FDDR 的 MDOF 法 —LS
频域法		
$\hat{H}_1(\omega)$ 模型	IFRF	—FRF —假设没有输入干扰 —输入/输出交叉 PSD 和输入自动 PSD
$\hat{H}_2(\omega)$ 模型	OFRF	—FRF —假设没有输出干扰 —输出自动 PSD 和输入输出交叉 PSD
$\hat{H}_v(\omega)$ 模型 和 $\hat{H}_s(\omega)$ 模型	VFRF SFRF	—FRF —输入和输出干扰 —LS
频域分解法	FDD	—PSD 矩阵 —SVD
希尔伯特变换	HT	—FRF —非线性检测系统 —域不变

注：ACF：自相关函数；FDDR：自由衰减阻尼响应；FRF：频率响应函数；IRF：脉冲响应函数；MDOF：多自由度；MIMO：多输入多输出；PSD：功率谱密度；SDOF：单自由度；SIMO：单输入多输出；SISO：单输入单输出；SVD：奇异值分解。

测试程序和评估技术明显会影响所获得的模态参数的质量，例如固有频率、阻尼比和振型等，为了获得高质量的结果，所以有必要进行仔细和高质量的测量。特别是在预估阻尼的情况下，需要非常谨慎地测量以便得到高质量的采集数据。在建筑工程领域，获得足尺测量的机会是相当罕见的，因而所获得的数据非常有价值。所以，通过足尺测量所获得的模态参数目前已经被视为一种珍贵的遗产。这是在野外条件下所获得的真正的自然频率和振型，其误差只有10% ~20%。然而低质量的阻尼数据可能会导致100% ~200%的明显误差，甚至会超过1000%。只有少数偶尔用于输出模态估计的短期测量在阻尼预估方面几乎没有意义，并且在有些情况下其可能会提供一些没有意义的结果。此外，不可否认的是，很多全范围的数据估算阻尼比时会产生过高的现象，这是因为错误的测量和错误的阻尼评估方法所导致的。因此，仔细检查现有的阻尼数据，并有勇气否决这些污染的阻尼数据，即使是否决过后几乎没有数据可用，这将是非常重要的。

13.5.2 阻尼评估技术

阻尼评估技术可以从FDDR、IRF、FRF以及环境振动数据中获得，在表13.7中列出。

表13.7 阻尼评估技术

时域法		
对数衰减	LD	—FFDR —SDOF 曲拟合法
随机衰减	RD	—追踪 FDDR 的 SDOF 法 —LD
多模随机衰减	MRD	—追踪 FDDR 的 MDOF 法 —LD
希尔伯特变换	HT	—LD —FRF
频域法		
半功率	HP	—Auto - PSD —SDOF
传递函数	TF	—FRF —SDOF 曲拟合法
$1/\sqrt{2}$法	$1/\sqrt{2}$	—FRF
相位梯度	PG	—FRF
频域分解法	FDD	—PSD 矩阵 —SVD —峰值输出法
小波变换	WT	—时标分解法 —TRF

注：TRF：时间响应函数。

许多土木工程结构完全可以通过外界环境激励来激发。基于响应测量的环境模态分析与传统分析相比，具有两个主要的优点：一个是不需要昂贵和沉重的激励装置；另一个是所有的（或部分的）测量可以作为参考，并且 MIMO 技术也可以用于模态分析，从而容易处理间隔太近的模态，甚至重复的模态。这对大跨度的屋顶结构或复杂和庞大的系统，例如电力传输线系统，十分有价值。

在这些条件下，两个简单和用户友好但是准确的阻尼评估技术在 13.5.4 节和 13.5.5 节中进行了讨论：一个是多模随机减量技术（Tamura 等人 2002）；而另一个是频域分解技术（Brincker 等人 2000），它们都是使用 PSD 矩阵的奇异值分解方法。两者都可以应用于环境激励，例如风、湍流、交通和/或微小的颤动。

13.5.3 阻尼评估的注意事项

测量一个单自由度系统的自由衰减阻尼反应可以直接提供系统的时间响应函数。这里的时间响应函数包括脉冲响应函数、自由衰减阻尼反应和随机衰减信号。对数衰减法通常用来从时间响应函数中给出一个阻尼比的快速估计值，由一个指数衰减谐波运动给出。在稳定状态下，自由衰减阻尼反应信号通常会被噪声污染。选择更多的振幅点并在半对数平面上绘制，并且一种用于线性系统的直线法可以通过线性回归来获得。这种方法可以在线性系统或结构中获得。然而，建筑物的动态特性通常具有非线性属性，如图 13.1、图 13.2、图 13.4 和图 13.5 所示。对于实际的建筑，直线近似法只能提供平均的趋势；对于准确值，在每一个振幅水平下逐步式估计阻尼比十分有必要，如图 13.5c 所示。

当处理一个多自由度系统时，可以在频域范围内过滤掉其他模态的影响，并将信号转换回时域信号。当有两种比较接近的模态时，这种方法的准确度会被破坏。

在进行动态测试时，可以测量输入和输出信号。频率响应函数可以通过自动 PSD 和交叉 PSD 方法使用 FFT 来估测。评估阻尼比最简单的方法是半功率法。直接使用响应的自动 PSD。实际上，带宽和阻尼比可以从复平面上的频率响应函数、相位梯度和 Nyquist 图的虚部和实部部分更准确地估测出。

应该注意，在频域中的阻尼评估技术或多或少基于 PSD 的输出，其为了准确评估需要以下条件：

- 建筑响应的稳定性；
- 在 FFT 中接近共振频率处具有足够的频率分解。

第一个条件与建筑的动态特性的固有非线性特性紧密相关，如图 13.1、图 13.2、图 13.4 和图 13.5 所示。混合不同级别的建筑响应会导致变形或更广泛的谐振峰值，它会提供不准确的阻尼比预估值（Jeary 1992）。

第二个条件来自于 PSD 估测时的泄漏误差，这是因为离散傅里叶变换（DFT）的数据截断，这种情况在实践中经常发生。这通常会导致一个更大的阻尼估计值，并且有时也会变得更大。这已经被 Jeary（1986）、Tamura 等人（2002）以及其他人强调过，但是有很多文献报道了没有考虑这一点的不切实际大阻尼值。这是因为固有频率和振型频率分解的影响并不十分显著。

图 13.10 表明了在预估阻尼时频域分解法的重要性，说明要有足够长度的样品或具有足够数量的 DFT 数据点（Tamura 等人 2004）。这是从实验室中一个简单 4 层集中质量模型的环境振动测试中获得的结果。阻尼比通过 4 个不同的频域估计方法来获得，这样通过 DFT 计算自动 PSD 和频率响应函数。横坐标表示用于DFT 计算的数据点的数目。预估的阻尼比随着 DFT 数据点的增加而减少，并且收敛到一个在 0.25% 左右的恒定值，这就是准确的阻尼值。如果 DFT 的数量仅被设置在 1024 处，而 FFT 通常进行基本 PSD 估计，那么预估的阻尼比将是 3%，这将是准确阻尼值的 10 倍多，因此会产生 1000% 的误差。对于 100% 或更多的差值将它说成误差，这是不恰当的：应该说这是个错误。

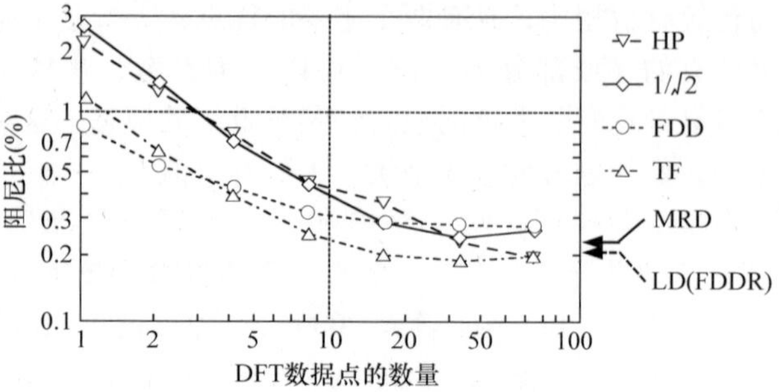

图 13.10　基于 PSD 频域法的 DFT 数据点预估阻尼比变化表明泄漏影响（Tamura 等人 2004）

泄漏是一种偏差，其不能通过窗口技术来消除，例如通过使用汉宁窗（Hanning Window）。此外，它对估计阻尼的准确性有害，估计阻尼的准确性依赖 PSD 测量。泄漏造成的偏差与频率分解的二次方成正比（Bendat 和 Piersol 1986）。因此，提高频率分解对减少偏差是一种非常有效的方法。

为了准确识别阻尼比，在这种情况下应该指出 DFT 数据点的数目必须超过 16384 个，这几乎是 600 倍的自然周期模型。这意味着样本应该具有足够的长度。对足够数量的样本进行总体平均值运算以获得正确的自动 PSD 是很有必要的。需要一个总记录长度来准确估计阻尼比，通过使用足够数量的样本与足够长度的系统平均值为每个样本进行良好的频率分解。还必须注意在这些记录中必须满足平稳性的要求，还需要在类似条件下仔细选择振动记录，特别是在振幅水平下。

总之，基于 OOME 预估房屋和建筑的阻尼时，由于外界环境振动产生的困难和误差主要来自以下方面：

1）在建筑物中激励现象的非平稳性和阻尼振幅依赖性；

2）按照自然频率非分离模式；

3）假设激励白色噪声失败；

4）PSD 预估中的泄漏误差；

5）PSD 准确预估时总体均值数量不足；

6）随机衰减法的带通滤波器宽度不合适；

7）为了获得随机衰减信号叠加数量不足。

显然，准确的阻尼只有通过谨慎和耗时的工作才能估计出。由于没有在建筑物中估计阻尼比的理论方法，咨询高质量的现场数据是做出阻尼设计值良好预测的唯一方法。因此有必要建立一个可靠的数据库，包括各种结构类型、建筑维度、包层、土壤和基础条件以及振幅等足够数量的数据集。所以积累更多高质量的阻尼数据非常有必要。

表 13.8 总结了为了满足阻尼预估时所需要的重要注意事项和必要条件。在阻尼预估和报告时应该考虑这些注意点。

表 13.8　使用环境振动（OOME）估计建筑物的阻尼需要注意的事项

方法	需要的条件	测量
时域 —RD —MRD	—足够数量的叠加	—足够长的数据 —基于传统的 SDOF FDDR 的误差比（<3%）
	—带宽滤波器足够的带宽 （不能太窄并且足够宽）	—足够数量的叠加 —MRD 的应用
	—假设局部白噪声	—仔细检查激励条件①
	—分离良好的模式	—MRD 的应用
频域 —HP —FDD	—平稳性	—运行测试
	—良好的频率分解 （最低的泄漏误差）	—通过增加采样的长度检测阻尼比的收敛性 —足够长度的数据
	—足够的 PSD 总体均值	—高质量的 PSD —足够长度的数据
	—假设局部白色噪声	—仔细检查激励条件①
	—分离良好的模式	—FDD 的应用
其他必要的信息	—振幅信息	—飘移比 x_H/H —初始振幅（RD/MRD）
	—建筑物信息	—高度和层数 —规划形状和大小 —建筑结构框架的材料 —建筑类型 —建筑用途 —地基类型 —土壤条件 —包层类型
	—测量/激 励信息	—激励类型 —样品长度

① 靠近目标频率的一个窄带激励，例如涡旋共振就不合适。

13.5.4　RD 技术和 MRD 技术

带有最初振幅的响应叠加采样之下的随机缩减（RD）技术可以用来追踪一个自动相关函数，消除随机激励部分（Cole 1973；Jeary 1986；Tamura 和 Suganuma 1996）。RD 技术假设一个单自由度系统可以有效求出阻尼比的值，而固有频率只能用于分离良好的振动模式。这对于估计建筑物依赖动态特性的振幅非常有效。然而，如果存在位置密切的主要频率成分，在 RD 信号就能观察到跳动现象。在这些情况下，传统的 RD 不能用于估计阻尼比。为了评估多个位置紧密的振动模式，提出了多模态随机缩减（MRD）技术（Tamura 等人 2002），其允许拥有不同动态特性的多重单自由度系统的自由衰减阻尼反应叠加使用，以及最小二乘曲线拟合法逼近带跳动现象的 RD 信号。

MRD 的优点是应用于紧密分布的模式，几乎任何传统方法都不能做到这点，而实际房屋和建筑拥有振动模式，其不允许分开。

13.5.5 FDD

频域分解（FDD）技术是最近开发的功能强大的工具，其可以应用于频域。不直接使用建筑响应的自动 PSD，因为在经典的频域技术中，PSD 矩阵在每一频率上通过奇异值分解来进行分解。奇异值分解在从干扰中分离噪声数据时具有一个强大的功能，干扰由未建模动态和测量噪声引起。为了分析，作为频率的函数，由奇异值分解（SVD）计算得来的奇异值（SV）可以用于确定模态频率和振型。已经证明，SV 图上的峰值表明了建筑结构模式的存在形式（Brincker 等人 2000）。与局部最大 SV 值相对应的 SV 矢量是无比例的振型。正是如此，在模态频率附近激励过程产生白色噪声。其中一个频域分解法的主要优点是间隔很近的模式，即使是重复模式，也很容易处理。唯一的近似是假设振型是正交的。

FDD 法的核心思想如下（Brincker 等人 2001）：自然频率附近的 SV 相当于相应模态的 PSD 函数（就像一个单自由度系统）。这个 PSD 函数通过与振型峰值作比较来估计频率线上峰值周围的 SV。只要发现一个 SV 矢量，其拥有与振型高模态振幅（MAC）一致的值，相应的奇异值属于单自由度函数。如果在一个特定的线上，任何一个 SV 都没有一个带有模态振幅一致值的 SV 矢量大于某一个极限值，PSD 函数寻找匹配部分终止。在完全或者部分识别单自由度系统的 PSD 函数中，自然频率和阻尼比可以通过采用 PSD 函数回归到时域来估测，即采用快速傅里叶逆变换使它变成单自由度系统的自动相关函数。在自动相关函数中，自然频率和阻尼比可以通过对数衰减法或其他方法获得。

13.6 MRD 技术和 FDD 技术的实际应用

13.6.1 MRD 技术和 FDD 技术在高大烟囱中的应用

图 13.11a 显示了测试的烟囱的海拔和平面图，其由一个钢桁架与混凝土漏斗组成，并且有一个八角形的界面。在 3 个不同的平面上安装伺服加速计。在每个平面上分别测量两个水平分量（x，y）和一个垂直分量（z）。加速计的采样率设置为 100Hz，环境响应总共测量了 90min。图 13.11b 显示了在烟囱顶部加速计（y 轴）的 Auto - PSD。与多个固有频率相对应的峰值可以清楚地显示出来。从这样一个优美的孤立高峰来看，一般是用传统的 RD 法估计阻尼比和固有频率会比较容易。

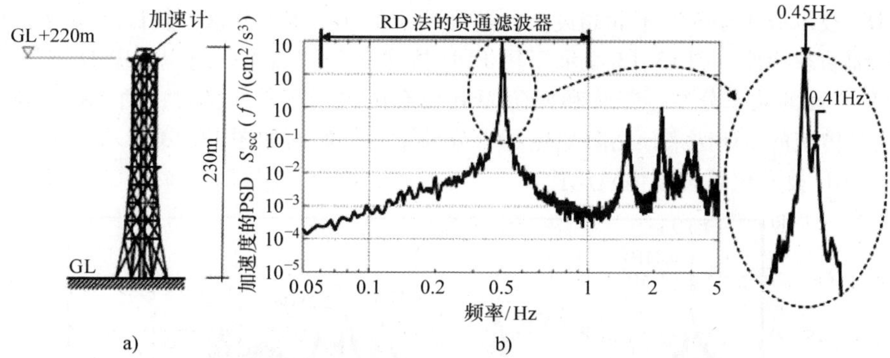

图 13.11　230m 烟囱的翼尖加速度 Auto - PSD（Tamura 等人 2002）
a）海拔　b）翼尖加速度 Auto - PSD（y 轴）

传统的 RD 技术，假设在系统识别时使用周围环境加速计 y 轴顶部提出 SDOF 系统：GL + 220m。通过使用范围是 0.06 ~ 1.0Hz 的数字带通滤波器来处理，只在峰谷附近的频率成分接近 0.4Hz 如图 13.11b 所示才可以提取出来。为了得到 RD 法信号，加速计的初始值设置为标准偏差。从明显接近 0.4Hz 的峰值，如图 13.11b 所示的 PSD，认为第一个模式的动态特性容易获得并且具有适当的精度，但其实这是不正确的。图 13.12 显示了 RD 法所获得的信号，可以观察到跳动现象，这表明了两个紧密联系的主频分量。通过仔细检查峰值接近 0.4Hz 的全貌图，可以发现实际上有两个峰值：0.40Hz 和 0.41Hz。很难确定图 13.11b 所示的峰值 0.41Hz 是否有意义，或者不是由于 FFT 而来自于 PSD，并且在这种情况下，基于 SDOF 的传统 RD 法不能准确估计阻尼系数。然而，MRD 法技术可以克服传统 RD 法的缺点。

因此 MRD 技术（Tamura 等人 2002）被用于产生近似脉动的 RD 信号，并且烟囱的阻尼比和固有频率在第一模态下预估是 0.18% 和 0.40Hz，在第二模态下是 0.30% 和 0.41Hz，如图 13.12 所示。第三和第四模态的动态特性也可以通过 MRD 技术进行预估。

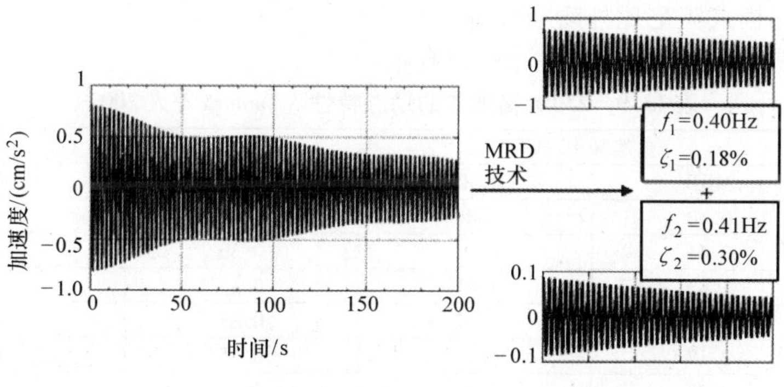

图 13.12　230m 高烟囱的翼尖加速计（y 轴）RD 信号和
通过 MRD 技术估计的动态特性（Tamura 等人 2002）

FDD 技术应用于 3 个不同高度上加速度响应的 6 个水平分量，其目的是为了预估烟囱的详细动态特性。图 13.13 显示了用 FDD 技术来分解加速度响应的 PSD 矩阵，所获得的 SV 平面的频率分布。三阶和四阶固有频率位置紧密，并且对这两个模态采用 HP 方法或者传统的 RD 法来预估阻尼比是十分困难的。然而如图 13.13 所示，即使在这种情况下 FDD 技术也可以预估阻尼比。

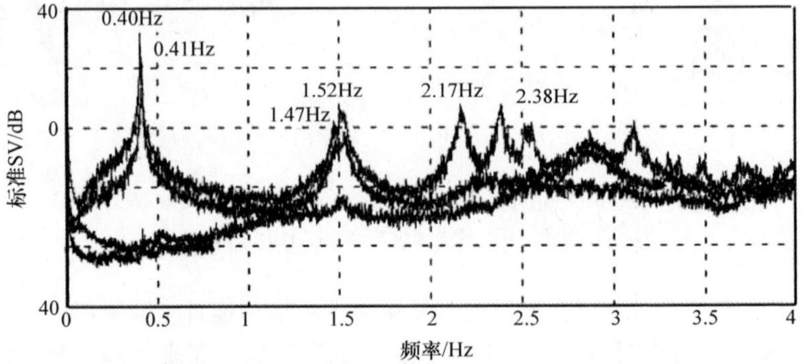

图 13.13　230m 高的烟囱环境振动下 PSD 矩阵的 SV 分布（Tamura 等人 2002）

图 13.14 显示了通过 FDD 技术获得最低阻尼比的两种模式。图中显示了运用 PSD 计算估计阻尼比时，数据点的数量对它产生的影响。在数据点增加到一定数量时，阻尼比会收敛到一个特定的值上，这表明在这种情况下需要采取 8192 数据点。表 13.9 显示了一个 230m 高的烟囱通过 MRD 技术和 FDD 技术所得到的动态特性。它们除了第三模式阻尼比外吻合较好，甚至在紧密分布的模式下这两种技术也很有效。

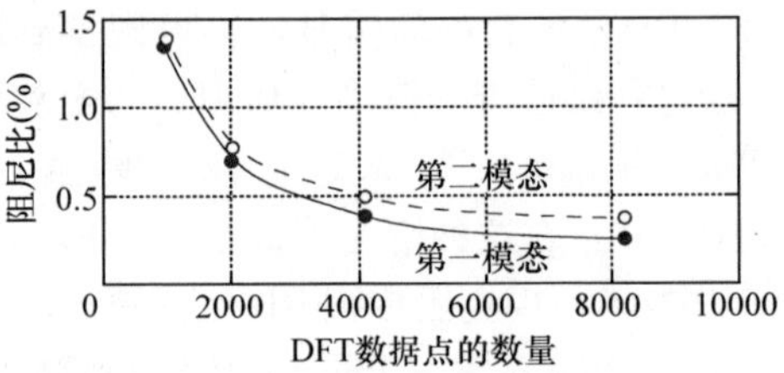

图 13.14　高度为 230m 的烟囱的带有 DFT 数据点的阻尼比变化（Tamura 等人 2002）

表 13.9　230m 高烟囱的动态特性（Tamura 等人 2002）

模态	自然频率/Hz		阻尼比（%）	
	MRD	FDD	MRD	FDD
1	0.40	0.40	0.18	0.24
2	0.41	0.41	0.30	0.39
3	1.47	1.47	0.83	0.3
4	1.53	1.52	0.85	0.91
5	2.17	2.17	0.55	0.65
6	2.38	2.38	0.42	0.39
7	—	2.87	—	—
8	—	3.10	—	0.77

13.6.2 MRD 技术和 FDD 技术在 15 层办公楼的应用

对一个多达 15 层的办公楼外界环境振荡进行一系列现场测量，并预估其动态特性（Tamura 等人 2002；Miwa 等人 2002）。该建筑在地基平面上从地下 6m 向上延伸到 59m，如图 13.15a 所示。管柱是钢管混凝土，大梁是宽翼缘的钢结构。一楼外墙预铸了混凝土。从二楼往上的墙壁是蒸压轻质混凝土（ALC）。14 个伺服式加速计分别放置于每个楼层，15 楼放置 2 个，并作为参考，共有 53 个分量需要测量。假设楼层受制于横向刚体运动，测量的振动在期望角转化成等价运动。

在测量外界环境振动的基础上，频域分解技术被用于计算建筑物的动态特性。通过使用 53 个分量的全部数据预估横向 PSD。

图 13.15b 显示了办公楼的 SV 点。图中有很多与固有频率相对应的不到 5Hz 的峰值点，并且可以获得高达 9 个低于 5Hz 的模态。图 13.16 描述了 9 个振型。图 13.17 显示了 SDOF 系统的典型时钟型图案：15 层楼的第一和第二模态。从已确定的 SDOF 的 PSD

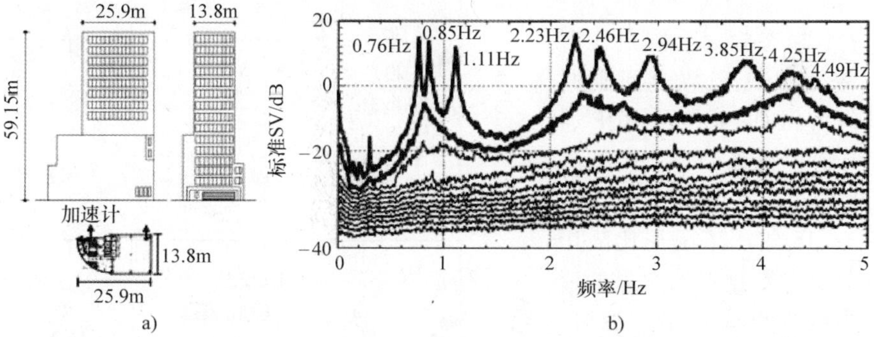

图 13.15　15 层办公楼和环境振动的 PSD 矩阵 SV 分布（Tamura 等人 2002）

a）海拔和总体平面图　b）SV 点

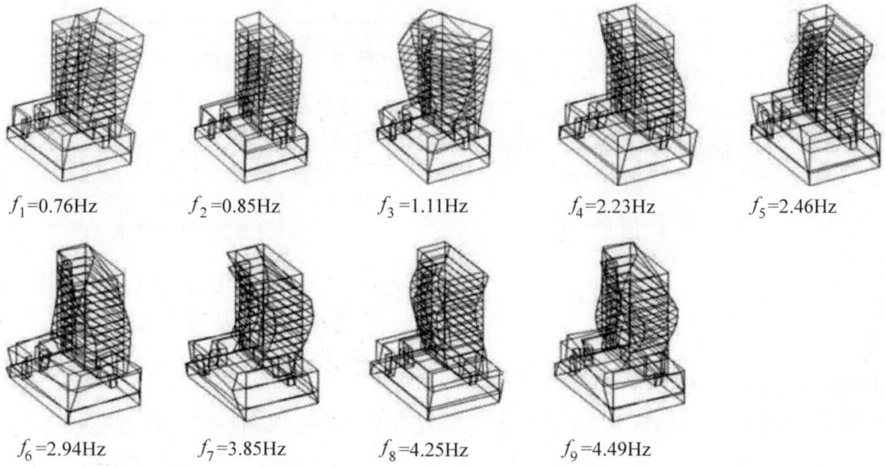

图 13.16　通过频域分解技术获得的 15 层办公楼的振型（Tamura 等人 2002）

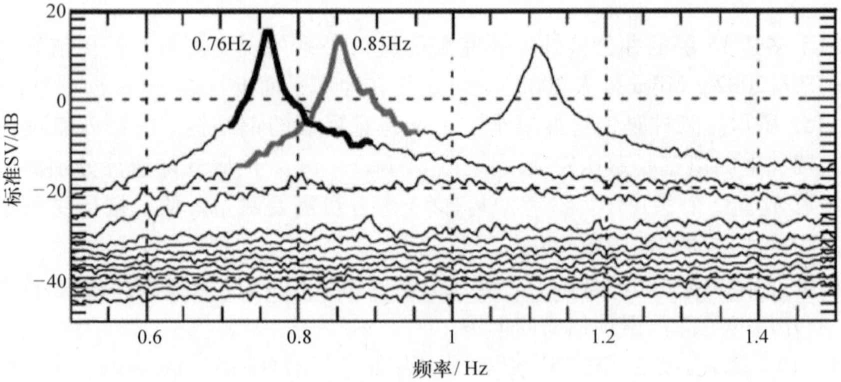

图 13.17　接近 15 层办公楼最低模态的 SV 点整体图（Tamura 等人 2002）

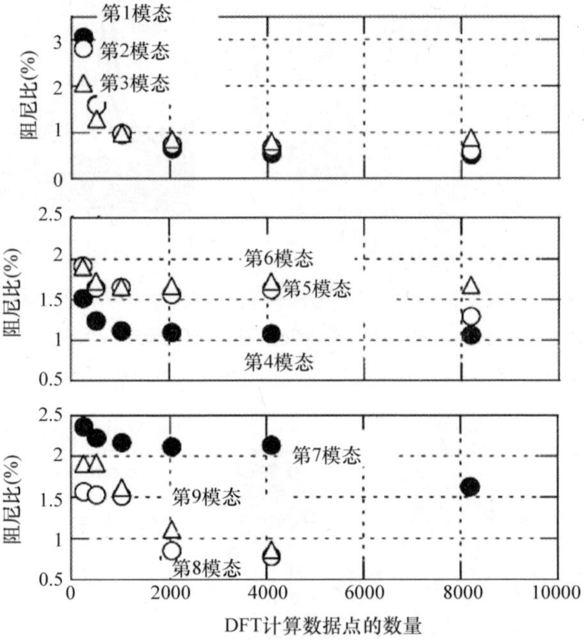

图 13.18　一个 15 层建筑使用 DFT 计算的数据点阻尼比的变化图

函数来看，模态频率和阻尼比可以通过采用 PSD 函数返回到时域，再作为 SDOF 系统的 ACF 通过傅里叶逆变换来估计。模态频率和阻尼比可以从 ACF 中得到。

图 13.18 给出了阻尼比随用于 DFT 计算的数据点的数量的变化图。当数据点或频率增加时，所有模式的阻尼比会降低。这样看来当数据点的数量足够多时（高达 4096 个或 8192 个），阻尼预计是收敛的。

表 13.10 显示了通过频域分解技术获得 15 层建筑的动态特性，其 DFT 计算使用了 4096 个点。通过有限元分析所获得的相应的自然频率也见表 13.10。在最初的有限元分析中，只会对主要结构部分的建筑刚度进行预估，而通过有限元分析的自然频率预估略小于足尺值。因此增加建筑物二级结构的刚度，以便使一阶自然频率与足尺值相同。因此，自然得出一份误差不到 5% 高达第 9 模态的结论，见表 13.10。

表 13.10 15 层办公楼的动态特性

模态	自然频率/Hz			阻尼比（%）
	有限元模型	FDD（足尺）	误差（%）	FDD（足尺）
1	0.76	0.76	0	0.65
2	0.87	0.85	2.35	0.74
3	1.15	1.11	3.60	0.84
4	2.14	2.23	4.04	1.10
5	2.53	2.46	2.84	1.56
6	3.02	2.94	2.72	1.67
7	3.85	3.85	0	2.12
8	4.26	4.25	0.24	0.85
9	4.67	4.49	4.01	1.11

参考文献

AIJ (2000) Damping in buildings, Committee on damping evaluation (chaired by Y. Tamura), Architectural Insitute of Japan, Maruzen

Bendat J, Piersol A (1986) Random data: analysis and measurement procedures. Wiley, New York

Brincker R, Zhang LM, Anderson P (2000) Modal identification from ambient response using frequency domain decomposition. In: Proceedings of the 18th international modal analysis conference (IMAC), San Antonio, Texas, February 7–10, 2000

Brincker R, Ventura CE, Andersen P (2001) Damping estimation by frequency domain decomposition. In: Proceedings of the 19th international modal analysis conference (IMAC)

Cole HA (1973) On-line failure detection and damping measurement of aerospace structures by the random decrement signatures. NASA CR-2205

Davenport AG, Hill-Carroll P (1986) Damping in tall buildings: its variability and treatment in design. In: Building motion in wind, ASCE Spring Convention, Seattle, pp 42–57

Ellis BR (1980) An assessment of the accuracy of predicting the fundamental natural frequencies of buildings and the implications concerning the dynamic analysis of structures. In: Proceedings of the institution of civil engineers, Part 2, 69, pp 763–776

EUROCODE (1994) Basis of design and actions on structures, Part 2-4: Wind actions, CEN

Fukuwa N, Nishizawa R, Yagi S, Tanaka K, Tamura Y (1996) Field measurement of damping and natural frequency of an actual steel-framed building over a wide range of amplitude. J Wind Eng Ind Aerodyn 59:325–347

Haviland R (1976) A study of the uncertainties in the fundamental translational periods and damping values for real buildings. Massachusetts Institute of Technology, PB-253, 188

He JM, Fu ZF (2001) Modal analysis. Butterworth-Heinemann, USA

Jeary AP (1986) Damping in buildings—a mechanism and a predictor. J Earthquake Eng Struct Dyn 14:733–750

Jeary AP (1992) Establishing non-linear damping characteristics of structures from non-stationary response time-histories. Struct Eng 4(70):61–66

Jeary AP (1998) The damping parameter as a descriptor of energy release in structures. In: Proceedings on CD-ROM, T193-4, Structural engineers world congress, San Francisco, p 8

Lagomarsino S (1993) Forecast models for damping and vibration periods of buildings. J Wind Eng Ind Aerodyn 48:221–239

Maia NMM, Silva JMM (1997) Theoretical and experimental modal analysis. Research Studies Press, Ltd., England

Miwa M, Nakata S, Tamura Y, Fukushima Y, Otsuki T (2002) Modal identification by FEM analysis of a building with CFT columns. In: Proceedings of the 20th international modal analysis conference (IMAC)

Okada K, Nakamura Y, Shiba K, Hayakawa T, Tsuji E, Ukita T, Yamaura N (1993) Forced vibration tests of ORC200 Symbol Tower, Part 1: test methods and results. Summaries of technical papers of annual meeting of architectural institute of Japan, Structures 1, pp 875–876

ÖNORM B4014, Teil 1 (1993) Code for Austria

Sasaki A, Satake N, Arakawa T, Suda K, Ono J, Morita K (1997) Damping properties of buildings using full-scale data. In: Proceedings of the symposium on damping technology of the 21st century, Dynamics and design conference, The Japan Society of Mechanical Engineers Centennial Grand Congress, pp 25–28 (in Japanese)

Satake N, Arakawa T, Morita K (1997) Characteristics of damping in steel buildings based on full-scale data: differences due to foundation types, measuring methods and damping evaluation techniques. In: Proceedings of the 67th research meetings, 1996, Kanto Chapter, AIJ, Structures, materials & construction, 77–80 (in Japanese)

Satake N, Suda K, Arakawa T, Sasaki A, Tamura Y (2003) Damping evaluation using full-scale data of buildings in Japan. J Struct Eng ASCE 129(4):470–477

Shioya K, Uesu K, Tamura Y, Kanda J (1993) Dynamic characteristics of reinforced concrete high-rise apartment buildings. Summaries of technical papers of annual meeting, AIJ, I, pp 481–482 (in Japanese)

Tamura Y (2012) Amplitude dependency of damping in buildings and critical tip drift ratio. Int J High-Rise Build 1:1–13

Tamura Y, Suganuma S (1996) Evaluation of amplitude-dependent damping and natural frequency of buildings during strong winds. J Wind Eng Ind Aerodyn 59:115–130

Tamura Y, Suda K, Sasaki A (2000) Damping in buildings for wind resistant design. In: Proceedings of the international symposium on wind and structures for the 21st century, 26–28 January 2000, Cheju, pp 115–130

Tamura Y, Zhang LM, Yoshida A, Nakata S, Itoh T (2002) Ambient vibration tests and modal identification of structures by FDD and 2DOF-RD technique. In: Proceedings of the structural engineers world congress (SEWC), Yokohama, 9–12 October, T1-1-a-1, 8

Tamura Y, Yoshida A, Zhang LM (2004) Evaluation techniques for damping in buildings. In: International workshop on wind engineering & science, October 2004, Wind Engineering & Science, New Delhi

Tamura Y, Yoshida A, Zhang L (2005) Damping in buildings and estimation techniques. In: Proceedings of the sixth Asia-Pacific conference on wind engineering, 12–14 September 2005, Seoul, CD-ROM

Wyatt TA (1977) Mechanisms of damping. In: Proceedings of the symposium on dynamic behaviour of bridges, 19 May 1977, Transport and Road Research Laboratory, Crowthorne

第 14 章　结构风致响应的控制

Ahsan Kareem、Enrica Bernardini 和 Seymour M. J. Spence

摘要　近年来，兴起了一种建设愈来愈高的建筑以及建设愈来愈宽的桥梁的趋势，这种趋势在土木工程领域掀起了一股狂热的挑战热潮。其实，在设计系统结构时，这种极端建筑结构的风荷载需要特殊的灵敏度，所设计的系统结构必须具有足够的刚度和阻尼特性以确保耐久性、适用性和可居住性等性能合格。为了实现这些性能，可以采取几种包括不同设计方面的方式。除了结构系统的修正，当然该方法是设计者的首选，剩下的可以分为采用外形技术措施，旨在改善建筑结构的空气动力/气动弹性和辅助运动控制的设备。本章会处理这两个方面的问题，旨在为读者提供工程解决方案的总体概述，主要是针对建筑结构风致响应的控制。尤其是，提供关于空气动力/气动弹性外形技术的讨论，伴随着一些运用这种策略的真实建筑结构的有意义的例子。本章也调查了运用动力学控制设备的可能性，按照它们的原理和主要特点，对控制风致振动最重要的设备类型做了分类。

关键词　运动控制装置 · 外形技术 · 风致响应

14.1　简介

在全球范围内，在市区位置的高楼大厦已经成为房地产商业楼和住宅楼的首选。这带来了一种趋势，随着建筑结构高度的增加，建筑物变得更轻便、更细长，这种建筑对于复杂的风环境更加灵敏。更加极端的结构不仅在建筑物中很常见，在桥梁建筑中也很常见，对于由 Buij Khalifa 在 2010 年完成的 828m 高度建筑的记录可能很快就会被打破。当前的趋势其实是跨越长河，例如提出使用电缆来解决问题方案的意大利墨西拿海峡大桥（3300m）。即使是高层建筑的设计，其横向风载的抗风设计可以通过经典简单的建筑结构（该建筑结构是精心挑选和设计的）实现，那么适用性和可居住性的问题会带来巨大挑战。尤其是，它记录了人类对加速度和猛颠的敏感度，偶尔会导致大楼住户产生各种不适的症状，这具有至关重要的影响并对结构响应提出了严格的要求。另一方面，随着横跨距离的增加，桥梁对风的作用越来越敏感，其他现象例如颤振失稳和甲板的涡旋振动以及缆绳振动逐渐成为问题的主要来源。因此，在设计具有足够的刚度和阻尼特性的系统结构时，人们正面临着新的挑战。足够的刚度和阻尼特性能够确保耐久性、适用性和可居住性等指标合格。

为了实现这些要求，可以采取几种包含不同设计层面的方法。除了系统结构的修正，当然该结构是设计者的首选，剩下的可以分为采用外形技术措施，旨在改善建筑结构的空气动力/气动弹性，并引入辅助运动控制的设备（见图 14.1）。在本章将探讨这些主题，其他细节可参考其他人的著作：Tamura（1998）、Kareem 等人（1999）。

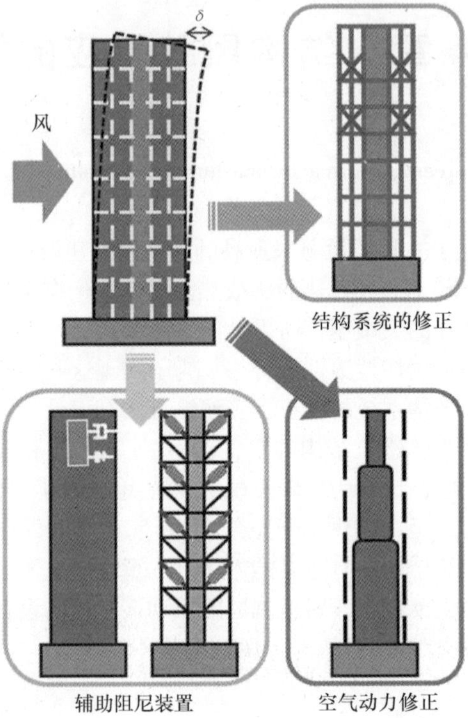

图 14.1　辅助运动控制的合理策略

14.2　气动/气弹形状裁剪

气动外形裁剪是一种在风作用下实现建筑和桥梁最优性能的强大的手段，该手段通常用于其他领域，例如航空航天领域和汽车工程领域。建筑物的外部形状以及桥面的几何轮廓，在确定风载对建筑结构的作用本质时起着十分重要的作用。几何结构的修正可以在横截面层次引入，旨在定义一个更符合空气动力学的目标轮廓，这样可以减少阻力或者改变涡旋的分离点，或在纵剖面层次引入（即在建筑物的高度或者桥的长度上），这主要是为了打破涡旋之间的同步性，因此可以减少涡旋脱落荷载。对于建筑物，和一个基本的方形界面的性能相比，角部几何形状的修正［比如包含削角或者水平槽角（见图 14.2）（Kareem 等人 1999）］可以大大降低建筑物的响应，随着角度越来越圆，改进后建筑的性能也越来越显著。对于纵向修正，包含墙壁的凹处和锥角，角度的消除或者随着高度逐渐减小角度，不仅是某些最优美和著名建筑的结构特点，也已经被证明是基于空气动力学的目的（例如 Tanaka 等人 2012）。同样地，在桥梁的空气动力学方面，桥面部分的形状，在它的反应方面起着重要的作用。减少截面边缘的高度通常是改善空气动力学性能最简单的方法。事实上，颤振和涡旋振动的治理不仅在于耐久性还在于适用性的设计，这两者对截面的高宽比特别敏感。但是这一减小措施受现实问题的限制。通常，对于横跨河流的桥梁跨度，为了调整层面上的气流，采用在中间部分开口的空气动力学的箱型截面以便减少空气动力荷载以及将颤振上升到更高的风速。此外，边缘处理例如层面延伸和整流罩可以用来进一步加强桥梁的空气动力。通常也采用这些设备来加固现有桥梁的空气动力。关于这类设备应用的最近的例子就是位于纽约的 Bronx - Whitestone 大桥，2007 年在移除加劲桁架之后，它在层面的边缘使用了三角纤维复合材料整流罩。

显然，对于建筑物和桥梁，选择任何形状都是严格基于美学概念的建筑构思。基于这个原因，采用气动形状裁剪减小风力需要高度敏锐的形状修正，这需要在设计的早期阶段嵌入，这时开发的形状考虑了最终使用的结构的美学和功能方面的要求。基于同一审美原因，对桥梁截面边缘修正模型的修改经常被桥梁设计者驳回。其实，对于建筑物，当前联合建筑工程师参与整个建筑项目的趋势，导致建筑体型得益于气动分析以便阻止建筑形成流场进而产生更高的荷载。当然也确实存在在更先进的设计阶段，会引入一些小的建筑形状修改（例如圆角、穿过建筑的缝形掏槽倾斜度的改动），这被证明对风致反应极其有益，即使是从审美角度来看也并不冲突。

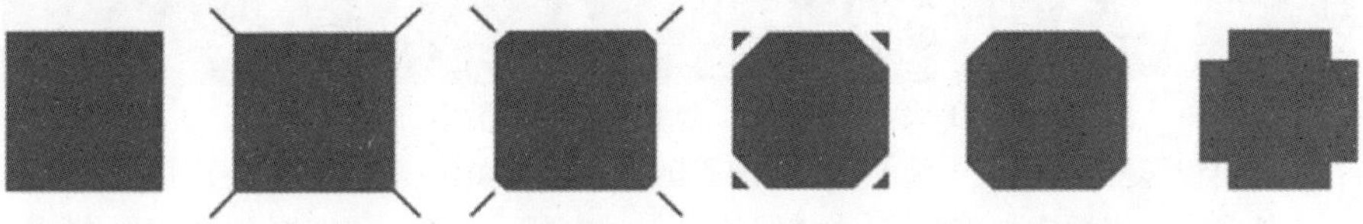

图 14.2 对正方形建筑形状的空气动力修正（Kareem 等人 1999）

一些最近的例子表明，选择创造了空气动力学效率的形式的几何外形，可以在不牺牲外观的情况下集成到高层建筑的设计中去。例如，2004 年建成的位于中国台湾省台北市的台北 101 大厦（见图 14.3a），每 8 层为一组构成一个锥形段，创建一个回归重要文化的象征意义的模型（亚洲宝塔、竹竿、学习和成长的象征、一摞传统中国储蓄罐、丰富的象征），同时提高空气动力学性能。类似地，1998 年建成的位于马来西亚吉隆坡的双子塔（见图 14.3b），多级迂回重复使用使其变成锥形以精简方案，使其高度在能够提供优雅外观的同时，也能够允许将伊斯兰图案整合到截面形状中去，这样就可以将传统文化形象与现代建筑相结合。修正后的空气动力学对美学有益的更进一步的证据就是位于中国上海的金茂大厦（1999，见图 14.3c）。它使用迂回的方法缓慢地将外观锥形化，随高度的增加逐步减少并重新定义建筑的形状，由于风的作用至关重要，这种设计可以使横截面从直角转变成复杂的十字形状。令人惊叹的建筑结构不仅是向中国文化致敬，让人回忆起古代宝塔，而且也是因为它能经受台风的袭击，原因在于明智的选择横向系统以及空气动力学的运用。最近，沿着高度使用迂回方法的建筑结构包括位于美国芝加哥的特朗普国际大厦（2009，见图 14.3d）和位于阿拉伯联合酋长国迪拜的

图 14.3　a）台北 101 大厦（中国，台北）b）双子塔（马来西亚，吉隆坡）c）金茂大厦（中国，上海）d）特朗普国际大厦（美国，芝加哥）e）梦露大厦（加拿大，米西索加市）f）大连绿地中心（中国，大连）g）武汉绿地中心塔（中国，武汉）h）哈利法塔（阿拉伯联合酋长国，迪拜）i）上海环球金融中心（中国，上海）（所有图片来自高层建筑和城市环境委员会网站，http：//www. ctbuh. org/）

哈利法塔（2010，见图 14. 3h），后者以其 828m 的高度记录成为世界上最高的建筑物。尤其是在这种情况下，涡旋诱发的激励响应通过阻止连贯尾流形成的结构而减小，通过横截面频繁而剧烈的变化，它的底部是三裂形，像一个萱草花的形状，并且在这个高度之上会逐渐迂回修正，接着沿着高度的螺旋进一步破坏任何潜在的相关涡旋的形成。早期，这种良好的空气动力学性能，在塔宫Ⅲ（韩国首尔，2004）实现了类似的策略，如图 14. 4 所示概念性的展示。事实上，建筑横截面的沿高度变化会形成一个建筑的纵剖面，这样在空气动力学上不利于涡旋脱落，并且不利于来自横截面边缘的涡旋之间的动态交互（Abdelrazaq 等人 2005）。在某些情况下，在建筑高度上几何形状的变化不是通过迂回方式来完成的，即不是形状的突然变化，而是通过平滑的图形修正。具有扭转运动的建筑造型（例如正在建设的迪拜无限塔，使用 90°迂回）或自由变化的形状（如 2012 年建成的加拿大米西索加市的梦露大厦，见图 14. 3e）是新一代的建筑类型。整个建筑开口扩展的存在，特别是顶部附近，可以非常显著地改善空气动力学响应，大大减小风荷载（见图 14. 5）。这一设计策略一直在一些建筑中运用，例如建成于 2008 年的上海环球金融中心（见图 14. 3i），它的特点是拥有一个对角面，该对角面由 51m 宽的

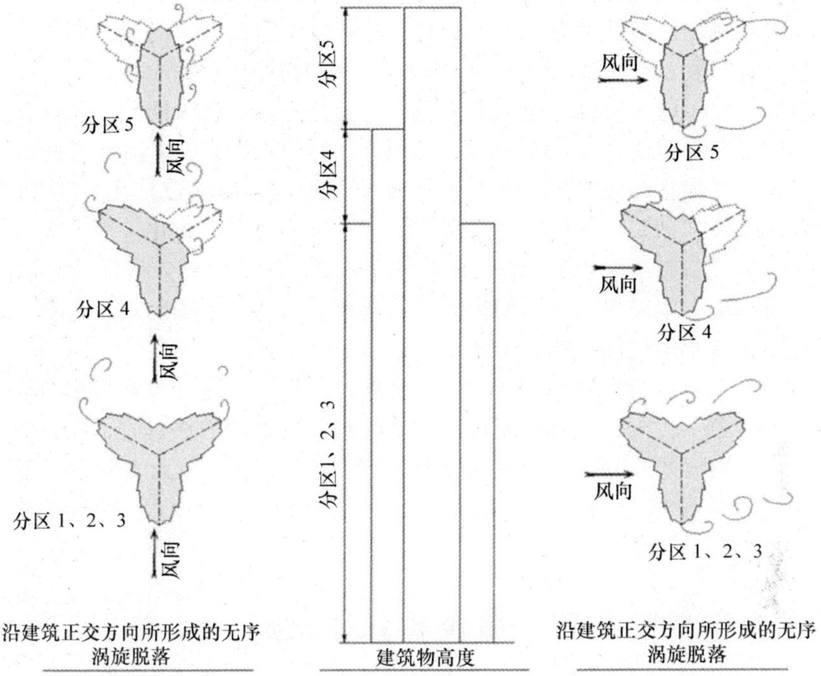

图 14.4　沿高度打断涡旋脱落的空气动力裁剪技术示例：韩国首尔的塔宫Ⅲ（Abdelrazaq 等人 2005）

楼顶上的缝隙提供保障。其他值得注意的例子是，目前正在建设当中的中国大连的绿地中心（见图 14.3f），该建筑计划以楼顶附近拥有尺寸显著的开口为特点，以及正在建设中的中国武汉绿地中心塔（见图 14.3g），其不同海拔上的独特的地板槽有助于减少涡旋脱落效应（Fu 等人 2012）。

除了这些被动形式的空气动力学形状裁剪，存在引入积极措施的可能，例如引流或在分流区域吸入空气到建筑表面。这样添加或者减小空气的做法会导致建筑表面轮廓遭到虚拟修改，空气动力得到操纵，从而使得建筑有最小的风载。对这些措施的初步研究可参考 Gad – el – Hak（2000）和 Zheng 和 Zhang（2012）的研究。

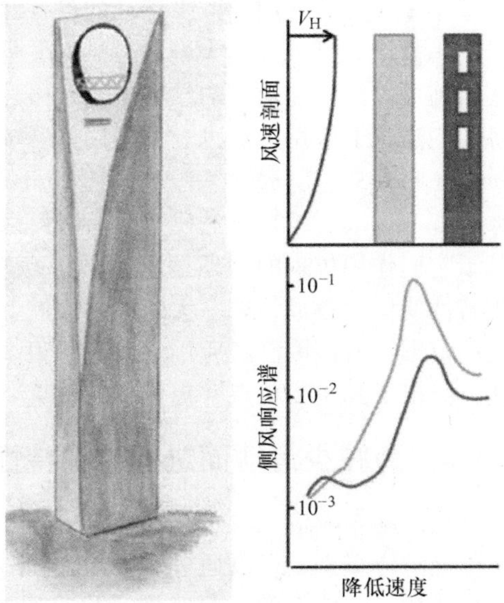

图 14.5　带开口的建筑以及它们的影响（草图由 T. Kijewski 提供）

综上所述，建筑结构的空气动力特性和由风产生的激励强度结果之间的关系并不简单。这意味着对流场进行几何修正，具有有益的影响。然而对于风载，即使是在简单的情况下（例如在最初的正方形引入拐角的设计）或者只是轻微的改变，该有益影响也总是很难预测。出于这个原因，必须专门引导和支持通过进行风洞测试和计算流体动力学（CFD）的研究确定最合适的和有效（最优）的外形改变，这会产生更加昂贵和冗长的设计过程。寻找自动解决这一问题的方案的可能性，即通过使用 CFD 仿真研究可能出现的形状变化，来发现最优配置，从而实现空气动力形状优化。因此，这是很引人瞩目的，并且最近引起了人们的关注（Bobby 等人 2012）。然而应该注意，这样一个复杂的问题，对解决方案又提出了新的挑战。从建模、计算和工程的观点来看，基于 CFD 的建筑结构优化技术的发展仍然在不断取得进步。

尽管拥有一个可以巧妙选择形状的巨大优势，并且即使这一策略将成为设计者寻找一个解决方案的第一方向，尤其是当面对一个特别具有挑战的项目时，固有的局限性会使空气动力/气动弹性裁剪技术不足以达到所需的响应水平。在大多数情况下，建筑结构风致响应的解决方案是通过减少运动的设备的合作完成的，下面就介绍这方面的内容。

14.3 减少运动的装置：概论和分类原则

14.3.1 简介

多年来，一系列用于减少运动的设备已通过研究并且应用于建筑、塔、烟囱和桥梁等，利用该设备可以提供大量优势。在文献（Kareem 等人 1999）中，概述了解决措施，这些措施可以减少建筑物的结构响应，概述还包括辅助阻尼装置的摘要信息以及其在世界各地的建筑上应用的信息。其他用于真实建筑物的动力缓和设备的有趣的示例可见 Holmes（1995）、Tamura（1998）、Nishitani 和 Inoue（2001）、Spencer 和 Nagarajaiah（2003）、Tamura（2003）的研究。一般可以将各种设计方案分成几个主要的类型，通常是基于它们作用机理的物理学原理来分类。然而必须牢记，在大多数情况下满足要求和应用特性使该设备成为独一无二的。因此，本节的目的不是，也不可能是描述整个可能应用的范围，该范围已经应用或研究了很多年了，但是本节给出了主要应用类型的全面概述，突出了其主要特点并提供了一些重要的例子。

14.3.2 为减少运动而进行结构特性的处理

结构的动态响应取决于它的质量、刚度和阻尼特性。原则上，在一个特定的外部激励下降低响应级别，可以通过在设计阶段适当操作这 3 个属性中的任意一个来实现。然而，描述桥梁或建筑的质量分布，尽管很容易估算出来，但是很难以显著的方式修改它，以获得降低结构响应的优点。

在建筑系统中，刚度也很容易估算出来，并且可以相对容易地通过适当的修正方法改变。但是如果考虑将一个建筑物的加固作为一个减少动作幅度的选项，那么它一般不利于加速度响应（Kareem 1979；Tamura 1998）。正如预期的那样，这在高耸结构的舒适度（以及在桥梁情况下的疲劳）设计中是最基本的。另外，建筑结构的显著加固通常会引起材料和施工能力方面成本增高的问题。不论怎样，一种有效利用结构刚度来缓和运动的方式是存在的，并且它是由采纳可变刚度的设备表现出来的，这个问题会在以下描述中解决。一种特殊配置的结构系统可以在不牺牲任何材料成本的基础上提供更高的刚度，就像文献 Kareem 等人（1999）和 Taranath（2010）所讨论的那样。

另一方面，在结构响应中阻尼起着基础性的作用。并且通过加大结构的阻尼可以获得巨大的效益。然而，与质量和刚度特性不同的是，土木建筑的阻尼特性的估算十分困难（Kareem 和 Gurley 1996）。这可以归因于复杂的自然机制，这是这一现象的根源。事实上，众所周知建筑结构随着一系列能量损耗机制而动态衰减，能量损耗机制拥有不同的来源和特性，例如材料阻尼、来源于复杂的分子相互作用、建筑结构和/或非建筑结构单元之间以及连接之间的摩擦阻尼、由于能量损耗机制而发生在地基上的阻尼以及空气阻尼。面对参数估计的巨大困难，过去几年数据库收集的关于真实建筑结构的重要阻尼值已被公认。然而这些收集的数据以极其分散为特征，部分原因是阻尼的振幅依赖性，部分原因是识别时可能的误差（Haviland 1976；Davenport 和 Hill - Carroll 1986；Jeary 1986；Lagomarsin 1993；Satake 等人 2003）。同时，大部分的实际数据来自于环境激发，因此必须在没有数据输入时进行系统修正。这一限制因素有问题，并可能会导致一系列错误。一般而言，系统辨识技术会采用随机减量技术和频谱分析来解决这一问题（例如 Jeary 1986；Kareem 和 Gurley 1996；Kareem 等人 1999）。尽管关于功率谱和随机衰减信号的偏差和方差误差方面已经出现完善的理论，但是理论误差公式只给出了预估动态属性内部误差的近似值。Kijewski 和 Kareem（2002）利用自举方法来评估系统识别的质量，通过提供阻尼和固有频率的替代估计来产生有用的统计数据和置信区间。

很难想象，来自上述来源的阻尼，通常称为固有阻尼，是很难设计的。然而通过调整固有阻尼来控制建筑结构响应级别是一项几乎不可能完成的任务。这不是辅助设备所提供的阻尼。采用这些经过适当的设计以便控制建筑结构的振幅的设备，这种方法已经在多年来广泛扩散，主要用于在固有频率不足以达到所需的响应水平时，来控制格外活跃的建筑结构的运动。并且这种方法毫无疑问地成为分给系统额外阻尼的相对可预测和可靠的方法。

14.3.3　分类和基本原理

下面主要简述运动控制的主要设备，这些设备用于建筑结构的保护，特别是防风保护。表 14.1 给出了建筑和桥梁所采用的不同设备的分类。设备的种类是根据它们的原理来分类的。应该注意，包括表中为了完整性起见而写入的基础隔振系统和金属耗散器只能用于防御地震荷载，因此这些设备将不会在这里详细介绍。

大量用于缓和运动的设备归类为所谓的辅助设备这一大类中。它包括一系列消散能量的设备，该设备通过各种物理机制来消散能量并且具有不同的特性，这些特性使每一个类型独特并且特别适用于解决某一个特定的问题。除了这些引入附加阻尼系统的设

表 14.1 运动控制设备分类

分类	原理	类型			
		被动	主动或半主动	混合[①]	注意
惯性阻尼器	通过惯性影响达到减振目的	• 调谐质量阻尼器(TMD) • 界于调谐晃动阻尼器(TSD)和调谐液柱阻尼器(TLCD)之间的调谐液体阻尼器(TLD) • 界于悬链阻尼器(HCD)中的缓冲器	• 主动质量阻尼器(AMD) • 半主动 TSD 和 TLCD • 半主动缓冲器 • 主动回转稳定器	混合质量阻尼器(HMD)	几乎只针对风致响应
黏滞液体阻尼器(VFD)	在液体中开发阻碍建筑结构运动的黏滞反抗力	• 油阻尼器(OD) • 阻尼墙(DW),还可以表示为黏滞墙阻尼器(VWD)	• 磁流变(MR)和电流变阻尼器(ER) • 孔可变 OD	—	MR 和 ER 在混合动力系统中与其他设备共同作用
黏滞弹性阻尼器(VED)	由于黏性材料的滞回性能实现能量散耗	• 单层 VED • 约束层 VED • 三明治型 VED	—	—	针对强风和适当的地震特别有效
摩擦阻尼器(FD)	由于滞后的摩擦力实现能量耗散	• 斜撑框架摩擦阻尼器 • 钢架摩擦阻尼器	• 半主动变化摩擦阻尼器	—	配置简单、成本低针对地震控制的钢架
金属消力池[②]	由于金属组件的滞回作用实现能量耗散	• 钢阻尼器(SD) • 铅阻尼器(LD) • 无黏接支撑 • 添加阻尼和刚度的设备(ADAS)	—	—	只针对地震响应(在地震后被取代)

刚度可变的设备	修正刚度以避免发生共振	—	• 主动变刚度(AVS)系统 • 针对桥梁的智能刚性元件(ISB)	—	这些系统只具有主动特性
可变的空气动力设备	修正几何图形以便减少空气动力荷载	—	• 主动的气动附件 • 主动板	—	—
分布式执行系统	对建筑结构直接施力来抵消外部激励的作用	—	• 主动钢筋 • 主动支撑	—	—
基础隔震系统②	改变建筑结构的振动频率以免与输入形成共振或限制最大的剪切力传递到建筑结构中去	• 弹性轴承 • 铅或橡胶轴承 • 滑动摩擦摆	• 主动隔振系统(被动系统+控制执行机构) • 半主动(被动系统+半主动阻尼设备)	—	只用于地震响应

① 混合动力设备可以通过将不同类型的被动、主动、半主动设备组合来获得。组合的方式多种多样,在原理上,任何类型的动力控制系统都可以以混合类型的形式组合。表中只指出了混合质量阻尼器,它是最具有代表性的类型。

② 表中为了完整性而写入了金属消力池和基础隔振系统,它们只是针对地震荷载,所以不会在本章中详细介绍。

备，也可以考虑其他的运动控制设备。最新的设备可以通过实时修正建筑结构的刚度特性（如刚度可变的设备），直接对建筑结构施力（分布式激励系统）或者改变几何结构使负荷降低（可变的空气动力设备）来控制结构响应。

表14.1将设备分成了3类，分别是被动型、主动（或半主动）型和混合型。当运动控制系统被启动并一直保持正常状态，而且不给它提供任何电源时，把这个系统定义为被动系统，其具有廉价、可靠的特点。被动系统的主要特点是，它们的参数是固定不变的，这是一大限制因素，因为该系统不能随着激励和系统特性的改变而改变。引入控制器系统就被定义为主动系统，因为它以传感器、触发元件所提供的信息为基础，即设备能够产生力量反过来作用于系统（对于主动质量阻尼器，执行机构会引入额外的质量运动到系统中去）。尽管可以构造一个主动系统，使其呈现比最好的被动系统更好的性能，但是主动系统的应用会受到较高的初建成本和维护成本、较高的复杂性以及相对较低的可靠性的限制影响（Kamopp 等人 1974）。事实上主动系统需要电源供应这成为它本身的限制因素，因为在地震或者风暴时电力供应中断会导致严重后果。在主动系统中的执行装置可以是多种类型，这取决于特定的用途，一般情况是水力装置或电力装置。一个半主动系统可以定义为执行装置不直接作用于主要系统的设备，但是可以修正被动运动控制系统的参数并引入到原系统中。因此，半主动系统所需要的电源通常要少于主动系统，与主动系统相比是这一类设备的基本优势。然而，应该注意到，半主动设备在结构控制领域的定义有些模糊不清，并且不难发现半主动控制这个词，只是在执行装置处于特殊情况下需要电源时才用于表示一个控制系统，而不是在整个控制操作下（例如 Nishitani 和 Inoue 2001）或者在所需要的电源远远低于类似主动控制系统所需要的电源时才这么表示（例如 Housner 等人 1997）。

对于主动和半主动设备而言，安装给控制器传递信息的传感器既可以监控结构响应又可以监控结构输入。第一种情况下，控制算法是闭环控制或者后反馈控制，否则就是开环控制或前反馈控制；如果控制器从激励和响应两者中获得信息，那么这个算法就称为前反馈-后反馈控制。

混合这一术语反而被所有设备所采用，部分表示为主动的，部分是被动的。这两种表示形式可以同时使用，例如当设备的特点是在一个方向上运动用被动控制，而在另一方向上用主动控制（例如 Saito 等人 2001），或者按照先后顺序，当激励或者运动达到一个预定义的水平时，设备由最开始的主动被切换到被动。因为复式控制设备正在运转时，混合控制系统可以克服部分系统单独运转时的限制因素，进而得到更高的性能。

14.4 减少运动的装置主要分类的回顾

14.4.1 惯性阻尼器

惯性阻尼器是利用惯性作用的减振器。为原系统提供的额外阻尼并不是由能量耗散产生的，就像在所有其他的辅助阻尼来源类型中那样，但是它来源于对建筑运动的修正或者更确切地说，它来源于对建筑频率响应的修正（Kareem 1983）。这主要是由建筑物和阻尼器质量之间的动态交互作用产生的，使其拥有相位差以便证明响应降低。

14.4.1.1 调谐质量阻尼器

质量阻尼器的主要类型是（被动）调谐质量阻尼器（TMD）。基础功效的原理可以通过系统化的主要结构简单地解释为单自由度（DOF）的线性系统。TMD包含一个附加质量，该附加质量通过一个弹簧和一个缓冲器附加于主要系统上，因此整体系统可以简要描述为2-DOF系统。将与附加质量相关的频率调谐到一个特殊的建筑结构频率：当激发频率时，阻尼器与建筑结构在异相时共振。在频域，TMD的存在修正了建筑结构的传递函数，转移了其原始谐振峰值（新的传递函数提出了两个峰值，与2-DOF系统的两个模态频率相对应：一个比原系统频率高；一个比原系统频率低）。设计不同种类的TMD用于各种结构。可以把它们分为平移TMD，此时质量依赖轴承，并且轴承允许质量在前后平移；另一种是振荡TMD，质量反而是由电缆支撑。最后这种情况是频繁采用复摆方案，其允许一个较短的振荡长度：当在可用的空间有很多限制时，这种方案是非常有利的。双向平移TMD在两个正交方向配置弹簧或者减振器，因而它可以在两个正交的平面控制建筑结构的运动。应用于建筑时，附加质量为建筑质量的0.25%～0.75%，相对应的约为第一模态质量的1%～2%（Kareem 1983）。基于历史原因，应用平移TMD最显著的例子就是约翰·汉考克大厦（241m，位于美国波士顿，1977），它在58层的两端放置了两个单重270t的阻尼器（包括铅心钢套箱），为了减轻建筑物的振荡和扭曲程度。以及世贸中心大厦（278m，位于美国纽约，1978），由370t混凝土构成的TMD坐落于该建筑结构的顶端。一个最近的例子是位于纽约的特朗普大厦（262m，美国纽约，2001），TMD质量为600t。于1939年通车，位于纽约的布朗克斯白石大桥，在1987年安装了一个94t的TMD用于提高空气动力稳定性。在振荡方案的TMD当中，值得一提的是水晶塔（157m，位于日本大阪，1990），那里在早期设计阶段就包含了振荡TMD，用于使风致响应级别降低50%。为此，悬挂了6个空气冷却和加热用的冰热储罐并用作振荡质量，每个重达90t（4个在一个方向，2个在相反的方向）。通过使用已经出现在建筑中的质量，运动控制系统的成本大大降低。另一个振荡TMD的著名例子是台北101大厦（508m，位于中国，台北，2004），它以重达740t的重量而特别引人瞩目，这使它成为迄今为止世界上最重的TMD。TMD的质量包括在建筑夹层中的大型钢球，这使它对游客和酒吧顾客具有吸引力。

复合TMD（Kareem和Kline 1995）一直在研究并且被用来克服经典的单TMD系统所固有局限性，该局限性是只能作用于一个固有的频率，即使通常会被外部输入激发多重频率。因此，复合TMD的目的是在建筑结构的自然频率周围分散一系列TMD的自然频率，以便更有效地控制建筑结构响应。

14.4.1.2 调谐液体阻尼器

自20世纪50年代以来，液体阻尼器被用于稳定海洋船舶或控制运动的卫星，但是在80年代之后才开始考虑将其作为运动控制设备用于民用建筑（Kareem和Sun 1987）。调谐液体阻尼器（TLD）包括调谐振荡阻尼器（TSD）和调谐液柱阻尼器（TLCD）。这些设备和 TMD 基本相似，其辅助系统（质量、弹簧和缓冲器）部分被充满液体（通常是水）的坚硬水槽所取代。通过向水槽注入部分液体就可以让水从水槽的一边振荡到另一边，因此其运动类似于 TMD 的质量。另外，通过能量耗散能够提供的附加阻尼，能量耗散是由液体边界层和波破碎层之间的摩擦产生的。这种耗散机制可以通过遮蔽物和部分水闸，或者通过增加浮动粒子流体来加强。TSD 可以按照在运动方向上水深与波长的比例（从建模角度这种分类也很重要）（Kareem 1990）分为深和浅两种类型。TLCD 是一种在 U 形管中依赖于液体柱运动的特殊 TLD，在液体通道里通过一个孔实现了振荡液体柱的阻尼。这些设备的可靠性的加强可以通过调整质量阻尼器系统的固有频率来实现，以便利用周期调整性的 TLD 把它调谐为系统频率（或者重新调谐，由于在结构寿命期限内可能出现的结构特性变化）（Shimizu 和 Teramura 1994）。与 TMD 相比，TLD 的阻尼依赖振幅。这使得这些设备受非线性动力学支配，并且建模更加困难。液体振荡已经在不同的复杂程度下进行了建模。例如，它的范围从基于 TMD 的类似简单模型到表示振荡的浅水方程的解。尽管拥有这些优势，大多数的模型需要一些调整来解释波破碎所产生的大阻尼。Yalla 和 Kareem（1999）开发出了一种振动运动的机械模型，命名为振荡 - 波击阻尼器或 S2 阻尼器。在基础激励的低振幅时该模型表示为线性流动模型，而在运动的高振幅阶段，来自振荡运动的一部分质量转换在罐壁之间转动，因此其像缓冲器一样运转（见下面）。撞击运动加上阻尼影响，从而解释了在大振幅条件下阻尼水平高的原因。TLD 在风速范围较大时，其非可选择性能通过半主动控制电动气动阀得到加强（Yalla 和 Kareem 2003）（见图 14.6）。类似的对于 TMD，也可以考虑复合 TLD（Fujino 和 Sun 1993）。尽管建模很复杂，TLD 呈现出显著的优点，其初始成本低、维护成本低。最重要的是，阻尼器中的水可以作为建筑用水（例如用于灭火），不像 TMD，其质量一般没有其他用途。在第一批使用 TLD 的民用建筑中，为了减小风致振

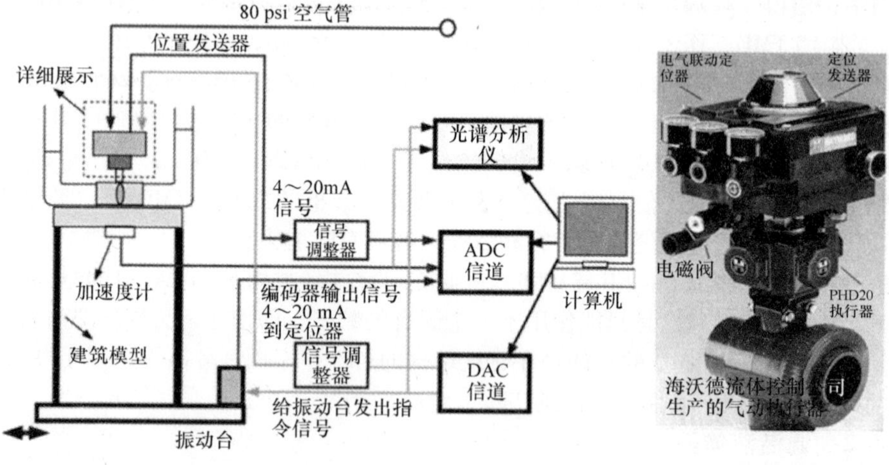

图 14.6　TLD 的半主动控制（左边）和电动气动阀（右边）（Yalla 和 Kareem 2003）

注：$1psi = 1lbf/in^2 = 6894.76Pa$。——译者注

动，横滨海洋大厦（105m，日本横滨）在1987年安装了由39个圆柱形容器组成的TLD，通过全面监测证明了它的效能。此外还有新横滨王子饭店（149m，日本横滨，1992，30个圆柱形容器）以及东京国际机场塔台（78m），其在1992年安装了数量高达1400个容器，容器内除了水之外还包含漂浮的聚乙烯片。可以有趣地发现，安装的大多数TLD是用于抵抗风的影响，而只有一小部分用于抵抗地震的影响（Tamura 1998）。

14.4.1.3 缓冲器

缓冲器主要应用于机械工程领域，用于减小系统的振动，例如涡轮叶片、轻杆、印制电路板和机械手臂等。但是当振动主要发生在一个平面上时，缓冲器也用于楼层建筑和桥梁（例如Ogawa等人1997）。缓冲器的基本构件包括能够按照结构的振动方向来滑动或振荡的固定质量，而且该结构的运动由其振动引发，并且缓冲器被限制在一个容器内。当质量达到罐壁位置时，可以选择在一边或者另一边，它对罐壁进行非弹性撞击，从而消散能量。基于这个现实，需要调整系统的频率，这个间隙距离是允许阻尼器调谐的基本参数。悬链阻尼器（HCD）是一种特殊的缓冲器，它主要用于塔形结构的动态响应控制，例如楼层建筑的顶峰或尖顶，常用在标志性建筑中。

14.4.1.4 主动、半主动和混合质量阻尼器

使用主动控制的想法已经在1989年被鹿岛建设公司采用，为了防振，其将主动质量阻尼器应用于日本东京的11层Kyobashi Seiwa建筑，这是该控制方法第一次得到全面应用。如前所述，一个主动质量阻尼器（AMD）就是一个简单的被动TMD，其运动按照一个控制定律由制动器引起。按照这种方式，TMD和建筑物之间耦合是主动控制的，因此随着建筑物运动的快速调谐（因此有更高的效率），与此同时还会产生更高的阻尼（或者更小的质量却拥有相同的阻尼水平）。然而一个常规的TMD可以提供3%～4%的额外临界阻尼，而一个主动系统可以提供超过10%的额外临界阻尼。另一方面，一个主动系统所需要的附加设备增加了它的成本（Kwok和Samali 1995）。AMD通常用于防风设计，有些情况下，也可以考虑用于较小实体的防振设计。对于TMD，存在一些关于AMD的例子，AMD已经在建筑物中应用质量来节省阻尼器空间并避免增加质量，否则这部分质量在结构系统中需要巨大的额外费用。其中，值得一提的是，LTC银行（日本，东京）使用400t蓄热水罐用作主动质量阻尼器的质量，以及Hankyu Chayamachi大楼（日本，大阪）使用480t直升飞机场甲板用作AMD的质量。

半AMD可以通过引入经典TMD或者TLD的特性的控制获得，以便实时对设备的频率进行调谐，并扩大有效应用的范围。对于半主动TMD，控制方式调节自由系统的额外单自由度的刚度或它的阻尼。对于TLD，已经研究了不同的半主动控制策略，例如通过水罐中一套可控制流向的可转动挡板槽来控制水罐自然周期，或者对于TLD，在大范围的结构运动振幅内，插入一个电动气动阀提供可选择的阻尼（Yalla和Kareem 2003）。

多年来，主动、半主动和混合质量阻尼器（混合了主动/半主动设备以及被动设备）被世界各地广泛接受。许多拥有独特功能的设备已经实现了安装，它们在所应用的结构中是专门为该特定的结构而设计的。并且它们几乎不可能报道出所有的类型，这些类型用于不同的设计用途（Tamura 1998）。其中在最有趣的例子中，值得一提的是带

有磁流变阻尼的TMD、变刚度的TMD和混合TMD的半主动技术（Nagarajaiah和Sonmez 2007）、自适应振荡TMD（Nagarajaiah 2009）、半主动TLD（Yalla和Kareem 2003）以及多层半主动TMD建筑系统（Chey等人 2010）。

14.4.2 黏滞液体阻尼器

黏滞阻尼器利用高度黏性材料，例如硅胶油的属性来产生与主体速度成正比的抵抗力量，该力量与主体运动方向相反。

14.4.2.1 油阻尼器

广泛使用的黏滞阻尼器由一个活塞缸系统组成，该系统包括黏性流体，活塞头的移动使液体被迫通过孔口，从一边移动到另一边将上游压力转化为动能。这些设备，通常称为油阻尼器（OD）。在20世纪90年代初，当它们用于建筑结构防震时，开始被广泛测试。接着，它们的应用延伸到风致振动控制（McNamara和Taylor 2003），尽管这种应用还极其少见。对于建筑物，油阻尼器通常分布在整个结构的支撑系统中。支架的配置（对角线、锯齿…）十分重要，因为阻尼器的效果是由阻尼装置吸收的层位移与内层漂移位移的比决定的。基于这个原因，选择非经典的支撑配置已经成为研究的主题（例如Constantinou等人 2001），例如套锁钉或剪式千斤顶的配置（见图14.7）。应该注意支撑配置在风致振动的情况下十分重要，其设备在低位移水平就被激活（McNamara和Taylor 2003）。这种装置的优势特征之一在于它们给建筑运动提供有相位差的力，从而在这些建筑由于结构变形而使其自身的力为最小值时，它达到最大值。这一类型的黏滞液体阻尼器已经在许多建筑结构中获得应用，也在改造破损或陈旧的结构中应用。一个最显著的例子就是位于纽约的Solomon R. Guggenheim博物馆，它在1959年对外开放，为了控制风力振动和交通振动，这里在2008年安装了54个带有30mm冲程的黏滞阻尼器和20kN限度的驱动力。另一个有趣的例子是最近建成的西55大道250号的曼哈顿办公大楼，一个39层的建筑完成于2012年。在初始设计这座楼时，基于风洞试验结果来预测风致运动的级别没有被接受。后来这个问题通过将黏滞阻尼器（7个带有100mm冲程和1690kN限度的驱动力）嵌入起重臂系统才被解决。在桥梁的情况下，例如位于西弗吉尼亚州的Pomeroy－Mason斜拉索桥，它在2007年配置了

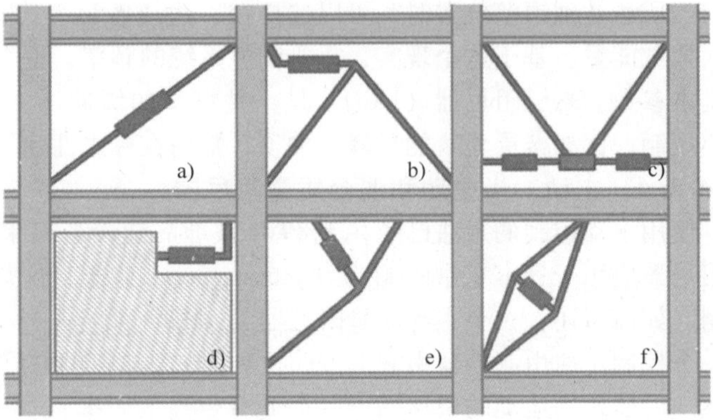

图14.7 阻尼器安装方案示例

a）对角支撑 b）锯齿支撑 c）V形支撑

d）刚性撑柱墙系统 e）套锁钉系统 f）剪式千斤顶系统

液体黏滞阻尼器，用于连接到拉索上来减小风致振动和雨致振动。

14.4.2.2　阻尼墙

阻尼墙［DW，有时又称黏滞阻尼墙（VWD）］（Lu 等人 2008）是一种黏性流体阻尼器，最先由日本工程师 Mitsuo Miyazaki 和他的同事开发出（Arima 等人 1988；Miyazaki 和 Mitsusaka 1992）。阻尼墙占据框架的整个面板，如图 14.8a 所示，它包含一个钢壁板（不带任何荷载），该板在一个外部钢箱内，在箱内两者之间的空隙注入黏滞液体。中段连接到楼上，而外部机箱连接到楼下，这样楼层的相对运动被填满在缝隙中黏滞流体产生的阻力阻挡。黏滞阻尼墙在 1992 年东京的佐藤建筑上得到安装（Miyazaki 和 Mitsusaka 1992），并安装在日本许多其他建筑上，用于防风和防震两种保护，然而这些设备在其他国家并不常见。其实，这种技术在美国首次应用是加利福尼亚州的旧金山教堂山医院，目前正在建造中，阻尼墙的出现是想解决风致响应，尽管这些设备主要用于防震保护设计（Brown 2011）。

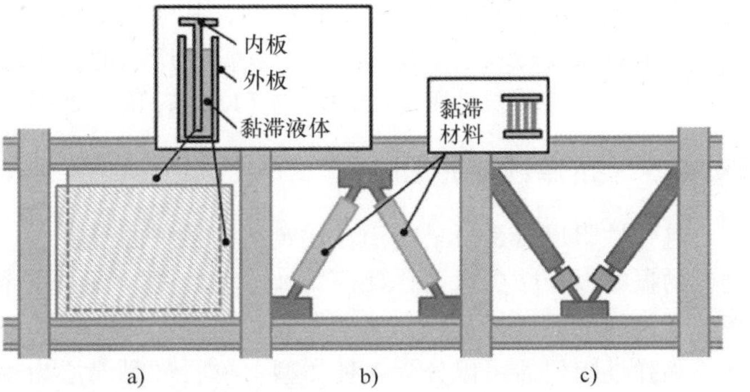

图 14.8　不同类型阻尼器安装方案示例
a）黏滞阻尼墙　b）黏滞弹力阻尼墙　c）摩擦阻尼器

14.4.2.3　电流变和磁流变阻尼器

从 20 世纪 80 年代开始，更多的是集中在 90 年代初，已经开始研究两类半主动油阻尼器，其使用电流变（ER）和磁流变（MR）液体。这两类半主动阻尼器获得广泛应用并扩散到民用建筑中。电流变和磁流变液体可以在电场或磁场下由液态变为半固态。这种变化可以在毫秒级内发生，并且是完全可逆的。虽然半主动电流变和磁流变阻尼器的配置多变，但是大意都是改变液体黏性，从而使其与结构的运动对比时，可以改变设备的刚性，使设备某两部分产生反向相对运动（Coulter 等人 1993）。大多数使用可控流体的设备可以分类为固定杆（阀模式，带有一个包含流体的气缸 - 活塞系统并受到拉伸或压缩以及切变）或可相对移动的杆（直接切变模式），但是在民用结构中阻尼器设备采用阀模式（Carlson 等人 1995）。在没有电场和磁场的区域，液体在两面之间表现为牛顿流体，而且由于其黏度的作用在活塞两侧形成压降。当应用电场和磁场时，流体发出屈服应力，该力产生额外的压降。设备产生的总阻尼力由这两种力的分量总和供给，并且可以受不同程度极化流体的控制，可以调节控制电压源来控制电场和磁场。现在已经出现几种表象模型尝试表示电场和磁场阻尼器的复杂动作（例如 Spencer 等人 1997；Sims 等人 1999）。这些模型的准确性对于设备定型和合适控制系统的设计是最基本的。

14.4.2.4 半主动孔可变的油阻尼器

半主动孔可变的油阻尼器配置了控制阻尼系数的设备，它可以通过调整阀门打开的大小来控制受限制的油的流量。相似的，其他类型的半主动设备，其阻尼器允许使用少量外部能量来管理较大的反作用力。如前面所示的半主动孔可变的油阻尼器可以消散的能量是一个普通的被动阻尼器的两倍（Kurino 等人 2003）。

14.4.3 黏弹性阻尼器

黏弹性阻尼器是最早应用在建筑结构系统的设备之一，这些设备用于减少动态结构响应的振幅以及减少风力作用下的加速度级别（Samali 和 Kwok 1995）。他们利用一些高分子材料的黏性特征，如氯丁橡胶，当受到切变时其具有通过热损失来消散能量的性能。黏弹性阻尼器可以分为 3 种类型：单层（黏滞层为轴向）、约束层（再用一层黏滞材料，但会受到切变和轴向的形变）和“三明治”层（包括一层或多层，专门为切变而变形，其在刚性金属板之间受约束）。一般可以认为三明治层更加有效，因此使用更加广泛。类似于油阻尼器，一个阻尼器装置包括黏弹性阻尼器，一般包含一系列安装在结构的不同点处的设备，在该点处发生风力或者地震事件时预期出现一个相对位移。通常黏弹性阻尼器放置在支撑系统（见图 14.8b），但是在某些情况下已经应用在不同的系统的设计中，例如位于纽约的世贸中心大楼，建成于 20 世纪 70 年代，黏弹性阻尼器分布在楼板梁的下弦杆和属于外围墙壁的专栏之间，两栋建筑每栋都有将近 10000 个位置设置。在这种方式下，当结构受到横向风载时，阻尼器的作用由楼层和外部墙壁的相对运动激发。另一个应用黏弹性阻尼器降低风力运动而值得注意的例子是西雅图的哥伦比亚 Seafirst 中心，建成于 1984 年，其支撑系统安装了 260 个阻尼器。这是第一例应用于高楼大厦中的多层黏弹性阻尼器。在这些开创性的应用用于减少风致振动后，黏弹性阻尼器已经获得了广泛的应用和研究，并且从 90 年代开始，将这些设备用于防震保护已经在探索中。目前的研究是通过数值分析和测试结果探索有效的方法，来确定黏弹性阻尼器的最优参数、最佳位置和创新性的安装方案。其中值得一提的是在相邻建筑之间应用黏弹性阻尼器（Hejazi 等人 2010）或者作为在混凝土建筑结构的抗震墙的连梁。

14.4.4 摩擦阻尼器

在建筑结构的选定区域（见图 14.8c），通过摩擦机制塑性特征来提供直接能量耗散，这是另一种广泛应用于降低结构响应的方式。摩擦阻尼器设计了一个固定的滑动荷载，其依赖于下面的锁模力，在它的下面它们能够提供较高的刚度。当摩擦阻尼器达到动作荷载时，它的两个面通过相互摩擦来消散能量。机制简单、维护成本低以及强大能量耗散能力伴随着较低安装成本和维护成本等这些优点，表明摩擦阻尼器的优点超过其他类型的被动能量消散设备。应该注意，在很多情况下，这设备用于防震保护；在地震过后，即形成塑性铰之后，原来的配置将得不到恢复（必须替换设备）。摩擦阻尼器也可以用于风致振动控制（Patil 和 Jangid 2009）。

为了提高被动阻尼器的性能，相关文献中已经提出了各种半主动摩擦阻尼器。基本上，一个半主动摩擦阻尼器能够根据结构的运动，通过实时控制它的锁模力来调整其滑动力。一个关于半主动摩擦阻尼器的例子就是压电式摩擦阻尼器（Xu 等人 2001）。该设备利用压电式材料的性质，其电力改变产生一个拉紧状态来控制锁模力，从而使摩擦阻尼器的力按照机构运动的反馈来动作。

14.4.5　变刚度设备

主动变刚度（AVS）系统最初是由 Kobori 和他的同事在 20 世纪 90 年代（Kobori 等人 1993）作为地震响应控制设备而提出来的，并首次在鹿岛实验室的研究实施中，一个 3 层建筑的案例中实现。这个系统的目的是在发生地震时，通过主动控制建筑的刚度来产生一个非平稳、非谐振的条件。这些都可以通过安装在钢支撑和横梁之间的变刚度设备来完成（VSD），其可以按照前馈控制算法的规定被占用或者释放出来，使其变得无效。变刚度设备主要在于液压缸，其连接两个内庭的阀门可以打开或者关闭，从而开启或者锁紧支撑和梁之间的相对运动。在这种方式下，系统的刚度可以根据不同的组合，通过修正变刚度设备的条件来使其得到瞬间改变（例如只有一楼的变刚度设备启动、只有一楼和二楼的设备启动等），以便得到大量建筑物合理的刚度值。控制算法选择与结构的模态频率相应的刚度，该频率至少能给出瞬时结构响应水平。与其他主动控制系统相比，这个系统的最大优点是阀门控制低功耗，这使得即使是在停电时，一个小发电机就足以维系系统的运转。其他关于可能实现的功能以及变刚度设备的优点等方面的研究由 Nemir 等人（1994）进行，该研究考虑一种可以瞬间加紧和释放的可控弹簧元件。在第一次应用该设备之后很多年，关于这种设备的研究仍然在继续。由于作者的知识有限，除了实验室的试验，该系统在实际结构中的应用尚未展开。

一个基于类似原则已经应用到实际桥梁的系统就是桥梁的智能加劲杆（ISB）。这是一个刚度可调的系统，安装在正在使用的州际公路桥上（Walnut Creek 桥，在珀塞尔附近，位于美国俄克拉何马州）。加劲杆配备了一个可调的液压连接，其用于调节刚度以减小由交通工具诱导振动产生的破坏。该系统在 1997 ~ 1999 年之间被监控，并证明了其有效性（Patten 等人 1999）。

总之，应该注意，文献中可变刚度的概念常常用于与其他设备的连接，具有代表性的是质量阻尼器，通过改变被动设备自身的刚度来获得半主动控制。这种情况必须考虑，出于分类的目的，像半主动质量阻尼器而不是变刚度装置，其直接作用于结构的刚度。

14.4.6　可变气动装置

通过可变气动装置主动控制高楼大厦的风致响应的想法最初由 Klein 等人（1972）提出。提议的气动附件本质上包括放置在建筑屋顶上的金属板，其可以在建筑屋顶的风速沿着主要风向时完全折叠，并且在风速与主要风向相反时完全展开（例子见图 14.9）。这个装置的主要目的是利用风力发电来产生控制力，只是使用有限的外部力量用于调度和支配附件。在接下来几年，研究方向主要是致力于开发这个装置的有效控制算法，并且进行风洞试验（Abdel – Rohman 和 AI – Zanaidi 1987；Soong 1990）。研究发现，附件只有在风垂直的吹向设备的平面或者对于非常灵活的建筑时，这些附件才有效。此外，这样一个系统的可行性也是一个问题，因为在一小段时间内需要特别大的驱动力（Abdel - Rohman 1987）。一个不同的关于抑制带有方形截面的高楼的气动振动的提议是移动表面边界层控制（MS-BC）（KLibo 等人 1993，1996）。这主要是在大楼拐角处设置圆柱形的嵌入物。这些圆柱延伸到某一个特定的长度，该长度超过大楼的高度，并在自己的纵轴上活跃地旋转，这样有助于减少风致荷载。人们已经进行风洞试验来研究这些装置的功效，并考虑了这些装置不同的配置。由于作者的知识水平有限，类似的装置还从未在真实的结构中获得应用，因为应用该装置具有挑战，建成建筑对此并不感兴趣。

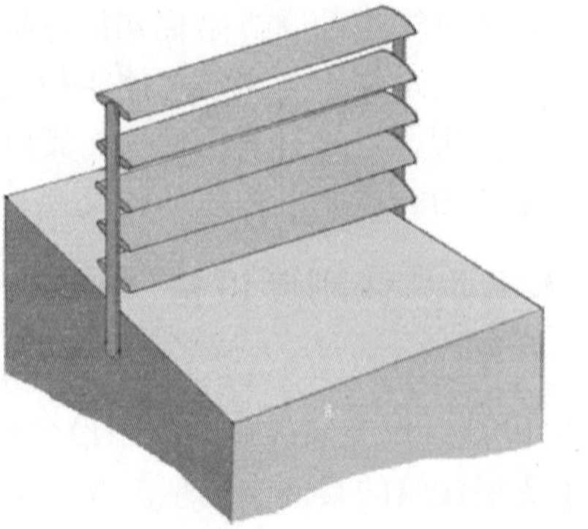

图 14.9　气动附件设计示例

对于桥梁，Ostenfeld 和 Larsen（1992）首先提出，将可变气动装置概念作为一种颤动控制的方式，他们建议主动改变襟翼的旋转角，襟翼附加在主梁预先设定的转动角功能处，以便于使襟翼以同频率但不同相位旋转。这一提议提出之后，其他致力于研究这类装置的工作也开始开展，并且也支持通过风洞试验来研究（例如 Wilde 和 Fujino 1998；Nissen 等人 2004；Kirch 等人 2009）。尽管这种装置具有显著的优势，可以通过这种主动控制来获取这些优势，但是特别是对于很长的吊索桥，问题是在这种桥这个应用仍具有高复杂性，并且这种装置在实际桥梁中获得应用似乎仍然很遥远。

14.4.7　分布式执行系统

设计一个拥有分布式执行器的结构是为了使一定数量的执行器在选择结构部件时产生力，这个力用于补偿外部荷载的影响，例如冲击、风力和地震动荡（Adeli 和 Saleh 1997；Saleh 和 Adeli 1998）。设计这样一个系统具有挑战性，并且这一领域仍处于待开发阶段，特别是对于可行性的定义和复杂系统的有效控制策略（许多元素、许多执行器）受不同的荷载类型和结构上执行器优化配置影响。智能结构上的先进设备可见 Fisco 和 Adeli（2011）的研究。

在具有分布式执行系统的建筑结构群里，可以识别两个主要的类型，考虑执行器的位置，位于钢筋系统和位于支撑系统。理论上考虑使用主动钢筋控制系统的想法最先在 20 世纪 70 年代出现（Roorda 1975；Yang 和 Giannopoulos 1978）。钢筋是典型的结构部件，其一直被用来给结构提供刚度，进而减少振荡的振幅大小。然而增加刚度会增加结构的频率，因此会导致材料变得不结实。这时出现了使用执行器来主动操作钢筋，这主要是在使用这些结构部件时权衡利弊之后走出的选择（Leipholz 和 Abdel - Rohman 1986），并且这种方法已经获得了一系列应用。主动钢筋系统利用系统的滑轮，钢筋将液压执行器产生的力传送到结构上（见图 14.10），它允许使用外加力控制各种振动模式来修改结构的刚度和阻尼。在斜拉桥中，主动钢筋放置在电缆的尽头。这类系统的发展有大量的测试，尤其是在80年代进行的那些实验。到1990年，研究人员已经将这些设备安装在实际的结构中(Soong 1990)。主动支撑系统（ABS）原理上与主动钢筋系统相似。它们包含安装在结构框架上的固体斜管，其可以按照控制系统提供的输入延长或者缩短。因此，上述系统可以使用脉冲发生器，从而形成气动机制，而不是靠液压执行器来产生控制力。

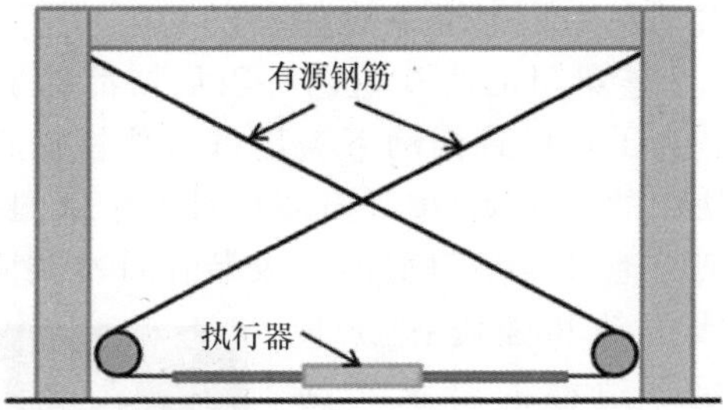

图 14.10 一个有源钢筋系统的原理示意图

14.5 目前的发展趋势

基于在多数风力条件下发现的稳态风激励的本质，控制设备通常能有效控制风致运动，但是在地震运动时它们的效率有时会受到影响，特别是在极强的地震情况下。因此，在20世纪90年代初，安装AMD和HMD的紧迫性已经消失。为了防强震保护，金属消力池目前是日本最常用的设备，考虑到它们的成本和维护费用以及它们的效率和有前景的性能。一些阻尼器，例如VFD和VED可用于防震和防风保护，但是最近的使用趋势是针对不同的设计需求联合使用多个设备。例如对于日本东京建成于2003年的193m高的Nittele塔，那里安装了4个不同的阻尼器设备（见图14.11）：两个在风致振动下为了可居住性而设置的TMD、32个用于风

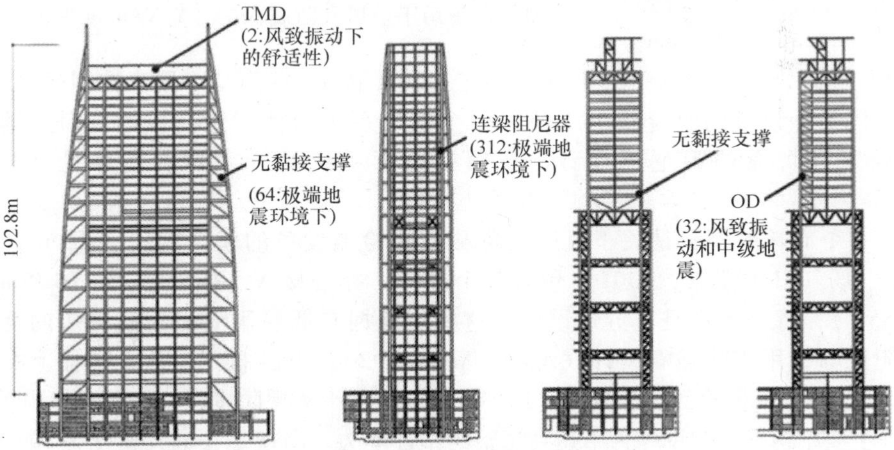

图 14.11 位于日本东京的 Nittele 塔：安装了4个不同类型的设备用于防风和防震保护（Y. Tamura 提供）

致振动和中小等级地震保护的OD、用于防强震保护的64个无黏接支撑阻尼器和312个连梁阻尼器（这两种阻尼器都属于金属消力池的类别）（Tamura 2003）。同年，为了在风致振动下满足可居住性而使用的AMD，以及在风致振动和强震振动下使用的半主动OD，安装在日本东京的皇家公园Shiodome塔（173m）。AMD和金属消力池（蜂巢阻尼器）安装在日本共同通讯社大楼（172m，2003）分别用于在风致振动和强震振动下满足舒适性的要求（见图14.12）。日本东京的Roppongi山（238m，2003），安装了192个半主动OD用于防风和防强震设计，安装了356个无黏接支撑用于防强震设计。对于634m高的东京天空树塔（日本东京，2012），一系列OD用于连接125～375m高度的钢筋混凝土核心筒结构和外部钢结构，其主要控制范围是地震激励下的响应。这些设备由内部核心和外部结构系统之间的相对运动激活（Kumar和Kareem 2011）。此外，两个倒立摆的TMD安装在620m和625m高度，用于控制风致振动。这些不同类型设备的组合致力于使每一个阻尼系统的性能达到目标，因而具有更高的效率和可靠的阻尼器设计，从而提高了系统的有效性和鲁棒性（Tamura 2003）。

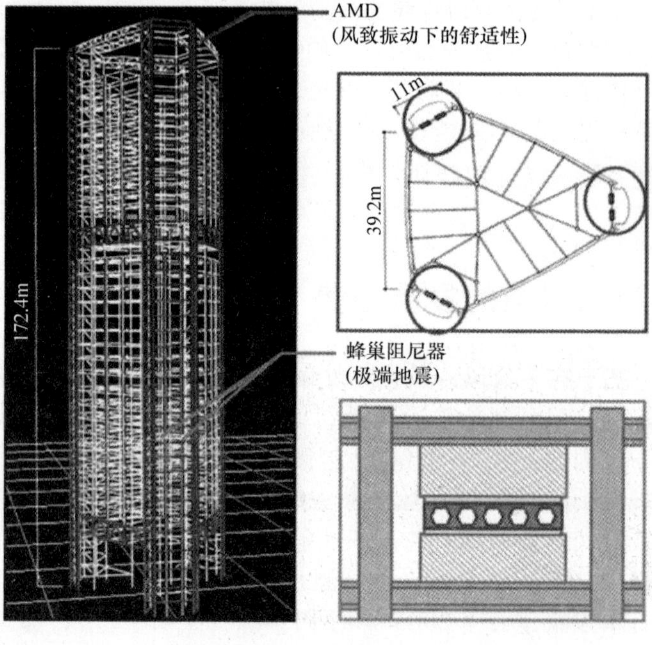

图14.12 日本东京的日本共同通讯社大楼：安装了不同类型的设备用于防风和防震保护（Y. Tamura提供）

另一个有趣的例子是关于阻尼设备和损毁检测设备的联合应用。Harumi Island Triton广场（日本东京，2001）包含3个高楼，办公楼X（195m）、Y（175m）和Z（155m），每一个都是正方形设计。这些建筑拥有低屈服应力钢筋构成的无黏接支撑阻尼器，用于防强震设计（Asano等人2002）。办公楼Y，从3楼往上在建筑框架外安装了2840个无黏接支撑。这些设备只是用于实现防震保护，而不能用于风致响应。主要结构框架被设计为不达到完整的塑性能力，即使是在最大速度为50cm/s的极大地震情况下。开展的一系列计算和实验结果保障阻尼设备的性能。然而，考虑到在建筑物寿命范围内发生意外情况以及设计取值的可靠性时，有必要在建筑完成后获取阻尼设备的准确条件。然后，在所有的无黏接支撑阻尼器上安装损坏检测传感器或者设备。建筑物的特点是在风致振动的情况下为了可居住性安装两个主动阻尼器连梁（Koike 等人 2001）。每一个主动阻尼连梁连接两个相邻的建筑，并在两个建筑存在相对位移时，充当拥有加速反馈控制的主动阻尼器，从而减少基于加速度的风致振动（见图 14.13）。

另一种方法是从结构系统分离建筑骨架外墙，从而避免动态荷载被最后转移到结构系统。这种方法可以按建筑高度将骨架外墙分为常规和隔离的部分。用这种方式，隔离板可以破解风力荷载的加速，从而实现降低整体荷载（Kareem 1994）。

最近 Kareem 和 Zuo（2012）提出的一项新技术是风在高楼上产生的振动能量，同时减少风引起的结构响应。这是通过使用嵌入式高能量密度的电磁传感器的调谐质量阻尼器实现的，嵌入式高能量密度的电磁传感器可以实现低频建筑运动的能量转化成电能。这一绿色清洁能源可能有助于改进为建筑的可持续性。这个概念也可以考虑使用上面讨论的孤立覆面镶板。

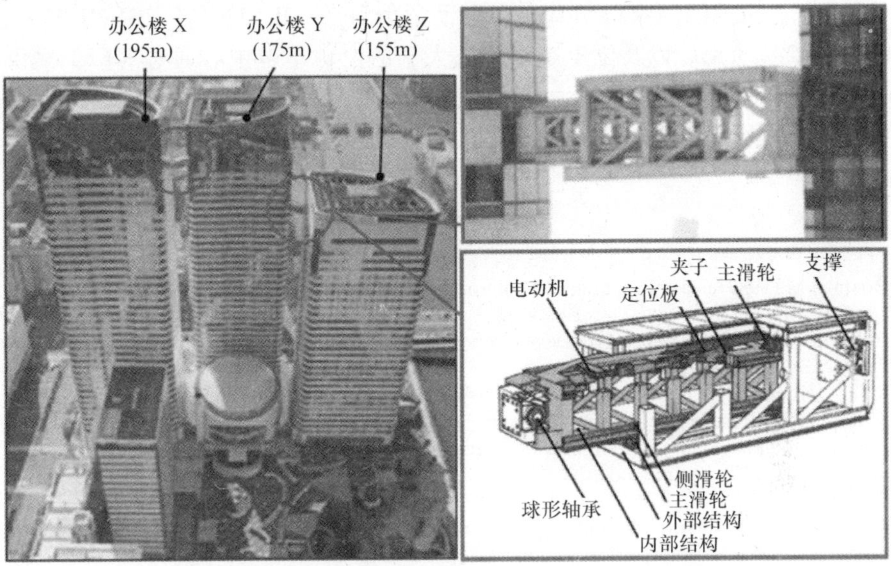

图 14.13　位于日本东京的 Harumi Island Triton 广场大楼：
在风致振动下用于为了舒适性而设置的主动阻尼桥（Y. Tamura 提供）

最后，在建筑运动控制领域的最近趋势，值得一提的是利用智能材料来使用变刚度设备正引起人们的兴趣，特别是形状记忆合金（SMA）。这些材料的特点是多态，即它们具有多个晶体结构，并且其从一个状态变成另一种状态的可逆性取决于温度和外部的压力。尽管在 20 世纪 30 年代人们就已经开始发现这种材料，但是直到最近，研究人员才开始利用各种电能、热能尤其是力学性能的方法研究与运动控制设备应用相关的不同阶段。

虽然拥有这种技术的组织可能能够使当前的结构达到更高的水平，但是有趣的是考虑和注意到这些概念并不新鲜。约 1200 年以前，日本人将当前总结出的这些概念运用到他们所设计的著名高塔，使这些建筑结构抵御台风和地震。这些结构强度持久以及稳定性的秘密在于它们的锥形配置，其横截面随着高度变化。事实上能量耗散发生在每一个水平面上，因为水平面没有连接到另一个上，并可能来回滑动。这是通过使用“shinbashira”来实现的，与地面连接的支柱，其作为一个支点，在任何方向上约束每一层防止其摆得过远。因为单独的水平面会影响固定装置，因此引入了能量，其通过土壤辐射阻尼来耗散。因此附属惯性系统、摩擦和缓冲器、气动外形技术的概念不是变革性的。事实上，这些运用在现代城市的摩天大厦、如今的超高楼塔，已经被古代日本人巧妙运用在他们的建筑中长达几个世纪了（Kareem 等人 1999）。因此，短期穿越到过去对制定未来的光明前景可能是宝贵的！

致谢

本研究部分由美国国家科学基金会资助的项目 CMMI 0324331、CMMI 06 - 01143、CMMI 09 - 28282 资助，以及位于东京工艺大学的全球卓越中心通过 MEXT 提供资助。作者还要感谢 Yukio Tamura 教授，谢谢他为这项研究所提供的合作：没有他的诸多贡献，本研究将是不完整的。

参考文献

Abdel-Rohman M (1987) Feasibility of active control of tall buildings against wind. J Struct Eng 113(2):349–362

Abdel-Rohman M, Al-Zanaidi M (1987) Design of appendages for tall building control. J Struct Eng 113(2):397–408

Abdelrazaq A, Kijewski-Correa T, Song Y, Case P, Isyumov N, Kareem A (2005) Design and full-scale monitoring of the tallest building in Korea: Tower Palace III. In: Proceedings of the sixth Asia-Pacific conference on wind engineering, Seoul

Adeli H, Saleh A (1997) Optimal control of adaptive/smart bridge structures. J Struct Eng 123 (2):218–226

Arima F et al (1988) A study on building with large damping using viscous damping walls. In: Proceedings of the 9th conference on earthquake engineering, Tokyo-Kyoto

Asano M, Yamano Y, Yoshie K (2002) Damage controlled design for the office towers in Harumi Island Triton Square. In: Proceedings of the structural engineers world congress. Yokohama, pp T1–6–d–5

Bobby S, Spence SMJ, Wei D, Bernardini E, Kareem A (2012) A cohesive performance-based optimization framework for the design of tall buildings subject to wind loads. In: 3rd American association for wind engineering workshop, Hyannis

Brown JL (2011) Viscous wall dampers enhance hospital's seismic performance. Civil Eng ASCE 81(6):32–33

Carlson JD, Catanzarite DM, Clair KAS (1995) Commercial magneto-rheological fluid devices. In: Proceedings of the 5th international conference on electro-rheological, magneto-rheological suspensions and associated technology. Sheffield

Chey MH, Mander JG, Carr JB (2010) Semi-active tuned mass damper building systems: application. Earthquake Eng Struct Dyn 39(1):69–89

Constantinou MC, Tsopelas P, Hammel W, Sigaher AN (2001) Toggle-brace-damper seismic energy dissipation systems. J Struct Eng 127(2):105–112

Coulter JP, Weiss KD, Carlson JD (1993) Engineering applications of electrorheological materials. J Intell Mater Syst Struct 4(2):248–259
Davenport AG, Hill-Carroll P (1986) Damping in tall buildings: its variability and treatment in design. In: Isyumov N, Tschanz T (eds) Building motion in wind. ASCE convention, Seattle, Washington, pp 42–57
Fisco NR, Adeli H (2011) Smart structures: part I—active and semi-active control. Scientia Iranica Trans A: Civil Eng 18(3):275–284
Fu G, Betancur J, Poon D, Dannettel M (2012) Wuhan Greenland Center Main Tower: seamlessly integrating structure and architecture. In: Wood A, Johnson T, Li G-Q (eds) Proceedings of the CTBUH 9th world congress. Shanghai, China: council on tall buildings and urban habitat, pp 399–406
Fujino Y, Sun LM (1993) Vibration control by multiple tuned liquid dampers (MTLDs). J Struct Eng 119(12):3482–3502
Gad-el-Hak M (2000) Flow control: passive, active and reactive flow management. Cambridge University Press, London
Haviland R (1976) A study of the uncertainties in the fundamental translational period and damping values for real buildings. Massachusetts Institute of Technology Report, Cambridge
Hejazi F, Dalili M, Noorzaei J, Jaafar MS, Abdullah AAA (2010) Coupling parallel buildings by supplemental viscous damper device. In: Tiziani W (ed) Proceedings of the international conference on computing in civil and building engineering, Nottingham
Holmes JD (1995) Listing of installations. Eng Struct 17(9):676–678
Housner GW, Bergman LA, Caughey T, Chassiakos AG, Claus RO, Masri SF, Skelton RE, Soong TT, Spencer BF, Yao JTP (1997) Structural control: past, present, and future. J Eng Mech ASCE 123(9)
Jeary AP (1986) Damping in tall buildings—a mechanism and a predictor. Earthquake Eng Struct Dyn 14:733–750
Kareem A (1979) Reduction of wind-excited motion of high-rise buildings. In: Proceedings of the 3rd ASCE/EMD specialty conference. Austin
Kareem A (1983) Mitigation of wind induced motion of tall buildings. J Wind Eng Ind Aerodyn 11(1–3):273–284
Kareem A (1990) Reduction of wind induced motion utilizing a tuned sloshing damper. J Wind Eng Ind Aerodyn 36:725–737
Kareem A (1994) Methods to control wind-induced building motions. In Baker NC, Goodno B (eds) Proceedings of the XII structures congress, Atlanta, pp 654–659
Kareem A, Gurley K (1996) Damping in structures: Its evaluation and treatment of uncertainty. J Wind Eng Ind Aerodyn 59(2):131–157
Kareem A, Kijewski T, Tamura Y (1999) Mitigation of motions of tall buildings with specific examples of recent applications. Wind Struct 3(2):201–251
Kareem A, Kline S (1995) Performance of multiple mass dampers under random loading. J Struct Eng 121(2):348–361
Kareem A, Sun W-J (1987) Stochastic response of structures with fluid-containing appendages. J Sound Vibration 119(3):389–408
Kareem A, Zuo L (2012) Energy harvesting and motion control of tall buildings using tuned mass dampers. In: Wood A, Johnson T, Li G-Q (eds) Proceedings of the CTBUH 9th world congress. Shanghai, China: council on tall buildings and urban habitat, pp 351–357
Karnopp D, Crosby MJ, Harwood RA (1974) Vibration control using semi-active force generators. J Eng Ind, pp 619–626
Kijewski T, Kareem A (2002) On the reliability of a class of system identification techniques: insights from bootstrap theory. Struct Safety 24:261–280
Kirch A, Peil U, Borri C (2009) Limits for the control of wind-loaded slender bridges with movable flaps. Part I: aerodynamic modelling, state-space model and open-loop characteristics of the aeroelastic system. In: Proceedings of the 5th European African conference on wind engineering, Florence
Klein RE, Cusano C, Slukel JV (1972) Investigation of a method to stabilize wind induced

oscillations in large structures. In: 1972 ASME winter annual meeting, New York
Kobori T, Koshika N, Yamada K, Ikeda Y (1991) Seismic response controlled structure with active mass driver system. Part 1: design. Earthquake Eng Struct Dyn 20:133–149
Kobori T, Takahashi M, Nasu T, Niwa N, Ogasawara K (1993) Seismic response controlled structure with active variable stiffness system. Earthquake Eng Struct Dyn 22(11):925–941
Koike Y, Inoue Y, Kimura T, Yamamoto Y, Enokuchi M, Yoshie K (2001) Active-damping bridge for buildings of Harumi Island Triton Square, Part 3 Outline of active-damping bridge. Architectural Institute of Japan Report
Kubo Y, Yasuda H, Kotsubo C, Hirata K (1993) Active control of super-tall structure vibrations under wind action by a boundary-layer control method. J Wind Eng Ind Aerodyn 50:361–372
Kubo Y, Modi VJ, Kotsubo C, Hayashida K, Kato K (1996) Suppression of wind-induced vibrations of tall structures through moving surface boundary-layer control. J Wind Eng Ind Aerodyn 61:181–194
Kumar D, Kareem A (2011) Dynamic response of tall building with embedded dampers in the structural system and multiple TMDs. In: Proceedings of the 11th international conference on wind engineering. Amsterdam, The Netherlands
Kurino H, Tagami J, Shimizu K, Kobori T (2003) Switching oil damper with built-in controller for structural control. J Struct Eng 129(7):895–904
Kwok KCS, Samali B (1995) Performance of tuned mass dampers under wind loads. Eng Struct 17 (9):655–667
Lagomarsino S (1993) Forecast models for damping and vibration periods of buildings. J Wind Eng Ind Aerodyn 48:221–239
Leipholz HHE, Abdel-Rohman M (1986) Control of structures. Nijhoff, M, Dordrecht
Lu X, Zhou Y, Yan F (2008) Shaking table test and numerical analysis of RC frames with viscous wall dampers. J Struct Eng 134(1):64–76
McNamara RJ, Taylor DP (2003) Fluid viscous dampers for high-rise buildings. Struct Des Tall Spec Build 12:145–154
Miyazaki M, Mitsusaka Y (1992) Design of a building with 20% or greater damping. In: Proceedings of the 10th world conference on earthquake engineering, Madrid
Nagarajaiah S (2009) Adaptive passive, semiactive, smart tuned mass dampers: identification and control using empirical mode decomposition, Hilbert transform, and short-term Fourier transform. Struct Control Health Monit 16(7–8):800–841
Nagarajaiah S, Sonmez E (2007) Structures with semiactive variable stiffness single/multiple tuned mass dampers. J Struct Eng 133(1):67–77
Nemir DC, Lin Y, Osegueda RA (1994) Semiactive motion control using variable stiffness. J Struct Eng 120(4):1291–1306
Nishitani A, Inoue Y (2001) Overview of the application of active-semiactive control to building structures in Japan. Earthquake Eng Struct Dyn 30:1565–1574
Nissen HD, Sørensen PH, Jannerup O (2004) Active aerodynamic stabilisation of long suspension bridges. J Wind Eng Ind Aerodyn 92:829–847
Ogawa K, Ide T, Saitou T (1997) Application of impact mass damper to a cable-stayed bridge pylon. J Wind Eng Ind Aerodyn 72:301–312
Ostenfeld KH, Larsen A (1992) Bridge engineering and aerodynamics. In: Proceedings of the frst international symposium on aerodynamics of large bridges, Copenhagen
Patil VB, Jangid RS (2009) Double friction dampers for wind excited benchmark building. Int J Appl Sci Eng 7(2):95–114
Patten WN, Sun J, Li G, Kuehn J, Song G (1999) Field test of an intelligent stiffener for bridges at the I-35 Walnut Creek Bridge. Earthquake Eng Struct Dyn 28:109–126
Roorda J (1975) Tendon control in tall structures. J Struct Div ASCE 101:505–521
Saito T, Shiba K, Tamura K (2001) Vibration control characteristics of a hybrid mass damper system installed in tall buildings. Earthquake Eng Struct Dyn 30(11):1677–1696
Saleh A, Adeli H (1998) Optimal control of adaptive/smart multistory building structures. Comput-Aided Civil Infrastruct Eng 13(6):389–403
Samali B, Kwok KCS (1995) Use of viscoelastic dampers in reducing wind- and earthquake

图书在版编目（CIP）数据

高等结构风工程/(日)田村幸雄，（日）A. 卡里姆（A. Kareem）主编；祝磊等译. —北京：机械工业出版社，2017. 8

书名原文：Advanced Structural Wind Engineering

ISBN 978-7-111-57604-4

Ⅰ. ①高…　Ⅱ. ①田…　②A…　③祝…　Ⅲ. ①抗风结构　Ⅳ. ①TU352. 2

中国版本图书馆 CIP 数据核字（2017）第 185737 号

机械工业出版社（北京市百万庄大街 22 号　邮政编码 100037）
策划编辑：顾　谦　责任编辑：顾　谦
责任校对：肖　琳　封面设计：马精明
责任印制：李　飞
北京机工印刷厂印刷（三河市南杨庄国丰装订厂装订）
2017 年 9 月第 1 版第 1 次印刷
169mm×239mm · 19. 75 印张 · 436 千字
0 001— 2600 册
标准书号：ISBN 978-7-111-57604-4
定价：99.00 元

凡购本书，如有缺页、倒页、脱页，由本社发行部调换

电话服务	网络服务
服务咨询热线：010－88361066	机 工 官 网：www. cmpbook. com
读者购书热线：010－68326294	机 工 官 博：weibo. com/cmp1952
010－88379203	金　书　网：www. golden－book. com
封面无防伪标均为盗版	教育服务网：www. cmpedu. com

induced motion of building structures. Eng Struct 17(9):639–654
Satake N, Suda K, Arakawa T, Sadaki A, Tamura Y (2003) Damping evaluation using full-scale data of buildings in Japan. J Struct Eng 129(4):470–477
Shimizu K, Teramura A (1994) Development of vibration control system using U-shaped tank. In: Proceedings of the 1st international workshop and seminar on behavior of steel structures in seismic areas, Timisoara, Romania, pp 7.25–7.34
Sims ND, Stanway R, Johnson AR (1999) Vibration control using smart fluids: a state-of-the-art review. Shock Vib Digest 31(3):195–203
Soong TT (1990) Active structural control: theory and practice. Longman, London
Spencer BFJ et al (1997) Phenomenological model of a magnetorheological damper. J Eng Mech ASCE 123(3):230–238
Spencer BFJ, Nagarajaiah S (2003) State of the art of structural control. J Struct Eng 129 (7):845–856
Tamura Y (1998) Application of damping devices to suppress wind-induced responses of buildings. J Wind Eng Ind Aerodyn 74–76:49–72
Tamura Y (2003) Design issues for tall buildings from accelerations to damping—tribute to Hatsuo Ishizaki and Vinod Modi. In: Proceedings of the 11th international conference on wind engineering, Lubbock
Tanaka H, Tamura Y, Ohtake K, Nakai M, Kim YC (2012) Experimental investigation of aerodynamic forces and wind pressures acting on tall buildings with various unconventional configurations. J Wind Eng Ind Aerodyn 107–108:179–191
Taranath BS (2010) Reinforced concrete design of tall buildings. CRC, Boca Raton
Wilde K, Fujino Y (1998) Aerodynamic control of bridge deck flutter by active surfaces. J Eng Mech ASCE 124(7):718–727
Xu YL, Qu WL, Chen ZH (2001) Control of wind-excited truss tower using semiactive friction damper. J Struct Eng 127(8):861–868
Yalla SK, Kareem A (2003) Semiactive tuned liquid column dampers: experimental study. J Struct Eng 129(7):960–971
Yalla SK, Kareem A (1999) Sloshing-slamming dampers. In: Proceedings of the 10th international conference on wind engineering, Copenhagen
Yang J-N, Giannopoulos F (1978) Active tendon control of structure. J Eng Mech ASCE 104 (3):551–568
Zheng C-R, Zhang Y-C (2012) Computational fluid dynamics study on the performance and mechanism of suction control over a high-rise building. Struct Des Tall Spec Build 21 (7):475–491